U0369374

高等学校自动化专业系列教材

自动控制原理

MATLAB版·新形态版

田茸◎主编

李虹　宋娟　凌菁　戴瑞◎副主编

清華大学出版社

北京

内容简介

本书从控制系统建模、分析和设计三方面入手，比较全面地阐述了自动控制的基本理论和应用，主要内容包括自动控制的一般概念、自动控制系统的数学模型、时域分析法、根轨迹法、频域分析法、控制系统的校正、离散系统理论和非线性控制系统分析等内容。

书中详细介绍了 MATLAB 仿真方法，并给出了大量的 MATLAB 仿真例题。此外，每章均配有适量习题，并根据习题的难易程度和综合性，将其分为自测题和基础题。本书为“纸数”一体化设计，针对重点内容，配套制作了微课视频，通过扫描二维码即可实现同步在线学习。

本书可作为高等工科院校自动化、电气、电子信息、仪器、机械、化工等专业本科生及研究生教材，亦可供从事自动控制类的各专业工程技术人员参考。

图书在版编目（CIP）数据

自动控制原理 ：MATLAB 版 ：新形态版 / 田茸主编.
北京 ：清华大学出版社，2024. 9. --（高等学校自动化
专业系列教材）. -- ISBN 978-7-302-67306-4

Ⅰ. TP13

中国国家版本馆 CIP 数据核字第 2024PX2037 号

责任编辑：刘　星
封面设计：李召霞
责任校对：刘惠林
责任印制：沈　露

出版发行：清华大学出版社
网　　址：https://www.tup.com.cn，https://www.wqxuetang.com
地　　址：北京清华大学学研大厦 A 座　　**邮　　编**：100084
社 总 机：010-83470000　　**邮　　购**：010-62786544
投稿与读者服务：010-62776969，c-service@tup.tsinghua.edu.cn
质量反馈：010-62772015，zhiliang@tup.tsinghua.edu.cn
课件下载：https://www.tup.com.cn,010-83470236
印 装 者：三河市龙大印装有限公司
经　　销：全国新华书店
开　　本：185mm×260mm　　**印　张**：18.25　　**字　　数**：444 千字
版　　次：2024 年 10 月第 1 版　　**印　　次**：2024 年 10 月第1 次印刷
印　　数：1～1500
定　　价：59.00 元

产品编号：100003-01

前言
PREFACE

随着科学技术的飞速发展，自动控制技术已广泛应用于各行各业。在控制技术需求推动下，控制理论也取得了显著进步。目前控制理论已经渗透到多个学科，不但在自然和工程学科领域，而且在社会学科领域也有广泛的应用，成为多个学科和领域的发展动力。很多高等院校都把控制理论列为工科和部分社会学科学生的必修课。作为现代工程技术人员和科学工作者，都应该具备一定的控制理论基础知识。

自动控制理论是研究自动控制共同规律的技术科学。本书从控制系统建模、分析和设计三方面入手，比较全面地阐述了自动控制的基本理论和应用，主要内容包括自动控制的一般概念、自动控制系统的数学模型、时域分析法、根轨迹法、频域分析法、控制系统的校正、离散系统理论和非线性控制系统分析等。

本书内容编排合理，按照先基础后应用、先理论后实践的方式，遵循从建模、分析到设计，从连续系统到离散系统，从线性系统到非线性系统的思路，由浅入深、循序渐进地编排各章节，便于读者更好地理解和掌握自动控制系统的数学概念、物理概念和工程概念。

本书在相关章节中详细介绍了 MATLAB 仿真方法，并给出了大量的 MATLAB 仿真例题，以帮助读者加深对基本概念的理解，培养计算机辅助分析和设计能力。此外，每章均配有适量习题，并根据习题的难易程度和综合性，将其分为自测题和基础题，以引导读者合理选择、有效学习。

结合新工科工程教育需求，本书突出强调自动控制理论课程的基础性及工程实践指导性，给出了较多实际工程案例，以培养读者的工程思维能力及解决实际工程问题的能力。

针对重点内容，本书配套制作了微课视频，通过扫描二维码即可实现同步在线学习。通过“纸数”媒介的互补，充分展示本书内容，服务教学过程，有利于开展混合式教学，满足信息化和个性化的教学需要。由于篇幅限制，每章习题及第 8 章以电子资源的形式给出，可扫描目录上方的二维码获取。

配套资源

- MATLAB 程序代码、第 8 章 PDF 文档、每章习题等：扫描目录上方的“配套资源”二维码下载。
- 教学课件、教学大纲（含课程思政）、电子教案、习题答案及每章小结等：在清华大学出版社官方网站本书页面下载，或者扫描封底的“书圈”二维码在公众号下载。
- 微课视频（288 分钟，49 集）：扫描相应章节中的二维码在线学习。

注：请先扫描封底刮刮卡中的文泉云盘防盗码进行绑定后再获取配套资源。

本书由田茸主编，并对全书进行统稿。参加编写的有：田茸[第 1、3 章（部分）；第 7、8

章(部分)],李虹(第2、5章),戴瑞[第3章(部分)],宋娟(第4、6章),凌菁[第8章(部分)]。在本书编写过程中,宁夏大学汤全武教授在百忙之中提出了许多宝贵的建设性意见,宁夏大学杨国华教授审阅了部分章节并提出了指导性修改意见,在此表示衷心的感谢。

本书在编写过程中,参考了诸多文献资料,在此向文献资料的作者们表示感谢。

本书是宁夏高校专业类课程思政教材研究基地的研究成果之一,并获得了宁夏大学教材出版基金的资助。

由于编者水平有限,书中难免出现错误及不妥之处,恳请广大读者和同行批评指正。

编　者

2024年3月

微课视频清单

视 频 名 称	时长/min	书 中 位 置
1-自动控制的一般概念	4	1.2 节节首
2-自动控制系统的控制方式	6	1.4 节节首
3-自动控制系统性能的基本要求	5	1.7 节节首
4-控制系统微分方程的建立	6	2.1.1 节节首
5-传递函数的定义和表达式	6	2.2.1 节节首
6-结构图的组成及绘制	4	2.3.1 节节首
7-结构图简化示例	5	实例 2-17 前
8-信号流图的基本概念	6	2.4.1 节节首
9-梅森增益公式及其应用	9	2.4.3 节节首
10-典型反馈控制系统的闭环传递函数	4	2.5.2 节节首
11-典型反馈控制系统的误差传递函数	4	2.5.3 节节首
12-控制系统的时域性能指标	4	3.1.3 节节首
13-一阶系统的动态性能分析	4	3.2 节节首
14-二阶系统的动态性能分析	7	3.3 节节首
15-二阶系统的动态性能指标	8	3.3.3 节节首
16-高阶系统的动态性能分析	4	3.4.3 节节首
17-劳斯稳定判据	8	3.5.3 节节首
18-控制系统的稳态误差	7	3.6 节节首
19-扰动作用下的稳态误差	4	3.6.4 节节首
20-根轨迹法的基本概念	5	4.1 节节首
21-根轨迹方程及其应用	4	4.1.2 节节首
22-180°根轨迹的绘制规则	6	4.2 节节首
23-参数根轨迹	5	4.3.1 节节首
24-零度根轨迹	5	4.3.2 节节首
25-开环零点对系统性能的影响	3	例 4-18
26-开环极点对系统性能的影响	3	例 4-19
27-偶极子对系统性能的影响	5	例 4-20
28-频率特性的基本概念	8	5.1 节节首
29-典型环节的频率特性	12	5.2 节节首
30-系统的开环幅相特性曲线	8	5.3.1 节节首
31-系统的开环对数频率特性曲线	9	5.3.2 节节首
32-奈奎斯特稳定判据	8	5.4.2 节节首
33-对数频率稳定判据	5	5.4.3 节节首
34-控制系统的稳定裕度	6	5.5 节节首
35-校正方式	3	6.1.2 节节首
36-超前校正装置及其特性	4	6.2.1 节节首
37-滞后校正装置及其特性	4	6.2.2 节节首

续表

视频名称	时长/min	书中位置
38-滞后-超前校正装置及其特性	4	6.2.3节节首
39-频率法串联超前校正	8	6.3.2节节首
40-频率法串联滞后校正	7	6.3.3节节首
41-频率法串联滞后-超前校正	7	6.3.4节节首
42-串联综合法校正	6	6.3.5节节首
43-信号的采样与保持	12	7.2节节首
44-开环系统脉冲传递函数	5	7.4.4节节首
45-朱利稳定判据	7	7.5.3节节首
46-离散系统的稳态误差	8	7.6节节首
47-离散系统的时间响应	5	7.7.2节节首
48-离散系统的数字校正	4	7.8节节首
49-最少拍系统的设计	7	7.8.2节节首

目录

CONTENTS

配套资源

第1章 绪论

CHAPTER 1

学习目标

(1) 掌握自动控制的一般概念及相关名词术语。

(2) 理解自动控制系统的组成及各组成部分的作用。

(3) 掌握开环控制、闭环控制和复合控制系统的工作原理、特点及适用场合，深入理解负反馈原理。

(4) 了解自动控制系统的实际应用，学会利用所学控制原理分析控制系统。

(5) 理解自动控制系统的基本分类方法。

(6) 理解自动控制系统的性能要求。

(7) 了解自动控制理论的发展，认识自动控制技术在国民经济建设中的重要作用，增强学科自信，明确学习本课程的目的。

本章重点

(1) 自动控制系统的基本概念。

(2) 自动控制系统的基本控制方式，反馈控制原理及特点。

(3) 由系统工作原理图绘制方框图。

(4) 自动控制系统的基本分类方法。

(5) 自动控制系统的性能要求。

1.1 引言

随着科学技术的飞速发展，自动控制技术和理论已经广泛地应用于工农业生产、医疗卫生、环境监测、交通管理、军事装备、空间技术、核技术和人工智能等领域，成为现代化社会不可缺少的重要组成部分。自动控制技术不仅可以提高劳动生产率，降低生产成本，改善劳动条件，将人们从繁重的体力劳动和大量重复性的操作中解放出来，还为人类探索自然、利用自然提供了有力的保障。

自动控制理论是研究自动控制共同规律的一门技术科学，它是在解决实际技术问题的过程中逐步形成和发展起来的。根据发展的不同阶段，分为经典控制理论、现代控制理论和智能控制理论。

经典控制理论始于19世纪初，到了20世纪50年代，经典控制理论已经发展到相当成熟的地步,形成了相对完整的理论体系。以传递函数作为描述系统的数学模型,以时域分析法、根轨迹法和频域分析法为主要方法,构成了经典控制理论的基本框架。经典控制理论主要研究单输入、单输出线性定常系统的分析和设计问题。

20 世纪 50 年代中期,空间技术的发展迫切要求解决更复杂的多变量、非线性、时变等控制问题。同时,计算机技术的发展也为控制理论的发展提供了条件,到了 20 世纪 60 年代初,以状态方程作为描述系统的数学模型,以贝尔曼的动态规划法、庞特里亚金的极小值原理以及卡尔曼滤波为核心的新的控制理论和方法的确定,使得现代控制理论应运而生。现代控制理论主要研究具有高性能、高精度和多耦合回路的多变量系统的分析和设计问题。

20 世纪 70 年代以后,随着计算机科学的飞速发展,出现了自适应控制、专家系统、模糊控制、神经网络控制、大系统理论等自动控制科学分支,控制理论向着以控制论、信息论、仿生学为基础的智能控制理论深入。控制理论的发展,必将有力地推动社会生产力的进步,提高人民的生活水平,促进人类社会的共同发展。

本书主要介绍经典控制理论的相关内容,为进一步深入学习自动控制有关课程及其相关科学奠定良好的基础。

视频讲解

1.2 自动控制的一般概念

什么是自动控制?为了说明这个问题,首先看一个人工控制实例。图 1-2-1 是水箱水位人工控制系统示意图,该系统中水箱是被控对象,水位的高度是被控量,控制的任务是保持水位的高度在期望值上。当出水流量和入水流量平衡时,水位高度维持在期望值上。当出水流量或入水流量发生变化时,水位必定偏离期望值,这时就需要操作者对水箱进行必要的控制。具体操作步骤如下,首先,操作者用眼睛观察实际水位,大脑将实际水位与期望水位进行比较,得到偏差;然后大脑根据偏差的大小,指挥手臂调节进水阀门的开度;最终使实际水位达到期望的水位高度,从而实现控制任务。可以看出,整个控制过程是一个利用偏差产生控制作用,并不断使偏差减小直至消除的过程,同时,为了取得偏差信号,必须要有实际水位的反馈信息,两者结合起来,就构成了反馈控制。显然,反馈控制实质上是一个按偏差进行控制的过程。水箱水位人工控制方框图如图 1-2-2 所示。

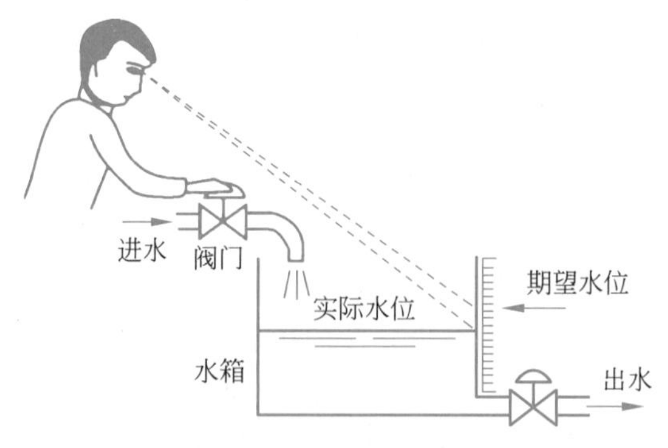

图 1-2-1 水箱水位人工控制系统示意图

通过上述水箱水位人工控制系统可以看出,产生控制作用的机构是人的眼睛、大脑和手臂。如果将控制装置有机地组合在一起,代替人的职能,就构成了自动控制系统。图 1-2-3

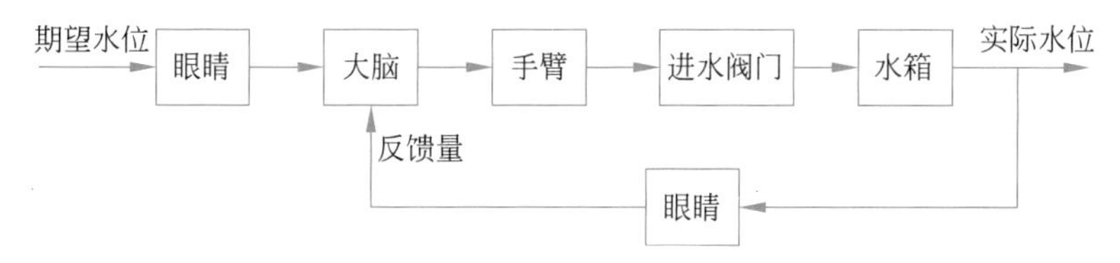

图 1-2-2　水箱水位人工控制方框图

是水箱水位自动控制系统示意图，该系统中浮子代替了人的眼睛，对实际水位进行测量；连杆和电位器类似于人的大脑，它将期望水位与实际水位两者进行比较，得出偏差的大小和极性；电动机和减速器相当于人的手臂，调节进水阀门开度，对水位实施控制，整个控制过程可用图 1-2-4 所示的方框图表示。由此可见，为了完成控制任务，控制装置必须具备测量、比较、执行 3 个基本的职能部件。

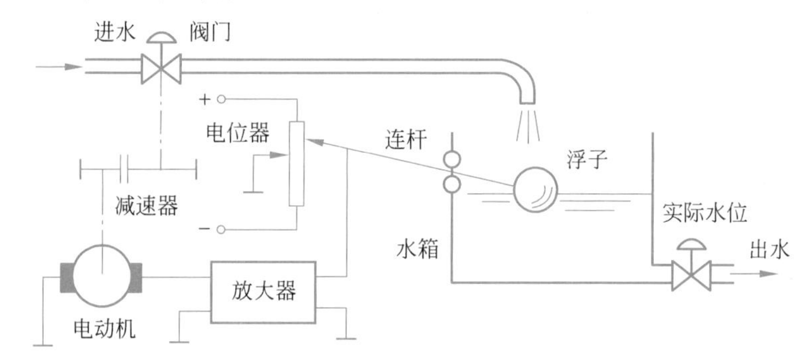

图 1-2-3　水箱水位自动控制系统示意图

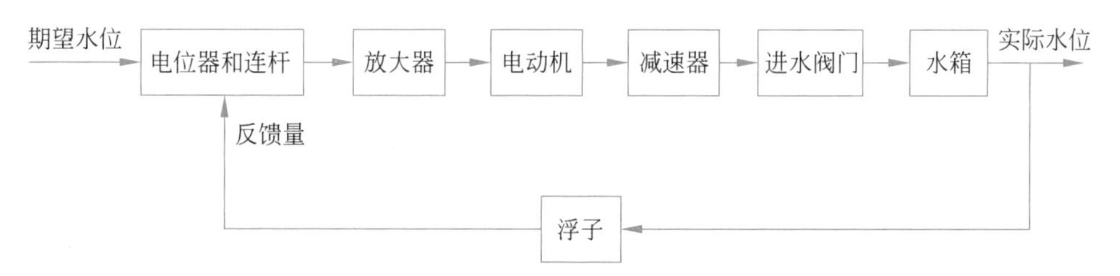

图 1-2-4　水箱水位自动控制方框图

综上所述，所谓自动控制就是指在没有人直接参与的情况下，利用控制装置操纵被控对象，使被控量自动地按照预定的规律运行。自动控制系统是指能够完成自动控制任务的设备，一般由被控对象和控制装置构成。

1.3 自动控制系统的组成

自动控制系统根据被控对象和具体用途不同，有各种不同的结构形式。典型的自动控制系统组成可用图 1-3-1 所示方框图表示，主要包括被控对象、给定元件、测量元件、比较元件、放大元件、执行元件以及校正元件等。每个功能元件都有自己的职能，各组成部分既要完成各自任务，又要共同协作才能使控制系统具有良好的控制性能。

被控对象：一般指控制系统中接受控制的设备或生产过程，如水箱水位控制系统中的水箱就是被控对象。

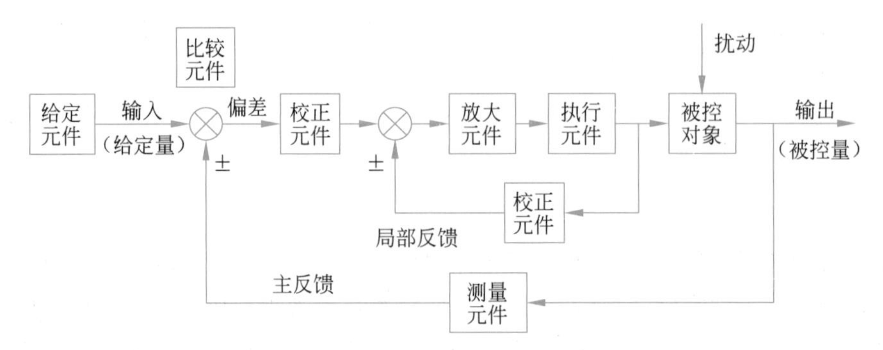

图 1-3-1　典型的自动控制系统组成方框图

给定元件：用于给出与期望的输出相对应的系统输入量，是产生输入指令的元件。

测量元件：用于对系统的被控量进行检测，并把它转换成与参考输入相同的物理量后，送入比较环节。

比较元件：用于将测量元件检测的被控量实际值与给定元件给出的输入量进行比较，求出它们之间的偏差。

放大元件：用于将比较元件给出的偏差信号进行放大，从而推动执行元件动作。

执行元件：直接对被控对象进行操作，使被控量发生变化。常用来作为执行元件的有阀门、电动机、液压马达等。

校正元件：也称控制器，它是结构或参数便于调整的元件，用串联或反馈的方式连接在系统中，以改善系统的性能。简单的校正元件是由电阻、电容组成的无源或有源网络，复杂的校正元件则用计算机。

下面给出图 1-3-1 所示的自动控制系统中各信号的定义。

输入信号：是指参考输入，又称给定量、给定值或输入量，它是控制输出量的指令信号。

输出信号：是指被控对象中要求按一定规律变化的物理量，又称被控量或输出量，它与输入信号之间满足一定的函数关系。

反馈信号：由系统输出端取出并反向送回系统输入端的信号称为反馈信号。若反馈信号与输入信号相减，使产生的偏差越来越小，则称为负反馈；反之，则称为正反馈。

偏差信号：是指输入信号与反馈信号之差，简称偏差。

扰动信号：简称扰动或干扰，它与控制作用相反，是一种不希望的、影响系统输出的不利因素。扰动信号既可来自系统内部，又可来自系统外部，前者称为内部扰动，后者称为外部扰动。

视频讲解

1.4 自动控制系统的控制方式

自动控制系统的控制方式包括开环控制、闭环控制和复合控制，它们都有各自的特点和不同的适用场合。

1.4.1 开环控制系统

开环控制系统是指被控量对控制作用不产生影响的系统。在开环控制系统中，不对被控量进行任何检测，在输出端和输入端之间不存在反馈联系，信号从输入端到输出端之间的传递是单向进行的。

许多现代化设备如CD播放机、计算机磁盘驱动器和录音机等都需要电动机以恒定的转速带动转台旋转。图1-4-1所示的转台转速控制系统属于开环控制系统，通过调节电位器的滑臂，使其输出参考电压u_r，经放大器放大后成为u_a，加到直流电动机的电枢两端，从而控制电动机以恒定的转速带动转台旋转。

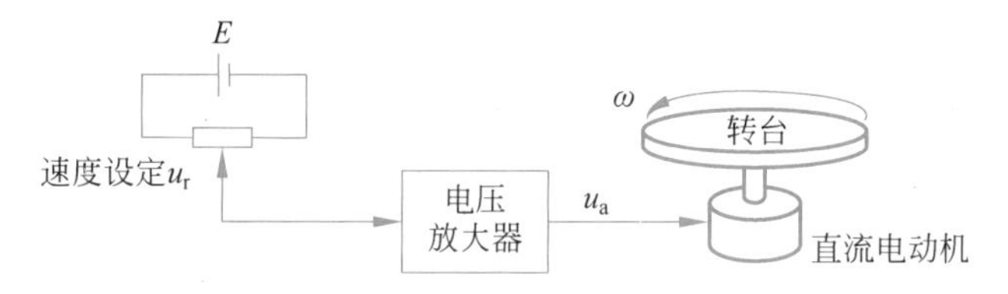

图1-4-1 转台转速开环控制系统示意图

在本系统中，转台是被控对象，转台的转速ω是被控量即输出量，参考电压u_r为系统的输入量，整个控制过程可用图1-4-2所示的方框图表示，从图1-4-2中可以看出，只有输入量u_r对输出量ω的单向控制作用，而输出量ω对输入量u_r却没有任何影响，这种系统称为开环控制系统。

图1-4-2 转台转速开环控制系统方框图

该系统在理想条件下，转台转速ω与电枢电压u_a成正比，只要改变给定电压u_r，便可得到期望的转速ω。然而由于电动机磨损或磁盘发热、振动、噪声以及元器件老化等因素会使转台的转速偏离期望值，这些使被控量偏离期望值的因素称为干扰或扰动，系统在受到干扰的影响后，输出量无法反映到系统输入端从而对u_a产生影响，也就无法消除干扰对转台转速的影响，因此该系统控制精度较差。

一般来说，开环控制系统结构比较简单，成本较低，但对可能出现的被控量偏离给定值的偏差没有任何修正能力，抗干扰能力差，控制精度不高。一般适用于在控制精度要求不高或扰动影响较小的场合，如自动洗衣机、步进电机控制及水位调节等系统。

1.4.2 闭环控制系统

闭环控制系统是指被控量对控制作用产生影响的系统。在闭环控制系统中，输入端和输出端之间，除了有一条从给定值到被控量方向传递信息的前向通道外，还有一条从被控量到比较环节传递信号的反馈通道。

在图1-4-1所示的转台转速开环控制系统中，加入一台转速计，并对电路稍加改变，便构成了图1-4-3所示的转台转速闭环控制系统。在该系统中转台转速ω由转速计测量并转换成与之成比例的电压信号u_c，再反馈到系统的输入端，与给定电压u_r进行比较，得到偏差电压$\Delta u=u_r-u_c$。Δu经电压放大器放大后驱动直流电动机旋转，从而使转台转速ω始终保持在给定的精度范围内。若采用精密元件，则转台转速与期望速度间的误差可降低到开环系统误差的百分之一。

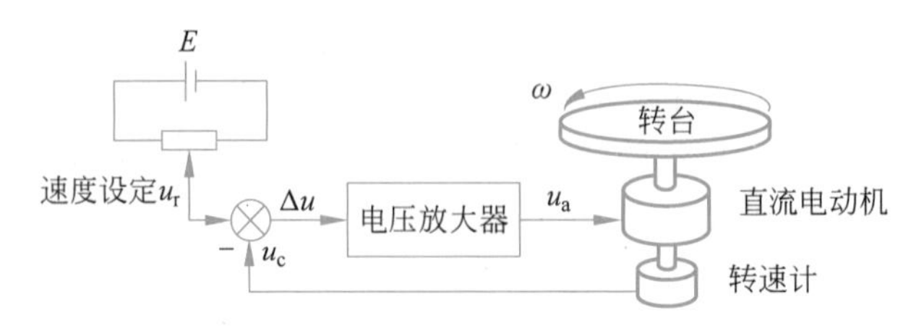

图 1-4-3 转台转速闭环控制系统示意图

整个控制过程可用图 1-4-4 所示的方框图表示,图 1-4-4 清晰地表明,由于采用了反馈回路,信号的传输路径形成闭合回路,输出量反过来直接影响控制作用,这种系统称为闭环控制系统。

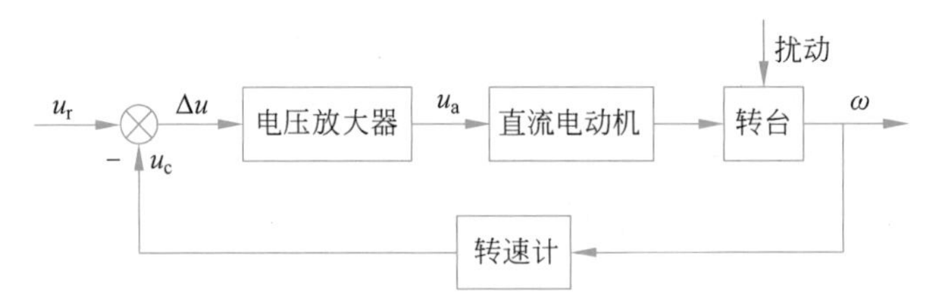

图 1-4-4 转台转速闭环控制系统方框图

综上所述,闭环控制系统的实质是将系统的被控量经测量后反馈到系统输入端,与给定值相比较,利用偏差信号对系统进行调节,从而达到减小偏差或消除偏差的目的。由于闭环控制系统是根据负反馈原理按偏差进行控制的,因此也叫作反馈控制系统或偏差控制系统。

闭环控制是自动控制系统最基本的控制方式,也是应用最广泛的一种控制方式。无论是干扰的作用,还是系统结构参数的变化,只要被控量偏离给定值,系统就会自行纠正偏差。因此,闭环控制系统控制精度较高,在控制工程中得到了广泛的应用。但由于闭环控制系统结构复杂,建造困难,参数如果匹配得不好,会造成被控量有较大摆动,甚至系统无法正常工作。

1.4.3 复合控制系统

复合控制就是开环控制和闭环控制相结合的一种控制方式。实质上,它是在闭环控制回路的基础上,附加了输入信号或扰动作用的前馈通道,来提高系统的控制精度。前馈通道通常由对输入信号的补偿装置或对扰动作用的补偿装置组成,相应的控制系统分别称为按输入信号补偿和按扰动作用补偿的复合控制系统,如图 1-4-5 所示。

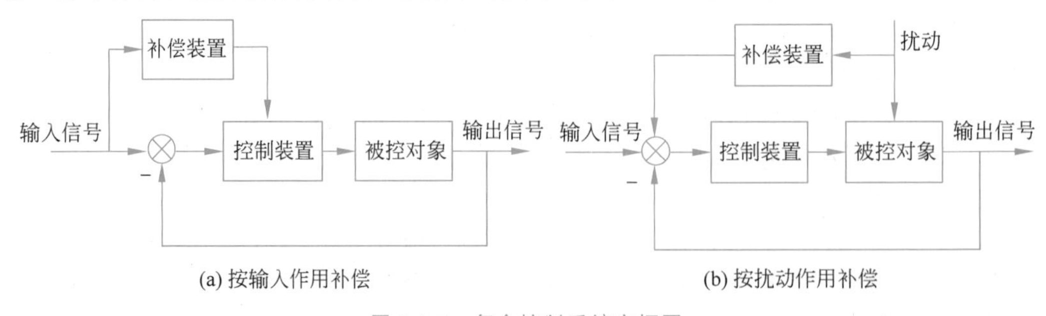

图 1-4-5 复合控制系统方框图

1.5 自动控制系统实例

1.5.1 加热炉温度控制系统

温度是工业控制中比较常见的被控量,在冶金、化工、电力工程、造纸、机械制造、食品加工等诸多生产过程中,需要对各类加热炉的温度进行检测和控制。图 1-5-1 为某工厂加热炉温度控制系统示意图。该加热炉采用电加热方式运行,电阻丝所产生的热量与调压器电压的平方成正比,调压器电压的高低由调压器滑动触点的位置决定,该触点由直流伺服电动机驱动。

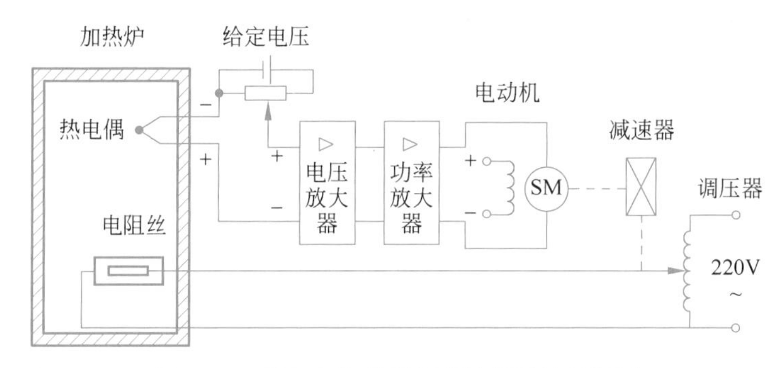

图 1-5-1 某工厂加热炉温度控制系统示意图

加热炉的实际温度经过热电偶测量后与给定电压进行比较,由于扰动(如电源电压波动或加热物件增减等)影响,炉温偏离了给定值,其偏差电压经电压放大器、功率放大器放大后驱动直流伺服电动机,经减速器带动调压器滑动触点的移动,改变电阻丝的供电电压,从而达到控温的目的。系统中加热炉是被控对象,炉温是被控量,期望的炉温由给定电位器设定的电压表征。整个控制过程可用图 1-5-2 所示的方框图表示。

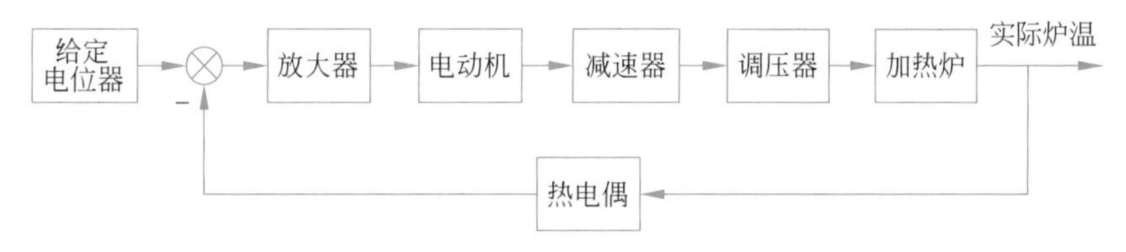

图 1-5-2 加热炉温度控制原理方框图

1.5.2 导弹发射架方位控制系统

导弹发射架方位控制系统示意图如图 1-5-3 所示,图中电位器 p_1、p_2 并联后接到同一电源 E_0 的两端,其滑臂分别与输入轴和输出轴相连接,组成方位角的给定元件和测量反馈元件。输入轴由手轮操纵,输出轴则由直流电动机经减速后带动,电动机采用电枢控制的方式工作。

当导弹发射架的方位角与输入轴方位角一致时,系统处于相对静止状态。当摇动手轮使电位器 p_1 的滑臂转过一个输入角 θ_i 时,由于输出轴的转角 $\theta_o \neq \theta_i$,于是出现一个误差角 $\theta_e = \theta_i - \theta_o$,该误差角通过电位器 p_1、p_2 转换成偏差电压 $u_e = u_i - u_o$,u_e 经放大后驱动电动机转动,在驱动导弹发射架转动的同时,通过输出轴带动电位器 p_2 的滑臂转过一定的角

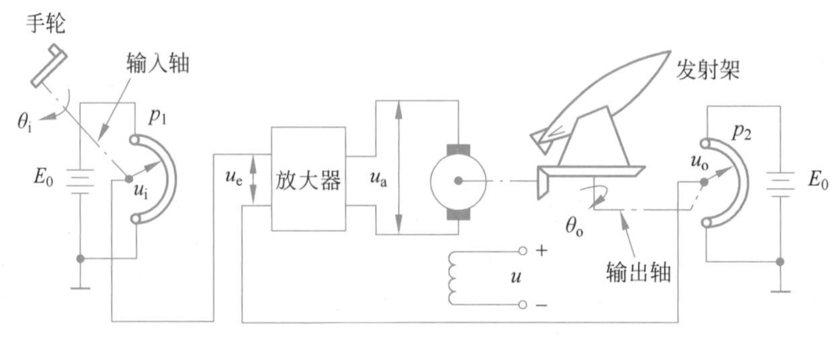

图 1-5-3 导弹发射架方位控制系统示意图

度,直至 $\theta_o=\theta_i$ 时,偏差电压 $u_e=0$,电动机停止转动。只要 $\theta_o\neq\theta_i$,偏差就会产生调节作用,使得发射架的方位角始终跟随输入角的变化而变化。整个控制过程可用图 1-5-4 所示的方框图表示。

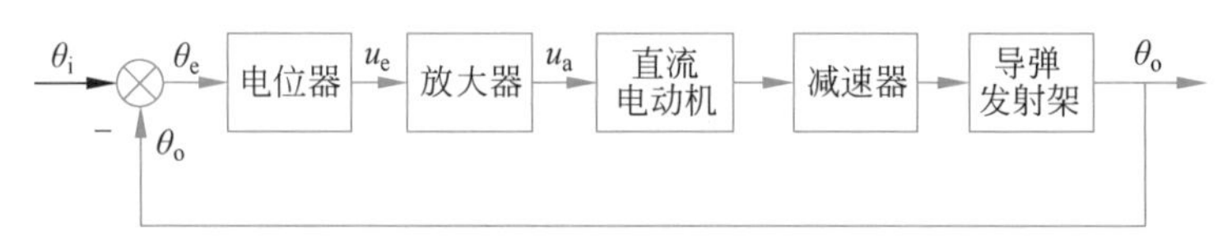

图 1-5-4 导弹发射架方位控制原理方框图

1.5.3 神舟八号与天宫一号交会对接控制系统

2011 年 11 月 3 日 1 时 36 分 6 秒,神舟八号和天宫一号实现了精准空间交会对接,这标志着中国成为继美国、俄罗斯之后,世界上第三个掌握空间交会对接技术的国家。该技术是实现空间站、航天飞机、太空平台和空间运输系统的空间装配、回收、补给、维修、航天员交换及营救等在轨服务的先决条件。图 1-5-5 为神舟八号与天宫一号实现精准交会对接示意图。

图 1-5-5 神舟八号与天宫一号实现精准交会对接示意图

在神舟八号与天宫一号的交会对接中,神舟八号作为追踪器,天宫一号作为目标器,追踪器和目标器的位置和姿态信息通过敏感器测量后送到控制器(星载计算机)中,控制器根据敏感器输入的测量值计算控制量并输出至执行机构,执行机构输出力和力矩作用于追踪器和目标器,不断修正两者之间的偏差,从而实现精准对接。对接过程可用图 1-5-6 所示的方框图表示。

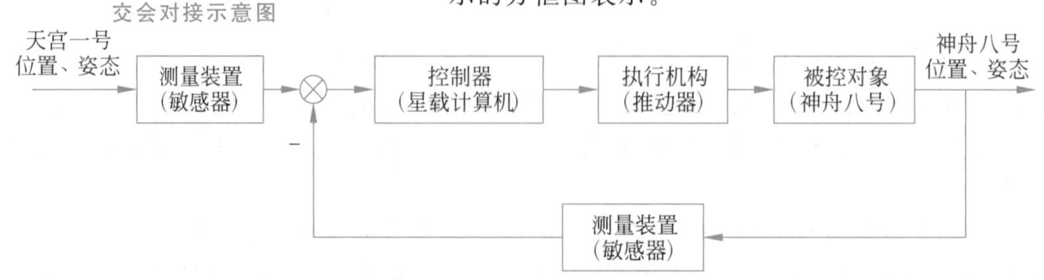

图 1-5-6 神舟八号与天宫一号交会对接原理方框图

空间交会对接是世界航天领域内公认的最复杂、最难攻关的技术。自 2011 年神舟八号与天宫一号成功实现首次空间交会对接以来，经过许许多多航天人的努力，我国稳、准、快的空间交会对接已成功实施多次，经历了从无人到有人、从自动和手动控制到自主控制、从几天到几小时、从轴向对接到径向对接等一次次创新突破。

1.6 自动控制系统的分类

自动控制系统除了按控制方式分为开环控制、闭环控制和复合控制外，还有多种分类方法，下面介绍几种常见的分类方法。

1.6.1 按输入信号形式分类

1. 恒值控制系统

恒值控制系统的特点是输入信号为某一常值，要求系统的被控量亦等于一个常值。系统面临的主要问题是存在使被控量偏离给定值的扰动，因此，恒值控制系统的任务是克服各种扰动的影响，使被控量维持在给定值附近。一般工业生产过程中广泛应用的温度、压力、流量、液位等参数的控制，大都采用恒值控制系统来实现。

2. 随动控制系统

随动控制系统又称伺服系统或跟踪系统，其输入信号是预先未知的随时间任意变化的函数，要求被控量能够快速准确地跟踪输入信号的变化。在随动控制系统中，扰动的影响是次要的，系统分析、设计的重点是研究被控量跟踪输入量的快速性和准确性。雷达天线的自动跟踪系统和高炮自动瞄准系统就是典型的随动控制系统。

3. 程序控制系统

程序控制系统的输入信号是预先规定的时间函数。用于机械加工的数控机床是典型的程序控制系统。

1.6.2 按传递信号类型分类

1. 连续系统

连续系统是指系统中各处的信号都是随时间连续变化的。这类系统的数学模型一般用微分方程来描述。

2. 离散系统

系统中只要有一处的信号是以脉冲序列或数码形式出现，该系统即为离散系统。这类系统的数学模型一般用差分方程来描述，工业计算机控制系统就是典型的离散系统。关于离散系统的分析与设计将在第 7 章中讲解。

1.6.3 按描述元件特性分类

1. 线性系统

系统各元件输入输出特性具有线性特性，系统的数学模型可以用线性微分（或差分）方程描述，称这类系统为线性系统。线性系统满足叠加原理，系统的稳定性只取决于系统本身的结构和参数，而与系统的初始条件无关。

2. 非线性系统

系统中只要有一个元件的输入输出特性是非线性的,这类系统就称为非线性系统。非线性系统不满足叠加原理,系统的数学模型由非线性微分(或差分)方程来描述。严格地说,构成系统的元件都具有不同程度的非线性特性。由于非线性方程在数学处理上较为困难,为了简化问题,往往对非线性程度不太严重的元件在一定范围内线性化,从而将非线性控制系统近似为线性控制系统。对于某些非线性程度严重的元件,不能进行线性化处理,一般采用第8章中介绍的分析非线性系统的方法来研究。

1.6.4 按系统参数特性分类

1. 定常系统

如果描述系统运动的微分方程或差分方程的系数均为常数,则称这类系统为定常系统,又称时不变系统。这类系统的特点是系统的响应特性只取决于输入信号和系统的特性,而与输入信号施加的时刻无关。

2. 时变系统

如果系统的结构或参数随时间变化,则称这类系统为时变系统。这类系统的特点是系统的响应特性不仅取决于输入信号和系统的特性,而且还与输入信号施加的时刻有关。对于同一个时变系统,当相同的输入信号在不同时刻作用于系统时,系统的响应是不同的。

视频讲解

1.7 对自动控制系统性能的基本要求

自动控制系统的基本任务是克服各种扰动的影响,使系统的被控量能够按照预定的规律变化。由于实际系统中一般含有惯性或储能元件,这些元件的能量不可能突变,因此控制系统在受到扰动或输入量变化时,其被控量不可能立即达到给定值,而有一个变化过程。通常把系统受到外作用后,被控量随时间变化的全过程,称为动态过程或过渡过程。过渡过程结束后的输出响应称为稳态过程。

控制系统的性能,可以用系统输出响应的特性来衡量,考虑到输出响应在不同阶段的特点,工程上常以稳定性、快速性、准确性3方面来评价自动控制系统的总体性能。

1.7.1 稳定性

稳定性是保证控制系统能够正常工作的首要条件,也是对控制系统最基本的要求。一个稳定的控制系统,其被控量偏离给定值的偏差随时间的增长逐渐减小并趋于零。反之,不稳定的控制系统,其被控量偏离给定值的偏差将随时间的增长而发散。在图1-7-1所示的系统中,系统在外力作用下,输出$c(t)$逐渐与给定值$r(t)$一致,如曲线①所示,则系统是稳定的;反之,输出发散,如曲线②所示,则系统是不稳定的。

1.7.2 快速性

快速性是指动态过程进行的时间长短。动态过程时间越短,说明系统快速性越好,反之说明系统响应迟钝,难以跟踪快速变化的指令信号。图1-7-2所示曲线①的快速性要优于曲线②。

图 1-7-1 控制系统稳定性示例

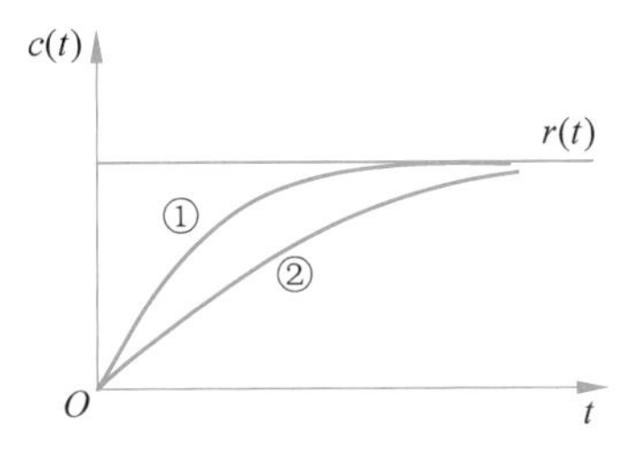

图 1-7-2 控制系统快速性示例

1.7.3 准确性

准确性是指系统在动态过程结束后，被控量与给定值的偏差，这一偏差称为稳态误差，它是衡量系统稳态精度的指标，反映了系统的稳态性能。控制系统设计的任务之一是尽量减小系统的稳态误差，或者使稳态误差小于某一容许值。

若在动态过程结束后，被控量能够达到给定值，说明该系统具有很好的准确性，如图 1-7-3 中曲线①所示；若被控量在动态过程结束后不能达到给定值，存在很大的误差，说明该系统的准确性很差，如图 1-7-3 中曲线②所示。

一个自动控制系统稳定性、快速性、准确性的要求往往是相互制约的。提高动态过程的快速性，可能会引起系统的强烈振荡，改善系统的平稳性，控制过程又可能很迟缓，甚至会使系统的稳态精度很差，分析和解决这些矛盾，是本书的重要内容。

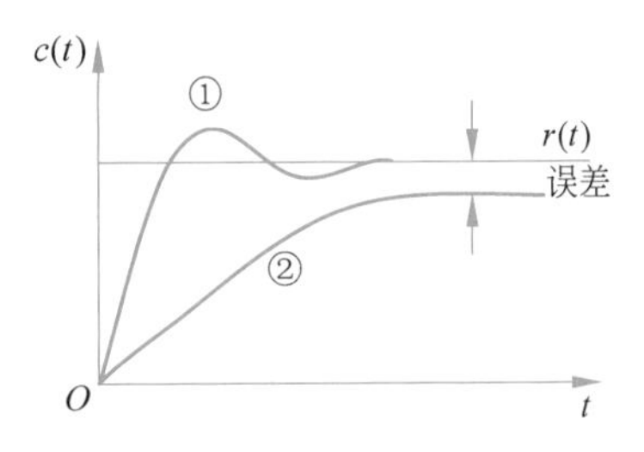

图 1-7-3 控制系统准确性示例

自动控制理论不是研究某一个或某一类被控量的控制问题，而是研究自动控制系统的普遍性、一般性的规律。本书沿着自动控制系统建模、分析和设计这条主线展开。在对实际控制系统进行分析和设计时，首先要建立系统的数学模型，在已知系统数学模型前提下，研究控制系统的性能并寻找系统性能与系统结构、参数之间的关系，称为控制系统的分析。如果已知对系统性能指标的要求，寻找合理的控制方案，这类问题称为控制系统的设计或校正。分析和设计是两个完全相反的命题，分析系统的目的在于了解和认识已有的系统。而设计系统的目的是改造性能指标未达到要求的系统，使其能够完成确定的工作。

1.8 习题

第2章 控制系统的数学模型

CHAPTER 2

学习目标

(1) 理解建立控制系统微分方程的一般步骤和方法；会利用拉普拉斯变换法求解微分方程；理解非线性微分方程线性化的方法。

(2) 掌握传递函数的定义、性质及不同形式的表达式；掌握典型环节及其传递函数。

(3) 掌握控制系统结构图的建立步骤和方法；掌握结构图等效变换规则，能利用结构图等效变换求解系统的传递函数。

(4) 掌握信号流图的概念和绘制方法；熟练掌握利用梅森增益公式求解传递函数的方法。

(5) 掌握典型反馈系统的闭环传递函数及误差传递函数的概念及求解方法。

本章重点

(1) 传递函数的定义、性质及不同形式的表达式；典型环节的传递函数。

(2) 结构图等效变换。

(3) 信号流图及梅森增益公式。

(4) 典型反馈控制系统的传递函数。

对一个控制系统进行分析和设计，首先需要建立系统的数学模型。系统的数学模型是定量地描述系统输入、输出变量以及内部各变量之间关系的数学表达式。它是对实际系统基本特性的一种抽象描述。在工程实际中，具有不同特性的系统，如电气系统、机械系统、液压系统、生物学系统、经济学系统等，其动态特性都可以用数学模型来描述，而且不同的系统可能会具有相同形式的数学模型。

控制系统数学模型的建立方法一般有解析法和实验法两种。解析法又称理论建模，它是在对控制系统工作原理进行分析的基础上，根据组成系统的各环节或元件所遵循的相关定律来建立数学模型的一种方法，如电气系统中的伏安特性、基尔霍夫定律，机械系统中的牛顿定律、质量守恒定律，液压系统中的帕斯卡原理、伯努利方程等。这种方法通常适用于结构和参数已知的系统。若系统的结构和参数未知或部分已知，则采用实验法。实验法又称系统辨识，它是在系统的输入端人为地加入某种典型信号(阶跃信号、脉冲信号、正弦信号等)，根据测量出的输出响应，用适当的数学模型去逼近，从而辨识出系统的数学模型。

控制系统的数学模型不是唯一的，根据不同需要，往往具有不同的形式。在经典控制理论中，对于连续系统，数学模型有时域中的微分方程，复数域中的传递函数、结构图、信号流图,频域中的频率特性等；离散系统类似,有差分方程、脉冲传递函数、结构图等。而在现代控制理论中,无论连续系统还是离散系统,普遍采用状态空间方程来描述。

本章讨论利用解析法建立线性定常连续系统的微分方程、传递函数、结构图及信号流图的方法,其余几种数学模型和实验法将在后续章节及相关课程中详述。

2.1 控制系统的微分方程

控制系统的微分方程描述的是系统的输出变量与输入变量之间的数学运算关系,它包含输出变量和输入变量的时间函数以及它们对时间的各阶导数的线性组合,适用于单输入-单输出系统。微分方程中输出变量导数的最高阶次是微分方程的阶数,也称为系统的阶数。

2.1.1 控制系统微分方程的建立

解析法建立控制系统微分方程的一般步骤如下：

(1) 分析系统的工作原理,将系统分解为若干环节或元件,根据需要设定一些中间变量,确定系统和各环节或元件的输入、输出变量；

(2) 从输入端开始,按照信号的传递顺序,根据各环节或元件所遵循的基本定律建立相应的微分方程；

(3) 将各环节或元件的微分方程联立,消去中间变量,化简得到仅包含系统输入、输出变量及其导数的微分方程；

(4) 整理成标准形式的微分方程,即将输出变量及其各阶导数放在微分方程的左端,输入变量及其各阶导数放在微分方程的右端,并按降幂排列。

例 2-1　如图 2-1-1 所示 RLC 无源网络,建立以 $u_i(t)$ 为输入、$u_o(t)$ 为输出的无源网络的微分方程。

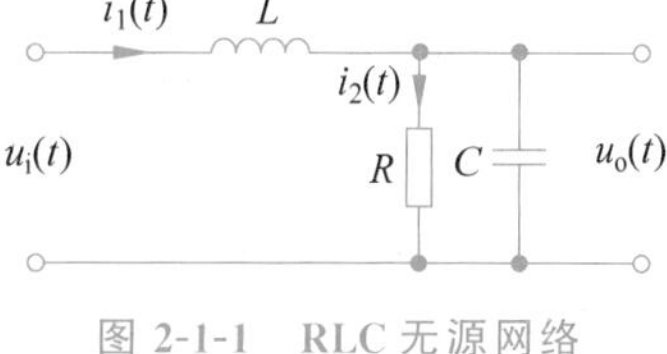

图 2-1-1　RLC 无源网络

解：如图 2-1-1 所示,以电流 $i_1(t)$、$i_2(t)$ 作为中间变量,根据电路理论中的伏安特性和基尔霍夫定律,可列出微分方程组

$$\begin{cases} i_1(t)=\dfrac{1}{L}\displaystyle\int [u_i(t)-u_o(t)]\,\mathrm{d}t \\ i_2(t)=i_1(t)-C\dfrac{\mathrm{d}u_o(t)}{\mathrm{d}t} \\ u_o(t)=Ri_2(t) \end{cases}$$

消去中间变量,整理得

$$LC\frac{\mathrm{d}^2u_o(t)}{\mathrm{d}t^2}+\frac{L}{R}\frac{\mathrm{d}u_o(t)}{\mathrm{d}t}+u_o(t)=u_i(t)$$

令 $T_1=LC$,$T_2=\dfrac{L}{R}$,则

$$T_1\frac{\mathrm{d}^2u_\mathrm{o}(t)}{\mathrm{d}t^2}+T_2\frac{\mathrm{d}u_\mathrm{o}(t)}{\mathrm{d}t}+u_\mathrm{o}(t)=u_\mathrm{i}(t)$$

可见,图 2-1-1 所示 RLC 无源网络的数学模型是一个二阶线性常微分方程。因此该 RLC 无源网络是一个二阶线性定常系统。

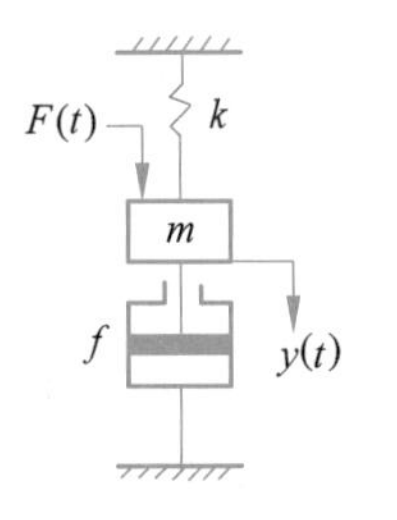

图 2-1-2 弹簧-质量-阻尼器机械位移系统

例 2-2 由弹簧-质量-阻尼器组成的机械位移系统如图 2-1-2 所示,建立质量块所受外力 $F(t)$ 与其相对位移 $y(t)$ 之间的微分方程。图中,m 为质量块的质量,k 为弹簧的弹性系数,f 为阻尼器的阻尼系数。

解:首先对质量块进行受力分析,然后根据牛顿第二定律列出质量块对应的合力方程,从而得到系统的微分方程。

以弹簧的弹力 $F_\mathrm{k}(t)$ 和阻尼器的阻力 $F_\mathrm{f}(t)$ 作为中间变量,根据牛顿第二定律,可得

$$F(t)-F_\mathrm{k}(t)-F_\mathrm{f}(t)=m\frac{\mathrm{d}^2y(t)}{\mathrm{d}t^2} \tag{2-1-1}$$

假设弹簧是线性的,则弹力与位移成正比,即

$$F_\mathrm{k}(t)=ky(t) \tag{2-1-2}$$

阻尼器是一种产生黏性摩擦的阻尼装置,其阻力与质量块的运动速度成正比,即

$$F_\mathrm{f}(t)=f\frac{\mathrm{d}y(t)}{\mathrm{d}t} \tag{2-1-3}$$

联立式(2-1-1)～式(2-1-3)消去中间变量,整理得

$$\frac{m}{k}\frac{\mathrm{d}^2y(t)}{\mathrm{d}t^2}+\frac{f}{k}\frac{\mathrm{d}y(t)}{\mathrm{d}t}+y(t)=\frac{1}{k}F(t)$$

可见,图 2-1-2 所示弹簧-质量-阻尼器机械位移系统的数学模型是一个二阶线性常微分方程。因此该系统也是一个二阶线性定常系统。

例 2-3 电枢控制直流电动机的原理如图 2-1-3 所示,建立以电枢电压 $u_\mathrm{a}(t)$ 为输入、电动机转速 $\omega_\mathrm{m}(t)$ 为输出的微分方程。图中,L_a 和 R_a 分别是电枢电路等效的电感和电阻;J_m 和 f_m 分别是电动机与负载折合到电动机轴上的转动惯量和黏性摩擦系数;$M_\mathrm{c}(t)$ 是折合到电动机轴上的总负载转矩,是系统的扰动量;$i_\mathrm{f}(t)$ 为励磁电流,在电枢控制方式下为常数。

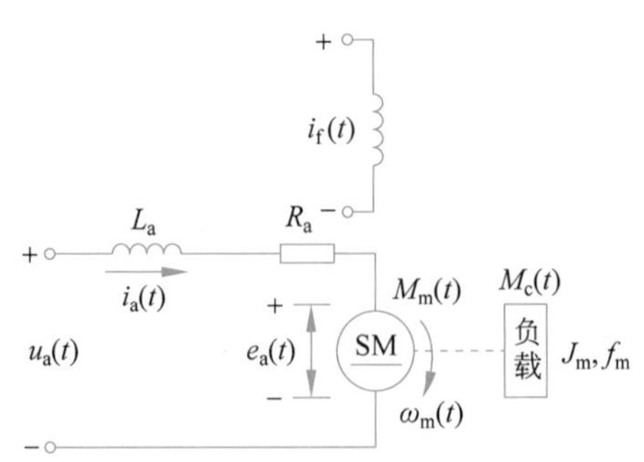

图 2-1-3 电枢控制直流电动机原理图

解:电枢控制的直流电动机是控制系统中常用的执行机构,其工作原理为输入的电枢

电压 $u_a(t)$ 在电枢回路中产生电枢电流 $i_a(t)$，再由电流 $i_a(t)$ 与激磁磁通相互作用产生电磁转矩 $M_m(t)$，从而带动负载转动。同时，电枢旋转产生反电势 $e_a(t)$，其与 $u_a(t)$ 极性相反。

以电枢电流 $i_a(t)$、电枢反电势 $e_a(t)$、电磁转矩 $M_m(t)$ 作为中间变量，根据电路理论中伏安特性和基尔霍夫定律，可列出电枢回路电压平衡方程

$$u_a(t)=L_a\frac{\mathrm{d}i_a(t)}{\mathrm{d}t}+R_a i_a(t)+e_a(t) \tag{2-1-4}$$

式(2-1-4)中，电枢反电势 $e_a(t)$ 的大小与转速成正比，即

$$e_a(t)=C_e\omega_m(t) \tag{2-1-5}$$

式(2-1-5)中，C_e 为反电势系数。

根据安培定律，可列出电磁转矩方程

$$M_m(t)=C_m i_a(t) \tag{2-1-6}$$

式(2-1-6)中，C_m 为电动机转矩系数。

根据牛顿定律，可列出电动机轴上的转矩平衡方程

$$J_m\frac{\mathrm{d}\omega_m(t)}{\mathrm{d}t}+f_m\omega_m(t)=M_m(t)-M_c(t) \tag{2-1-7}$$

联立式(2-1-4)～式(2-1-7)，消去中间变量，整理得

$$\begin{aligned}&\frac{L_aJ_m}{R_af_m+C_mC_e}\frac{\mathrm{d}^2\omega_m(t)}{\mathrm{d}t^2}+\frac{L_af_m+R_aJ_m}{R_af_m+C_mC_e}\frac{\mathrm{d}\omega_m(t)}{\mathrm{d}t}+\omega_m(t)\\&=\frac{C_m}{R_af_m+C_mC_e}u_a(t)-\frac{L_a}{R_af_m+C_mC_e}\frac{\mathrm{d}M_c(t)}{\mathrm{d}t}-\frac{R_a}{R_af_m+C_mC_e}M_c(t)\end{aligned} \tag{2-1-8}$$

这是一个二阶微分方程。在工程实际中，电枢电路的等效电感 L_a 通常很小，可忽略不计，因而式(2-1-8)可简化为

$$T_m\frac{\mathrm{d}\omega_m(t)}{\mathrm{d}t}+\omega_m(t)=K_m u_a(t)-K_c M_c(t) \tag{2-1-9}$$

式(2-1-9)中，$T_m=R_aJ_m/(R_af_m+C_mC_e)$ 为电动机时间常数；$K_m=C_m/(R_af_m+C_mC_e)$ 和 $K_c=R_a/(R_af_m+C_mC_e)$ 分别为电动机对有用输入和扰动的传递系数。

这是一个一阶微分方程。在工程中，为便于分析问题，常忽略一些次要因素而使系统的数学模型变得简单。

若电枢电路的等效电阻 R_a 和电动机的转动惯量 J_m 都很小，可忽略不计，且只考虑有用输入 $u_a(t)$ 的作用，则式(2-1-9)可进一步简化为

$$\omega_m(t)=\frac{1}{C_e}u_a(t)$$

即电动机转速 $\omega_m(t)$ 与电枢电压 $u_a(t)$ 成正比。这时，电动机可作为测速发电机使用。

若以电动机的转角 $\theta_m(t)$ 为输出，因为 $\omega_m(t)=\mathrm{d}\theta_m(t)/\mathrm{d}t$，代入式(2-1-9)可得

$$T_m\frac{\mathrm{d}^2\theta_m(t)}{\mathrm{d}t^2}+\frac{\mathrm{d}\theta_m(t)}{\mathrm{d}t}=K_m u_a(t)-K_c M_c(t)$$

这是一个二阶微分方程。所以，对于同一系统，若分析和设计问题的角度不同，建立的数学模型也是不同的。

例 2-4　建立如图 2-1-4 所示由运算放大器组成的控制系统模拟电路的微分方程。

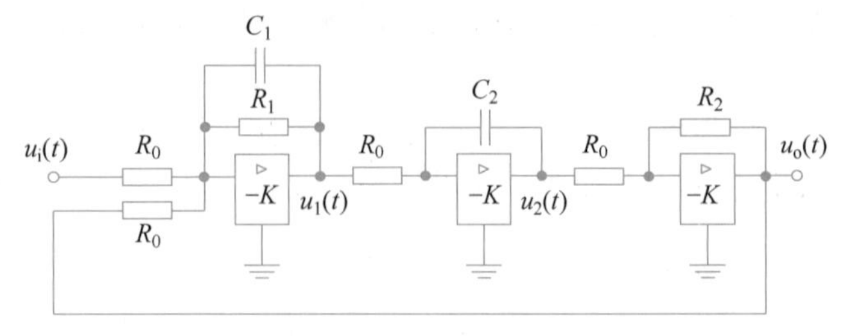

图 2-1-4　由运算放大器组成的控制系统模拟电路

解：如图 2-1-4 所示，以电压 $u_1(t)$、$u_2(t)$ 作为中间变量，根据理想运算放大器虚断和虚短的概念以及电路理论中伏安特性和基尔霍夫定律，可列出微分方程组

$$\begin{cases}\dfrac{u_i(t)}{R_0}+\dfrac{u_o(t)}{R_0}=-\left[\dfrac{u_1(t)}{R_1}+C_1\dfrac{\mathrm{d}u_1(t)}{\mathrm{d}t}\right]\\ \dfrac{u_1(t)}{R_0}=-C_2\dfrac{\mathrm{d}u_2(t)}{\mathrm{d}t}\\ \dfrac{u_2(t)}{R_0}=-\dfrac{u_o(t)}{R_2}\end{cases}$$

消去中间变量，整理得

$$\frac{R_0^3C_1C_2}{R_2}\frac{\mathrm{d}^2u_o(t)}{\mathrm{d}t^2}+\frac{R_0^3C_2}{R_1R_2}\frac{\mathrm{d}u_o(t)}{\mathrm{d}t}+u_o(t)=-u_i(t)$$

可见，图 2-1-4 所示控制系统模拟电路的数学模型仍是一个二阶线性常微分方程。所以，此控制系统也是一个二阶线性定常系统。

综合以上例题可以看出，不同物理特性的系统可具有形式相同的数学模型。例如，例 2-1、例 2-2、例 2-4 的系统数学模型都是二阶线性常微分方程。把这种具有相同形式数学模型的不同物理系统统称为相似系统，它揭示了不同物理特性间的相似关系。当研究一个复杂系统或不易进行实验的系统时，可以用一个与它相似的简单系统模型来代替，从而使问题的研究简单化。

2.1.2　非线性微分方程的线性化

实际的物理元件或系统都是非线性的，只是非线性的程度不同。对于某些严重的非线性，不能进行线性化处理，一般用第 8 章中介绍的分析非线性系统的方法来研究。而对于一些非线性程度较弱的元件，工程上通常有两种线性化的处理方法。一种是在一定条件下，忽略这些非线性因素的影响，把它们假定为线性元件，建立的微分方程就是线性微分方程，这是微分方程线性化通常使用的一种方法，如 2.1.1 节中微分方程的建立方法便是如此；另一种称为小偏差法或切线法，它是在一个很小的范围内，将非线性特性用一段直线来代替，这种方法特别适合于具有连续变化的非线性特性方程，具体讨论如下。

1. 具有一个自变量的非线性方程

设某元件或系统的非线性方程为

$$y=f(x)$$

其非线性特性如图 2-1-5 所示。若输入 x 与输出 y 在某平衡点 (x_0,y_0) 附近进行微小变化，即当 $x=x_0+\Delta x$ 时 $y=y_0+\Delta y$，且方程 $y=f(x)$ 在该点连续可微，则可将此非线性方程在点 (x_0,y_0) 处展开成泰勒级数

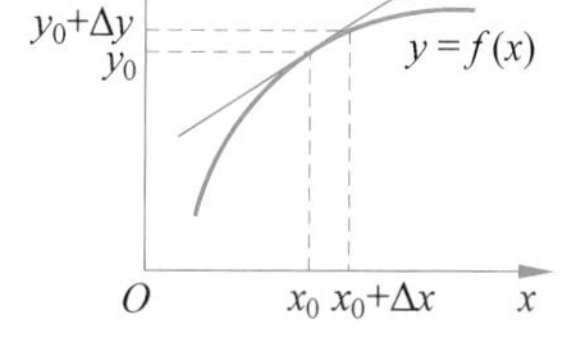

图 2-1-5　非线性特性

$$y=f(x)=f(x_0)+\left.\frac{\mathrm{d}f(x)}{\mathrm{d}x}\right|_{x_0}\Delta x+\frac{1}{2!}\left.\frac{\mathrm{d}^2 f(x)}{\mathrm{d}x^2}\right|_{x_0}\Delta x^2+\cdots$$

由于 Δx 很小，所以高次幂项可忽略，因此有

$$\Delta y=y-y_0=f(x)-f(x_0)=\left.\frac{\mathrm{d}f(x)}{\mathrm{d}x}\right|_{x_0}\Delta x \tag{2-1-10}$$

式(2-1-10)中，$\left.\frac{\mathrm{d}f(x)}{\mathrm{d}x}\right|_{x_0}$ 为曲线 $f(x)$ 在平衡点 (x_0,y_0) 的切线斜率。令 $k=\left.\frac{\mathrm{d}f(x)}{\mathrm{d}x}\right|_{x_0}$ 且略去增量符号 Δ，即可得非线性方程 $y=f(x)$ 在平衡点 (x_0,y_0) 附近的线性化方程为

$$y=kx$$

2. 具有两个自变量的非线性方程

设具有两个自变量的非线性方程为

$$y=f(x_1,x_2)$$

同样可在某平衡点 $y_0=f(x_{10},x_{20})$ 附近展开为泰勒级数

$$\begin{aligned}y=f(x_1,x_2)=f(x_{10},x_{20})+&\left[\left.\frac{\partial f(x_1,x_2)}{\partial x_1}\right|_{x_{10},x_{20}}(x_1-x_{10})+\right.\\&\left.\left.\frac{\partial f(x_1,x_2)}{\partial x_2}\right|_{x_{10},x_{20}}(x_2-x_{20})\right]+\frac{1}{2!}\left[\left.\frac{\partial f^2(x_1,x_2)}{\partial x_1^2}\right|_{x_{10},x_{20}}(x_1-x_{10})^2+\right.\\&\left.2\left.\frac{\partial f^2(x_1,x_2)}{\partial x_1\partial x_2}\right|_{x_{10},x_{20}}(x_1-x_{10})(x_2-x_{20})+\left.\frac{\partial f^2(x_1,x_2)}{\partial x_2^2}\right|_{x_{10},x_{20}}(x_2-x_{20})^2\right]+\cdots\end{aligned}$$

忽略高次幂项，并令 $\Delta y=y-y_0$，$\Delta x_1=x_1-x_{10}$，$\Delta x_2-x_2-x_{20}$，$k_1=\left.\frac{\partial f(x_1,x_2)}{\partial x_1}\right|_{x_{10},x_{20}}$，$k_2=\left.\frac{\partial f(x_1,x_2)}{\partial x_2}\right|_{x_{10},x_{20}}$，可得非线性方程 $y=f(x_1,x_2)$ 在平衡点 $y_0=f(x_{10},x_{20})$ 附近的线性化增量方程为

$$\Delta y=k_1\Delta x_1+k_2\Delta x_2$$

对于控制系统大多数工作状态，小偏差法都是可以应用的。

2.1.3　微分方程的求解

建立了控制系统的微分方程后，主要任务之一就是求解微分方程，得到系统在给定输入量和初始条件下的输出量，从而定量地研究控制系统的性能。线性常微分方程可以用经典法(时域)或拉普拉斯变换法(复频域)求解。下面仅介绍拉普拉斯变换法。

拉普拉斯变换法求解线性常微分方程的步骤如下：

(1) 利用拉普拉斯变换的时域微积分性质，考虑初始条件，对微分方程两端进行拉普拉斯变换，将微分方程转换为 s 域的代数方程；

(2) 求解 s 域的代数方程，得到系统输出量的拉普拉斯变换表达式；

(3) 取拉普拉斯反变换,求出输出量的时域表达式,即为所求微分方程的解析解,也是微分方程所描述系统的全响应。

例 2-5　在例 2-1 中,若已知 $R=1\Omega, L=1\text{H}, C=1\text{F}$,电感上的初始电流 $i_1(0)=2\text{A}$,电容上的初始电压 $u_o(0)=1\text{V}$,输入电压 $u_i(t)=1(t)\text{V}$[此处 $1(t)$为单位阶跃函数]。求输出电压 $u_o(t)$。

解:在例 2-1 中已建立出 RLC 无源网络的微分方程为

$$LC\frac{\mathrm{d}^2u_o(t)}{\mathrm{d}t^2}+\frac{L}{R}\frac{\mathrm{d}u_o(t)}{\mathrm{d}t}+u_o(t)=u_i(t) \tag{2-1-11}$$

将式(2-1-11)两端进行拉普拉斯变换,得

$$LC[s^2U_o(s)-su_o(0)-u'_o(0)]+\frac{L}{R}[sU_o(s)-u_o(0)]+U_o(s)=U_i(s) \tag{2-1-12}$$

式(2-1-12)中 $u'_o(0)=\left.\frac{\mathrm{d}u_o(t)}{\mathrm{d}t}\right|_{t=0}$,即

$$u'_o(0)=\left.\frac{\mathrm{d}u_o(t)}{\mathrm{d}t}\right|_{t=0}=\left.\frac{1}{C}\left[i_1(t)-\frac{u_o(t)}{R}\right]\right|_{t=0}=\frac{1}{C}\left[i_1(0)-\frac{u_o(0)}{R}\right]$$

由式(2-1-12)求得

$$U_o(s)=\frac{U_i(s)}{s^2LC+s\frac{L}{R}+1}+\frac{\left(sLC+\frac{L}{R}\right)u_o(0)+LCu'_o(0)}{s^2LC+s\frac{L}{R}+1}$$

代入给定的元件参数和初始条件,且 $U_i(s)=\frac{1}{s}$,整理可得

$$U_o(s)=\frac{s+2}{s^2+s+1}+\frac{1}{s(s^2+s+1)}$$

对其进行部分分式分解可得

$$U_o(s)=\left[\frac{\frac{1}{2}-\mathrm{j}\frac{\sqrt{3}}{2}}{s-\left(-\frac{1}{2}+\mathrm{j}\frac{\sqrt{3}}{2}\right)}+\frac{\frac{1}{2}+\mathrm{j}\frac{\sqrt{3}}{2}}{s-\left(-\frac{1}{2}-\mathrm{j}\frac{\sqrt{3}}{2}\right)}\right]+\left[\frac{1}{s}+\frac{-\frac{1}{2}+\mathrm{j}\frac{\sqrt{3}}{6}}{s-\left(-\frac{1}{2}+\mathrm{j}\frac{\sqrt{3}}{2}\right)}+\frac{-\frac{1}{2}-\mathrm{j}\frac{\sqrt{3}}{6}}{s-\left(-\frac{1}{2}-\mathrm{j}\frac{\sqrt{3}}{2}\right)}\right]$$

取拉普拉斯反变换,便得到式(2-1-11)微分方程的解析解为

$$u_o(t)=\underbrace{2\mathrm{e}^{-\frac{1}{2}t}\cos\left(\frac{\sqrt{3}}{2}t-60^\circ\right)}_{\text{零输入响应}}+\underbrace{1+\frac{2\sqrt{3}}{3}\mathrm{e}^{-\frac{1}{2}t}\cos\left(\frac{\sqrt{3}}{2}t+150^\circ\right)}_{\text{零状态响应}}$$

即为图 2-1-1 所示 RLC 无源网络的全响应。其中,前一项是由初始条件作用产生的输出分量,称为零输入响应;后两项是由输入电压作用产生的输出分量,称为零状态响应。

2.1.4 MATLAB 实现

MATLAB 提供了 s 域表达式 $F(s)$的部分分式展开式和 $F(s)$分子、分母多项式系数之间转换的函数 residue(),其调用格式如下:

```
[r,p,k] = residue(num,den)      % 由 F(s)分子、分母多项式系数求出 F(s)的部分分式展开式.其
```

```
%中,num、den分别为F(s)分子、分母多项式按降幂排列的系数向量,r为部分分式展开式的系数,
%p为极点,k为多项式的系数,若F(s)为真分式,则k为空向量
[num,den] = residue(r,p,k)      %由F(s)的部分分式展开式求出F(s)分子、分母多项式系数
```

例 2-6　利用 MATLAB 求例 2-5 系统响应的部分分式展开式。

解：系统零输入响应部分分式展开式的 MATLAB 程序如下。

```
num = [1 2];
den = [1 1 1];
[r,p,k] = residue(num,den)
```

运行结果如下。

```
r =
   0.5000 - 0.8660i
   0.5000 + 0.8660i
p =
  -0.5000 + 0.8660i
  -0.5000 - 0.8660i
k =
     []
```

所以,零输入响应部分分式展开式为

$$\frac{s+2}{s^2+s+1}=\frac{0.5-\mathrm{j}0.866}{s-(-0.5+\mathrm{j}0.866)}+\frac{0.5+\mathrm{j}0.866}{s-(-0.5-\mathrm{j}0.866)}$$

取拉普拉斯反变换,得到系统的零输入响应为

$$2\mathrm{e}^{-0.5t}\cos(0.866t-60^\circ)$$

系统零状态响应部分分式展开式的 MATLAB 程序如下。

```
num = [1];
den = [1 1 1 0];
[r,p,k] = residue(num,den)
```

运行结果如下。

```
r =
  -0.5000 + 0.2887i
  -0.5000 - 0.2887i
   1.0000 + 0.0000i
p =
  -0.5000 + 0.8660i
  -0.5000 - 0.8660i
   0.0000 + 0.0000i
k =
     []
```

所以,零状态响应部分分式展开式为

$$\frac{1}{s(s^2+s+1)}=\frac{1}{s}+\frac{-0.5+\mathrm{j}0.2887}{s-(-0.5+\mathrm{j}0.866)}+\frac{-0.5-\mathrm{j}0.2887}{s-(-0.5-\mathrm{j}0.866)}$$

取拉普拉斯反变换,得到系统的零状态响应为

$$1+1.154\mathrm{e}^{-0.5t}\cos(0.866t+150^\circ)$$

2.2 控制系统的传递函数

微分方程是时域中描述控制系统的数学模型。建立系统的微分方程后，只要给定输入量和初始条件，就可以对微分方程求解，并由此直观地了解控制系统输出量随时间变化的特性。但当系统的结构或参数改变时，需要重新列出并求解微分方程，这不便于系统的分析和设计。传递函数的引入，能够很好地解决这一问题。

传递函数是在拉普拉斯变换基础上引入的，用来描述线性定常系统输入输出关系的复数域数学模型。传递函数只取决于系统的结构和参数，利用它可以方便地研究系统的结构或参数变化对系统性能的影响。经典控制理论中广泛应用的根轨迹法和频率法，就是以传递函数为基础建立起来的，它是经典控制理论中最基本和最重要的概念。

视频讲解

2.2.1 传递函数的定义和表达式

1. 传递函数的定义

传递函数定义为零初始条件下，线性定常系统输出量的拉普拉斯变换与输入量的拉普拉斯变换之比。

控制系统的零初始条件有两层含义：一是指系统输入在 $t\geqslant 0$ 时才作用于系统，所以，输入量及其各阶导数在 $t=0_-$ 时均为零；二是指输入作用于系统之前，系统工作状态是稳定的，即输出量及其各阶导数在 $t=0_-$ 时也为零。

2. 传递函数的表达式

(1) 有理分式形式表达式。

设 n 阶线性定常系统的微分方程为

$$a_n\frac{\mathrm{d}^n c(t)}{\mathrm{d}t^n}+a_{n-1}\frac{\mathrm{d}^{n-1} c(t)}{\mathrm{d}t^{n-1}}+\cdots+a_1\frac{\mathrm{d}c(t)}{\mathrm{d}t}+a_0c(t)$$

$$=b_m\frac{\mathrm{d}^m r(t)}{\mathrm{d}t^m}+b_{m-1}\frac{\mathrm{d}^{m-1} r(t)}{\mathrm{d}t^{m-1}}+\cdots+b_1\frac{\mathrm{d}r(t)}{\mathrm{d}t}+b_0r(t) \tag{2-2-1}$$

式(2-2-1)中，$c(t)$是系统的输出量；$r(t)$是系统的输入量；$a_n,a_{n-1},\cdots,a_1,a_0$ 和 b_m，$b_{m-1},\cdots,b_1,b_0$ 都是由系统结构和参数决定的常系数。

在零初始条件下，对式(2-2-1)两端取拉普拉斯变换得

$$(a_ns^n+a_{n-1}s^{n-1}+\cdots+a_1s+a_0)C(s)=(b_ms^m+b_{m-1}s^{m-1}+\cdots+b_1s+b_0)R(s)$$

若用 $G(s)$表示系统的传递函数，则根据定义有

$$G(s)=\frac{C(s)}{R(s)}=\frac{b_ms^m+b_{m-1}s^{m-1}+\cdots+b_1s+b_0}{a_ns^n+a_{n-1}s^{n-1}+\cdots+a_1s+a_0} \tag{2-2-2}$$

式(2-2-2)是一个关于复变量 s 的有理分式，即为传递函数的有理分式形式表达式。

(2) 零极点形式表达式。

令

$$M(s)=b_ms^m+b_{m-1}s^{m-1}+\cdots+b_1s+b_0$$

$$N(s)=a_ns^n+a_{n-1}s^{n-1}+\cdots+a_1s+a_0$$

对 $M(s)$和 $N(s)$进行因式分解，可得传递函数的零极点形式表达式为

$$G(s)=\frac{b_m(s-z_1)(s-z_2)\cdots(s-z_m)}{a_n(s-p_1)(s-p_2)\cdots(s-p_n)}=K^*\frac{\prod_{i=1}^{m}(s-z_i)}{\prod_{j=1}^{n}(s-p_j)} \tag{2-2-3}$$

式(2-2-3)中,$K^*=\dfrac{b_m}{a_n}$称为零极点形式表达式的传递系数。这种形式表达式在根轨迹法中使用较多;$z_i(i=1,2,\cdots,m)$是$M(s)=0$的m个根,称为传递函数的零点;$p_j(j=1,2,\cdots,n)$是$N(s)=0$的n个根,称为传递函数的极点。传递函数的零点和极点可能是实数,也可能是共轭复数。将零点和极点分别用"∘"和"×"表示在s平面上的图形,称为传递函数的零极点分布图。

(3) 时间常数形式表达式。

若式(2-2-3)中有v个极点为0,则$G(s)$可以写成

$$G(s)=\frac{K}{s^v}\frac{\prod_{i=1}^{m_1}(\tau_i s+1)\prod_{k=1}^{m_2}(\tau_k^2 s^2+2\zeta\tau_k s+1)}{\prod_{j=1}^{n_1}(T_j s+1)\prod_{l=1}^{n_2}(T_l^2 s^2+2\zeta T_l s+1)} \tag{2-2-4}$$

式(2-2-4)即为传递函数的时间常数形式表达式。其中,一次因子对应于不为0的实数零极点,二次因子对应于共轭复数零极点;$m_1+2m_2=m,n_1+2n_2+v=n$;τ_i、τ_k和T_j、T_l称为时间常数;K称为时间常数形式表达式的传递系数,其与K^*之间的关系为

$$K^*=K\frac{\prod_{i=1}^{m_1}\tau_i\prod_{k=1}^{m_2}\tau_k^2}{\prod_{j=1}^{n_1}T_j\prod_{l=1}^{n_2}T_l^2}$$

这种形式表达式在频率法中使用较多。

例 2-7 求例 2-1 中 RLC 网络的传递函数$G(s)=\dfrac{U_o(s)}{U_i(s)}$,并画出零极点图。已知$R=1\Omega,L=1\mathrm{H},C=1\mathrm{F}$。

解:在例 2-1 中已建立出 RLC 网络的微分方程为

$$LC\frac{\mathrm{d}^2u_o(t)}{\mathrm{d}t^2}+\frac{L}{R}\frac{\mathrm{d}u_o(t)}{\mathrm{d}t}+u_o(t)=u_i(t) \tag{2-2-5}$$

在零初始条件下,将式(2-2-5)两端进行拉普拉斯变换,得

$$LCs^2U_o(s)+\frac{L}{R}sU_o(s)+U_o(s)=U_i(s)$$

根据传递函数的定义列出传递函数表达式,并代入给定的元件参数,有

$$G(s)=\frac{U_o(s)}{U_i(s)}=\frac{1}{LCs^2+\frac{L}{R}s+1}=\frac{1}{s^2+s+1} \tag{2-2-6}$$

传递函数有一对共轭复数极点$p_{1,2}=-\dfrac{1}{2}\pm\mathrm{j}\dfrac{\sqrt{3}}{2}$,没有零点。零极点分布如图 2-2-1 所示。

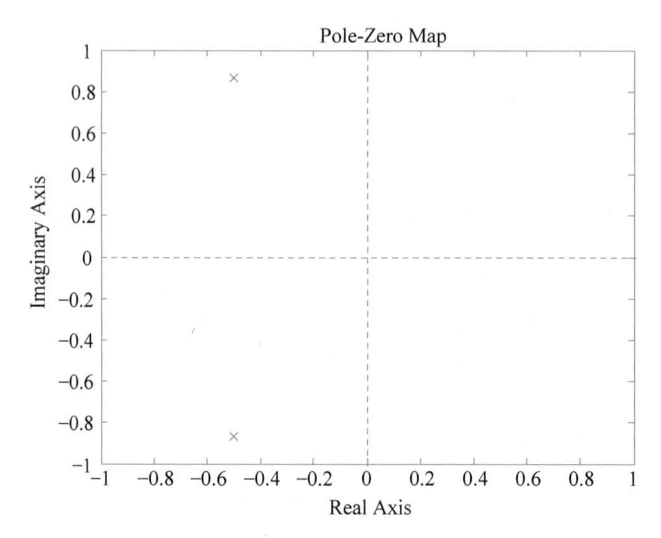

图 2-2-1 例 2-7 的零极点分布图

2.2.2 传递函数的性质

传递函数具有以下性质。

(1) 传递函数是由拉普拉斯变换定义的,拉普拉斯变换是一种线性变换,因此传递函数只适用于线性定常系统。

(2) 传递函数是复变量 s 的有理分式函数,具有复变函数的所有性质。实际系统传递函数的分子阶次 m 总是小于或等于分母阶次 n,即 $m \leqslant n$,且所有系数都为实数。

(3) 传递函数表示的是系统输入量和输出量之间关系的表达式,不反映系统内部的任何信息。传递函数只取决于系统的结构和参数,与系统输入量和输出量的形式和大小无关,因此它表征了系统本身的特性。一个具有传递函数 $G(s)$的线性系统可以用图 2-2-2 所示的方框图表示。

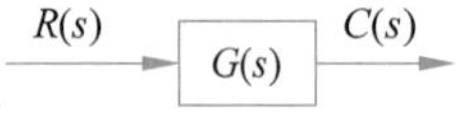

$R(s)$ → $G(s)$ → $C(s)$

图 2-2-2 传递函数的方框图

(4) 传递函数与微分方程有相对应的关系。微分方程左端和右端各阶导数及其系数分别与相应传递函数分母和分子多项式 s 的各次方及其系数相对应,如例 2-7 中式(2-2-5)和式(2-2-6)所示。

(5) 传递函数 $G(s)$与单位脉冲响应 $g(t)$是一对拉普拉斯变换对,它们分别从复域和时域的角度表征了同一系统的特性。

单位脉冲响应 $g(t)$定义为,零初始条件下单位脉冲信号 $\delta(t)$作用于系统产生的输出响应。此时 $R(s)=L[\delta(t)]=1$,所以有

$$g(t)=L^{-1}[C(s)]=L^{-1}[G(s)R(s)]=L^{-1}[G(s)]$$

反之,有

$$G(s)=L[g(t)]$$

(6) 传递函数具有一定的局限性。一是它只能描述单输入、单输出系统,对于多输入、多输出系统需采用现代控制理论中的传递函数矩阵来描述;二是它只表示系统输入量和输出量之间的关系,而不能反映系统内部的信息,针对这一不足,可以用现代控制理论中的状

态变量法进行弥补；三是它只能研究零初始条件下系统的运动特性，而对非零初始条件下的系统运动特性，需通过传递函数写出微分方程，然后在考虑非零初始条件后进一步进行分析。

例 2-8 (1)求例 2-3 中电枢控制直流电动机的传递函数 $G(s)=\dfrac{\Omega_{m}(s)}{U_{a}(s)}$ 和 $G_{M_c}(s)=\dfrac{\Omega_{m}(s)}{M_{c}(s)}$。(2)忽略扰动的影响，确定电动机的单位脉冲响应。

解：(1) 在例 2-3 中已建立出电枢控制直流电动机的微分方程为

$$T_{m}\frac{d\omega_{m}(t)}{dt}+\omega_{m}(t)=K_{m}u_{a}(t)-K_{c}M_{c}(t) \tag{2-2-7}$$

式(2-2-7)中，$u_{a}(t)$和 $M_{c}(t)$分别为系统的有用输入和扰动输入。根据线性系统的叠加原理，可分别求 $u_{a}(t)$和 $M_{c}(t)$到输出 $\omega_{m}(t)$的传递函数 $G(s)=\dfrac{\Omega_{m}(s)}{U_{a}(s)}$和 $G_{M_c}(s)=\dfrac{\Omega_{m}(s)}{M_{c}(s)}$。

式(2-2-7)中，当 $u_{a}(t)$单独作用时，令 $M_{c}(t)=0$，则有

$$T_{m}\frac{d\omega_{m}(t)}{dt}+\omega_{m}(t)=K_{m}u_{a}(t) \tag{2-2-8}$$

在零初始条件下，对式(2-2-8)两端取拉普拉斯变换并整理得

$$G(s)=\frac{\Omega_{m}(s)}{U_{a}(s)}=\frac{K_{m}}{T_{m}s+1}$$

式(2-2-7)中，当 $M_{c}(t)$单独作用时，令 $u_{a}(t)=0$，则有

$$T_{m}\frac{d\omega_{m}(t)}{dt}+\omega_{m}(t)=-K_{c}M_{c}(t)$$

同理可得

$$G_{M_c}(s)=\frac{\Omega_{m}(s)}{M_{c}(s)}=\frac{-K_{c}}{T_{m}s+1}$$

(2) 电动机的单位脉冲响应为

$$g(t)=L^{-1}[G(s)]=L^{-1}\left[\frac{K_{m}}{T_{m}s+1}\right]=\frac{K_{m}}{T_{m}}e^{-\frac{1}{T_{m}}t}$$

2.2.3 典型环节及其传递函数

控制系统是由各种具有不同物理特性的元件相互连接组成的，如电气的、机械的、液压的、光学的等。虽然它们的工作机理不同，但若抽象出它们的传递函数，都可以表示成式(2-2-4)所示的时间常数形式表达式。从式(2-2-4)可以看出，一个系统的传递函数可以分解为若干基本因子的乘积，每个因子称为一个典型环节。控制系统的典型环节有比例环节、积分环节、惯性环节、振荡环节、微分环节、延迟环节等。

1. 比例环节

比例环节又称放大环节或无惯性环节，其微分方程为

$$c(t)=Kr(t)$$

传递函数为

$$G(s)=\frac{C(s)}{R(s)}=K$$

式中 $K(K>0)$为比例系数或增益。

比例环节的实例有电位器、理想运算放大器、齿轮系、以电枢电压为输出且以转子角速度为输入的测速发电机等。

2. 积分环节

积分环节的微分方程为

$$c(t)=\int r(t)\mathrm{d}t$$

传递函数为

$$G(s)=\frac{C(s)}{R(s)}=\frac{1}{s}$$

积分环节的实例有运算放大器构成的积分调节器、以转子角位移为输出量且忽略了电枢电路的等效电阻和电感及电动机转动惯量的电枢控制直流电动机等。

3. 惯性环节

惯性环节的微分方程为

$$T\frac{\mathrm{d}c(t)}{\mathrm{d}t}+c(t)=r(t)$$

传递函数为

$$G(s)=\frac{C(s)}{R(s)}=\frac{1}{Ts+1}$$

式中 $T(T>0)$为惯性环节的时间常数。

惯性环节的实例有电加热炉、以转子角速度为输出量且忽略了电枢电路的等效电感的电枢控制直流电动机、两相伺服电动机等。

4. 振荡环节

振荡环节的微分方程为

$$T^2\frac{\mathrm{d}^2c(t)}{\mathrm{d}t^2}+2\zeta T\frac{\mathrm{d}c(t)}{\mathrm{d}t}+c(t)=r(t)$$

传递函数为

$$G(s)=\frac{C(s)}{R(s)}=\frac{1}{T^2s^2+2\zeta Ts+1}=\frac{\omega_{\mathrm{n}}^2}{s^2+2\zeta\omega_{\mathrm{n}}s+\omega_{\mathrm{n}}^2}$$

式中 $\zeta(0<\zeta<1)$为阻尼系数或阻尼比;$T(T>0)$为振荡环节的时间常数;$\omega_{\mathrm{n}}=\frac{1}{T}$为无阻尼振荡角频率。

振荡环节的实例有 RLC 无源网络、弹簧-质量-阻尼器组成的机械位移系统、双容水槽等。

5. 微分环节

微分环节的微分方程为

$$c(t)=\frac{\mathrm{d}r(t)}{\mathrm{d}t}$$

传递函数为

$$G(s)=\frac{C(s)}{R(s)}=s$$

工程上,理想的微分环节是难以实现的。实际的元件或系统普遍存在惯性,因此实际的微分环节常带有惯性,其传递函数为

$$G(s)=\frac{s}{Ts+1}$$

微分环节的实例有以电压为输出且以电流为输入的电感、以电枢电压为输出且以转子角位移为输入的测速发电机等。

实际中,除微分环节外,还有一阶微分环节和二阶微分环节。它们的微分方程分别如下:

$$c(t)=T\frac{\mathrm{d}r(t)}{\mathrm{d}t}+r(t)$$

$$c(t)=T^2\frac{\mathrm{d}^2r(t)}{\mathrm{d}t^2}+2\zeta T\frac{\mathrm{d}r(t)}{\mathrm{d}t}+r(t)$$

相应的传递函数分别如下:

$$G(s)=\frac{C(s)}{R(s)}=Ts+1$$

$$G(s)=\frac{C(s)}{R(s)}=T^2s^2+2\zeta Ts+1$$

式中 $\zeta(0<\zeta<1)$ 为阻尼系数或阻尼比;$T(T>0)$ 为微分环节的时间常数。

6. 延迟环节

延迟环节又称时滞环节或时延环节,其微分方程为

$$c(t)=r(t-\tau)$$

传递函数为

$$G(s)=\frac{C(s)}{R(s)}=\mathrm{e}^{-\tau s}$$

式中 $\tau(\tau>0)$ 为延迟时间。

延迟环节的实例有很多,如管道压力和流量等物理量的控制过程、皮带输送装置、燃料输送过程等都存在延迟环节。

值得注意的是,组成系统的元件与典型环节的概念是不同的。一个元件的传递函数可能是一个典型环节,也可能是几个典型环节组合而成的;同样,一个典型环节可能由一个元件的传递函数形成,也可能是多个元件或一个系统的传递函数形成的。

2.2.4 MATLAB 实现

1. 控制系统的数学模型在 MATLAB 中的描述

经典控制理论中,控制系统的数学模型在 MATLAB 中常用传递函数模型和零极点模型来描述。

1) 传递函数模型

传递函数模型用 MATLAB 提供的 tf()函数实现,其调用格式如下:

```
sys = tf(num,den)      % 建立连续时间系统的传递函数模型 sys.其中,num、den 分别为传递函数分
%子、分母多项式按降幂排列的系数向量.注意,若某项系数为 0,向量中不可空缺,应写为 0;若传递
%函数的分子或分母为多项式相乘的形式,则可以用 MATLAB 提供的多项式乘法函数 conv()得到分子
%或分母多项式向量,且 conv()函数允许多级嵌套使用
sys = tf(num,den,Ts)  % 建立离散时间系统的脉冲传递函数模型 sys,Ts 是采样周期
sys = tf(num,den,'InputDelay',tao)      % 建立带延迟环节系统的传递函数模型 sys.其中,
% InputDelay 为关键词,tao 为系统延迟时间
```

例 2-9 已知控制系统的传递函数为

$$G(s)=\frac{s^2+5s+4}{(s+3)(s^2+5)(s^2+7s+10)}$$

用 MATLAB 建立其传递函数模型。

解：MATLAB 程序如下。

```
clc;clear
num = [1 5 4];
den = conv([1 3],conv([1 0 5],[1 7 10]));
sys = tf(num,den)
```

运行结果如下。

```
sys =
                    s^2 + 5 s + 4
  -------------------------------------------------------
  s^5 + 10 s^4 + 36 s^3 + 80 s^2 + 155 s + 150
Continuous - time transfer function.
```

例 2-10 已知控制系统的传递函数为

$$G(s)=\frac{s+4}{(s+1)(s^2+7s+10)}\mathrm{e}^{-0.35s}$$

用 MATLAB 建立其传递函数模型。

解：MATLAB 程序如下。

```
clc;clear
sys = tf([1 4],conv([1 1],[1 7 10]),'InputDelay',0.35)
```

运行结果如下。

```
sys =
                              s + 4
  exp( - 0.35 * s)  *  ------------------------
                        s^3 + 8 s^2 + 17 s + 10
Continuous - time transfer function.
```

2）零极点模型

零极点模型用 MATLAB 提供的 zpk()函数实现，其调用格式如下：

```
sys = zpk(z,p,k)        % 建立连续时间系统的零极点模型 sys.其中,z、p、k 分别为传递函数的零点
%向量、极点向量和增益.注意,若无零点、极点,则用[]表示
sys = zpk(z,p,k,Ts)     % 建立离散时间系统的零极点模型 sys,Ts 是采样周期
sys = zpk(z,p,k,'InputDelay',tao)      % 建立带延迟环节系统的零极点模型 sys.其中,
% InputDelay 为关键词,tao 为系统延迟时间
```

例 2-11 已知控制系统的传递函数为

$$G(s)=\frac{5(s+1)(s+4)}{s(s+2)(s^2+3)}$$

用 MATLAB 建立其零极点模型。

解：MATLAB 程序如下。

```
clc;clear
z = [ - 1  - 4];
p = [0  - 2 i * sqrt(3)  - i * sqrt(3)];
k = 5;
sys = zpk(z,p,k)
```

运行结果如下。

```
sys =
    5 (s + 1) (s + 4)
  -----------------
  s (s + 2) (s^2 + 3)
Continuous - time zero/pole/gain model.
```

例 2-12　用 MATLAB 建立例 2-10 中系统的零极点模型。

解：MATLAB 程序如下。

```
clc;clear
sys = zpk([ - 4],[ - 1  - 2  - 5],1,'InputDelay',0.35)
```

运行结果如下。

```
sys =
                            (s + 4)
  exp( - 0.35 * s)  *  -----------------
                        (s + 1) (s + 2) (s + 5)
Continuous - time zero/pole/gain model.
```

2. 传递函数模型与零极点模型的相互转换

MATLAB 提供了传递函数模型和零极点模型之间的转换函数 tf2zp()和 zp2tf()，其调用格式如下：

```
[z,p,k] = tf2zp(num,den)       % 将分子系数向量为 num、分母系数向量为 den 的传递函数模型转换
% 为零点向量为 z、极点向量为 p、增益为 k 的零极点模型
[num,den] = zp2tf(z,p,k)       % 将零点向量为 z、极点向量为 p、增益为 k 的零极点模型转换为分子
% 向量为 num、分母向量为 den 的传递函数模型.注意,z 和 p 必须是列向量
```

例 2-13　已知控制系统的传递函数模型为

$$G(s)=\frac{s^2+5s+4}{s^5+10s^4+36s^3+80s^2+155s+150} \tag{2-2-9}$$

用 MATLAB 将其转换为零极点模型。

解：MATLAB 程序如下。

```
clc;clear
num = [1 5 4];
den = [1 10 36 80 155 150];
[z,p,k] = tf2zp(num,den)
```

运行结果如下。

```
z =
     - 4
     - 1
p =
   - 5.0000 + 0.0000i
   - 0.0000 + 2.2361i
   - 0.0000 - 2.2361i
   - 3.0000 + 0.0000i
   - 2.0000 + 0.0000i
k =
     1
```

即系统的零极点模型为

$$G(s)=\frac{(s+1)(s+4)}{(s+2)(s+3)(s+5)(s+\mathrm{j}2.2361)(s-\mathrm{j}2.2361)}$$

若运行程序

```
[num,den] = zp2tf([ - 1; - 4],[ - 2; - 3; - 5;i * sqrt(5); - i * sqrt(5)],1)
```

可得结果

```
num =
     0     0     0     1     5     4
den =
    1.0000   10.0000   36.0000   80.0000   155.0000   150.0000
```

即系统的传递函数模型为式(2-2-9)。

2.3 控制系统的结构图

控制系统的结构图是用来描述系统各环节或元件之间信号传递关系的一种图示数学模型，是控制理论中描述复杂系统的一种简洁方法，具有形象、直观等特点。它既可以用来描述线性系统，也可以用于描述非线性系统。

视频讲解

2.3.1 结构图的定义和组成

将系统中各环节或元件用标明其传递函数的方框表示，并根据它们之间信号的流动方向，用信号线把各方框依次连接起来所得的图，称为系统的结构图。它由信号线、比较点(综合点或相加点)、引出点(分支点或测量点)和方框4个基本元素组成，如图2-3-1(a)～图2-3-1(d)所示。

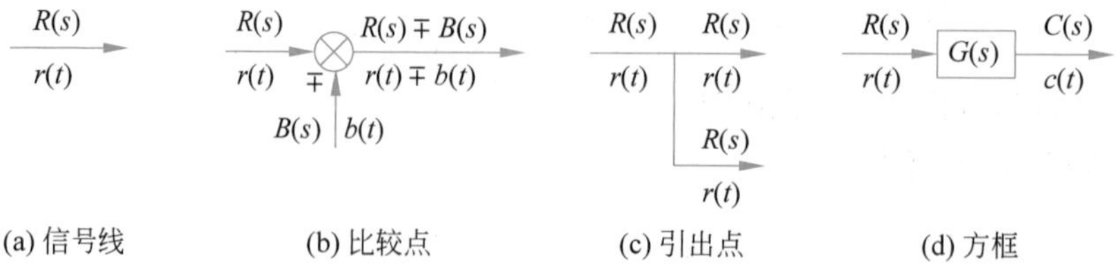

(a) 信号线　(b) 比较点　(c) 引出点　(d) 方框

图 2-3-1 结构图的基本元素

(1) 信号线：用带有箭头的直线表示，箭头表示信号的流动方向，在直线旁标明信号的时间函数或象函数。

(2) 比较点(综合点或相加点)：表示对两个及两个以上的信号进行加减运算，"+"号表示信号相加，"-"号表示信号相减，通常"+"号可以省略，但"-"号必须标明。

(3) 引出点(分支点或测量点)：表示信号引出或测量的位置，从同一点引出的信号完全相同。

(4) 方框：表示对环节或元件的输入与输出信号进行的数学变换，方框中写入环节或元件的传递函数。显然，有

$$C(s)=G(s)R(s)$$

2.3.2　结构图的绘制

绘制控制系统结构图的步骤如下：

(1) 按系统的结构分解各环节或元件，确定其输入、输出信号，并列写它们的微分方程；

(2) 通过拉普拉斯变换，将各微分方程在零初始条件下变换成 s 域的代数方程；

(3) 将每个 s 域的代数方程(代表一个环节或元件)用一个方框表示；

(4) 根据各环节或元件的信号流向，用信号线将各方框依次连接即可。

需要注意，系统的结构图不是唯一的，会随着系统结构分解出的环节或元件的不同而不同。

例 2-14　绘制例 2-1 中图 2-1-1 所示 RLC 网络的结构图。

解：在例 2-1 中已列出了系统各元件的微分方程组为

$$\begin{cases} i_1(t)=\dfrac{1}{L}\displaystyle\int[u_i(t)-u_o(t)]\,\mathrm{d}t \\ i_2(t)=i_1(t)-C\dfrac{\mathrm{d}u_o(t)}{\mathrm{d}t} \\ u_o(t)=Ri_2(t) \end{cases} \tag{2-3-1}$$

在零初始条件下，将式(2-3-1)进行拉普拉斯变换，得

$$\begin{cases} I_1(s)=\dfrac{1}{sL}[U_i(s)-U_o(s)] \\ I_2(s)=I_1(s)-sCU_o(s) \\ U_o(s)=RI_2(s) \end{cases} \tag{2-3-2}$$

按照式(2-3-2)分别绘制各元件的方框，如图 2-3-2(a)～(c)所示。

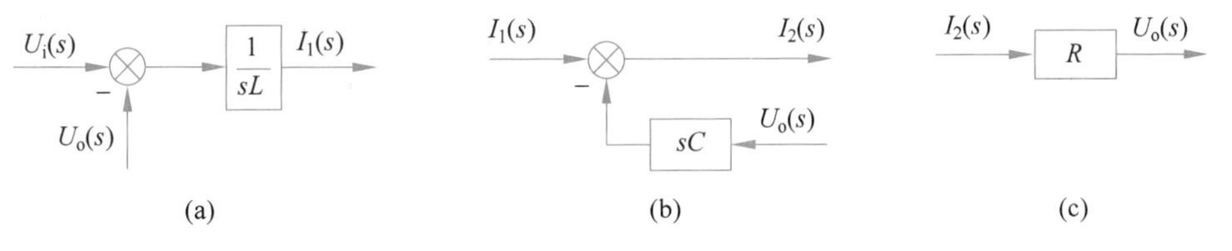

图 2-3-2　例 2-14 中各元件的方框

用信号线按信号流向将各方框依次连接起来，得到 RLC 网络的结构图，如图 2-3-3 所示。

例 2-15　绘制例 2-3 中图 2-1-3 所示电枢控制直流电动机的结构图。

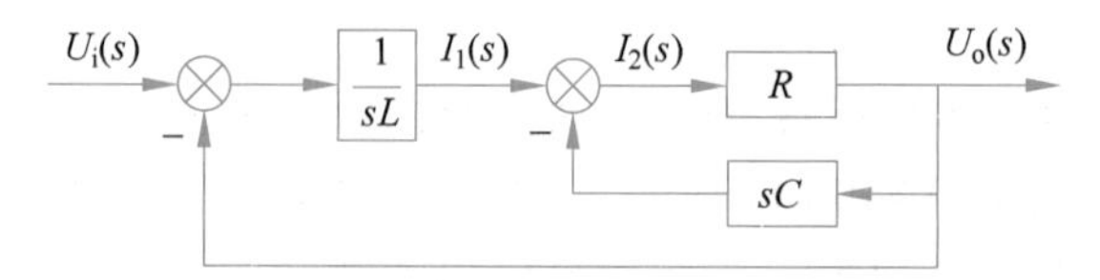

图 2-3-3 RLC 网络的结构图

解：在例 2-3 中已列出了系统的微分方程组为

$$\begin{cases} u_a(t)=L_a\dfrac{\mathrm{d}i_a(t)}{\mathrm{d}t}+R_a i_a(t)+e_a(t) \\ M_m(t)=C_m i_a(t) \\ J_m\dfrac{\mathrm{d}\omega_m(t)}{\mathrm{d}t}+f_m\omega_m(t)=M_m(t)-M_c(t) \\ e_a(t)=C_e\omega_m(t) \end{cases} \tag{2-3-3}$$

在零初始条件下，将式(2-3-3)进行拉普拉斯变换，得

$$\begin{cases} U_a(s)=(sL_a+R_a)I_a(s)+E_a(s) \\ M_m(s)=C_m I_a(s) \\ (sJ_m+f_m)\Omega_m(s)=M_m(s)-M_c(s) \\ E_a(s)=C_e\Omega_m(s) \end{cases} \tag{2-3-4}$$

按照式(2-3-4)分别绘制出各环节的方框，如图 2-3-4(a)～(d)所示。

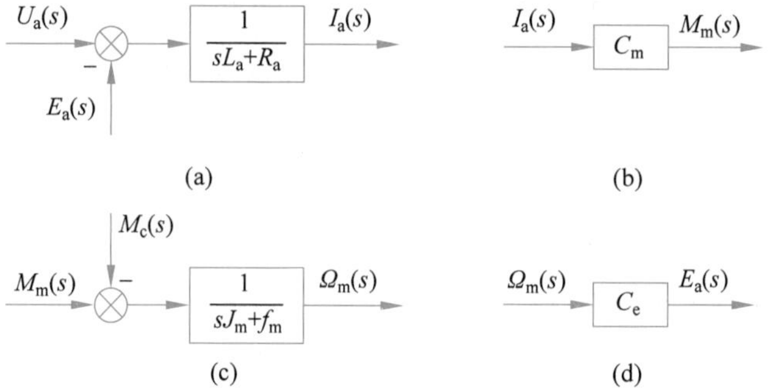

(a) (b)

(c) (d)

图 2-3-4 例 2-15 中各环节的方框

用信号线按信号流向将各方框依次连接起来，得到电枢控制直流电动机的结构图，如图 2-3-5 所示。

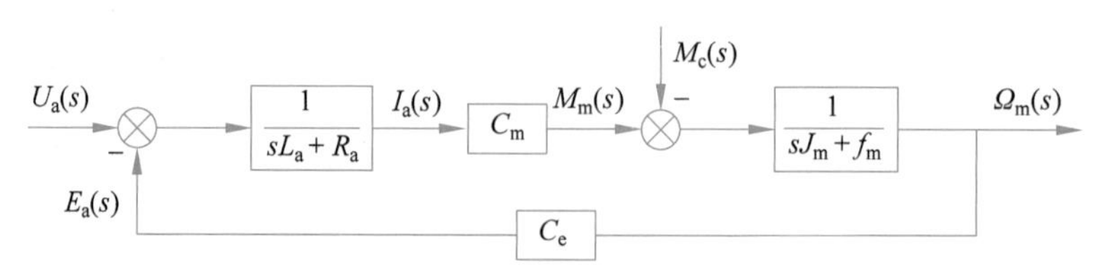

图 2-3-5 电枢控制直流电动机的结构图

2.3.3 结构图的简化

建立了系统的结构图之后，可以通过简化，将一个结构比较复杂的系统变换为结构简单

的系统，从而方便地求出系统的传递函数，以便进一步对系统进行分析研究。

1. 结构图的简化原则

结构图在简化时必须遵循等效变换的原则。所谓等效变换，即对结构图的任一部分进行变换时，变换前后的输入量、输出量及其相互之间的数学关系应保持不变。

2. 结构图简化的基本规则

依据等效变换原则，可推导出结构图简化的基本规则。

1）串联环节的简化

环节的串联是指前一个环节的输出信号是后一个环节的输入信号，依次顺序连接。图 2-3-6(a)所示为 n 个环节串联连接的结构图。

由图 2-3-6(a)可得

$$C(s)=G_n(s)C_{n-1}(s)=G_n(s)\cdots G_2(s)G_1(s)R(s)$$

则 n 个环节串联后的传递函数为

$$G(s)=\frac{C(s)}{R(s)}=G_1(s)G_2(s)\cdots G_n(s)$$

即 n 个环节串联后总的传递函数等于各个环节传递函数的乘积。其等效结构图如图 2-3-6(b)所示。

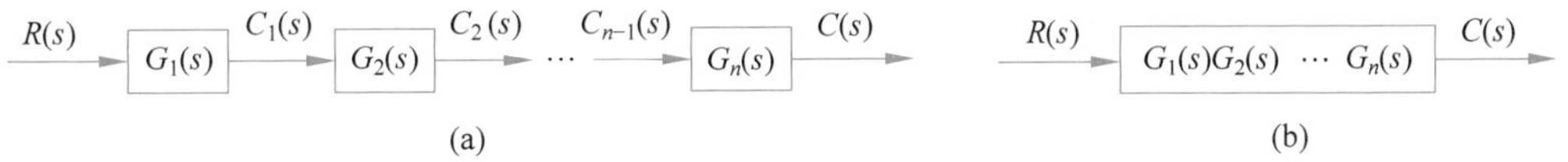

R(s)　G1(s)　C1(s)　G2(s)　C2(s)　…　Cn-1(s)　Gn(s)　C(s)

(a)

R(s)　G1(s)G2(s) … Gn(s)　C(s)

(b)

图 2-3-6　n 个环节串联的简化

2）并联环节的简化

环节的并联是指各环节的输入信号相同，输出信号等于各环节输出信号的代数和。图 2-3-7(a)所示为 n 个环节并联连接的结构图。

由图 2-3-7(a)可得

$$\begin{aligned}C(s)&=C_1(s)\pm C_2(s)\pm\cdots\pm C_n(s)=G_1(s)R(s)\pm G_2(s)R(s)\pm\cdots\pm G_n(s)R(s)\\&=[G_1(s)\pm G_2(s)\pm\cdots\pm G_n(s)]R(s)\end{aligned}$$

则 n 个环节并联后的传递函数为

$$G(s)=\frac{C(s)}{R(s)}=G_1(s)\pm G_2(s)\pm\cdots\pm G_n(s)$$

即 n 个环节并联后总的传递函数等于各个环节传递函数的代数和，其等效结构图如图 2-3-7(b)所示。

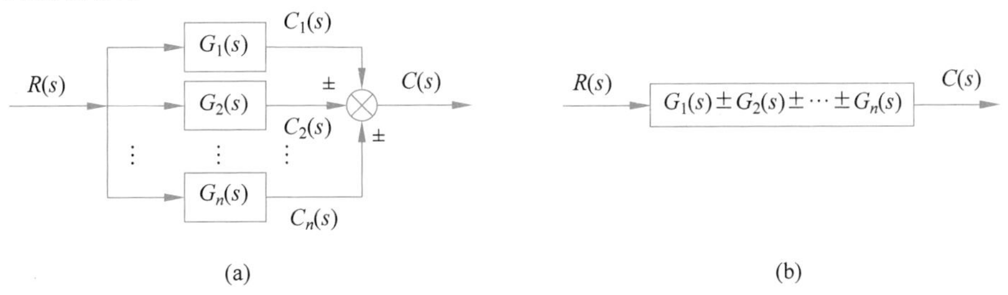

图 2-3-7　n 个环节并联的简化

3）反馈连接环节的简化

环节的反馈连接是指将环节的输出信号返回到输入端与输入信号进行比较，从而构成闭环的连接方式。图 2-3-8(a)所示为反馈连接环节的结构图。“－”号表示负反馈，“＋”号表示正反馈。

由图 2-3-8(a)可得

$$C(s)=G(s)E(s)=G(s)[R(s)\mp B(s)]=G(s)[R(s)\mp H(s)C(s)]$$

所以

$$C(s)=\frac{G(s)}{1\pm G(s)H(s)}R(s)$$

则反馈连接环节的闭环传递函数为

$$\Phi(s)=\frac{C(s)}{R(s)}=\frac{G(s)}{1\pm G(s)H(s)}$$

其等效结构图如图 2-3-8(b)所示。

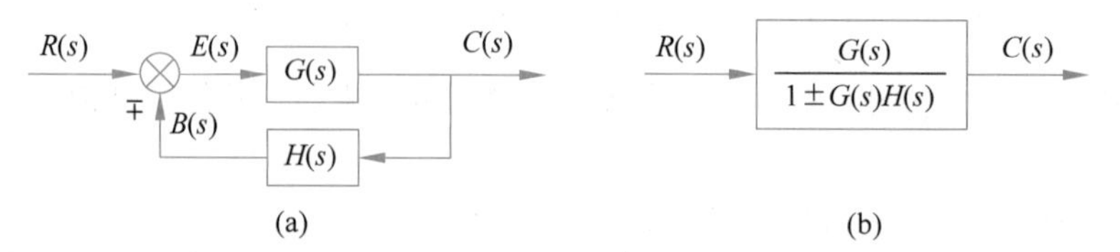

图 2-3-8 反馈连接环节的简化

4）比较点的移动

比较点的移动通常有比较点的前移、比较点的后移及比较点的交换和合并，如图 2-3-9～图 2-3-11 所示。

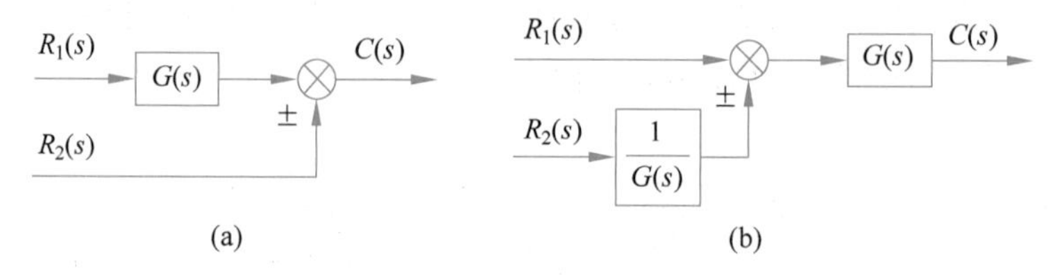

图 2-3-9 比较点的前移

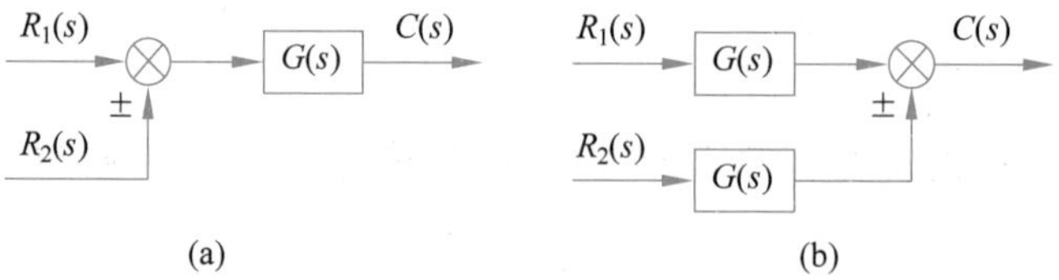

图 2-3-10 比较点的后移

下面以比较点的前移为例进行说明。

移动前，由图 2-3-9(a)可得

$$C(s)=G(s)R_1(s)\pm R_2(s) \tag{2-3-5}$$

移动后，由图 2-3-9(b)可得

$$C(s)=G(s)\left[R_1(s)\pm\frac{1}{G(s)}R_2(s)\right]=G(s)R_1(s)\pm R_2(s) \tag{2-3-6}$$

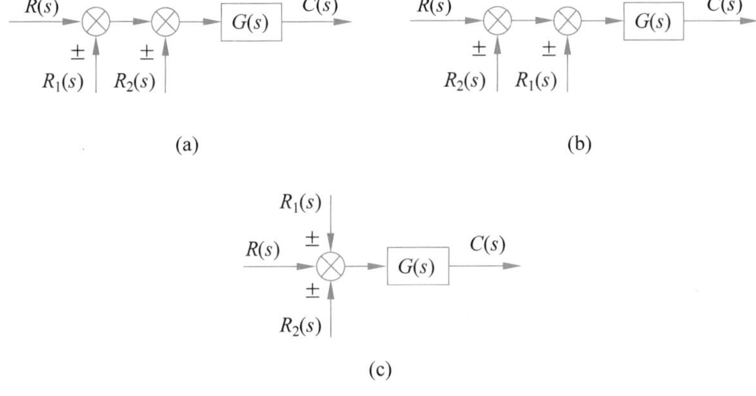

图 2-3-11　比较点的交换和合并

可见，式(2-3-5)和式(2-3-6)相同，即两者等效。

5）引出点的移动

与比较点的移动类似，引出点的移动通常也有前移、后移及交换和合并，如图 2-3-12～图 2-3-14 所示。

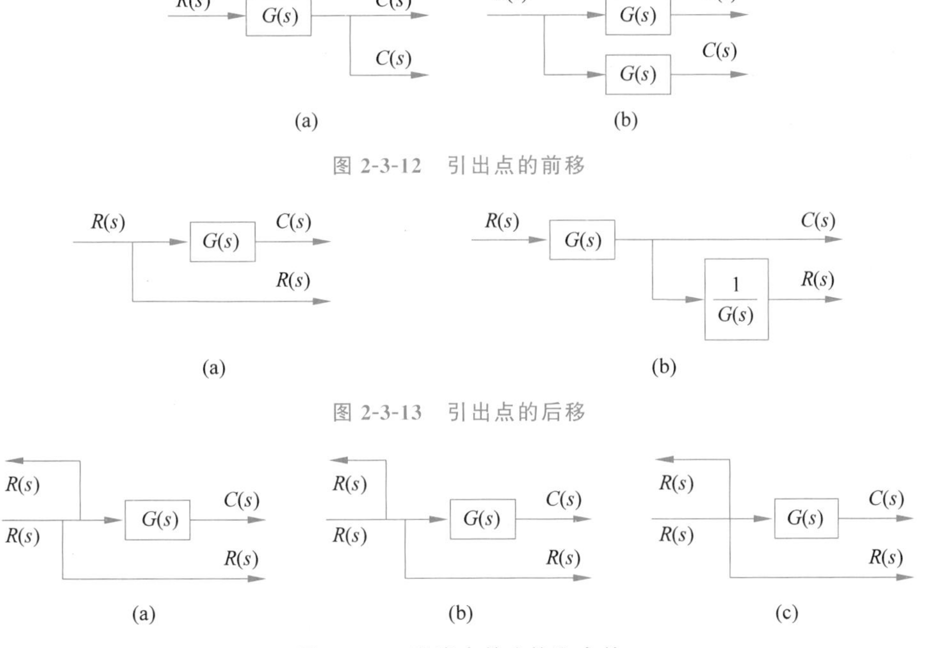

图 2-3-14　引出点的交换和合并

下面以引出点的后移为例进行说明。

移动前，由图 2-3-13(a)可得引出点信号为 $R(s)$。

移动后，由图 2-3-13(b)可得引出点信号为

$$R(s)=\frac{1}{G(s)}C(s)=\frac{1}{G(s)}G(s)R(s)=R(s)$$

可见，两者是等效的。

表 2-3-1 列出了结构图简化的基本规则。

表 2-3-1　结构图简化的基本规则

原结构图	简化后的结构图	等效运算关系
$R(s)$ → $G_1(s)$ → $C_1(s)$ → $G_2(s)$ → $C_2(s)$ → … → $C_{n-1}(s)$ → $G_n(s)$ → $C(s)$	$R(s)$ → $G_1(s)G_2(s)\ \cdots\ G_n(s)$ → $C(s)$	串联等效 $C(s)=G_n(s)\cdots G_2(s)G_1(s)R(s)$
$R(s)$; $G_1(s)$, $C_1(s)$; $G_2(s)$, $C_2(s)$; ⋮; $G_n(s)$, $C_n(s)$; ±; ±; $C(s)$	$R(s)$ → $G_1(s)\pm G_2(s)\pm\cdots\pm G_n(s)$ → $C(s)$	并联等效 $C(s)=[G_1(s)\pm G_2(s)\pm\cdots\pm G_n(s)]R(s)$
$R(s)$; $E(s)$; $G(s)$; $C(s)$; ∓; $B(s)$; $H(s)$	$R(s)$ → $\frac{G(s)}{1\pm G(s)H(s)}$ → $C(s)$	反馈连接 $C(s)=\frac{G(s)}{1\pm G(s)H(s)}R(s)$
$R_1(s)$ → $G(s)$; ±; $R_2(s)$; $C(s)$	$R_1(s)$; $R_2(s)$ → $\frac{1}{G(s)}$; ±; $G(s)$ → $C(s)$	比较点的前移 $C(s)=G(s)R_1(s)\pm R_2(s)$ $=[R_1(s)\pm\frac{1}{G(s)}R_2(s)]G(s)$
$R_1(s)$; ±; $R_2(s)$; $G(s)$ → $C(s)$	$R_1(s)$ → $G(s)$; $R_2(s)$ → $G(s)$; ±; $C(s)$	比较点的后移 $C(s)=[R_1(s)\pm R_2(s)]G(s)$ $=[R_1(s)G(s)\pm R_2(s)G(s)]$

续表

原 结 构 图	简化后的结构图	等效运算关系
$R(s)$ $G(s)$ $C(s)$ $C(s)$	$R(s)$ $G(s)$ $C(s)$ $G(s)$ $C(s)$	引出点的前移 $C(s)=G(s)R(s)$
$R(s)$ $G(s)$ $C(s)$ $R(s)$	$R(s)$ $G(s)$ $C(s)$ $\frac{1}{G(s)}$ $R(s)$	引出点的后移 $R(s)=G(s)R(s)\frac{1}{G(s)}=C(s)\frac{1}{G(s)}$
$R(s)$ ± $R_1(s)$ ± $R_2(s)$ $G(s)$ $C(s)$	$R(s)$ ± $R_2(s)$ ± $R_1(s)$ $G(s)$ $C(s)$ $R_1(s)$ ± $R(s)$ ± $R_2(s)$ $G(s)$ $C(s)$	比较点的交换和合并 $C(s)=[R(s)\pm R_1(s)\pm R_2(s)]G(s)$ $=[R(s)\pm R_2(s)\pm R_1(s)]G(s)$
$R(s)$ $R(s)$ $G(s)$ $C(s)$ $R(s)$	$R(s)$ $R(s)$ $G(s)$ $C(s)$ $R(s)$ $R(s)$ $R(s)$ $G(s)$ $C(s)$ $R(s)$	引出点的交换和合并

例 2-16　通过结构图简化，求出图 2-3-3 所示 RLC 网络的传递函数 $\Phi(s)=\dfrac{U_o(s)}{U_i(s)}$。

解：图 2-3-3 所示结构图具有两重负反馈连接，可采用先内反馈后外反馈的方法，逐级简化反馈连接环节。

首先，R 和 sC 构成负反馈连接，简化后如图 2-3-15(a)所示。

然后，$\dfrac{1}{sL}$和$\dfrac{R}{1+sRC}$构成串联连接，简化后如图 2-3-15(b)所示。此为一个单位负反馈系统，可求得传递函数为

$$\Phi(s)=\frac{U_o(s)}{U_i(s)}=\frac{\dfrac{R}{sL(1+sRC)}}{1+\dfrac{R}{sL(1+sRC)}}=\frac{R}{s^2RCL+sL+R}$$

(a)　(b)

图 2-3-15　图 2-3-3 结构图的简化

视频讲解

例 2-17　某控制系统的结构图如图 2-3-16 所示，对其进行简化，并求出该系统的传递函数 $\Phi(s)=\dfrac{C(s)}{R(s)}$。

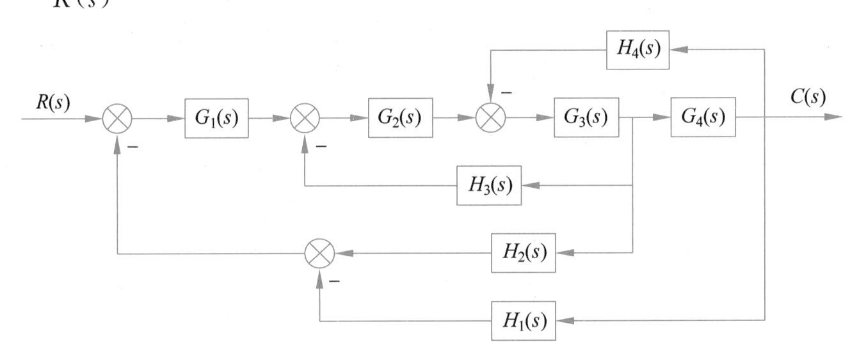

图 2-3-16　例 2-17 的系统结构图

解：首先将 $G_4(s)$后面的引出点前移，可得图 2-3-17(a)。然后根据并联和反馈连接规则可得图 2-3-17(b)。

最后根据串联和反馈连接规则即可求得系统的传递函数为

$$\Phi(s)=\frac{C(s)}{R(s)}$$

$$=\frac{G_1(s)G_2(s)G_3(s)G_4(s)}{1+G_3(s)G_4(s)H_4(s)+G_2(s)G_3(s)H_3(s)+G_1(s)G_2(s)G_3(s)H_2(s)-G_1(s)G_2(s)G_3(s)G_4(s)H_1(s)}$$

例 2-18　某控制系统的结构图如图 2-3-18 所示，对其进行简化，并求出该系统的传递函数 $\Phi(s)=\dfrac{C(s)}{R(s)}$。其中，$G_1(s)=2$，$G_2(s)=\dfrac{3}{s}$，$G_3(s)=\dfrac{5}{s(6s+1)}$，$G_4(s)=1$，$H_1(s)=4$，$H_2(s)=1$。

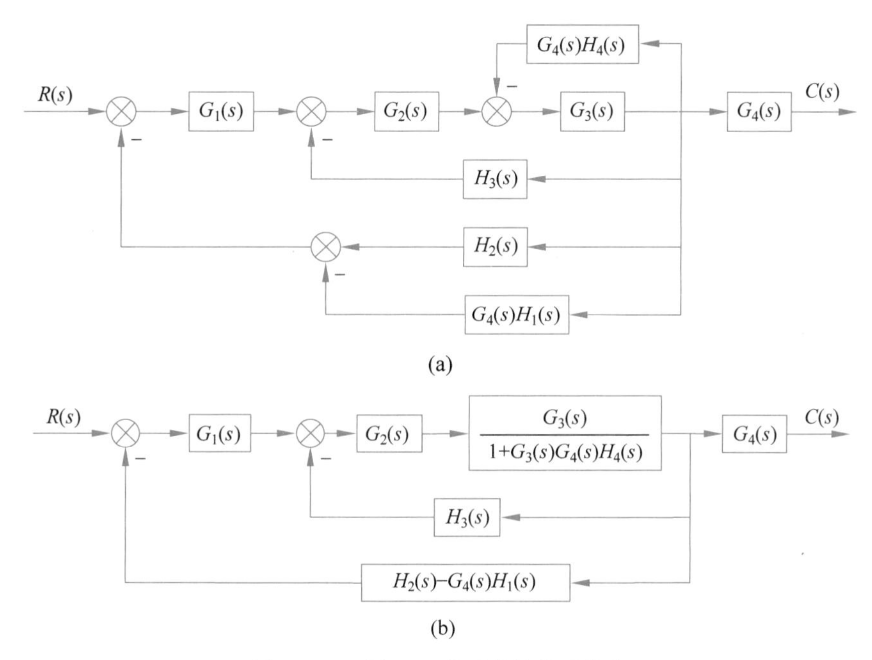

图 2-3-17　例 2-17 的系统结构图简化

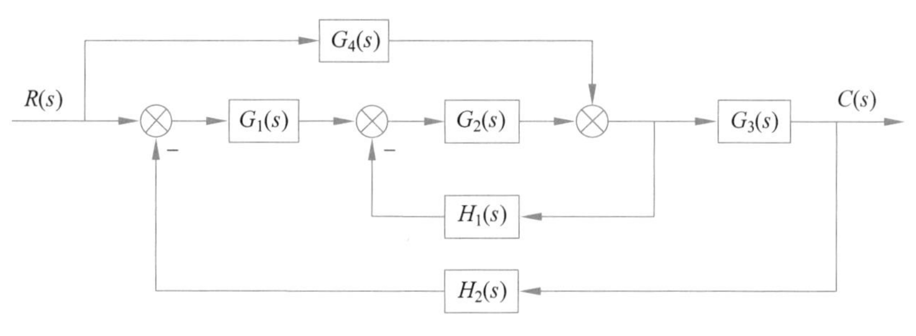

图 2-3-18　例 2-18 的系统结构图

解：首先将 $G_3(s)$前面的引出点后移，$G_2(s)$后面的比较点前移，$G_1(s)$前面的比较点后移，并将 3 个比较点合并，可得图 2-3-19(a)。然后根据串联和并联连接规则可得图 2-3-19(b)。

最后根据串联和反馈连接规则即可求得系统的传递函数为

$$\Phi(s)=\frac{C(s)}{R(s)}=\frac{G_1(s)G_2(s)G_3(s)+G_3(s)G_4(s)}{1+G_1(s)G_2(s)G_3(s)H_2(s)+G_2(s)H_1(s)}$$

代入给定的各子系统的传递函数，则系统的传递函数为

$$\Phi(s)=\frac{C(s)}{R(s)}=\frac{5s+30}{6s^3+73s^2+12s+30}$$

例 2-19　某控制系统的结构图如图 2-3-20 所示，对其进行简化，并求出该系统的传递函数 $\Phi_R(s)=\frac{C(s)}{R(s)}$和 $\Phi_N(s)=\frac{C(s)}{N(s)}$。

解：当 $R(s)$单独作用时，系统的结构图如图 2-3-21(a)所示。根据反馈连接规则可得图 2-3-21(b)，根据串联和反馈连接规则，可求得系统的传递函数为

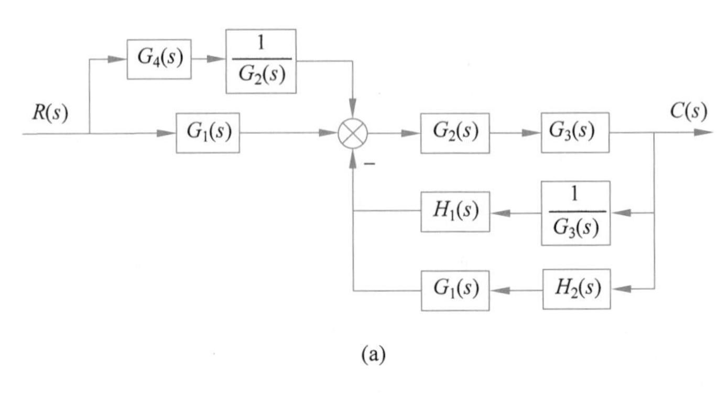

(a)

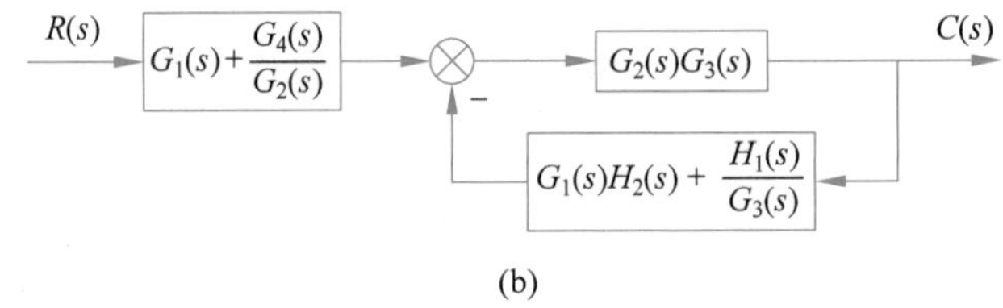

(b)

图 2-3-19　例 2-18 的系统结构图简化

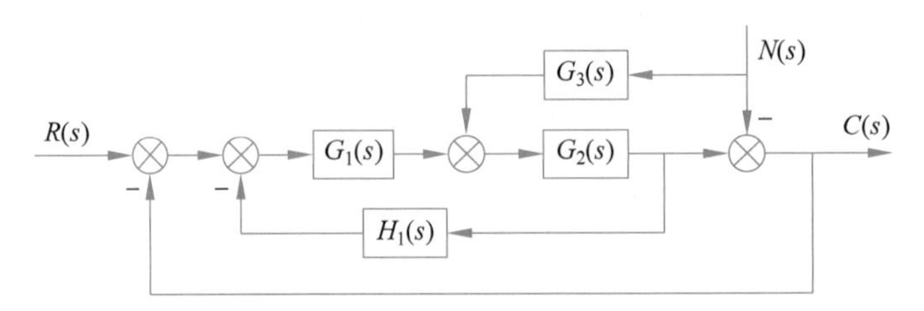

图 2-3-20　例 2-19 的系统结构图

$$\Phi_{\mathrm{R}}(s)=\frac{C(s)}{R(s)}=\frac{\dfrac{G_1(s)G_2(s)}{1+G_1(s)G_2(s)H_1(s)}}{1+\dfrac{G_1(s)G_2(s)}{1+G_1(s)G_2(s)H_1(s)}}=\frac{G_1(s)G_2(s)}{1+G_1(s)G_2(s)+G_1(s)G_2(s)H_1(s)}$$

当 $N(s)$单独作用时,系统的结构图如图 2-3-21(c)所示。首先将 $G_1(s)$前面的比较点后移,为便于观察,可改画为图 2-3-21(d)。然后根据反馈连接规则可得图 2-3-21(e)。其次将 $G_3(s)$后面的比较点后移并将两个比较点合并,可得图 2-3-21(f)。最后根据串联、并联和反馈连接规则可求得系统的传递函数为

$$\Phi_{\mathrm{N}}(s)=\frac{C(s)}{N(s)}=\left(\frac{G_2(s)G_3(s)}{1+G_1(s)G_2(s)H_1(s)}-1\right)\cdot\frac{1}{1+\dfrac{G_1(s)G_2(s)}{1+G_1(s)G_2(s)H_1(s)}}$$

$$=\frac{G_2(s)G_3(s)-1-G_1(s)G_2(s)H_1(s)}{1+G_1(s)G_2(s)+G_1(s)G_2(s)H_1(s)}$$

2.3.4 MATLAB 实现

通常,一个控制系统是由若干子系统通过串联、并联和反馈的连接方式组合而成的。MATLAB 提供了实现这些连接方式的函数。

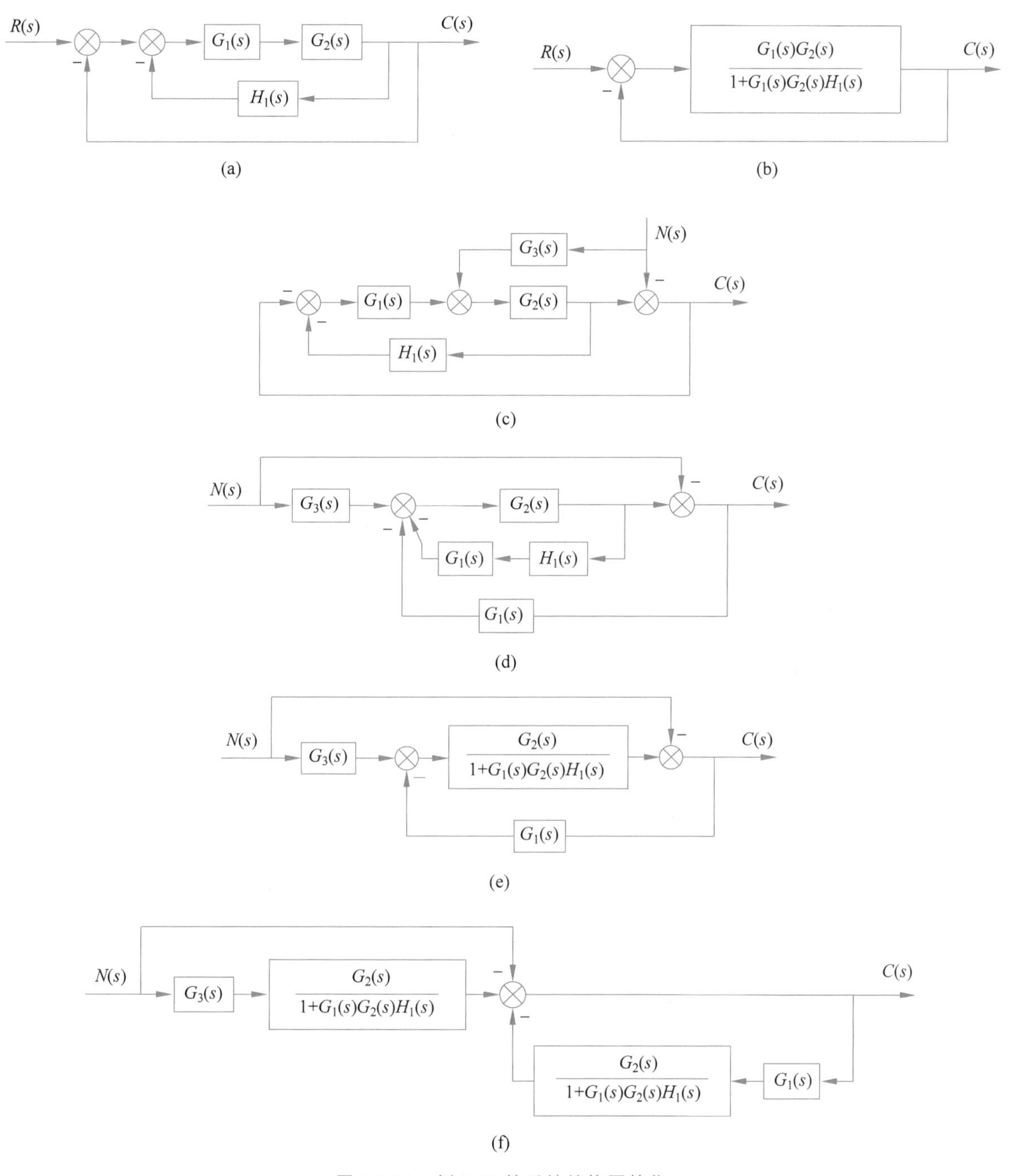

图 2-3-21 例 2-19 的系统结构图简化

1. 串联连接

两个系统的串联连接用 MATLAB 提供的 series()函数实现,其调用格式为

```
sys = series(sys1,sys2)    % 将系统 sys1 和 sys2 进行串联连接.此连接方式相当于 sys = sys1 × sys2
```

2. 并联连接

两个系统的并联连接用 MATLAB 提供的 parallel()函数实现,其调用格式为

```
sys = parallel(sys1,sys2)   % 将系统 sys1 和 sys2 进行并联连接.此连接方式相当于 sys = sys1 + sys2
```

3. 反馈连接

两个系统的反馈连接用 MATLAB 提供的 feedback()函数实现，其调用格式为

```
sys = feedback(sys1,sys2,sign)      % 将系统 sys1 和 sys2 进行反馈连接.其中 sys1 是前向通道子
% 系统,sys2 是反馈通道子系统,字符串 sign 指定反馈的极性,sign = 1 时表示正反馈,sign = -1 或
% 缺省时表示负反馈
```

例 2-20 利用 MATLAB 求例 2-18 中系统的传递函数 $\Phi(s)=\dfrac{C(s)}{R(s)}$。

解：MATLAB 程序如下。

```
clc;clear
G1 = tf([2],[1]);
numG2 = [3];denG2 = [1 0];G2 = tf(numG2,denG2);
numG3 = [5];denG3 = conv([1 0],[6 1]);G3 = tf(numG3,denG3);
G4 = 1;
H1 = tf([4],[1]);
H2 = 1;
G31 = tf(denG3,numG3);          % G3 前面的引出点后移
G21 = tf(denG2,numG2);          % G2 后面的比较点前移
sys1 = series(G2,G3);
sys2 = series(H1,G31);
sys3 = series(G1,H2);
sys4 = series(G4,G21);
sys5 = parallel(sys2,sys3);
sys6 = parallel(G1,sys4);
sys7 = feedback(sys1,sys5);
sys = series(sys6,sys7)
```

运行结果如下。

```
sys =
            75 s + 450
  --------------------------------
  90 s^3 + 1095 s^2 + 180 s + 450
Continuous - time transfer function.
```

即系统的传递函数为

$$\Phi(s)=\frac{C(s)}{R(s)}=\frac{75s+450}{90s^3+1095s^2+180s+450}=\frac{5s+30}{6s^3+73s^2+12s+30}$$

2.4 控制系统的信号流图

信号流图是由美国数学家梅森(S. J. Mason)于 20 世纪 50 年代提出的，用来表示线性代数方程组的一种图示方法。在控制理论中，它是描述系统元件间信号传递关系的另一种图示数学模型。与结构图相比，信号流图具有符号简单、便于绘制、直观形象等特点，但它只能用来描述线性系统。

视频讲解

2.4.1 信号流图的概念

1. 信号流图的定义和组成

由节点和有向支路构成的，能表示信号流动方向与系统功能的图，称为系统的信号流

图。它由节点、支路和支路增益 3 个基本元素组成，如图 2-4-1 所示。

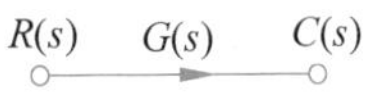

图 2-4-1　信号流图的组成

(1) 节点：表示系统中信号或变量的点，用符号“o”表示。

(2) 支路：连接两个节点的有向线段，用符号“→”表示，箭头表示信号流动的方向。在信号流图中，信号是单方向流动的。

(3) 支路增益：表示支路上信号或变量的传递关系，用写在支路旁边的函数“$G(s)$”表示，相当于结构图中某个环节的传递函数。根据图 2-4-1，可写出图中各信号之间的关系为

$$C(s)=G(s)R(s)$$

2. 信号流图中的常用术语

在信号流图中，常使用一些专用的名词术语。下面以图 2-4-2 所示信号流图为例进行介绍。

(1) 源节点(输入节点)：只有输出支路的节点，如图 2-4-2 中的节点 $R(s)$。它通常是系统的输入信号。

(2) 阱节点(输出节点)：只有输入支路的节点，如图 2-4-2 中的节点 $C(s)$。它通常是系统的输出信号。

(3) 混合节点：既有输入支路又有输出支路的节点，如图 2-4-2 中的节点 $X_1(s)$、$X_2(s)$ 和 $X_3(s)$。它通常是系统的中间变量。对于任意一个混合节点，都可以通过引出一条支路增益为 1 的支路将其变为阱节点，如图 2-4-2 中的节点 $X_3(s)$。

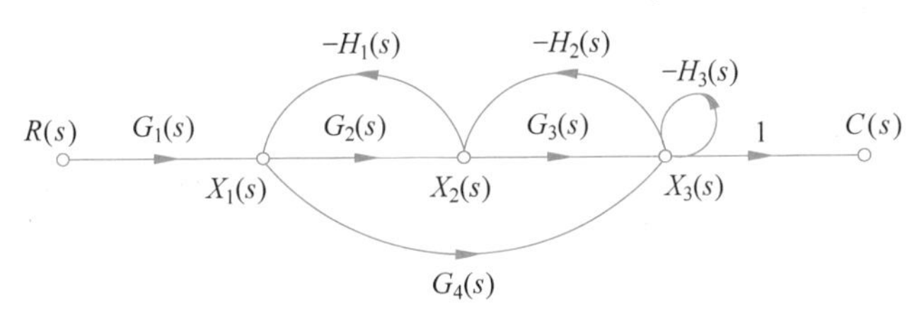

图 2-4-2　信号流图

(4) 前向通路及其增益：从源节点出发，沿支路箭头方向(不能是相反方向)，连续经过相连支路而到达阱节点，且经过每个节点仅一次的路径称为前向通路。前向通路上各支路增益的乘积称为前向通路增益。如图 2-4-2 中有两条前向通路：一条是 $R(s)\to X_1(s)\to X_2(s)\to X_3(s)\to C(s)$，其前向通路增益为 $G_1(s)G_2(s)G_3(s)$；另一条是 $R(s)\to X_1(s)\to X_3(s)\to C(s)$，其前向通路增益为 $G_1(s)G_4(s)$。

(5) 回路及其增益：从某一节点出发，顺着信号流动的方向又回到该节点，且经过其余节点仅一次的闭合路径称为回路。回路中各支路增益的乘积称为回路增益。只有一条支路的回路称为自回路。如图 2-4-2 中有四条回路：第一条是 $X_1(s)\to X_2(s)\to X_1(s)$，其回路增益为 $-G_2(s)H_1(s)$；第二条是 $X_2(s)\to X_3(s)\to X_2(s)$，其回路增益为 $-G_3(s)H_2(s)$；第三条是 $X_1(s)\to X_3(s)\to X_2(s)\to X_1(s)$，其回路增益为 $G_4(s)H_1(s)H_2(s)$；第四条是 $X_3(s)\to X_3(s)$，其回路增益为 $-H_3(s)$，此为一条自回路。

(6) 不接触回路：没有公共节点的两个或两个以上回路称为不接触回路。如图 2-4-2 中有一对互不接触回路：$X_1(s)\to X_2(s)\to X_1(s)$ 和 $X_3(s)\to X_3(s)$。

3. 信号流图的性质

综上所述，信号流图具有以下基本性质：

(1) 信号流图只适用于线性系统;

(2) 节点表示的变量是所有流进该节点的信号之和,而从同一节点流出到各支路的信号均用该节点变量表示;

(3) 支路相当于乘法器,信号流经支路时,乘以支路增益而变为另一信号;

(4) 信号只能在支路上沿箭头方向单向传递;

(5) 对于给定系统,信号流图不是唯一的。

2.4.2 信号流图的绘制

信号流图可以根据微分方程绘制,也可以根据系统的结构图进行绘制。

1. 已知系统的微分方程,绘制信号流图

根据系统的微分方程绘制系统信号流图的步骤如下:

(1) 通过拉普拉斯变换,将微分方程组变换成 s 域的代数方程组;

(2) 将系统每个变量用一个节点表示,并根据信号传递的方向从左向右排列;

(3) 按照方程中各变量的因果关系,用标有支路增益的支路将各节点变量连接即可。

例 2-21 画出图 2-4-3 所示 RC 无源滤波网络的信号流图。

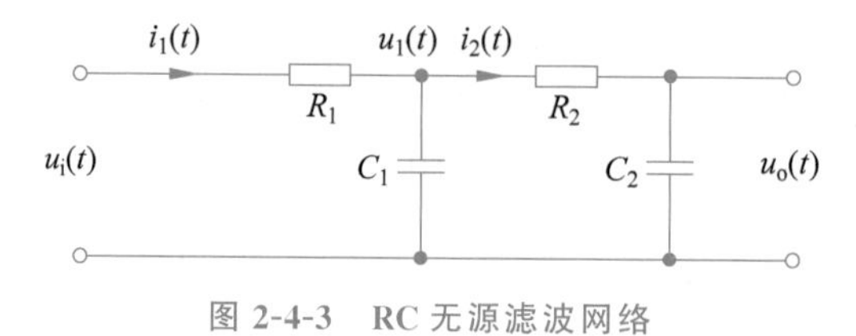

图 2-4-3 RC 无源滤波网络

解:以图 2-4-3 所示电流 $i_1(t)$、$i_2(t)$和电压 $u_1(t)$为中间变量,根据伏安特性和基尔霍夫定律,可列出系统的微分方程组为

$$\begin{cases} i_1(t)=\dfrac{1}{R_1}[u_i(t)-u_1(t)] \\ u_1(t)=\dfrac{1}{C_1}\int[i_1(t)-i_2(t)]\,dt \\ i_2(t)=\dfrac{1}{R_2}[u_1(t)-u_o(t)] \\ u_o(t)=\dfrac{1}{C_2}\int i_2(t)\,dt \end{cases} \tag{2-4-1}$$

首先,在零初始条件下,将式(2-4-1)进行拉普拉斯变换,得

$$\begin{cases} I_1(s)=\dfrac{1}{R_1}[U_i(s)-U_1(s)] \\ U_1(s)=\dfrac{1}{sC_1}[I_1(s)-I_2(s)] \\ I_2(s)=\dfrac{1}{R_2}[U_1(s)-U_o(s)] \\ U_o(s)=\dfrac{1}{sC_2}I_2(s) \end{cases}$$

然后，对变量 $U_i(s)$、$I_1(s)$、$U_1(s)$、$I_2(s)$ 及 $U_o(s)$ 设置 5 个节点并自左向右顺序排列。

最后，按照方程中各变量的因果关系，用标有相应支路增益的支路将各节点连接起来，便得到 RC 无源滤波网络的信号流图，如图 2-4-4 所示。

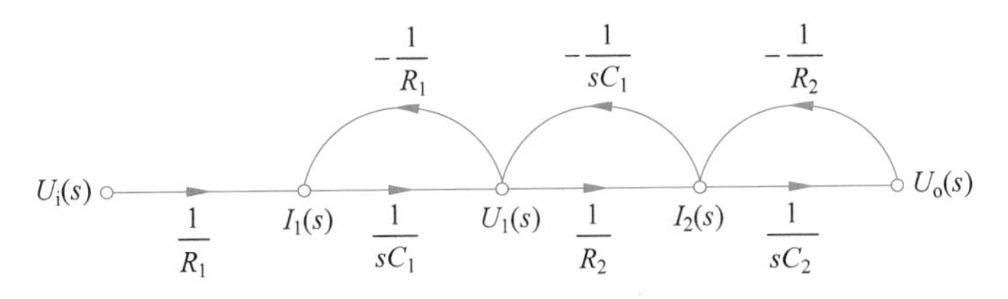

图 2-4-4 RC 无源滤波网络的信号流图

2. 已知系统的结构图，绘制信号流图

根据系统的结构图绘制系统信号流图的步骤如下。

(1) 确定节点：将结构图中的输入变量设为源节点，输出变量设为阱节点，每个比较点和引出点均各设为一个节点，但应注意：①比较点和比较点之后的引出点只需在比较点后设一个节点即可；②比较点和比较点之前的引出点需各设一个节点，分别表示两个变量，它们之间的支路增益是 1。

(2) 将各个节点按照结构图上的位置依次排列。

(3) 用标有传递函数的有向线段代替结构图中的方框，即为信号流图的支路，这样就得到了系统的信号流图。

例 2-22 画出例 2-1 中图 2-1-1 所示 RLC 网络的信号流图。

解：在 2.3 节例 2-14 中已画出该网络的结构图如图 2-4-5 所示。

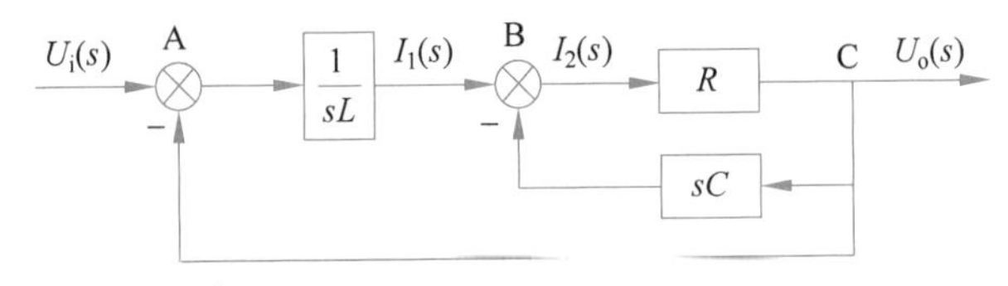

图 2-4-5 RLC 网络的结构图

在图 2-4-5 中设置 $U_i(s)$、A、B、C 及 $U_o(s)$ 5 处节点，并依次排列，然后按结构图中给出的关系画出各节点的支路，得到 RLC 网络的信号流图如图 2-4-6 所示。

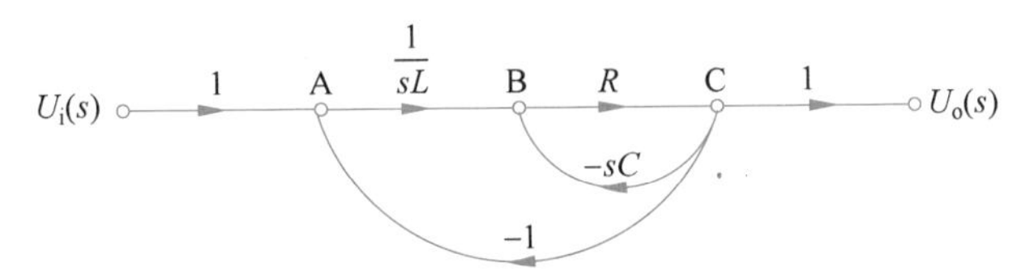

图 2-4-6 RLC 网络的信号流图

2.4.3 梅森增益公式

与结构图类似，在绘制出系统的信号流图后，可以通过等效变换简化来求解从源节点到阱节点的传递函数，它们的变换规则也相似。这种方法，对简单系统尚可，但若系统比较复杂，就会非常烦琐，此处不再赘述。

在控制工程中，对于信号流图，通常利用梅森增益公式直接获得系统的总传递函数。由于信号流图和结构图之间有对应关系，所以梅森增益公式也适用于结构图。

梅森增益公式的一般表达式为

$$\Phi(s)=\frac{1}{\Delta}\sum_{k=1}^{n}P_k\Delta_k \tag{2-4-2}$$

式(2-4-2)中：

$\Phi(s)$是从源节点到阱节点的传递函数(或系统总增益)；

Δ 称为特征式，$\Delta=1-\sum L_\mathrm{a}+\sum L_\mathrm{b}L_\mathrm{c}-\sum L_\mathrm{d}L_\mathrm{e}L_\mathrm{f}+\cdots$，其中

$\sum L_\mathrm{a}$ 是所有不同回路的回路增益之和；

$\sum L_\mathrm{b}L_\mathrm{c}$ 是所有两条互不接触回路的回路增益乘积之和；

$\sum L_\mathrm{d}L_\mathrm{e}L_\mathrm{f}$ 是所有 3 条互不接触回路的回路增益乘积之和；

n 是从源节点到阱节点的前向通路总数；

P_k 是从源节点到阱节点的第 k 条前向通路的总增益；

Δ_k 称为第 k 条前向通路的特征余因子式，即将特征式 Δ 中与第 k 条前向通路相接触的回路增益项(包括回路增益的乘积项)除去以后剩余的部分。

下面举例说明梅森增益公式的应用。

例 2-23　利用梅森增益公式求例 2-1 中图 2-1-1 所示 RLC 网络的传递函数 $\Phi(s)=\frac{U_\mathrm{o}(s)}{U_\mathrm{i}(s)}$。

解：例 2-22 中已画出该网络的信号流图，如图 2-4-6 所示。由图 2-4-6 可知，该系统有两条回路，其增益分别为 $L_1=-sCR$、$L_2=-\frac{R}{sL}$；无互不接触回路；所以系统的特征式为

$$\Delta=1-(L_1+L_2)=1+sCR+\frac{R}{sL}$$

有一条前向通路，其增益为 $P_1=\frac{R}{sL}$；因两条回路与该前向通路都接触，所以特征余因子式为 $\Delta_1=1$。根据梅森增益公式可求得系统的传递函数为

$$\Phi(s)=\frac{U_\mathrm{o}(s)}{U_\mathrm{i}(s)}=\frac{P_1\Delta_1}{\Delta}=\frac{R}{s^2RCL+sL+R}$$

可见，结果与例 2-16 中根据结构图的简化所得的结果相同。

例 2-24　某系统的信号流图如图 2-4-2 所示，利用梅森增益公式确定系统的传递函数 $\Phi(s)=\frac{C(s)}{R(s)}$。

解：由图 2-4-2 可知，该系统有 4 条回路，其增益分别为

$$L_1=-G_2(s)H_1(s)$$
$$L_2=-G_3(s)H_2(s)$$
$$L_3=G_4(s)H_1(s)H_2(s)$$
$$L_4=-H_3(s)$$

L_1 和 L_4 为两条互不接触回路的回路增益，其乘积为

$$L_1L_4=G_2(s)H_1(s)H_3(s)$$

因此，系统的特征式为

$$\Delta=1+G_2(s)H_1(s)+G_3(s)H_2(s)-G_4(s)H_1(s)H_2(s)+H_3(s)+G_2(s)H_1(s)H_3(s)$$

该系统有两条前向通路，其增益及特征余因子式分别为

$$P_1=G_1(s)G_2(s)G_3(s),\quad \Delta_1=1$$
$$P_2=G_1(s)G_4(s),\quad \Delta_2=1$$

所以，系统的传递函数为

$$\Phi(s)=\frac{C(s)}{R(s)}=\frac{1}{\Delta}\sum_{k=1}^{2}P_k\Delta_k$$
$$=\frac{G_1(s)G_2(s)G_3(s)+G_1(s)G_4(s)}{1+G_2(s)H_1(s)+G_3(s)H_2(s)-G_4(s)H_1(s)H_2(s)+H_3(s)+G_2(s)H_1(s)H_3(s)}$$

例 2-25　某系统的结构图如图 2-4-7 所示。

(1) 绘制系统的信号流图；

(2) 利用梅森增益公式确定系统的传递函数$\frac{C(s)}{R_1(s)}$、$\frac{C(s)}{R_2(s)}$。

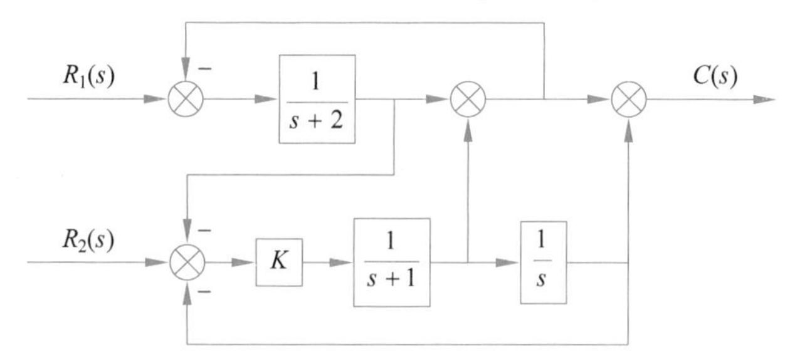

图 2-4-7　例 2-25 的系统结构图

解：(1) 绘制出系统信号流图如图 2-4-8 所示。

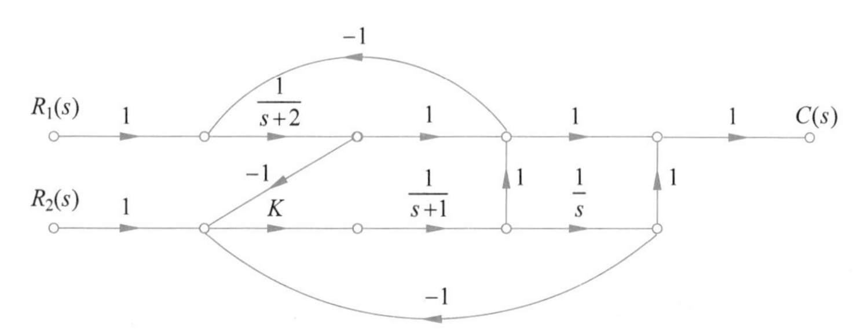

图 2-4-8　例 2-25 的系统信号流图

(2) 求传递函数。

① 求传递函数$\frac{C(s)}{R_1(s)}$，令 $R_2(s)=0$。

由图 2-4-8 知，当 $R_2(s)=0$ 时，该系统有 3 条回路，其增益分别为

$$L_1=-\frac{1}{s+2}$$
$$L_2=\frac{K}{(s+1)(s+2)}$$
$$L_3=\frac{-K}{s(s+1)}$$

L_1 和 L_3 为两条互不接触回路的回路增益，其乘积为

$$L_1L_3=\frac{K}{s(s+1)(s+2)}$$

因此，系统的特征式为

$$\Delta=1+\frac{1}{s+2}-\frac{K}{(s+1)(s+2)}+\frac{K}{s(s+1)}+\frac{K}{s(s+1)(s+2)}$$

该系统有3条前向通路，其增益及特征余因子式分别为

$$P_1=\frac{1}{s+2},\quad \Delta_1=1+\frac{K}{s(s+1)}$$

$$P_2=-\frac{K}{s(s+1)(s+2)},\quad \Delta_2=1$$

$$P_3=-\frac{K}{(s+1)(s+2)},\quad \Delta_3=1$$

所以，系统的传递函数为

$$\frac{C(s)}{R_1(s)}=\frac{1}{\Delta}\sum_{k=1}^{3}P_k\Delta_k=\frac{s^2+s(1-K)}{s^3+4s^2+3s+3K}$$

② 求传递函数$\frac{C(s)}{R_2(s)}$，令 $R_1(s)=0$。

求解过程同①，系统的特征式 Δ 不变。该系统有两条前向通路，其增益及特征余因子式分别为

$$P_1=\frac{K}{s(s+1)},\quad \Delta_1=1+\frac{1}{s+2}$$

$$P_2=\frac{K}{s+1},\quad \Delta_2=1$$

所以，系统的传递函数为

$$\frac{C(s)}{R_2(s)}=\frac{1}{\Delta}\sum_{k=1}^{2}P_k\Delta_k=\frac{K(s^2+3s+3)}{s^3+4s^2+3s+3K}$$

2.5 典型反馈控制系统的传递函数

实际的反馈控制系统通常都会受到两种输入信号的作用，一种是有用信号，另一种是扰动信号。一个典型反馈控制系统的结构图如图2-5-1所示。图中，$R(s)$为有用输入信号，$N(s)$为扰动信号，$C(s)$为系统输出信号，$E(s)$为误差信号，$B(s)$为反馈信号。

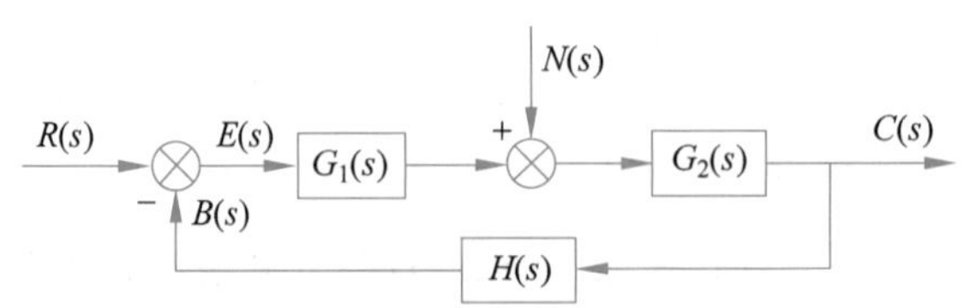

图 2-5-1 典型反馈控制系统的结构图

2.5.1 系统的开环传递函数

在图2-5-1中，若不考虑扰动的作用($N(s)=0$)，将主反馈通道 $H(s)$的输出端断开时，

输入信号 $R(s)$ 到反馈信号 $B(s)$ 之间的传递函数称为系统的开环传递函数，可表示为

$$\frac{B(s)}{R(s)}=G_1(s)G_2(s)H(s)$$

即系统的开环传递函数为前向通道传递函数与反馈通道传递函数的乘积。对单位负反馈系统，系统的开环传递函数等于前向通道的传递函数。

注意，这里的开环传递函数是针对闭环系统而言的，而非开环系统的传递函数。

2.5.2　系统的闭环传递函数

视频讲解

为了研究有用输入信号 $R(s)$ 和扰动信号 $N(s)$ 对系统输出信号 $C(s)$ 的影响，需要建立不同情况下系统的闭环传递函数。

1. 有用输入信号 $R(s)$ 作用下的闭环传递函数

根据线性系统的叠加原理，在图 2-5-1 中，令 $N(s)=0$，则系统的结构图如图 2-5-2 所示。

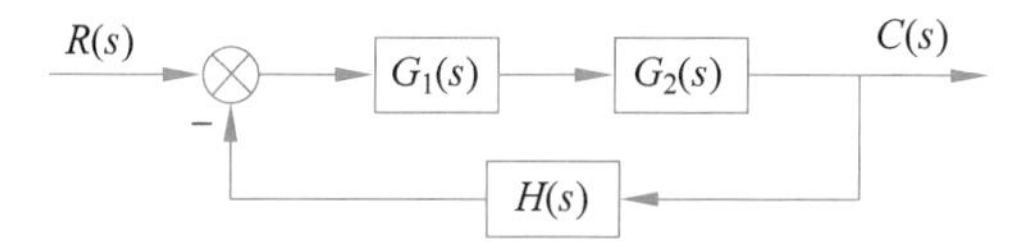

图 2-5-2　$R(s)$ 作用下的系统结构图

系统在有用输入信号 $R(s)$ 作用下的闭环传递函数为

$$\Phi(s)=\frac{C(s)}{R(s)}=\frac{G_1(s)G_2(s)}{1+G_1(s)G_2(s)H(s)}$$

此时系统的输出为

$$C(s)=\Phi(s)R(s)=\frac{G_1(s)G_2(s)}{1+G_1(s)G_2(s)H(s)}R(s)$$

2. 扰动信号 $N(s)$ 作用下的闭环传递函数

同理，在图 2-5-1 中，令 $R(s)=0$，则系统的结构图如图 2-5-3 所示。

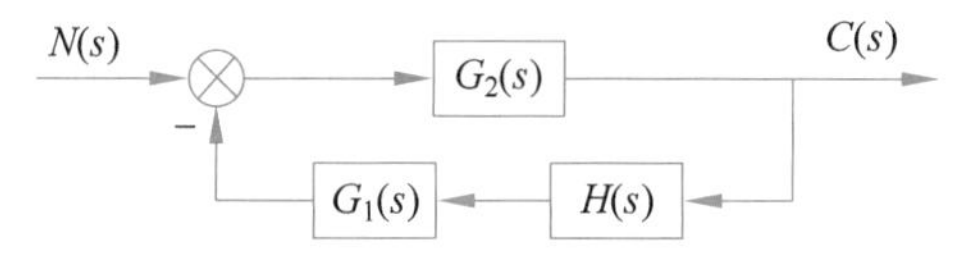

图 2-5-3　$N(s)$ 作用下的系统结构图

系统在扰动信号 $N(s)$ 作用下的闭环传递函数为

$$\Phi_{\mathrm{n}}(s)=\frac{C(s)}{N(s)}=\frac{G_2(s)}{1+G_1(s)G_2(s)H(s)}$$

此时系统的输出为

$$C(s)=\Phi_{\mathrm{n}}(s)N(s)=\frac{G_2(s)}{1+G_1(s)G_2(s)H(s)}N(s)$$

显然，当 $R(s)$ 和 $N(s)$ 同时作用时，系统的总输出为

$$C(s)=\Phi(s)R(s)+\Phi_{\mathrm{n}}(s)N(s)=\frac{G_1(s)G_2(s)R(s)+G_2(s)N(s)}{1+G_1(s)G_2(s)H(s)}$$

如果满足$|G_1(s)G_2(s)H(s)|\gg 1$且$|G_1(s)H(s)|\gg 1$的条件，则有

$$C(s)\approx\frac{1}{H(s)}R(s) \tag{2-5-1}$$

式(2-5-1)表明，在一定条件下，系统的输出只取决于反馈通道的传递函数$H(s)$和有用输入信号$R(s)$，与前向通道的传递函数无关，也不受扰动信号$N(s)$的影响。

特别地，对单位负反馈系统，即$H(s)=1$时，有

$$C(s)\approx R(s) \tag{2-5-2}$$

式(2-5-2)表明，在一定条件下，系统的输出几乎完全复现了系统的有用输入，且具有较强的抑制扰动的能力。这在实际工程设计中具有很重要的意义。

视频讲解

2.5.3 系统的误差传递函数

系统的误差是直接反映系统工作精度的性能指标。在图2-5-1中，以误差信号$E(s)$作为输出，在有用输入信号$R(s)$和扰动信号$N(s)$作用下的传递函数称为误差传递函数。

1. 有用输入信号R(s)作用下的误差传递函数

在图2-5-1中，令$N(s)=0$，则误差输出的结构图如图2-5-4所示。

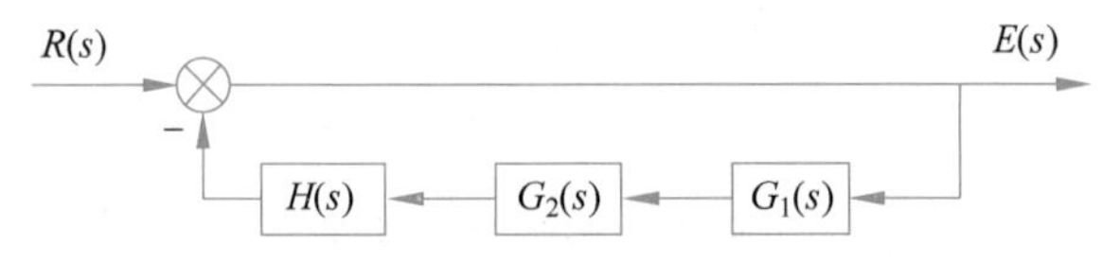

图2-5-4 R(s)作用下的误差输出的结构图

系统在有用输入信号$R(s)$作用下的误差传递函数为

$$\Phi_{er}(s)=\frac{E(s)}{R(s)}=\frac{1}{1+G_1(s)G_2(s)H(s)}$$

此时系统的误差为

$$E(s)=\Phi_{er}(s)R(s)=\frac{R(s)}{1+G_1(s)G_2(s)H(s)}$$

2. 扰动信号N(s)作用下的误差传递函数

在图2-5-1中，令$R(s)=0$，则误差输出的结构图如图2-5-5所示。

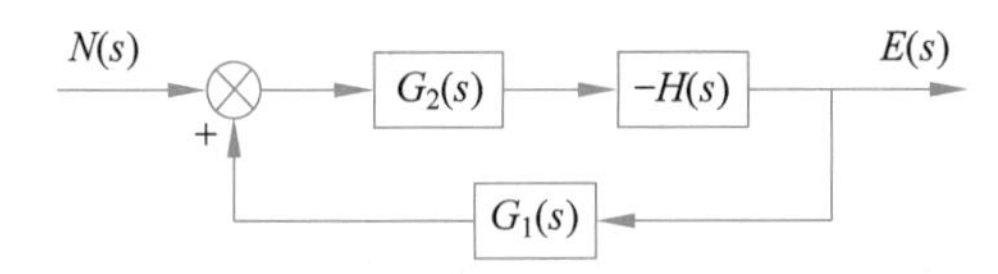

图2-5-5 N(s)作用下的误差输出的结构图

系统在扰动信号$N(s)$作用下的误差传递函数为

$$\Phi_{en}(s)=\frac{E(s)}{N(s)}=\frac{-G_2(s)H(s)}{1+G_1(s)G_2(s)H(s)}$$

此时系统的误差为

$$E(s)=\Phi_{en}(s)N(s)=\frac{-G_2(s)H(s)}{1+G_1(s)G_2(s)H(s)}N(s)$$

当$R(s)$和$N(s)$同时作用时，系统的总误差为

$$E(s)=\Phi_{er}(s)R(s)+\Phi_{en}(s)N(s)=\frac{R(s)-G_2(s)H(s)N(s)}{1+G_1(s)G_2(s)H(s)}$$

如果满足$|G_1(s)G_2(s)H(s)|\gg 1$且$|G_1(s)|\gg 1$的条件,则有

$$E(s)\approx 0 \tag{2-5-3}$$

式(2-5-3)表明,在一定条件下,系统的误差几乎等于零,即可以获得较高的工作精度。

综上所述可见,对图2-5-1所示的典型反馈控制系统,不论是闭环传递函数,还是误差传递函数,都具有相同的分母,即

$$1+G_1(s)G_2(s)H(s) \tag{2-5-4}$$

通常将式(2-5-4)称为系统的特征多项式。而将式(2-5-5)称为系统的特征方程。

$$1+G_1(s)G_2(s)H(s)=0 \tag{2-5-5}$$

2.6 习题

第3章 控制系统的时域分析法

CHAPTER 3

学习目标

（1）了解时域分析法的特点；掌握典型输入信号的特点和时域性能指标的含义。

（2）掌握一阶、二阶系统的数学模型、阶跃响应的特点及动态性能指标的计算；理解闭环主导极点、偶极子的概念，会估算高阶系统动态性能指标。

（3）理解稳定性的概念及稳定条件；能熟练运用稳定判据判定系统的稳定性并进行有关参数分析计算。

（4）理解稳态误差的概念，明确终值定理的应用条件；掌握系统的型别和静态误差系数的概念；掌握计算稳态误差的方法，理解减小或消除稳态误差的措施。

本章重点

（1）典型输入信号及时域性能指标定义。

（2）一阶、二阶系统和高阶系统的动态性能分析。

（3）控制系统稳定性分析及稳定判据的应用。

（4）控制系统稳态误差的计算及减小或消除稳态误差的措施。

控制系统的数学模型建立之后，可以采用各种不同的方法对系统的性能进行分析研究。经典控制理论中，常用的分析方法有时域分析法、根轨迹法和频域分析法。其中时域分析法是对一个特定的输入信号，通过拉普拉斯变换法求出系统的输出响应，根据系统响应直接在时域中对系统进行分析的方法。此方法具有直观、准确、物理概念清晰，能提供系统时间响应的全部信息等特点，是后面学习根轨迹法和频域分析法的基础。

3.1 时域分析基础

一个控制系统的时间响应不仅取决于系统本身的结构和参数，而且还与系统的初始状态以及输入信号有关。为了求解系统的时间响应，必须了解输入信号（即外作用）的解析表达式。然而，控制系统的实际输入信号往往是未知的，为了便于对系统进行分析，常需要一些输入函数作为测试信号。选取的测试信号应具有下列特点：

（1）能反映系统工作时的实际情况；

（2）易于在实验室中获得；

（3）数学表达形式简单，以便分析和处理。

3.1.1 典型输入信号

在控制工程中，通常选用的典型输入信号有阶跃信号、斜坡信号、加速度信号、脉冲信号和正弦信号。

1. 阶跃信号

阶跃信号表示信号的瞬间突变过程，如图3-1-1所示，其数学表达式为

$$r(t)=\begin{cases}0, & t<0\\ A, & t\geqslant 0\end{cases} \tag{3-1-1}$$

式(3-1-1)中，A为一常量，当$A=1$时，称为单位阶跃信号，记为$1(t)$。在实际系统中电源的接通、开关的转换、指令的转变、负荷的突变等，均可视为阶跃信号。

阶跃信号的拉普拉斯变换为

$$L[A\cdot 1(t)]=\frac{A}{s}$$

2. 斜坡信号

斜坡信号表示由零值开始随时间t线性增长的信号，如图3-1-2所示，其数学表达式为

$$r(t)=\begin{cases}0, & t<0\\ At, & t\geqslant 0\end{cases}$$

斜坡信号的微分即为阶跃信号，表示斜坡信号的速度变化。当$A=1$时，称为单位斜坡信号。某些随动系统中位置作等速移动的指令信号、数控机床加工斜面时的进给指令等可视为斜坡信号。

斜坡信号的拉普拉斯变换为

$$L[At]=\frac{A}{s^2}$$

3. 加速度信号

加速度信号如图3-1-3所示，其数学表达式为

$$r(t)=\begin{cases}0, & t<0\\ \frac{1}{2}At^2, & t\geqslant 0\end{cases}$$

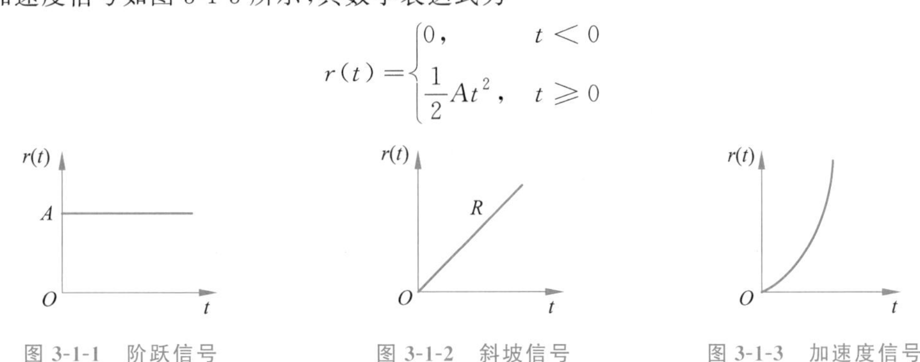

图3-1-1 阶跃信号　　图3-1-2 斜坡信号　　图3-1-3 加速度信号

加速度信号的一次微分为斜坡信号，二次微分为阶跃信号。当$A=1$时，称为单位加速度信号。

加速度信号的拉普拉斯变换为

$$L\left[\frac{1}{2}At^2\right]=\frac{A}{s^3}$$

4. 脉冲信号

脉冲信号可视为一个持续时间极短的信号，如图 3-1-4 所示，其数学表达式为

$$r(t)=\begin{cases}0, & t<0 \text{ 或 } t>h \\ \dfrac{A}{h}, & 0\leqslant t\leqslant h\end{cases}$$

其中 h 为脉冲宽度，A 等于脉冲面积。若对脉冲宽度 h 取趋于零的极限，则有

$$\begin{cases}r(t)=0, & t\neq 0 \\ r(t)\to\infty, & t\to 0\end{cases}$$

及

$$\int_{-\infty}^{+\infty} r(t)\mathrm{d}t=A$$

当 $A=1(h\to 0)$ 时，称此脉冲信号为理想单位脉冲信号，记为 $\delta(t)$。理想单位脉冲信号的拉普拉斯变换为

$$L[\delta(t)]=1$$

理想单位脉冲信号在现实中是不存在的，只有数学上的意义，但却是一种重要的输入信号。时间很短的脉冲电压信号、冲击力、天线上的阵风扰动、阵风、大气湍流等都可视为脉冲信号。

5. 正弦信号

正弦信号也是常用的典型输入信号之一。正弦信号如图 3-1-5 所示，其数学表达式为

$$r(t)=A\sin\omega t$$

其中 A 为正弦信号的振幅(幅值)，ω 为正弦信号的角频率。

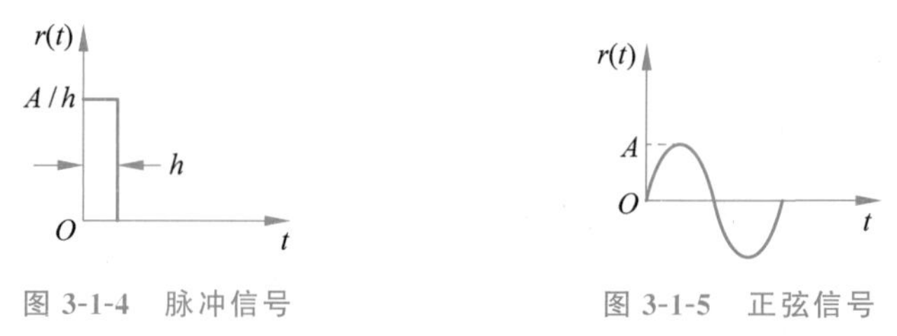

图 3-1-4 脉冲信号　　图 3-1-5 正弦信号

正弦信号的拉普拉斯变换为

$$L[A\sin\omega t]=\frac{A\omega}{s^2+\omega^2}$$

海浪对舰艇的扰动力、伺服振动台的输入指令、电源的波动及机械振动的噪声等，均可视为正弦信号。

3.1.2 动态过程与稳态过程

在典型输入信号作用下，任何一个控制系统的时间响应都由动态过程和稳态过程两部分组成。

1. 动态过程

动态过程又称为过渡过程、暂态过程或瞬态过程，是指系统在典型输入信号作用下，输出量从初始状态到接近最终状态的响应过程。由于系统结构和参数选择不同，动态过程一

般表现为衰减、发散或等幅振荡形式。显然，一个可以实际运行的控制系统，其动态过程必须是衰减的，换句话说，系统必须是稳定的。动态过程除提供系统稳定性的信息外，还可以提供响应速度及阻尼情况等信息，这些信息用动态性能描述。

2. 稳态过程

稳态过程又称稳态响应，是指系统在典型输入信号作用下，当时间 t 趋于无穷大时，系统的输出状态。表征系统输出量最终复现输入量的程度，提供系统有关稳态精度的信息，用稳态性能描述。

3.1.3 时域性能指标

视频讲解

稳定是系统能够正常工作的首要条件。只有当动态过程收敛时，研究系统的动态性能才有意义。

1. 动态性能指标

一般认为，阶跃输入对系统而言是较为严峻的工作状态。如果系统在阶跃信号作用下的动态性能满足要求，那么系统在其他形式的信号作用下，其动态性能也是令人满意的。故通常以阶跃响应来衡量系统的动态性能。对于图 3-1-6 所示的单位阶跃响应曲线，其动态性能指标定义如下。

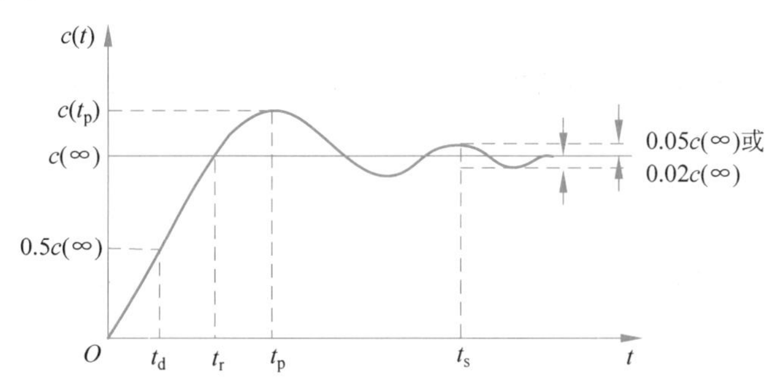

图 3-1-6　单位阶跃响应曲线

(1) 延迟时间 t_d：指响应曲线第一次到达稳态值的 50%所需要的时间。

(2) 上升时间 t_r：指响应曲线由稳态值的 10%上升到稳态值的 90%所需要的时间。对有振荡的系统，定义为从零开始第一次上升到稳态值所需要的时间。

(3) 峰值时间 t_p：指响应曲线超过稳态值达到第一个峰值（即最大峰值）所需要的时间。

(4) 调节时间 t_s：指响应曲线到达并保持在稳态值±5%或±2%误差带内所需要的最短时间。

(5) 超调量 $\sigma\%$：指在响应过程中，超出稳态值的最大偏离量与稳态值 $c(\infty)$的百分比，即

$$\sigma\% = \frac{c(t_p) - c(\infty)}{c(\infty)} \times 100\%$$

上述各种性能指标中，t_d、t_r 和 t_p 反映了动态过程的快速性；$\sigma\%$反映了动态过程的平稳性；而 t_s 则是同时反映系统快速性和阻尼程度的综合性指标。

2. 稳态性能指标

稳态误差 e_{ss} 是描述系统稳态性能的指标，是指当时间 t 趋于无穷大时，系统输出响应

的期望值与实际值之差，即

$$e_{ss}=\lim_{t\to\infty}[r(t)-c(t)]$$

稳态误差 e_{ss} 反映了控制系统复现或跟踪输入信号的能力，是系统控制精度或抗扰动能力的一种度量。

视频讲解

3.2 一阶系统的动态性能分析

由一阶微分方程描述的系统称为一阶系统。一些控制元件及简单的系统，如 RC 网络、发电机励磁控制系统、室温调节系统、水位控制系统等，都可视为一阶系统。有些高阶系统的特性，常可用一阶系统的特性来近似表征。

3.2.1 一阶系统的数学模型

一阶系统的微分方程为

$$T\frac{\mathrm{d}c(t)}{\mathrm{d}t}+c(t)=r(t) \tag{3-2-1}$$

式(3-2-1)中，$r(t)$和 $c(t)$分别为系统的输入信号和输出信号；T 为时间常数，具有时间“秒”的量纲。

在零初始条件下对式(3-2-1)两边取拉普拉斯变换，可得传递函数为

$$\Phi(s)=\frac{C(s)}{R(s)}=\frac{1}{Ts+1}$$

相应一阶系统的结构图如图 3-2-1 所示。

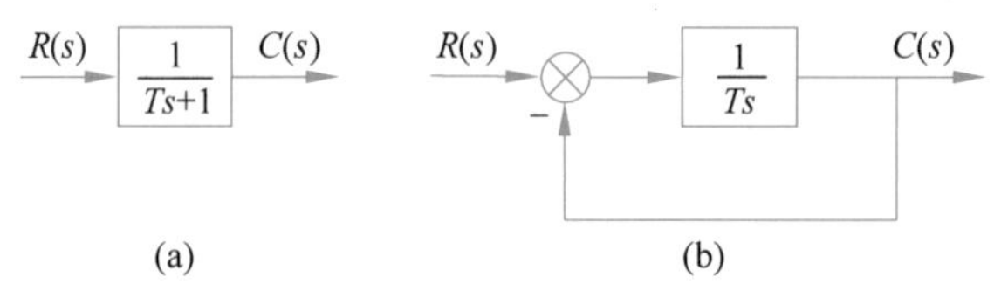

图 3-2-1 一阶系统的结构图

3.2.2 一阶系统的时间响应

下面分析一阶系统在典型输入信号作用下的时间响应，设系统的初始条件为零。

1. 一阶系统的单位阶跃响应

设输入信号为单位阶跃函数 $r(t)=1(t)$，其拉普拉斯变换为 $R(s)=\frac{1}{s}$，则系统输出的拉普拉斯变换式为

$$C(s)=\Phi(s)R(s)=\frac{1}{Ts+1}\cdot\frac{1}{s}=\frac{1}{s}-\frac{1}{s+\frac{1}{T}} \tag{3-2-2}$$

对式(3-2-2)两边取拉普拉斯反变换，可得一阶系统的单位阶跃响应为

$$c(t)=L^{-1}[C(s)]=1-\mathrm{e}^{-\frac{t}{T}},\quad t\geqslant 0 \tag{3-2-3}$$

由式(3-2-3)可见，响应由稳态分量 1 和瞬态分量 $\mathrm{e}^{-\frac{t}{T}}$ 两部分组成。当时间 $t\to\infty$时，瞬态分

量衰减为零，稳态输出为 1。显然，单位阶跃响应曲线是一条由零开始，按指数规律上升并最终趋于 1 的曲线，如图 3-2-2 所示。

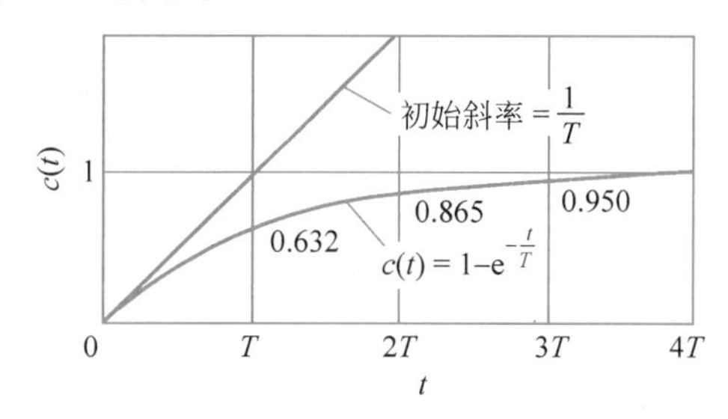

图 3-2-2　一阶系统的单位阶跃响应曲线

一阶系统单位阶跃响应具有以下两个重要特征。

(1) 时间常数 T 是表征系统响应特性的唯一参数，它与输出值的对应关系如表 3-2-1 所示。根据这一特点，可用实验方法测定一阶系统的时间常数，或判定所测系统是否属于一阶系统。

表 3-2-1　时间常数 T 与输出值的对应关系

t	0	T	$2T$	$3T$	$4T$	…	∞
$c(t)$	0	0.632	0.865	0.950	0.982	…	1

(2) 响应曲线的斜率初始值等于 $1/T$，即

$$\left.\frac{\mathrm{d}c(t)}{\mathrm{d}t}\right|_{t=0}=\left.\frac{1}{T}\mathrm{e}^{-\frac{t}{T}}\right|_{t=0}=\frac{1}{T} \tag{3-2-4}$$

式(3-2-4)表明，一阶系统的单位阶跃响应如果以初始速度等速上升至稳态值 1 时，所需要的时间恰好为 T。这一特点为用实验方法求解系统的时间常数 T 提供了依据。

根据动态性能指标定义，可知一阶系统的阶跃响应没有超调量 $\sigma\%$ 和峰值时间 t_{p}，其主要动态性能指标为调节时间 t_{s}，由于 $t=3T$ 时，输出响应可达稳态值的 95%，$t=4T$ 时，输出响应可达稳态值的 98%，故一般取

$$t_{\mathrm{s}}=3T\ (\text{取}\ \Delta=5\%\ \text{误差带})$$

$$t_{\mathrm{s}}=4T\ (\text{取}\ \Delta=2\%\ \text{误差带})$$

显然，时间常数 T 越小，调节时间 t_{s} 越短，响应过程的快速性也越好。

例 3-1　已知原系统传递函数为

$$G(s)=\frac{10}{0.5s+1}$$

现采用如图 3-2-3 所示的负反馈方式，欲将反馈系统的调节时间减小为原来的十分之一，并且保证原放大倍数不变，确定参数 K_{H} 和 K_0 的取值。

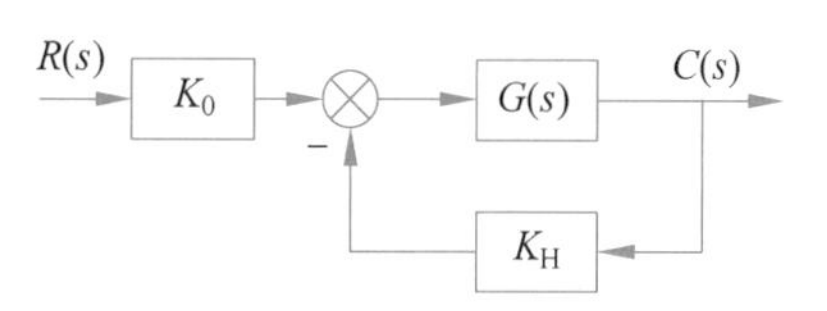

图 3-2-3　反馈系统的结构图

解：依题意可知原系统的时间常数为 $T=0.5\mathrm{s}$，放大倍数为 $K=10$。要求采用负反馈后系统的时间常数为 $T'=0.5\times0.1=0.05$，放大倍数为 $K'=10$。由结构图可知，反馈系统的传递函数为

$$\Phi(s)=\frac{K_0G(s)}{1+K_HG(s)}=\frac{10K_0}{0.5s+1+10K_H}=\frac{\dfrac{10K_0}{1+10K_H}}{\dfrac{0.5}{1+10K_H}s+1}=\frac{K'}{T's+1}$$

应有

$$\begin{cases}K'=\dfrac{10K_0}{1+10K_H}=10\\[2ex] T'=\dfrac{0.5}{1+10K_H}=0.05\end{cases}$$

解得 $K_H=0.9, K_0=10$。

2. 一阶系统的单位脉冲响应

设输入信号为理想单位脉冲函数 $r(t)=\delta(t)$，其拉普拉斯变换为 $R(s)=1$，则系统输出量的拉普拉斯变换式为

$$C(s)=\Phi(s)R(s)=\frac{1}{Ts+1}=\frac{\dfrac{1}{T}}{s+\dfrac{1}{T}}\tag{3-2-5}$$

对式(3-2-5)两边求拉普拉斯反变换，可得一阶系统的单位脉冲响应为

$$c(t)=\frac{1}{T}\mathrm{e}^{-\frac{t}{T}},\quad t\geqslant 0$$

相应的响应曲线如图 3-2-4 所示。由图可见，一阶系统的单位脉冲响应为一单调衰减的指数曲线，其斜率初始值为

$$\left.\frac{\mathrm{d}c(t)}{\mathrm{d}t}\right|_{t=0}=-\left.\frac{1}{T^2}\mathrm{e}^{-\frac{t}{T}}\right|_{t=0}=-\frac{1}{T^2}$$

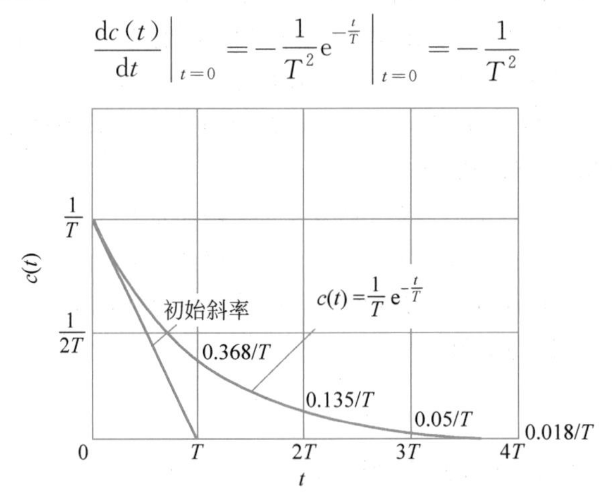

图 3-2-4 一阶系统的单位脉冲响应曲线

3. 一阶系统的单位斜坡响应

设输入信号为单位斜坡函数 $r(t)=t$，即 $R(s)=\frac{1}{s^2}$ 时，系统输出量的拉普拉斯变换式为

$$C(s)=\Phi(s)R(s)=\frac{1}{Ts+1}\cdot\frac{1}{s^2}=\frac{1}{s^2}-\frac{T}{s}+\frac{T}{s+\dfrac{1}{T}}\tag{3-2-6}$$

对式(3-2-6)两边取拉普拉斯反变换,可得一阶系统的单位斜坡响应为

$$c(t)=(t-T)+T\mathrm{e}^{-\frac{t}{T}},\quad t\geqslant 0 \tag{3-2-7}$$

由式(3-2-7)可见,响应由稳态分量$(t-T)$和瞬态分量$T\mathrm{e}^{-\frac{t}{T}}$两部分组成。当$t\to\infty$时,瞬态分量衰减为零,而稳态分量是一个与输入斜坡函数斜率相同但时间滞后T的斜坡函数。单位斜坡响应曲线如图3-2-5所示。由图可见,一阶系统在跟踪单位斜坡输入信号时,在位置上存在稳态误差,其值正好等于时间常数T。

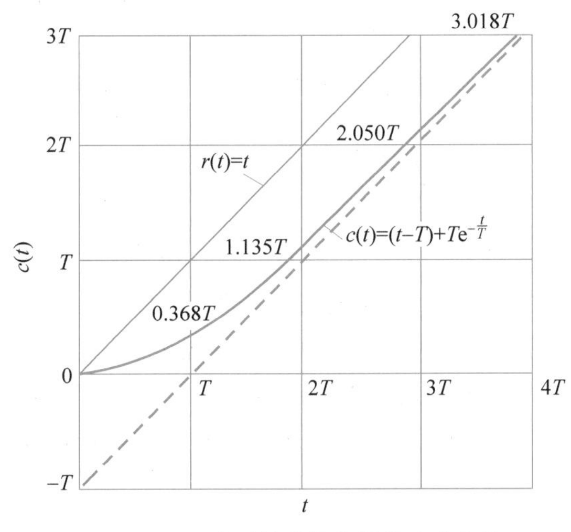

图3-2-5　一阶系统的单位斜坡响应曲线

4. 一阶系统的单位加速度响应

设输入信号为单位加速度函数$r(t)=\frac{1}{2}t^2$,即$R(s)=\frac{1}{s^3}$时,系统输出量的拉普拉斯变换式为

$$C(s)=\Phi(s)R(s)=\frac{1}{Ts+1}\cdot\frac{1}{s^3}=\frac{1}{s^3}-\frac{T}{s^2}+\frac{T^2}{s}-\frac{T^2}{s+\frac{1}{T}} \tag{3-2-8}$$

对式(3-2-8)两边取拉普拉斯反变换,可得一阶系统的单位加速度响应为

$$c(t)=\frac{1}{2}t^2-Tt+T^2\left(1-\mathrm{e}^{-\frac{t}{T}}\right),\quad t\geqslant 0$$

3.2.3　一阶系统的重要特性

根据上文的分析,可将一阶系统在典型输入信号作用下的输出响应归纳如表3-2-2所示。

表3-2-2　一阶系统对典型输入信号的输出响应

输入信号	输出响应
$\delta(t)$	$\frac{1}{T}\mathrm{e}^{-\frac{t}{T}}$
$1(t)$	$1-\mathrm{e}^{-\frac{t}{T}}$

续表

输入信号	输出响应
t	$(t-T)+T\mathrm{e}^{-\frac{t}{T}}$
$\frac{1}{2}t^2$	$\frac{1}{2}t^2-Tt+T^2(1-\mathrm{e}^{-\frac{t}{T}})$

由表 3-2-2 得到如下结论：

(1) 一阶系统只有时间常数 T 这一特征参数。在一定的输入信号作用下，时间响应 $c(t)$ 由时间常数 T 唯一确定。

(2) 比较一阶系统对脉冲、阶跃、斜坡和加速度输入信号的响应，可以发现有如下关系

$$r_{脉冲}=\frac{\mathrm{d}}{\mathrm{d}t}r_{阶跃}=\frac{\mathrm{d}^2}{\mathrm{d}t^2}r_{斜坡}=\frac{\mathrm{d}^3}{\mathrm{d}t^3}r_{加速度} \tag{3-2-9}$$

$$c_{脉冲}=\frac{\mathrm{d}}{\mathrm{d}t}c_{阶跃}=\frac{\mathrm{d}^2}{\mathrm{d}t^2}c_{斜坡}=\frac{\mathrm{d}^3}{\mathrm{d}t^3}c_{加速度} \tag{3-2-10}$$

式(3-2-9)和式(3-2-10)表明，系统对输入信号微分(或积分)的响应，就等于系统对该输入信号响应的微分(或积分)，该结论适用于任何线性定常连续系统。因此，研究线性定常连续系统的响应时，不必对每种输入信号的响应都进行计算或求解，只要求解出其中一种响应，便可通过上述关系求出其他响应。因此，在下文对二阶和高阶系统的讨论中，主要研究系统的阶跃响应。

3.2.4 MATLAB 实现

在 MATLAB 中，提供了求解各种连续系统时间响应的函数，其调用格式如下：

```
y = step(num,den,t)      % 当不带输出变量 y 时,step 命令可直接绘制阶跃响应曲线.其中 num 和
% den 分别为系统传递函数的分子和分母多项式的系数按降幂排列构成的系数行向量.t 为选定的
% 仿真时间向量,一般可由 t = 0:step:end 等步长地产生,可缺省
y = impulse(num,den,t)   % 当不带输出变量 y 时,impulse 命令可直接绘制脉冲响应曲线.t 用于设
% 定仿真时间,可缺省
y = lsim(num,den,u,t,x0) % 当不带输出变量 y 时,lsim 命令可直接绘制任意输入响应曲线.其中 u
% 表示输入,t 用于设定仿真时间,可缺省,x0 用于设定初始状态,缺省时为 0
```

例 3-2 已知一阶系统传递函数为 $G(s)=\frac{1}{s+1}$，用 MATLAB 绘制系统在单位阶跃、单位脉冲、单位斜坡和单位加速度输入时的输出响应曲线。

解：MATLAB 程序如下。

```
clc;clear
num = [1];
den = [1 1];
sys = tf(num,den);
t = 0:0.01:5;
subplot(2,2,1);step(sys,t);grid
xlabel('t');ylabel('c(t)');title('step response');
subplot(2,2,2);impulse(sys,t);grid
xlabel('t');ylabel('c(t)');title('impulse response');
subplot(2,2,3);lsim(sys,t,t,0);grid
xlabel('t');ylabel('c(t)');title('ramp response');
```

```
subplot(2,2,4);lsim(sys,1/2. * t.^2,t,0);grid
xlabel('t');ylabel('c(t)');title('acceleration response');
```

运行结果如图 3-2-6 所示。

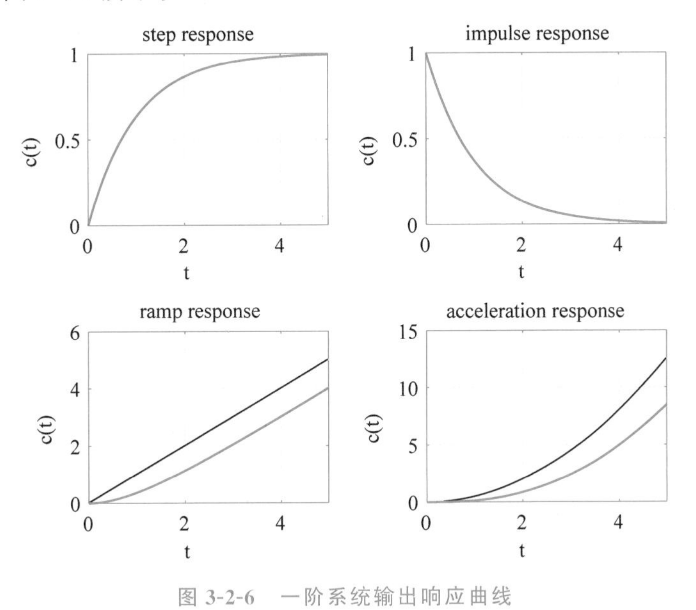

图 3-2-6 一阶系统输出响应曲线

3.3 二阶系统的动态性能分析

由二阶微分方程描述的系统，称为二阶系统。控制工程中二阶系统应用非常广泛，如RLC 无源网络、弹簧-质量块-阻尼器机械位移系统、忽略电枢电感的电动机等都是典型的二阶系统。许多高阶系统在一定的条件下，常可以近似成二阶系统。因此，深入研究二阶系统的性能，具有重要的实际意义。

3.3.1 二阶系统的数学模型

二阶系统的微分方程为

$$T^2 \frac{\mathrm{d}^2 c(t)}{\mathrm{d}t^2} + 2\zeta T \frac{\mathrm{d}c(t)}{\mathrm{d}t} + c(t) = r(t) \tag{3-3-1}$$

式(3-3-1)中，$r(t)$和 $c(t)$分别为二阶系统的输入量和输出量；T 为时间常数，单位为 s；ζ 为阻尼比(或相对阻尼系数)，无量纲。

在零初始条件下，对式(3-3-1)两边取拉普拉斯变换，可得二阶系统的闭环传递函数为

$$\Phi(s) = \frac{C(s)}{R(s)} = \frac{1}{T^2 s^2 + 2\zeta T s + 1} \tag{3-3-2}$$

引入参数 $\omega_n = 1/T$，称作二阶系统的自然频率(或无阻尼振荡频率)，单位为 rad/s，则式(3-3-2)可写为

$$\Phi(s) = \frac{C(s)}{R(s)} = \frac{\omega_n^2}{s^2 + 2\zeta\omega_n s + \omega_n^2} \tag{3-3-3}$$

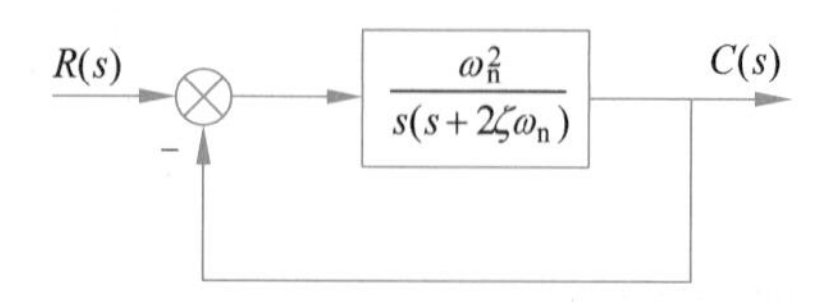

图 3-3-1 二阶系统标准形式的结构图

式(3-3-3)为二阶系统闭环传递函数的标准形式，相应结构图如图 3-3-1 所示。显然，二阶系统的时间响应取决于 ζ 和 ω_n 这两个特征参数。

二阶系统的闭环特征方程为

$$s^2+2\zeta\omega_n s+\omega_n^2=0$$

闭环特征根为

$$s_{1,2}=-\zeta\omega_n\pm\omega_n\sqrt{\zeta^2-1} \tag{3-3-4}$$

由式(3-3-4)可见，闭环特征根的性质与阻尼比 ζ 有关。当 ζ 为不同值时，所对应的单位阶跃响应有不同的形式。

3.3.2 二阶系统的单位阶跃响应

1. 无阻尼($\zeta=0$)二阶系统的单位阶跃响应

当 $\zeta=0$ 时，系统处于无阻尼状态。由式(3-3-4)可得闭环特征根为一对共轭纯虚根

$$s_{1,2}=\pm j\omega_n$$

设输入信号为单位阶跃函数，则系统输出量的拉普拉斯变换式为

$$C(s)=\Phi(s)R(s)=\frac{\omega_n^2}{s^2+\omega_n^2}\cdot\frac{1}{s}=\frac{1}{s}-\frac{s}{s^2+\omega_n^2}$$

两边取拉普拉斯反变换，求得单位阶跃响应为

$$c(t)=1-\cos\omega_n t,\quad t\geqslant 0 \tag{3-3-5}$$

式(3-3-5)表明，无阻尼($\zeta=0$)二阶系统的单位阶跃响应为等幅振荡形式，振荡角频率为 ω_n。

2. 欠阻尼($0<\zeta<1$)二阶系统的单位阶跃响应

当 $0<\zeta<1$ 时，系统处于欠阻尼状态。由式(3-3-4)可得闭环特征根为一对共轭复根

$$s_{1,2}=-\zeta\omega_n\pm j\omega_n\sqrt{1-\zeta^2}$$

设输入信号为单位阶跃函数，则输出量的拉普拉斯变换式为

$$\begin{aligned}C(s)=\Phi(s)R(s)&=\frac{\omega_n^2}{s^2+2\zeta\omega_n s+\omega_n^2}\cdot\frac{1}{s}=\frac{1}{s}-\frac{s+2\zeta\omega_n}{s^2+2\zeta\omega_n s+\omega_n^2}\\&=\frac{1}{s}-\frac{s+\zeta\omega_n}{(s+\zeta\omega_n)^2+(\omega_n\sqrt{1-\zeta^2})^2}-\frac{\zeta\omega_n}{(s+\zeta\omega_n)^2+(\omega_n\sqrt{1-\zeta^2})^2}\\&=\frac{1}{s}-\frac{s+\zeta\omega_n}{(s+\zeta\omega_n)^2+\omega_d^2}-\frac{\zeta\omega_n}{\omega_d}\cdot\frac{\omega_d}{(s+\zeta\omega_n)^2+\omega_d^2}\end{aligned} \tag{3-3-6}$$

其中 $\omega_d=\omega_n\sqrt{1-\zeta^2}$ 为阻尼振荡频率。式(3-3-6)两边取拉普拉斯反变换，可得单位阶跃响应为

$$\begin{aligned}c(t)&=1-e^{-\zeta\omega_n t}\left(\cos\omega_d t+\frac{\zeta}{\sqrt{1-\zeta^2}}\sin\omega_d t\right)\\&=1-\frac{e^{-\zeta\omega_n t}}{\sqrt{1-\zeta^2}}(\sqrt{1-\zeta^2}\cos\omega_d t+\zeta\sin\omega_d t)\end{aligned}$$

$$=1-\frac{e^{-\zeta\omega_n t}}{\sqrt{1-\zeta^2}}\sin(\omega_d t+\beta),\quad t\geqslant 0 \tag{3-3-7}$$

式(3-3-7)中,$\beta=\arctan\frac{\sqrt{1-\zeta^2}}{\zeta}=\arccos\zeta$ 称为阻尼角。阻尼角 β 与阻尼比 ζ 及闭环特征根之间对应关系如图 3-3-2 所示。

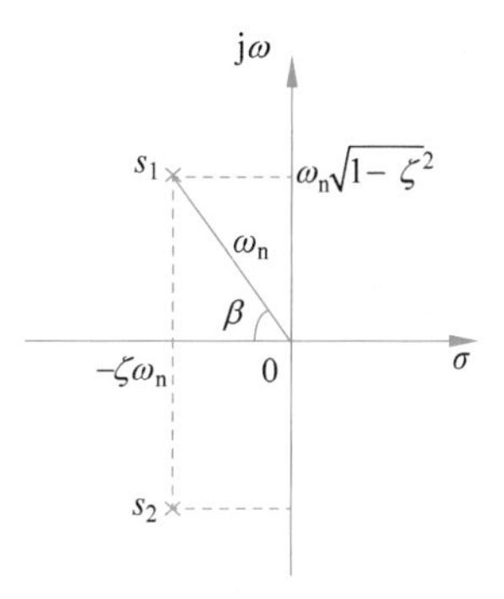

图 3-3-2 β 与 ζ 及闭环特征根的对应关系($0<\zeta<1$)

由式(3-3-7)可见,欠阻尼($0<\zeta<1$)二阶系统的单位阶跃响应由稳态分量和瞬态分量两部分组成。稳态分量为1,瞬态分量是一个随时间 t 增长而衰减的正弦振荡过程,其衰减速度取决于 $\zeta\omega_n$ 值的大小,振荡频率为阻尼振荡频率 ω_d。当 $t\to\infty$时,瞬态分量衰减为零,稳态输出为 1。

3. 临界阻尼($\zeta=1$)二阶系统的单位阶跃响应

当 $\zeta=1$ 时,系统处于临界阻尼状态。由式(3-3-4)可得闭环特征根为一对相等的负实根

$$s_{1,2}=-\omega_n$$

设输入信号为单位阶跃函数,则输出量的拉普拉斯变换式为

$$C(s)=\Phi(s)R(s)=\frac{\omega_n^2}{s^2+2\omega_n s+\omega_n^2}\cdot\frac{1}{s}$$

$$=\frac{1}{s}-\frac{\omega_n}{(s+\omega_n)^2}-\frac{1}{s+\omega_n}$$

两边取拉普拉斯反变换,可得单位阶跃响应为

$$c(t)=1-e^{-\omega_n t}(\omega_n t+1),\quad t\geqslant 0 \tag{3-3-8}$$

由式(3-3-8)可见,临界阻尼($\zeta=1$)二阶系统的单位阶跃响应是稳态值为 1 的无振荡单调上升过程。

4. 过阻尼($\zeta>1$)二阶系统的单位阶跃响应

当 $\zeta>1$ 时,系统处于过阻尼状态。由式(3-3-4)可得闭环特征根为两个不相等的负实数根,即

$$s_1=-\zeta\omega_n+\omega_n\sqrt{\zeta^2-1}$$

$$s_2=-\zeta\omega_n-\omega_n\sqrt{\zeta^2-1}$$

为便于计算,令

$$s_1=-\zeta\omega_n+\omega_n\sqrt{\zeta^2-1}=-\frac{1}{T_1}$$

$$s_2=-\zeta\omega_n-\omega_n\sqrt{\zeta^2-1}=-\frac{1}{T_2}$$

称 T_1、T_2 为过阻尼二阶系统的时间常数,且有 $T_1>T_2$。

设输入信号为单位阶跃函数,则输出量的拉普拉斯变换式为

$$C(s)=\Phi(s)R(s)=\frac{\omega_n^2}{\left(s+\frac{1}{T_1}\right)\left(s+\frac{1}{T_2}\right)}\cdot\frac{1}{s}$$

$$=\frac{1}{s}+\frac{1}{\frac{T_2}{T_1}-1}\cdot\frac{1}{s+\frac{1}{T_1}}+\frac{1}{\frac{T_1}{T_2}-1}\cdot\frac{1}{s+\frac{1}{T_2}}$$

两边取拉普拉斯反变换,可得单位阶跃响应为

$$c(t)=1+\frac{e^{-\frac{t}{T_1}}}{\frac{T_2}{T_1}-1}+\frac{e^{-\frac{t}{T_2}}}{\frac{T_1}{T_2}-1},\quad t\geqslant 0 \tag{3-3-9}$$

式(3-3-9)表明,过阻尼($\zeta>1$)二阶系统的单位阶跃响应包含两个单调衰减的指数项,响应是非振荡的。

图 3-3-3 为二阶系统在不同阻尼比时的单位阶跃响应曲线。由图可见,ζ 越小,系统响应振荡越激烈。当 $\zeta\geqslant 1$ 时,$c(t)$变成单调上升的非振荡过程。

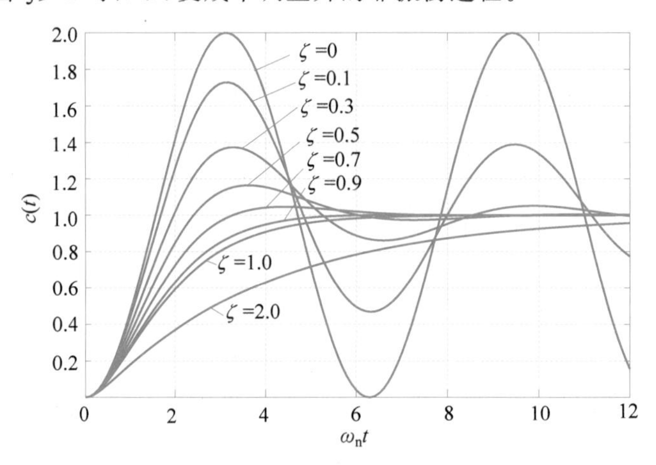

图 3-3-3 二阶系统的单位阶跃响应曲线

表 3-3-1 归纳了二阶系统在不同阻尼比时的闭环特征根的分布及单位阶跃响应的对应关系。

表 3-3-1 二阶系统特征根的分布及单位阶跃响应

阻尼比	特 征 根	特征根分布	单位阶跃响应
$\zeta=0$ (无阻尼)	$s_{1,2}=\pm j\omega_n$	jω s_1 × ω_n 0 σ s_2 × $-\omega_n$	c(t) 1 0 t

续表

阻尼比	特　征　根	特征根分布	单位阶跃响应
$0<\zeta<1$ （欠阻尼）	$s_{1,2}=-\zeta\omega_n\pm j\omega_n\sqrt{1-\zeta^2}$		
$\zeta=1$ （临界阻尼）	$s_{1,2}=-\omega_n$		
$\zeta>1$ （过阻尼）	$s_{1,2}=-\zeta\omega_n\pm\omega_n\sqrt{\zeta^2-1}$		

3.3.3　二阶系统的动态性能指标

视频讲解

1. 欠阻尼二阶系统的动态性能指标

欠阻尼二阶系统的单位阶跃响应为从 0 到 1 的振荡衰减过程，其动态性能指标如下。

1）上升时间 t_r

根据上升时间的定义，令 $c(t_r)=1$，由式(3-3-7)得

$$c(t_r)=1-\frac{e^{-\zeta\omega_n t_r}}{\sqrt{1-\zeta^2}}\sin(\omega_d t_r+\beta)=1$$

即

$$\frac{e^{-\zeta\omega_n t_r}}{\sqrt{1-\zeta^2}}\sin(\omega_d t_r+\beta)=0$$

由于 $\frac{e^{-\zeta\omega_n t_r}}{\sqrt{1-\zeta^2}}\neq 0$，只能 $\sin(\omega_d t_r+\beta)=0$，由此得

$$\omega_d t_r+\beta=\pi$$

因此上升时间为

$$t_r=\frac{\pi-\beta}{\omega_d}=\frac{\pi-\beta}{\omega_n\sqrt{1-\zeta^2}} \tag{3-3-10}$$

由式(3-3-10)可见,当阻尼比 ζ 一定时,阻尼角 β 不变,上升时间 t_r 与 ω_n 成反比;而当无阻尼振荡频率 ω_n 一定时,阻尼比越小,上升时间越短。

2) 峰值时间 t_p

峰值时间是指响应曲线第一次达到峰值所对应的时间。将式(3-3-7)对 t 求导,并令其为零,可得

$$\zeta\omega_n e^{-\zeta\omega_n t_p}\sin(\omega_d t_p+\beta)-\omega_d e^{-\zeta\omega_n t_p}\cos(\omega_d t_p+\beta)=0$$

整理得

$$\tan(\omega_d t_p+\beta)=\frac{\sqrt{1-\zeta^2}}{\zeta}=\tan\beta$$

当 $\omega_d t_p=0,\pi,2\pi,\cdots$ 时,$\tan(\omega_d t_p+\beta)=\tan\beta$。根据峰值时间定义,应取 $\omega_d t_p=\pi$,即有

$$t_p=\frac{\pi}{\omega_d}=\frac{\pi}{\omega_n\sqrt{1-\zeta^2}} \tag{3-3-11}$$

3) 超调量 $\sigma\%$

将式(3-3-11)代入式(3-3-7)可得输出量的最大值为

$$c(t_p)=1-\frac{e^{-\pi\zeta/\sqrt{1-\zeta^2}}}{\sqrt{1-\zeta^2}}\sin(\pi+\beta)$$

根据超调量定义有

$$\sigma\%=\frac{c(t_p)-c(\infty)}{c(\infty)}\times 100\%=\left[-\frac{e^{-\pi\zeta/\sqrt{1-\zeta^2}}}{\sqrt{1-\zeta^2}}\sin(\pi+\beta)\right]\times 100\%$$

由于

$$\sin(\pi+\beta)=-\sin\beta=-\sqrt{1-\zeta^2}$$

因此超调量为

$$\sigma\%=e^{-\pi\zeta/\sqrt{1-\zeta^2}}\times 100\% \tag{3-3-12}$$

式(3-3-12)表明,超调量 $\sigma\%$ 仅是阻尼比 ζ 的函数,与无阻尼振荡频率 ω_n 无关。$\sigma\%$ 与 ζ 的关系如图 3-3-4 所示,由图可见,阻尼比 ζ 越大,超调量 $\sigma\%$ 越小,反之亦然。一般地,当 ζ 取 0.4~0.8 时,相应超调量范围为 1.5%~25%。

4) 调节时间 t_s

调节时间 t_s 是指输出量 $c(t)$ 与稳态值 $c(\infty)$ 之间的偏差达到允许范围且不再超出的最短时间,即

$$|c(t)-c(\infty)|\leqslant c(\infty)\times\Delta \tag{3-3-13}$$

式(3-3-13)中 Δ 一般取 5% 或 2%。

欠阻尼二阶系统的单位阶跃响应的包络线为 $1\pm\frac{e^{-\zeta\omega_n t}}{\sqrt{1-\zeta^2}}$,响应曲线总是在上、下包络线之间,如图 3-3-5 所示。为简便起见,往往采用 $c(t)$ 的包络线近似代替 $c(t)$,并考虑到

$c(\infty)=1$，则式(3-3-13)可写为

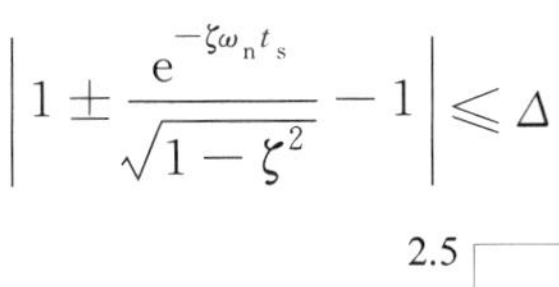

$$\left|1\pm\frac{\mathrm{e}^{-\zeta\omega_{\mathrm{n}}t_{\mathrm{s}}}}{\sqrt{1-\zeta^2}}-1\right|\leqslant\Delta$$

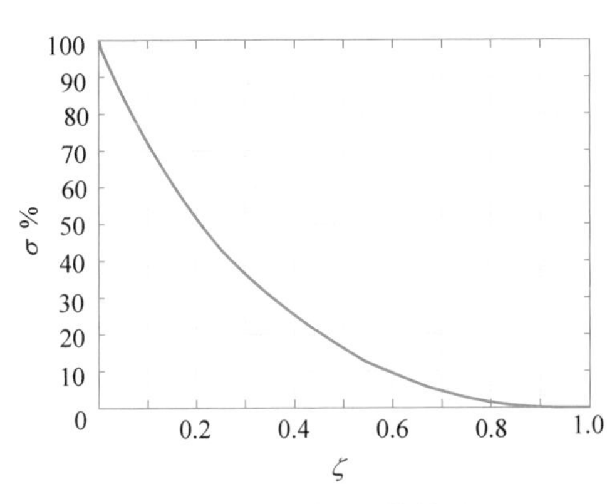

图 3-3-4　$\sigma\%$和 ζ 的关系

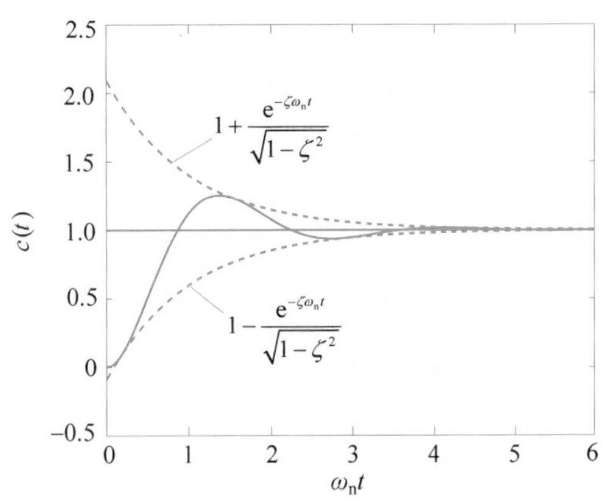

图 3-3-5　调节时间的近似计算

即

$$\frac{\mathrm{e}^{-\zeta\omega_{\mathrm{n}}t_{\mathrm{s}}}}{\sqrt{1-\zeta^2}}\leqslant\Delta$$

两边取自然对数得

$$t_{\mathrm{s}}\geqslant-\frac{1}{\zeta\omega_{\mathrm{n}}}\ln(\Delta\sqrt{1-\zeta^2}) \tag{3-3-14}$$

式(3-3-14)分别取 $\Delta=5\%$或 2%，并考虑到较小的阻尼比 ζ 时，$\sqrt{1-\zeta^2}\approx1$，则

$$t_{\mathrm{s}}=\frac{3}{\zeta\omega_{\mathrm{n}}}（取\ \Delta=5\%\ 误差带） \tag{3-3-15}$$

$$t_{\mathrm{s}}=\frac{4}{\zeta\omega_{\mathrm{n}}}（取\ \Delta=2\%\ 误差带） \tag{3-3-16}$$

式(3-3-15)和式(3-3-16)表明，调节时间与闭环极点的实部数值成反比，即闭环极点距虚轴的距离越远，系统的调节时间越短。

值得注意的是，采用包络线代替实际响应估算调节时间，所得结果略偏保守。图 3-3-6 给出了当 $T=1/\omega_{\mathrm{n}}$ 时，调节时间 t_{s} 与阻尼比 ζ 之间的关系曲线。可以看出，对于 5%误差带，当 $\zeta=0.707$ 时，调节时间最短，即快速性最好，同时超调量约为 4.3%，平稳性也较好，故称 $\zeta=0.707$ 为最佳阻尼比。

上文介绍的 t_{r}、t_{p}、t_{s} 和 $\sigma\%$与二阶系统特征参数 ζ 和 ω_{n} 之间的关系是分析二阶系统动态性能的基础。若已知 ζ 和 ω_{n} 的值，则可以计算出各个性能指标。另一方面，也可以根据对系统动态性能的要求，由性能指标确定二阶系统的特征参数 ζ 和 ω_{n}。

例 3-3　已知二阶系统的结构图如图 3-3-7 所示。当输入信号为单位阶跃函数时，计算系统响应的上升时间、峰值时间、调节时间和超调量。

解：如图 3-3-7 所示，系统的闭环传递函数为

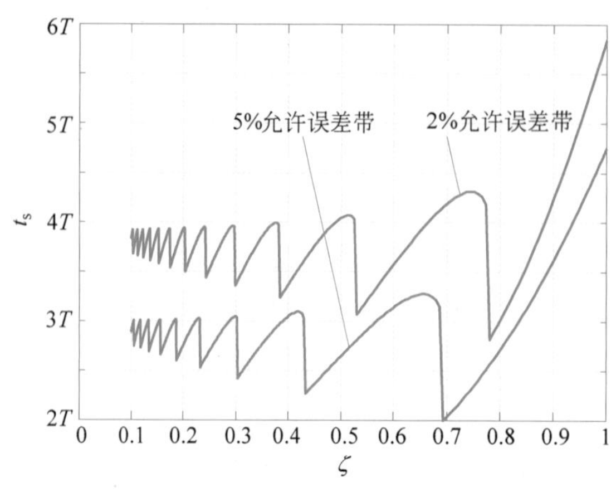

图 3-3-6 t_s 与 ζ 的关系曲线($0<\zeta<1$)

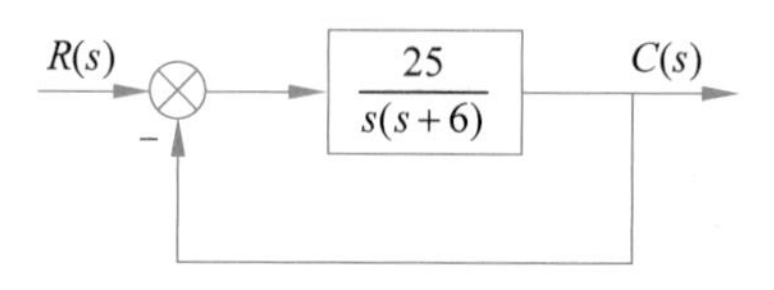

图 3-3-7 二阶系统的结构图

$$\Phi(s)=\frac{\dfrac{25}{s(s+6)}}{1+\dfrac{25}{s(s+6)}}=\frac{25}{s^2+6s+25}$$

将其与二阶系统标准式 $\Phi(s)=\dfrac{\omega_n^2}{s^2+2\zeta\omega_n s+\omega_n^2}$ 相比较,可得

$$\omega_n=\sqrt{25}=5\text{rad/s},\quad \zeta=\frac{6}{2\omega_n}=0.6$$

因此

$$t_r=\frac{\pi-\beta}{\omega_d}=\frac{\pi-\arccos\zeta}{\omega_n\sqrt{1-\zeta^2}}=\frac{\pi-0.927}{4}=0.55\text{s}$$

$$t_p=\frac{\pi}{\omega_d}=\frac{\pi}{\omega_n\sqrt{1-\zeta^2}}=\frac{\pi}{4}=0.79\text{s}$$

$$t_s=\frac{3}{\zeta\omega_n}=\frac{3}{0.6\times5}=1\text{s}(\Delta=5\%)$$

$$\sigma\%=\mathrm{e}^{-\pi\zeta/\sqrt{1-\zeta^2}}\times100\%=\mathrm{e}^{-0.6\pi/\sqrt{1-0.6^2}}\times100\%=9.48\%$$

例 3-4 已知某二阶系统的结构图和单位阶跃响应曲线分别如图 3-3-8(a)和图 3-3-8(b)所示,试确定系统参数 K、T 和 α。

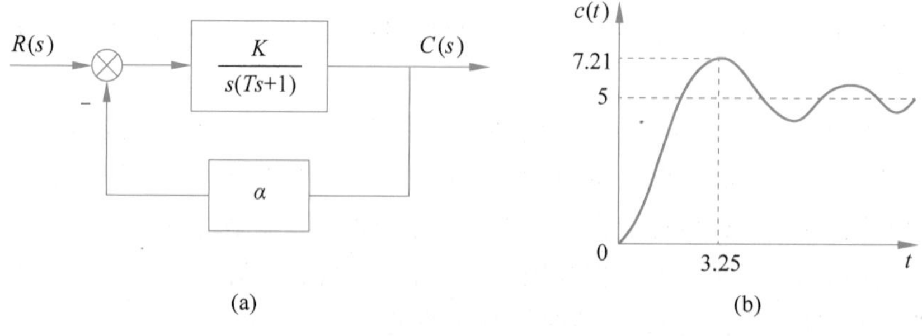

图 3-3-8 某二阶系统的结构图及单位阶跃响应曲线

解：如图 3-3-8 所示，系统的闭环传递函数为

$$\Phi(s)=\frac{C(s)}{R(s)}=\frac{K}{Ts^2+s+\alpha K}=\frac{\frac{K}{T}}{s^2+\frac{s}{T}+\frac{\alpha K}{T}}$$

由拉普拉斯变换终值定理可得

$$\lim_{t\to\infty}c(t)=\lim_{s\to 0}sC(s)=\lim_{s\to 0}s\cdot\frac{K}{s(Ts^2+s+\alpha K)}=\frac{1}{\alpha}=5$$

求得 $\alpha\doteq 0.2$。

由

$$\sigma\%=\mathrm{e}^{-\pi\zeta/\sqrt{1-\zeta^2}}\times 100\%=\frac{7.21-5}{5}=44.2\%$$

$$t_{\mathrm{p}}=\frac{\pi}{\omega_{\mathrm{d}}}=\frac{\pi}{\omega_{\mathrm{n}}\sqrt{1-\zeta^2}}=3.25$$

解得 $\zeta=0.252$，$\omega_{\mathrm{n}}=1\mathrm{rad/s}$。与二阶系统传递函数标准式比较，得

$$2\zeta\omega_{\mathrm{n}}=\frac{1}{T},\quad \omega_{\mathrm{n}}^2=\frac{\alpha K}{T}$$

因此有 $T=1.98$，$K=9.9$。

2. 过阻尼二阶系统的动态性能指标

当 $\zeta>1$ 时，过阻尼二阶系统的单位阶跃响应是从 0 到 1 的单调上升过程，超调量 $\sigma\%$ 为 0，用调节时间 t_s 即可描述系统的动态性能。然而，由式(3-3-9)确定 t_s 的表达式比较困难。一般可由式(3-3-9)取相对变量 t_s/T_1 及 T_1/T_2，经计算机解算后制成曲线或表格以供查用。图 3-3-9 是取 5%误差带的调节时间特性曲线，根据已知的 T_1 及 T_2 值在图 3-3-9 上可以查出相应的 t_s。

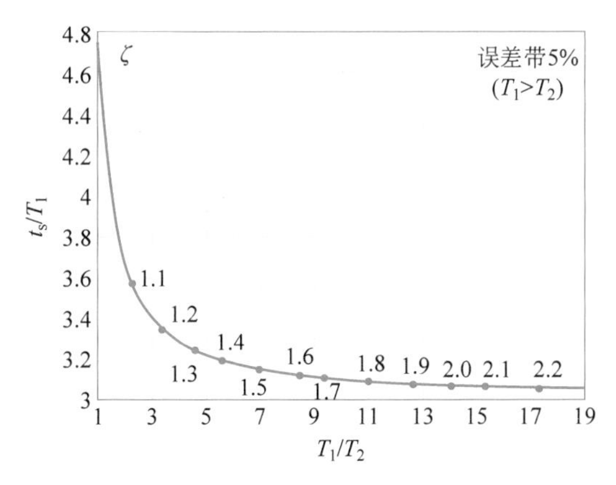

图 3-3-9 过阻尼二阶系统的调节时间特性曲线

由图 3-3-9 可以看出，当 $T_1=T_2$ 即 $\zeta=1$ 的临界情况，调节时间为 $t_s=4.75T_1$；当 $T_1>4T_2$ 即过阻尼二阶系统第二个闭环极点的数值比第一个闭环极点的数值大 4 倍以上时，系统可等效为具有 $-1/T_1$ 闭环极点的一阶系统，此时取调节时间为 $t_s\approx 3T_1$，相对误差不超过 10%。

在控制工程中,通常都希望控制系统具有适度的阻尼、较快的响应速度和较短的调节时间。因此二阶控制系统的设计,一般取 $\zeta=0.4\sim0.8$,使系统处于欠阻尼状态。对于一些不允许出现超调(如液位控制系统,超调会导致液体溢出)或大惯性(如加热装置)的控制系统,则可取 $\zeta>1$,使系统处于过阻尼状态。

3.3.4 二阶系统性能的改善

通过上文二阶系统各项动态性能指标的计算式可以看出,各指标之间是有矛盾的。如上升时间和超调量,即响应速度和阻尼程度不能同时达到满意的结果。因此为了兼顾响应的快速性和平稳性以及系统的动态和稳态性能要求,必须研究其他控制方式,以改善二阶系统的性能。比例-微分控制和测速反馈是常用的两种改善二阶系统性能的方法。

1. 比例-微分控制

比例-微分控制的二阶系统结构图如图 3-3-10 所示。图中 $E(s)$为误差信号,T_d 为微分时间常数。

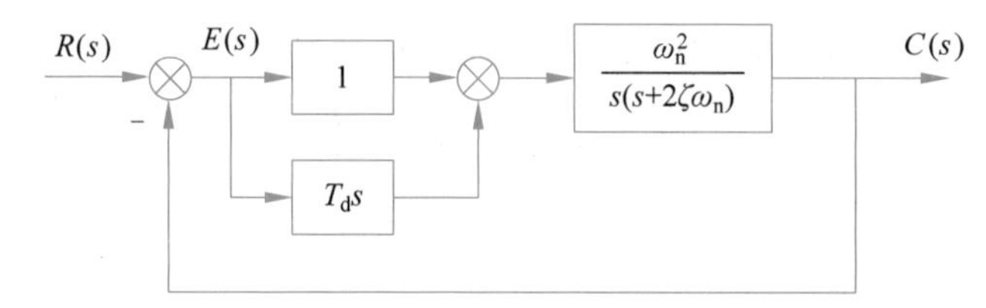

图 3-3-10 比例-微分控制系统

系统的开环传递函数为

$$G(s)=\frac{\omega_n^2(T_ds+1)}{s(s+2\zeta\omega_n)}=\frac{\omega_n}{2\zeta}\cdot\frac{(T_ds+1)}{s(s/2\zeta\omega_n+1)}$$

相应开环增益为

$$K=\frac{\omega_n}{2\zeta}$$

闭环传递函数为

$$\Phi(s)=\frac{\omega_n^2(T_ds+1)}{s^2+(2\zeta\omega_n+\omega_n^2T_d)s+\omega_n^2} \tag{3-3-17}$$

参照式(3-3-3)有

$$2\zeta_d\omega_n=2\zeta\omega_n+\omega_n^2T_d$$

等效阻尼比 ζ_d 为

$$\zeta_d=\zeta+\frac{1}{2}\omega_nT_d \tag{3-3-18}$$

由以上分析可知,引入比例-微分控制后,系统的无阻尼振荡频率 ω_n 不变,等效阻尼比加大($\zeta_d>\zeta$),从而使系统的调节时间缩短,超调量减小,改善了系统的动态性能。

另外,由式(3-3-17)可以看出,引入比例-微分控制后,系统闭环传递函数出现了附加闭环零点 $s=-1/T_d$。闭环零点的存在,将会使系统响应速度加快,削弱阻尼的作用,因此选择微分时间常数 T_d 时,要折中考虑闭环零点对系统响应速度和阻尼程度的影响。

2．测速反馈控制

测速反馈控制的二阶系统结构如图 3-3-11 所示，图中 $E(s)$为误差信号，K_f 为输出量的速度反馈系数。

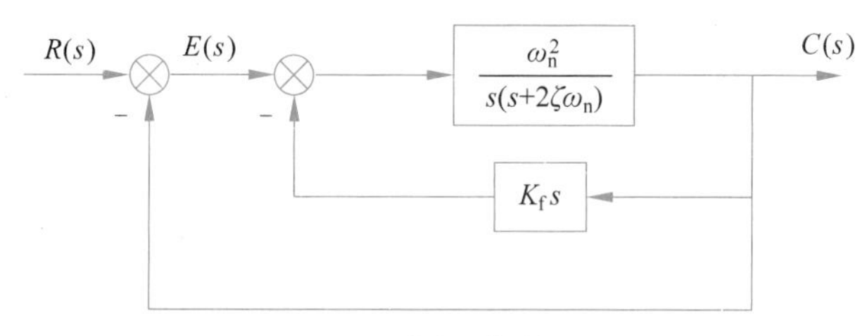

图 3-3-11　测速反馈控制系统

由图 3-3-11 可得系统的开环传递函数为

$$G(s)=\frac{\omega_n^2}{s(s+2\zeta\omega_n)+\omega_n^2K_fs}=\frac{\omega_n}{2\zeta+\omega_nK_f}\cdot\frac{1}{s\left[s/(2\zeta\omega_n+\omega_n^2K_f)+1\right]}$$

相应的开环增益为

$$K=\frac{\omega_n}{2\zeta+\omega_nK_f}$$

闭环传递函数为

$$\Phi(s)=\frac{\omega_n^2}{s^2+(2\zeta\omega_n+\omega_n^2K_f)s+\omega_n^2}$$

参照式(3-3-3)有

$$2\zeta_d\omega_n=2\zeta\omega_n+\omega_n^2K_f$$

等效阻尼比 ζ_d 为

$$\zeta_d=\zeta+\frac{1}{2}\omega_nK_f \tag{3-3-19}$$

由以上分析可知，引入测速反馈控制后，同样使系统的无阻尼振荡频率 ω_n 不变、等效阻尼比增大($\zeta_d>\zeta$)，从而达到了改善系统动态性能的目的。由于测速反馈没有附加闭环零点的影响，因此与比例-微分控制对系统动态性能的改善程度是不同的。此外测速反馈的加入，会使系统开环增益降低(见 3.6 节)，使得系统在跟踪斜坡输入时的稳态误差有所增加。因此在设计测速反馈控制系统时，一般可适当增大原系统的开环增益，以补偿测速反馈控制引起的开环增益损失。

3．两种控制方案的比较

综上所述，比例-微分控制与测速反馈控制都可以改善二阶系统的动态性能，但二者改善系统性能的机理及应用场合是不同的，现简述如下。

(1) 比例-微分环节位于系统的输入端，微分作用对输入噪声有明显的放大作用。当输入端噪声严重时，不宜选用比例-微分控制。由于微分器的输入信号是低能量的误差信号，要求比例-微分控制具有足够的放大作用，为了不明显恶化信噪比，需选用高质量的前置放大器；测速反馈控制对输入端噪声有滤波作用，同时测速发电机的输入信号能量水平较高，因此对系统组成元件没有过高的质量要求，使用场合比较广泛。

(2) 比例-微分控制对系统的开环增益和无阻尼振荡频率均无影响；测速反馈控制虽不

影响无阻尼振荡频率，但会降低开环增益，使得系统稳态误差有所增加，然而测速反馈控制能削弱内部回路中被包围部件的非线性特性、参数漂移等不利因素的影响。

(3) 比例-微分控制相当于在系统中加入了实零点，可以加快上升时间。在相同阻尼比的条件下，比例-微分控制系统的超调量大于测速反馈控制系统的超调量。

(4) 从实现角度看，比例-微分控制的线路结构简单，成本较低；而测速反馈控制部件则较昂贵。

例 3-5 某一位置随动系统如图 3-3-12(a)所示，其中 $K=10$。在该系统中引入测速反馈控制，其结构图如图 3-3-12(b)所示。若要系统的等效阻尼比为 $\zeta_d=0.5$，试确定反馈系数 K_f 的值，并计算系统在引入测速反馈控制前后的调节时间和超调量。

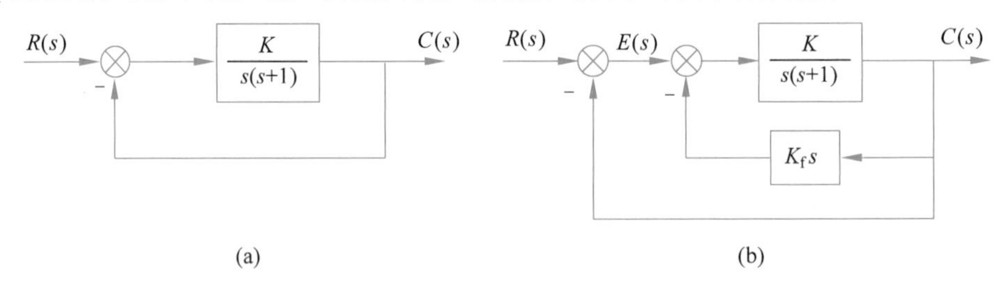

图 3-3-12 位置随动系统结构图

解：由图 3-3-12(a)可得原系统的闭环传递函数为

$$\Phi(s)=\frac{10}{s^2+s+10}$$

与二阶系统标准式相比较，可得

$$\omega_n=\sqrt{10}=3.16\text{rad/s},\quad \zeta=\frac{1}{2\omega_n}=0.158$$

已知等效阻尼比 $\zeta_d=0.5$，由式(3-3-19)得

$$K_f=\frac{2(\zeta_d-\zeta)}{\omega_n}=0.216$$

当 $\zeta=0.158$ 时，即未引入测速反馈控制的系统调节时间和超调量分别为

$$t_s=\frac{3}{\zeta\omega_n}=\frac{3}{0.158\times 3.16}=6.01\text{s}(\Delta=5\%)$$

$$\sigma\%=e^{-\pi\zeta/\sqrt{1-\zeta^2}}\times 100\%=e^{-3.14\times 0.158/\sqrt{1-0.158^2}}\times 100\%=60.5\%$$

当 $\zeta_d=0.5$ 时，即引入测速反馈控制的系统调节时间和超调量分别为

$$t_s=\frac{3}{\zeta_d\omega_n}=\frac{3}{0.5\times 3.16}=1.90\text{s}(\Delta=5\%)$$

$$\sigma\%=e^{-\pi\zeta_d/\sqrt{1-\zeta_d^2}}\times 100\%=e^{-3.14\times 0.5/\sqrt{1-0.5^2}}\times 100\%=16.3\%$$

上述计算表明，引入测速反馈控制后，系统的调节时间减小，超调量下降，动态性能得到明显改善。

3.3.5 MATLAB 实现

例 3-6 某一位置随动系统如图 3-3-12(a)所示，用 MATLAB 绘制开环增益 K 分别为

10，0.5，0.09 时系统的单位阶跃响应曲线。

解：MATLAB 程序如下。

```
clc;clear
t = [0:0.2:25];
k = [10,0.5,0.09];
for i = 1:length(k)
  num = k(i);
  den = [1,1,0];
  G = tf(num,den);
  sys = feedback(G,1, - 1);
  step(sys,t);
  hold on;
end
gtext('k = 10');
gtext('k = 0.5');
gtext('k = 0.09');
xlabel('t/s');ylabel('c(t)');title('step response');grid on
```

执行该程序，运行结果如图 3-3-13 所示。由图可见，降低开环增益 K 能使阻尼比增大，超调量下降，可改善系统动态性能，但开环增益 K 降低太多，系统成为过阻尼二阶系统，过渡过程过于缓慢，这也是不希望的。

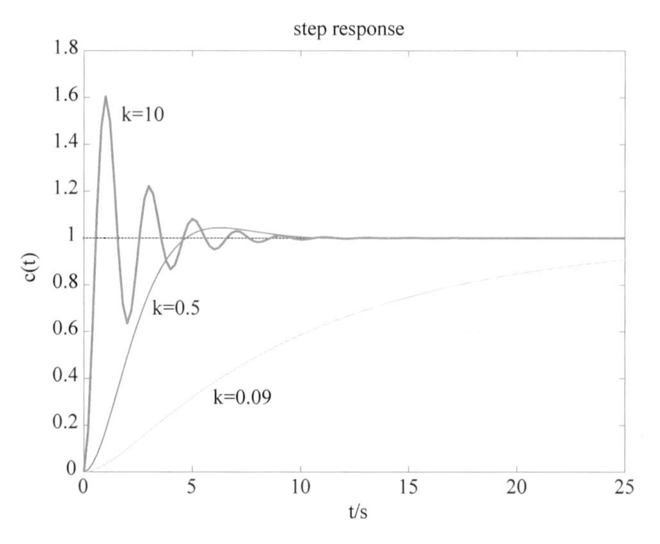

图 3-3-13　单位阶跃响应曲线

例 3-7　某控制系统如图 3-3-14(a)所示，其中 $K=5$，$T=1.67\text{s}$。分别采用比例-微分和测速反馈控制，系统结构分别如图 3-3-14(b)和图 3-3-14(c)所示，其中 $K_t=0.38$。利用 MATLAB 对比分析系统在单位阶跃输入作用下的动态性能。

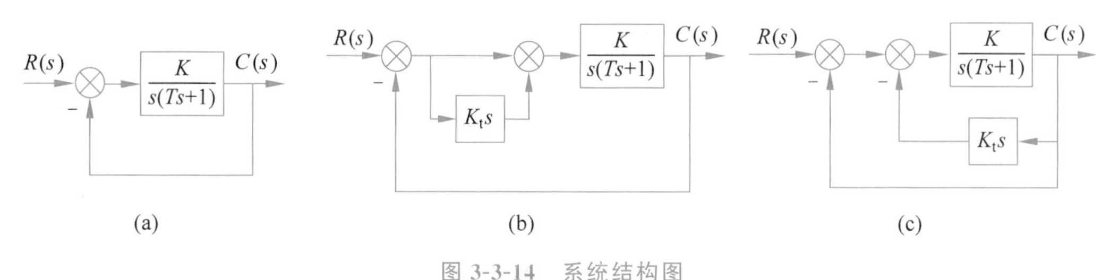

图 3-3-14　系统结构图

解：MATLAB 程序如下。

```
clc;clear
t = [0:0.1:20];
num = [5];den = [1.67 1 0];
G0 = tf(num,den);
sys0 = feedback(G0,1, - 1);                 % 原系统的闭环传递函数
step(sys0,'r:',t);hold on                   % 原系统的单位阶跃响应
num1 = [0.38 1];den1 = [1];
G1 = tf(num1,den1);
sys1 = feedback(G0 * G1,1, - 1);            % 引入比例 - 微分控制后系统的闭环传递函数
step(sys1,'b - ',t);hold on                 % 引入比例 - 微分控制后系统的单位阶跃响应
sys2 = feedback(G0,G1, - 1);                % 引入测速反馈控制后系统的闭环传递函数
step(sys2,'k -- ',t);hold on                % 引入测速反馈控制后系统的单位阶跃响应
legend('原系统','引入比例 - 微分','引入测速反馈');
xlabel('t/s');ylabel('c(t)');title('step response');grid on
```

执行该程序,运行结果如图 3-3-15 所示,同时记录各系统的性能指标如表 3-3-2 所示。

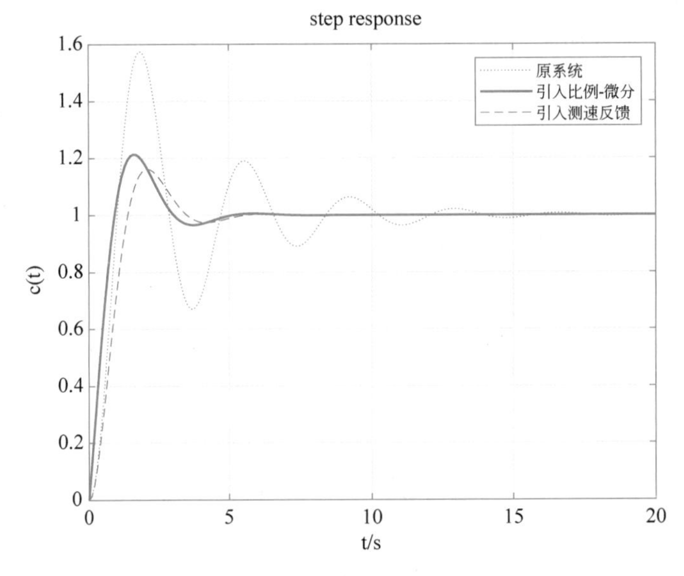

图 3-3-15 各系统的单位阶跃响应曲线

表 3-3-2 各系统的性能指标

性能指标	$\sigma\%$	t_r/s	t_p/s	t_s/s($\Delta=2\%$)
原系统	57.4%	1.03	1.8	13.1
引入比例-微分控制	21.3%	0.94	1.6	4.39
引入测速反馈控制	16.2%	1.41	2.1	4.66

可以看出,采用比例-微分控制和测速反馈控制后,调节时间减小,超调量下降,系统的动态性能得到明显改善。引入比例-微分控制后,系统闭环传递函数出现了附加零点,使得在相同阻尼比的条件下,比例-微分控制系统的超调量大于测速反馈控制系统的超调量。

3.4 高阶系统的动态性能分析

由三阶或三阶以上微分方程描述的系统，称为高阶系统。在控制工程中，绝大多数的系统是高阶系统。确定高阶系统的动态性能指标是比较复杂的，工程上常利用闭环主导极点的概念对高阶系统进行近似分析或直接应用 MATLAB 软件进行高阶系统分析。

3.4.1 高阶系统的数学模型

高阶系统的微分方程式为

$$
\begin{aligned}
& a_n \frac{\mathrm{d}^n c(t)}{\mathrm{d}t^n} + a_{n-1} \frac{\mathrm{d}^{n-1} c(t)}{\mathrm{d}t^{n-1}} + \cdots + a_1 \frac{\mathrm{d}c(t)}{\mathrm{d}t} + a_0 c(t) \\
= & b_m \frac{\mathrm{d}^m r(t)}{\mathrm{d}t^m} + b_{m-1} \frac{\mathrm{d}^{m-1} r(t)}{\mathrm{d}t^{m-1}} + \cdots + b_1 \frac{\mathrm{d}r(t)}{\mathrm{d}t} + b_0 r(t), \quad n \geqslant m
\end{aligned} \tag{3-4-1}
$$

式(3-4-1)中，$n \geqslant 3$，参数 $a_j(j=1,2,\cdots,n)$、$b_i(i=1,2,\cdots,m)$为与系统结构和参数有关的常系数。

设初始条件为零，对式(3-4-1)两边取拉普拉斯变换，可求出系统的闭环传递函数

$$
\begin{aligned}
\Phi(s) = \frac{C(s)}{R(s)} &= \frac{b_m s^m + b_{m-1} s^{m-1} + \cdots + b_1 s + b_0}{a_n s^n + a_{n-1} s^{n-1} + \cdots + a_1 s + a_0} \\
&= \frac{K(s-z_1)(s-z_2)\cdots(s-z_m)}{(s-s_1)(s-s_2)\cdots(s-s_n)}
\end{aligned} \tag{3-4-2}
$$

式(3-4-2)中，$K=\dfrac{b_m}{a_n}$；$s_j(j=1,2,\cdots,n)$为系统的闭环极点；$z_i(i=1,2,\cdots,m)$为系统的闭环零点。

3.4.2 高阶系统的单位阶跃响应

设闭环系统的 n 个闭环极点中，有 n_1 个实数极点、n_2 对共轭复数极点，且闭环极点互不相等。由于一对共轭复数极点形成一个 s 的二阶项，因此，式(3-4-2)的因式包括一阶项和二阶项，故可写为

$$
\Phi(s) = \frac{C(s)}{R(s)} = \frac{K \prod_{i=1}^{m}(s-z_i)}{\prod_{l=1}^{n_1}(s-s_l) \prod_{k=1}^{n_2}(s^2 + 2\zeta_k \omega_k s + \omega_k^2)} \tag{3-4-3}
$$

式(3-4-3)中，$n_1 + 2n_2 = n$。

当输入为单位阶跃信号时，高阶系统输出量的拉普拉斯变换式为

$$
C(s) = \Phi(s)R(s) = \frac{K \prod_{i=1}^{m}(s-z_i)}{\prod_{l=1}^{n_1}(s-s_l) \prod_{k=1}^{n_2}(s^2 + 2\zeta_k \omega_k s + \omega_k^2)} \cdot \frac{1}{s} \tag{3-4-4}
$$

将式(3-4-4)展开成部分分式，可得

$$C(s)=\frac{A_0}{s}+\sum_{l=1}^{n_1}\frac{A_l}{s-s_l}+\sum_{k=1}^{n_2}\frac{B_k s+C_k}{s^2+2\zeta_k\omega_k s+\omega_k^2} \tag{3-4-5}$$

式(3-4-5)中,A_0 为 $C(s)$在原点处的留数,A_l 为 $C(s)$在实数极点 s_l 处的留数,其值为

$$A_0=\lim_{s\to 0}s\cdot C(s)=\frac{b_0}{a_0}$$

$$A_l=\lim_{s\to s_l}(s-s_l)\cdot C(s)$$

B_k 和 C_k 为与 $C(s)$在闭环复数极点 $s=-\zeta_k\omega_k\pm j\omega_k\sqrt{1-\zeta_k^2}$ 处的留数有关的常系数。

对式(3-4-5)两边取拉普拉斯反变换,可得高阶系统的单位阶跃响应为

$$c(t)=A_0+\sum_{l=1}^{n_1}A_l e^{s_l t}+\sum_{k=1}^{n_2}B_k e^{-\zeta_k\omega_k t}\cos(\omega_k\sqrt{1-\zeta_k^2})t+$$

$$\sum_{k=1}^{n_2}\frac{C_k-B_k\zeta_k\omega_k}{\omega_k\sqrt{1-\zeta_k^2}}e^{-\zeta_k\omega_k t}\sin(\omega_k\sqrt{1-\zeta_k^2})t,\quad t\geqslant 0 \tag{3-4-6}$$

由式(3-4-6)可以得到以下结论。

(1) 高阶系统的单位阶跃响应包含稳态分量和瞬态分量两部分。其中稳态分量 A_0 与时间 t 无关,瞬态分量与时间 t 有关,包括指数项、正弦项和余弦项。

(2) 若所有闭环极点都分布在 s 左半平面,即如果所有实数极点为负值,所有共轭复数极点具有负实部,当时间 t 趋于无穷大时,瞬态分量衰减为零,系统稳态输出为 A_0。这种情况下高阶系统是稳定的。稳定是系统能正常工作的首要条件,有关这方面的内容,将在 3.5 节中进行较详细的阐述。

(3) 瞬态分量衰减的快慢取决于闭环极点离虚轴的距离。闭环极点离虚轴越远,相应瞬态分量衰减越快,对系统动态响应影响越小。反之,闭环极点离虚轴越近,相应的瞬态分量衰减越慢,对动态响应影响越大。

(4) 瞬态分量的幅值(即部分分式系数)与闭环极点、零点在 s 平面中的位置有关。若某极点离原点很远,那么相应瞬态分量幅值很小;若某极点靠近闭环零点又远离原点及其他极点,相应瞬态分量的幅值也很小。工程上常把处于这种情况的闭环零点、极点,称为偶极子。偶极子对瞬态分量影响较小的现象,称之为零极点相消;若某极点远离零点又接近原点,相应瞬态分量幅值大,对系统动态响应影响较大。

视频讲解

3.4.3 高阶系统的分析方法

由以上高阶系统单位阶跃响应的求解过程和讨论可知,对高阶系统的分析是十分烦琐的事情。为简单和方便起见,在控制工程中常常利用下面介绍的闭环主导极点对高阶系统进行近似分析。实践表明,这种近似分析方法是行之有效的。

对于稳定的高阶系统,如果存在离虚轴最近的闭环极点,且其附近没有闭环零点,而其他闭环极点又远离虚轴,那么距虚轴最近的闭环极点所对应的瞬态分量,随时间的推移衰减缓慢,在系统的动态响应过程中起主导作用,这样的闭环极点称为闭环主导极点。除闭环主导极点外,其他闭环极点由于其对应的瞬态分量随时间的推移迅速衰减,对系统的动态响应过程影响甚微,因而统称为非主导极点。实际工程中,一般非主导极点的实部比闭环主导极

点的实部大 6 倍以上时，非主导极点的作用可以忽略。有时甚至比主导极点的实部大 2～3 倍的非主导极点也可忽略不计。

在对高阶系统进行分析时，常根据闭环主导极点的概念将高阶系统近似为一、二阶系统进行分析。同样，在设计高阶系统时，也常常利用主导极点的概念选择系统参数，使系统具有一对共轭主导极点，以便于近似地按二阶系统的性能指标设计系统。

若高阶系统不满足应用闭环主导极点的条件，则高阶系统不能近似为一、二阶系统。这时高阶系统的动态过程必须具体求解。应当指出，利用 MATLAB 软件，可以很容易求出高阶系统的输出响应及绘制出相应的响应曲线，这给高阶系统的分析和设计带来了方便。

例 3-8　某控制系统的闭环传递函数为

$$\Phi(s)=\frac{2.688}{(s+4.2)(s^2+0.8s+0.64)}$$

估算系统的动态性能指标 t_s 和 $\sigma\%$。

解：这是一个三阶系统，求得 3 个闭环极点分别为 $s_{1,2}=-0.4\pm j0.69$，$s_3=-4.2$。该系统的实数极点与复数极点距离虚轴距离之比为 10.5，故复数极点 $s_{1,2}$ 可视为闭环主导极点，因此该三阶系统可以用具有这一对复数极点的二阶系统近似。近似的二阶系统闭环传递函数为

$$\Phi(s)=\frac{0.8^2}{(s+0.4+j0.69)(s+0.4-j0.69)}=\frac{0.8^2}{s^2+0.8s+0.8^2}$$

注意近似后的二阶系统应与原高阶系统具有相同的闭环增益，以保证阶跃响应终值相同。将其与二阶系统标准式相比较，可得 $\omega_n=0.8\text{rad/s}$，$\zeta=0.5$。

由二阶系统性能指标计算公式，可求出

$$t_s=\frac{4}{\zeta\omega_n}=\frac{4}{0.5\times0.8}=10\text{s}(\Delta=2\%)$$

$$\sigma\%=e^{-\pi\zeta/\sqrt{1-\zeta^2}}\times100\%=e^{-0.5\pi/\sqrt{1-0.5^2}}\times100\%=16.3\%$$

3.4.4　MATLAB 实现

例 3-9　利用 MATLAB 绘制例 3-8 降阶前后系统的单位阶跃响应曲线，并比较降阶前后系统的性能指标。

解：MATLAB 程序如下。

```
clc;clear
t = [0:0.1:25];
tf1 = tf([0,2.688],conv([1,4.2],[1,0.8,0.64]));
step(tf1,'b-',t);hold on;
tf2 = tf(0.64,[1,0.8,0.64]);
step(tf2,'r--',t);
legend('原系统阶跃响应','降阶系统阶跃响应');
xlabel('t/s');ylabel('c(t)');title('step response');grid on
```

执行命令后，运行结果如图 3-4-1 所示，同时记录降阶前后系统的性能指标如表 3-4-1 所示。可以看出，当系统存在一对闭环主导极点时，三阶系统可降阶为二阶系统进行分析，其结果不会带来太大的误差。

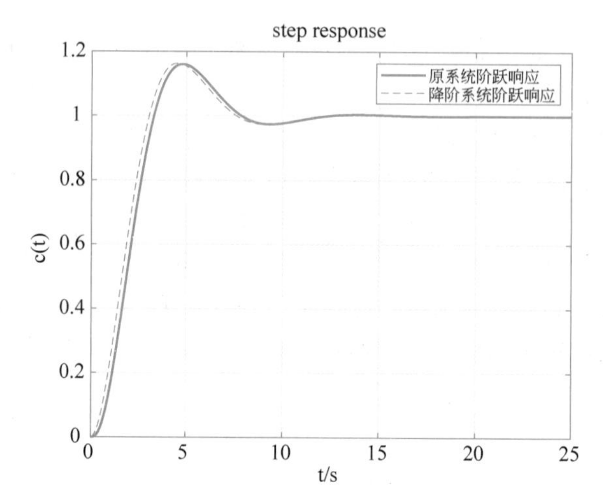

图 3-4-1 单位阶跃响应曲线

表 3-4-1 降阶前后系统的性能指标

性能指标	σ	t_r/s	t_p/s	t_s/s($\Delta=2\%$)
原三阶系统	16.0%	3.29	4.8	10.3
二阶系统	16.3%	3.02	4.5	10.1

例 3-10 某控制系统的闭环传递函数为

$$\Phi(s)=\frac{C(s)}{R(s)}=\frac{s^3+7s^2+24s+24}{s^4+10s^3+35s^2+50s+24}$$

用 MATLAB 求解该系统的单位阶跃响应表达式。

解：当输入为单位阶跃信号时，系统输出量的拉普拉斯变换式为

$$C(s)=\Phi(s)R(s)=\frac{s^3+7s^2+24s+24}{s^5+10s^4+35s^3+50s^2+24s}$$

MATLAB 程序如下：

```
clc;clear
num = [1,7,24,24];
den = [1,10,35,50,24,0];
[r,p,k] = residue(num,den)
```

执行该程序，运行结果如下：

```
r =
    - 1.0000
     2.0000
    - 1.0000
    - 1.0000
     1.0000
p =
    - 4.0000
    - 3.0000
    - 2.0000
    - 1.0000
          0
k =
      []
```

即系统输出量的部分分式展开式为

$$C(s)=-\frac{1}{s+4}+\frac{2}{s+3}-\frac{1}{s+2}-\frac{1}{s+1}+\frac{1}{s}$$

因此该系统的单位阶跃响应时域表达式为

$$c(t)=-\mathrm{e}^{-4t}+2\mathrm{e}^{-3t}-\mathrm{e}^{-2t}-\mathrm{e}^{-t}+1$$

3.5 线性系统的稳定性分析

稳定是控制系统的重要性能,也是系统能够正常运行的首要条件。分析系统的稳定性,并提出确保系统稳定的条件,是自动控制理论的基本任务之一。本节主要研究线性系统稳定性的概念、稳定的充要条件和稳定的代数判定方法。

3.5.1 稳定性的概念

为了建立稳定性的概念,首先通过一个直观的例子来说明稳定的含义。图 3-5-1(a)表示小球在一个光滑的凹面里,原平衡位置为 A,在外界扰动作用下,小球偏离了原平衡位置 A,当外界扰动消失后,小球在重力和阻力的作用下,经过来回几次减幅摆动,最终可以回到原平衡位置 A,称具有这种特性的平衡是稳定的。反之,若小球处于图 3-5-1(b)所示的平衡位置 B,在外界扰动作用下偏离了原平衡位置 B,当外界扰动消失后,无论经过多长时间,小球也不可能再回到原平衡位置 B,称具有这种特性的平衡是不稳定的。

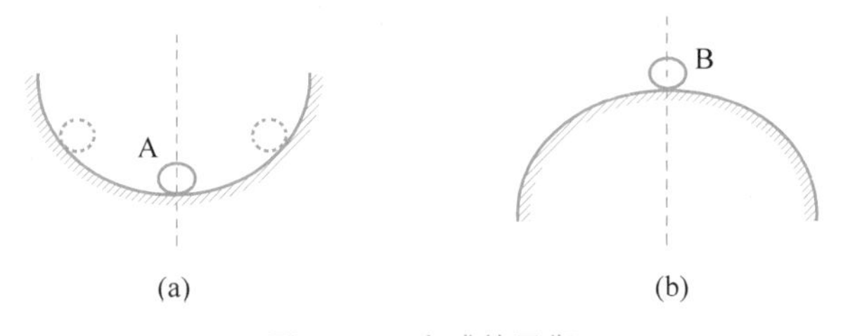

图 3-5-1　小球的平衡

通过上文关于稳定性的直观示例可以看出,任何系统在扰动作用下都会偏离平衡状态,产生初始偏差。当扰动消失后,若系统能以足够的准确度恢复到原来的平衡状态,则系统是稳定的;若系统在扰动作用消失后不能恢复原来的平衡状态,且偏差越来越大,则系统是不稳定的。由此可知,稳定性是表征系统在扰动消失后自身的一种恢复能力,因而它是系统的一种固有特性。对于线性系统而言,稳定性仅取决于系统的结构和参数,而与初始条件及外作用无关。

3.5.2 线性系统稳定的充分必要条件

设线性系统在零初始条件下,作用一个理想单位脉冲 $\delta(t)$,这时系统的输出增量为脉冲响应 $c(t)$。这相当于系统在扰动信号作用下,输出信号偏离原平衡点的问题。若 $t\to\infty$ 时,脉冲响应

$$\lim_{t\to\infty}c(t)=0 \tag{3-5-1}$$

即输出增量收敛于原平衡点,则线性系统是稳定的。

由于理想单位脉冲$\delta(t)$的拉普拉斯变换等于1,所以系统的单位脉冲响应即为闭环传递函数的拉普拉斯反变换。如同3.4节所假设的那样,若系统的闭环传递函数有n_1个实数极点、n_2对共轭复数极点,且闭环极点彼此不相等,则闭环传递函数如式(3-4-3)所示,对式(3-4-3)求拉普拉斯反变换,即得系统的单位脉冲响应为

$$c(t)=\sum_{l=1}^{n_1}A_l\mathrm{e}^{s_lt}+\sum_{k=1}^{n_2}B_k\mathrm{e}^{-\zeta_k\omega_kt}\cos(\omega_k\sqrt{1-\zeta_k^2})t+$$

$$\sum_{k=1}^{n_2}\frac{C_k-B_k\zeta_k\omega_k}{\omega_k\sqrt{1-\zeta_k^2}}\mathrm{e}^{-\zeta_k\omega_kt}\sin(\omega_k\sqrt{1-\zeta_k^2})t,\quad t\geqslant 0 \tag{3-5-2}$$

由式(3-5-2)可见,当且仅当系统的特征根全部具有负实部时,式(3-5-1)才成立,即系统稳定;若特征根中有一个或一个以上正实部根,脉冲响应$c(t)$趋于发散,表明系统不稳定;若特征根中具有一个或一个以上零实部根,而其余的特征根均具有负实部,脉冲响应$c(t)$趋于常数或趋于等幅振荡,则系统临界稳定,在工程上认为是不稳定的。

综上所述,线性系统稳定的充分必要条件是:闭环系统特征方程的所有根均具有负实部,也就是说,系统的全部闭环极点都位于s左半平面。

视频讲解

3.5.3 劳斯稳定判据

由线性系统稳定的充分必要条件可知,只要能够求出系统的全部特征根,就可以判定系统的稳定性。但对于三阶或三阶以上特征方程,求根是比较困难的。劳斯(E. J. Routh)于1877年提出了由特征方程的系数,直接利用代数方法判别特征根的分布位置,以此判别系统是否稳定,这就是劳斯稳定判据。

设线性系统的闭环特征方程为

$$D(s)=a_ns^n+a_{n-1}s^{n-1}+\cdots+a_1s+a_0=0,\quad a_n>0 \tag{3-5-3}$$

式(3-5-3)中的系数均为实数。

1. 稳定的必要条件

线性系统稳定的必要条件是式(3-5-3)中各项系数均为正数。这是因为一个具有实系数的s多项式,总可以分解成一次因子和二次因子两种类型,即$(s+a)$和(s^2+bs+c),式中a、b和c都是实数。一次因子具有实根,而二次因子则是复根。只有当b和c都是正值时,因子(s^2+bs+c)才能具有负实部的根。所有因子中的常数a、b和c都是正值是所有根都具有负实部的必要条件。这些只包含正系数的一次因子和二次因子相乘时,所得多项式的系数都是正数。因此,式(3-5-3)若缺项或具有负的系数,系统便是不稳定的。

2. 劳斯稳定判据

如果式(3-5-3)中所有系数均为正值,根据特征方程的系数列写劳斯表如表3-5-1所示。劳斯表的前两行系数由特征方程系数组成,第一行由特征方程的第1,3,5,…项系数组成,第二行由特征方程的第2,4,6,…项系数组成,以后各行系数按表3-5-1逐行计算,直到计算到第$(n+1)$行为止,而劳斯表第$(n+1)$行系数只有一个,恰好等于特征方程最后一项系数a_0。在计算劳斯表的过程中,可以用一个正整数去除或乘某一整行系数,这样不会改变所得结论。

表 3-5-1　劳斯表

s^n	a_n	a_{n-2}	a_{n-4}	a_{n-6}	…
s^{n-1}	a_{n-1}	a_{n-3}	a_{n-5}	a_{n-7}	…
s^{n-2}	$b_1=\dfrac{a_{n-1}a_{n-2}-a_na_{n-3}}{a_{n-1}}$	$b_2=\dfrac{a_{n-1}a_{n-4}-a_na_{n-5}}{a_{n-1}}$	$b_3=\dfrac{a_{n-1}a_{n-6}-a_na_{n-7}}{a_{n-1}}$	b_4	…
s^{n-3}	$c_1=\dfrac{b_1a_{n-3}-a_{n-1}b_2}{b_1}$	$c_2=\dfrac{b_1a_{n-5}-a_{n-1}b_3}{b_1}$	c_3	c_4	…
⋮	⋮	⋮	⋮	⋮	⋮
s^0	a_0				

劳斯稳定判据指出,系统稳定的充分必要条件是劳斯表第一列系数均为正数,若出现零或负数,系统不稳定,且第一列系数符号改变的次数就是特征方程中正实部根的个数。

例 3-11　已知线性系统的特征方程为

$$s^4+3s^3+4s^2+2s+5=0$$

试用劳斯稳定判据分析系统的稳定性。

解:列劳斯表为

s^4	1	4	5
s^3	3	2	0
s^2	10/3	5	0
s^1	−5/2	0	
s^0	5		

劳斯表第一列系数出现负数,故该系统不稳定,且第一列系数符号改变了两次,因此特征方程有两个正实部根。

在列劳斯表时,可能遇到下面两种特殊情况。

(1) 劳斯表中某一行第一个系数为零,其他系数不为零或不全为零。

这时计算劳斯表下一行的第一个系数时,将出现无穷大而使劳斯表无法继续进行,解决办法是用一个很小的正数 ε 来代替这个零元素,使劳斯表继续运算下去。观察劳斯表第一列系数,若 ε 的上下系数均为正数,则说明系统特征方程存在纯虚根;若 ε 的上下系数的符号不同,则符号改变的次数为特征方程正实部根的个数。

例 3-12　已知线性系统的特征方程为

$$s^4+2s^3+4s^2+8s+3=0$$

试用劳斯稳定判据分析系统的稳定性。

解:列劳斯表为

s^4	1	4	3
s^3	2	8	0
s^2	$0(\varepsilon)$	3	0
s^1	$(8\varepsilon-6)/\varepsilon$	0	
s^0	3		

由于 ε 是很小的正数,所以 $(8\varepsilon-6)/\varepsilon$ 为负数,劳斯表第一列系数符号改变了两次。因此,系统不稳定,特征方程有两个正实部根。

(2) 劳斯表中某行系数均为零。

这种情况下劳斯表的计算工作也由于出现无穷大系数而无法继续进行。为了解决这个问题,可以利用全零行的上一行系数构造一个辅助方程,再将辅助方程对复变量 s 求导一次后的系数代替全零行的系数,使劳斯表继续运算下去。辅助方程的解就是原特征方程的部分特征根,这部分特征根对称于原点,可能为一对共轭纯虚根或者两个大小相等、符号相反的实根或者对称于实轴的两对共轭复数根。

例 3-13 已知线性系统的特征方程为

$$s^6+s^5+5s^4+3s^3+8s^2+2s+4=0$$

试用劳斯稳定判据分析系统的稳定性。

解:列劳斯表为

s^6	1	5	8	4
s^5	1	3	2	0
s^4	2	6	4	
s^3	0(8)	0(12)	0(0)	
s^2	3	4		
s^1	4/3	0		
s^0	4			

辅助方程 $2s^4+6s^2+4=0$

将辅助方程求导一次,得 $8s^3+12s=0$

由劳斯表可知,第一列系数均为正值,表明系统没有在 s 右半平面的特征根。求解辅助方程,得到两对大小相等、符号相反的特征根为 $s_{1,2}=\pm\mathrm{j}$,$s_{3,4}=\pm\mathrm{j}\sqrt{2}$。利用长除法可以求得另外两个根为 $s_{5,6}=(-1\pm\mathrm{j}\sqrt{7})/2$。显然,系统处于临界稳定状态。

3. 劳斯稳定判据的应用

1) 确定使系统稳定的参数取值范围

劳斯稳定判据除了可以判断系统的稳定性外,还可以用来确定使系统稳定的参数取值范围。

例 3-14 某系统结构图如图 3-5-2 所示,确定使系统稳定时 K 的取值范围。

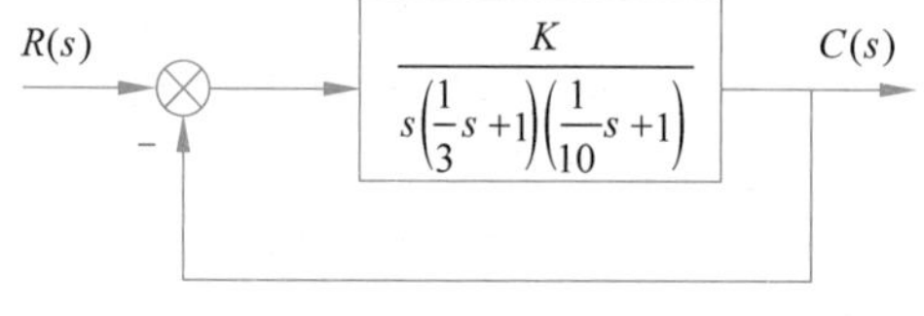

图 3-5-2 系统结构图

解:由图 3-5-2 知,系统的闭环传递函数为

$$\Phi(s)=\frac{C(s)}{R(s)}=\frac{30K}{s^3+13s^2+30s+30K}$$

闭环特征方程为

$$s^3+13s^2+30s+30K=0$$

列劳斯表

s^3	1	30
s^2	13	$30K$
s^1	$\dfrac{13\times30-1\times30K}{13}$	0
s^0	$30K$	

根据劳斯稳定判据，系统稳定的充分必要条件为

$$\begin{cases}30K > 0 \\ 13 \times 30 - 30K > 0\end{cases}$$

因此系统稳定时 K 的取值范围是 $0<K<13$。

2）确定系统的相对稳定性

劳斯稳定判据解决了系统绝对稳定性问题，但不能表明特征根距虚轴的远近。如果一个系统的特征根紧靠虚轴，尽管是在 s 左半平面，满足稳定条件，但动态过程将具有缓慢的非周期特性或强烈的振荡特性，甚至会由于系统内部参数的微小变化，使特征根转移到 s 右半平面，导致系统不稳定。为了保证系统有一定的稳定裕度，且具有良好的动态性能，希望特征根在 s 左半平面且与虚轴有一定的距离。为此，可在 s 左半平面画一条 $s=-\sigma$ 的直线，而 σ 是系统特征根与虚轴之间的最小距离，通常称为稳定裕量，然后将 $s=s_1-\sigma$ 代入原特征方程，得到以 s_1 为变量的新特征方程，对新特征方程应用劳斯稳定判据，判断特征根是否位于 $s=-\sigma$ 直线的左半部分，即具有 σ 以上的稳定裕量。

例 3-15　对于例 3-14 的系统，若要使系统具有 $\sigma=1$ 以上的稳定裕量，确定 K 的取值范围。

解：将 $s=s_1-1$ 代入原系统的特征方程，得

$$(s_1-1)^3+13(s_1-1)^2+30(s_1-1)+30K=0$$

整理后得

$$s_1^3+10s_1^2+7s_1+(30K-18)=0$$

列劳斯表

s_1^3	1	7
s_1^2	10	$30K-18$
s_1^1	$\dfrac{10\times 7-(30K-18)}{10}$	0
s_1^0	$30K-18$	

根据劳斯稳定判据，系统稳定的充分必要条件是

$$\begin{cases}30K-18>0 \\ 10\times 7-(30K-18)>0\end{cases}$$

因此，当 K 满足 $0.6<K<2.93$，系统具有 $\sigma=1$ 以上的稳定裕量。

3.5.4　MATLAB 实现

判断线性系统的稳定性，最直接的方法是求出系统的所有特征根，根据特征根是否位于 s 左半平面确定系统的稳定性。MATLAB 提供了求解特征根的函数 roots( )，其调用格式为

```
p = roots(den)   % 求解系统的特征根,其中 den 为特征多项式的系数按降幂排列构成的系数行向
 % 量;p 为特征根
```

另外，MATLAB 中的 pzmap()函数可用于绘制系统的零极点图，其调用格式为

```
pzmap(num,den)        % 绘制系统的零极点图,num 和 den 分别为系统传递函数的分子和分母多项式
 % 的系数按降幂排列构成的系数行向量.零极点图中的极点用"x"表示,零点用"o"表示
```

```
[p,z] = pzmap(num,den)   % 该调用格式不绘制系统的零极点图,而是返回系统的零极点,其作用与
% tf2zp()函数相同
```

例 3-16　某系统闭环传递函数为 $\Phi(s)=\dfrac{s^2+5s+6}{s^4+2s^3+s^2+7s+6}$，判断该系统的稳定性。

解：MATLAB 程序如下。

```
clc;clear
num = [1,5,6];
den = [1 2 1 7 6];
p = roots(den)
pzmap(num,den)
```

运行结果如下。

```
p =
    0.6160 + 1.6011i
    0.6160 - 1.6011i
  - 2.3727 + 0.0000i
  - 0.8592 + 0.0000i
```

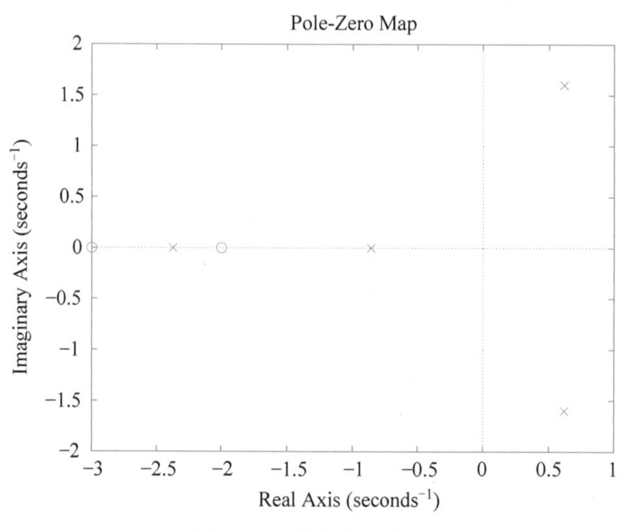

图 3-5-3　零极点分布图

由运行结果及零极点分布图 3-5-3 可以看出，该系统有两个负实根和一对具有正实部的共轭复数根，因此系统不稳定。

视频讲解

3.6 线性系统的稳态误差分析

在控制系统的分析与设计中，稳态误差是一项重要的性能指标，它是系统控制精度或抗扰动能力的一种度量，通常称为稳态性能。控制系统设计的任务之一是尽量减小系统的稳态误差，或使稳态误差小于某一容许值。本节主要讨论线性控制系统由于系统结构参数、输入作用形式和类型所产生的原理性稳态误差，不包括元件的不灵敏区、机械间隙、零点漂移、老化等原因所引起的附加稳态误差。

3.6.1　误差与稳态误差的定义

1. 误差的定义

假设控制系统的结构图如图 3-6-1(a)所示，经过等效变换可以化为图 3-6-1(b)的形式，系统的误差通常有以下两种定义方法。

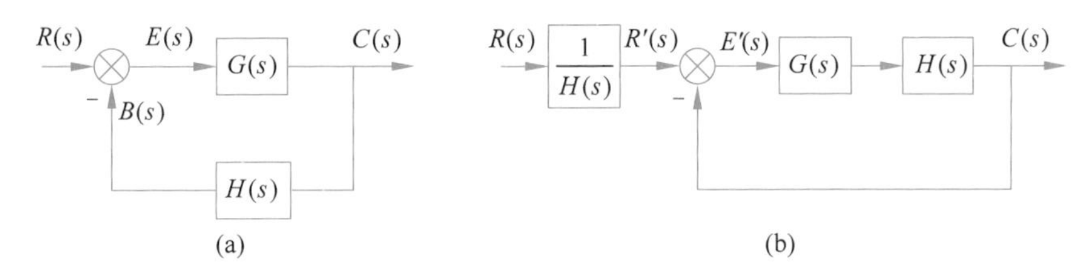

图 3-6-1　控制系统的结构图及等效变换图

(1) 按输入端定义：系统的误差定义为输入信号 $R(s)$与反馈信号 $B(s)$之差，即由图 3-6-1(a)可得

$$E(s)=R(s)-B(s)=R(s)-H(s)C(s)$$

用这种方法定义的误差，又称为偏差。由于它是可以测量的，因而在应用中具有实际意义。

(2) 按输出端定义：系统的误差定义为输出量的期望值 $R'(s)$和实际值 $C(s)$之差，即由图 3-6-1(b)可得

$$E'(s)=R'(s)-C(s)=\frac{R(s)}{H(s)}-C(s)$$

按输出端定义的误差，在系统性能指标的提法中经常使用，但在实际系统中有时无法测量，因而一般只有数学意义。

显然，两种误差定义之间存在如下关系：

$$E(s)=E'(s)H(s)$$

对单位反馈系统而言，由于 $H(s)=1$，两种误差定义的方法是一致的。下文除了特别说明外，讨论的误差都是按输入端定义的误差。

2. 稳态误差的定义

对于一个稳定的系统，当时间 $t\to\infty$时，系统的误差称为稳态误差，以 e_{ss} 表示，即

$$e_{ss}=\lim_{t\to\infty}e(t)$$

如果有理函数 $sE(s)$的极点均位于 s 左半平面(包括坐标原点)，则可根据拉普拉斯变换终值定理，求得系统的稳态误差为

$$e_{ss}=\lim_{t\to\infty}e(t)=\lim_{s\to 0}sE(s) \tag{3-6-1}$$

对于图 3-6-1(a)所示系统，在输入信号 $R(s)$作用下的误差传递函数为

$$\Phi_e(s)=\frac{E(s)}{R(s)}=\frac{1}{1+G(s)H(s)}$$

系统的误差为

$$E(s)=\Phi_e(s)R(s)=\frac{1}{1+G(s)H(s)}R(s) \tag{3-6-2}$$

将式(3-6-2)代入式(3-6-1)可得稳态误差为

$$e_{ss}=\lim_{s\to 0}sE(s)=\lim_{s\to 0}\frac{s}{1+G(s)H(s)}R(s) \tag{3-6-3}$$

式(3-6-3)表明,稳态误差既与系统的结构参数有关,也与外作用的形式有关。注意到$\Phi_e(s)$的分母与闭环传递函数$\Phi(s)$的分母相同,都是闭环特征方程式,所以应用终值定理的条件实际上包含系统必须稳定。这样的要求和物理概念是一致的,对于不稳定的系统而言,系统无法进入稳态,求稳态误差就没有意义。

3.6.2 控制系统的型别

由于稳态误差与系统的结构参数有关,这里介绍一种控制系统按开环传递函数中串联积分环节个数来分类的方法。

设系统的开环传递函数为

$$G(s)H(s)=\frac{K}{s^{v}}\cdot\frac{\prod_{i=1}^{m_1}(\tau_i s+1)\prod_{k=1}^{m_2}(\tau_k^2 s^2+2\zeta_k\tau_k s+1)}{\prod_{j=1}^{n_1}(T_j s+1)\prod_{l=1}^{n_2}(T_l^2 s^2+2\zeta_l T_l s+1)} \tag{3-6-4}$$

式(3-6-4)中,K为系统的开环增益,v为系统开环传递函数中所含积分环节的个数。通常根据v的数值定义系统的型别,称$v=0,1,2,\cdots$的系统分别为0型、Ⅰ型、Ⅱ型、…系统。由于当$v>2$时,对系统的稳定性是不利的,因此除航天控制系统外,Ⅲ型及Ⅲ型以上的系统几乎不采用。

3.6.3 典型输入作用下的稳态误差

在系统分析中经常遇到各种典型输入作用下稳态误差的计算问题,因此分析研究典型输入作用下稳态误差与系统结构参数及输入形式的关系,找出其中的规律,是十分必要的。

下面分别讨论在几种典型输入作用下,不同类型系统的稳态误差。

1. 单位阶跃输入

当$r(t)=1(t)$时,则$R(s)=\frac{1}{s}$,由式(3-6-3)可得稳态误差为

$$e_{ss}=\lim_{s\to 0}\frac{s}{1+G(s)H(s)}\cdot\frac{1}{s}=\frac{1}{1+\lim\limits_{s\to 0}G(s)H(s)}=\frac{1}{1+K_p} \tag{3-6-5}$$

式(3-6-5)中,$K_p=\lim\limits_{s\to 0}G(s)H(s)$称为静态位置误差系数。

对于0型系统,$K_p=K$,$e_{ss}=\frac{1}{1+K}$;

对于Ⅰ型和Ⅱ型系统,$K_p\to\infty$,$e_{ss}=0$。

由此可见,对于单位阶跃输入,0型系统的稳态误差为有限值,且稳态误差随开环增益K的增大而减小;Ⅰ型及以上系统的稳态误差为零。习惯上常把系统在阶跃输入作用下没有稳态误差的系统称为无差系统,反之则称为有差系统。因此,0型系统为有差系统,Ⅰ型及以上系统为无差系统。

2. 单位斜坡输入

当 $r(t)=t$ 时，则 $R(s)=\frac{1}{s^2}$，由式(3-6-3)可得稳态误差为

$$e_{ss}=\lim_{s\to 0}\frac{s}{1+G(s)H(s)}\cdot\frac{1}{s^2}=\frac{1}{\lim\limits_{s\to 0}sG(s)H(s)}=\frac{1}{K_v} \tag{3-6-6}$$

式(3-6-6)中，$K_v=\lim\limits_{s\to 0}sG(s)H(s)$称为静态速度误差系数。

对于0型系统，$K_v=0$，$e_{ss}\to\infty$；

对于Ⅰ型系统，$K_v=K$，$e_{ss}=\frac{1}{K}$；

对于Ⅱ型系统，$K_v\to\infty$，$e_{ss}=0$。

由此可见，0型系统不能跟踪斜坡输入信号；Ⅰ型系统虽然能跟踪斜坡输入信号，但存在稳态误差，稳态误差随开环增益 K 的增大而减小；对于Ⅱ型及以上系统，稳态时系统能准确跟踪斜坡输入信号，稳态误差为零。

应当指出，这里速度误差的含义是系统在速度(斜坡)信号作用下，系统稳态输出与输入在相对位置上的误差，而不是输出、输入信号在速度上存在误差。

3. 单位加速度输入

当 $r(t)=\frac{1}{2}t^2$ 时，则 $R(s)=\frac{1}{s^3}$，由式(3-6-3)可得稳态误差为

$$e_{ss}=\lim_{s\to 0}\frac{s}{1+G(s)H(s)}\cdot\frac{1}{s^3}=\frac{1}{\lim\limits_{s\to 0}s^2G(s)H(s)}=\frac{1}{K_a} \tag{3-6-7}$$

式(3-6-7)中 $K_a=\lim\limits_{s\to 0}s^2G(s)H(s)$称为静态加速度误差系数。

对于0型和Ⅰ型系统，$K_a=0$，$e_{ss}\to\infty$；

对于Ⅱ型系统，$K_a=K$，$e_{ss}=\frac{1}{K}$。

由此可见，0型和Ⅰ型系统均不能跟踪加速度输入信号，Ⅱ型系统能跟踪加速度输入信号，但存在稳态误差。与上文情况类似，加速度误差是指系统在加速度信号作用下，系统稳态输出与输入之间的位置误差。

表3-6-1列出了各型系统在典型输入作用下的静态误差系数和稳态误差。

表3-6-1　典型输入作用下的静态误差系数及稳态误差

系统型别	静态误差系数			单位阶跃输入 $r(t)=1(t)$	单位斜坡输入 $r(t)=t$	单位加速度输入 $r(t)=t^2/2$
v	K_p	K_v	K_a	$e_{ss}=\frac{1}{1+K_p}$	$e_{ss}=\frac{1}{K_v}$	$e_{ss}=\frac{1}{K_a}$
0	K	0	0	$\frac{1}{1+K}$	∞	∞
Ⅰ	∞	K	0	0	$\frac{1}{K}$	∞
Ⅱ	∞	∞	K	0	0	$\frac{1}{K}$

表 3-6-1 揭示了控制系统在输入作用下稳态误差随系统结构参数及输入形式变化的规律。即在输入一定时,增大开环增益 K,可以减小稳态误差;提高系统型别,可以消除稳态误差。

特别需要指出,通过采用提高系统型别或增大开环增益以消除或减小稳态误差的措施,必然导致系统稳定性降低,甚至造成系统不稳定,从而恶化系统的动态性能。因此应以确保系统稳定性为前提,同时兼顾动态性能指标和稳态性能指标。

例 3-17　已知单位负反馈系统的开环传递函数为

$$G(s)H(s)=\frac{10(s+1)}{s^2(s+4)}$$

若输入为 $r(t)=1(t)+2t+3t^2$,求系统的稳态误差。

解:(1) 先判断系统的稳定性。

系统的闭环特征方程为

$$s^3+4s^2+10s+10=0$$

列劳斯表为

s^3	1	10
s^2	4	10
s^1	30/4	0
s^0	10	

由于劳斯表第一列系数均为正数,因此系统稳定。

(2) 求稳态误差。

将开环传递函数化为时间常数标准形式,即

$$G(s)H(s)=\frac{10(s+1)}{s^2(s+4)}=\frac{\frac{10}{4}(s+1)}{s^2\left(\frac{1}{4}s+1\right)}$$

由此可知,该系统为Ⅱ型系统,开环增益为 $K=\frac{10}{4}$。根据表 3-6-1 可得

当输入为 $r(t)=1(t)$ 时,$e_{ss1}=0$;

当输入为 $r(t)=2t$ 时,$e_{ss2}=0$;

当输入为 $r(t)=3t^2=6\times\frac{1}{2}t^2$ 时,$e_{ss3}=\frac{6}{K}=2.4$。

因此系统在输入 $r(t)=1(t)+2t+3t^2$ 作用下的稳态误差为

$$e_{ss}=e_{ss1}+e_{ss2}+e_{ss3}=0+0+2.4=2.4$$

由以上分析可见,掌握了系统结构特征与输入信号之间的规律性联系后,就可以直接由表 3-6-1 得出稳态误差,而不需要再利用终值定理逐步计算,但是值得注意的是:

① 系统必须是稳定的,否则计算稳态误差是没有意义的,因此计算稳态误差之前必须首先判断系统的稳定性;

② 这种规律性的联系只适用于典型输入作用下的稳态误差,而不适用于扰动作用下的稳态误差;

③ 表 3-6-1 中 K 指的是系统的开环增益,即开环传递函数应化为式(3-6-4)所示的时间

常数标准形式；

④ 上述规律适用于按输入端定义的误差，若误差定义有变，则必须将误差化成满足上述定义的形式才能使用本结论。

视频讲解

3.6.4 扰动作用下的稳态误差

控制系统除承受输入作用外，还经常受到各种扰动的影响。系统在扰动作用下的典型结构如图 3-6-2 所示。

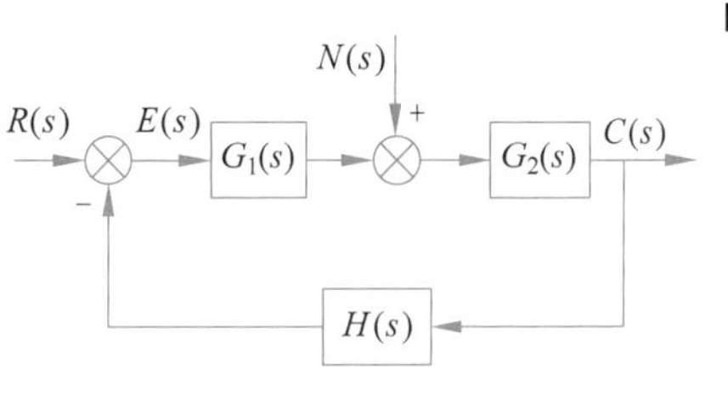

图 3-6-2 控制系统在扰动作用下的典型结构

由图 3-6-2 可得系统在扰动信号 $N(s)$ 作用下的误差传递函数为

$$\Phi_{en}(s)=\frac{E(s)}{N(s)}=\frac{-G_2(s)H(s)}{1+G_1(s)G_2(s)H(s)}$$

扰动作用下的稳态误差为

$$e_{ssn}=\lim_{s\to 0}s\cdot\Phi_{en}(s)N(s)=\lim_{s\to 0}\frac{-sG_2(s)H(s)}{1+G_1(s)G_2(s)H(s)}N(s)$$

系统在扰动作用下稳态误差的大小，反映了系统的抗扰动能力。当 $|G_1(s)G_2(s)H(s)|\gg 1$ 时，有

$$e_{ssn}\approx\lim_{s\to 0}\frac{-s}{G_1(s)}N(s)$$

即在深度反馈条件下，e_{ssn} 主要与 $N(s)$ 和 $G_1(s)$ 有关。而 $G_1(s)$ 是误差信号点到扰动作用点之间前向通道的传递函数。

例 3-18 某系统结构图如图 3-6-3 所示，已知扰动信号为 $n(t)=1(t)$，试分析扰动信号作用于系统不同位置时，稳态误差有何不同。

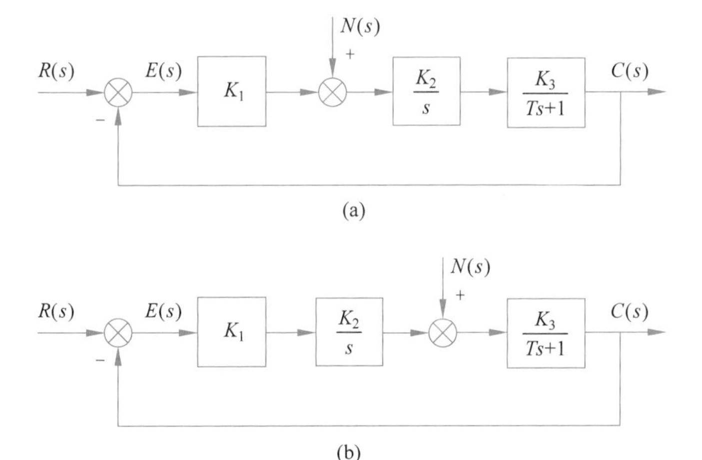

图 3-6-3 系统结构图

解：图 3-6-3 所示系统，当满足 $T>0, K_1K_2K_3>0$ 时，系统闭环稳定。系统为Ⅰ型系统，当扰动为零时，对单位阶跃输入信号，稳态误差为零。由于扰动作用点不同，相同的扰动会引起不同的稳态误差。

对于图 3-6-3(a)所示系统，在单位阶跃扰动 $n(t)=1(t)$ 作用下，系统的稳态误差为

$$e_{ssn}=\lim_{s\to 0}s\cdot \Phi_{en}(s)N(s)=-\lim_{s\to 0}s\cdot \frac{\dfrac{K_2K_3}{s(Ts+1)}}{1+\dfrac{K_1K_2K_3}{s(Ts+1)}}\cdot \frac{1}{s}=-\frac{1}{K_1}$$

即系统在扰动作用下的稳态误差与 K_1 有关，而与 K_2 和 K_3 无关。因此，增大扰动作用点之前的前向通道增益，可以减小系统对扰动作用的稳态误差，而增大扰动作用点之后系统的前向通道增益，不能改变系统对扰动的稳态误差数值。

对于图 3-6-3(b)所示系统，在单位阶跃扰动 $n(t)=1(t)$ 作用下，系统的稳态误差为

$$e_{ssn}=\lim_{s\to 0}s\cdot \Phi_{en}(s)N(s)=-\lim_{s\to 0}s\cdot \frac{\dfrac{K_3}{Ts+1}}{1+\dfrac{K_1K_2K_3}{s(Ts+1)}}\cdot \frac{1}{s}=0$$

即系统对于阶跃扰动作用的稳态误差为零，由此可以看出，在扰动作用点和误差信号点之间增加积分环节，可减小或消除扰动作用下的稳态误差。

由例 3-18 可见，同一系统对同一形式的扰动作用，由于扰动作用点不同，其稳态误差不一定相同。

例 3-19 某系统结构图如图 3-6-4 所示，已知输入信号为 $R(s)=\dfrac{10}{s^2}$，扰动信号为 $N(s)=\dfrac{2}{s}$，求系统的稳态误差。

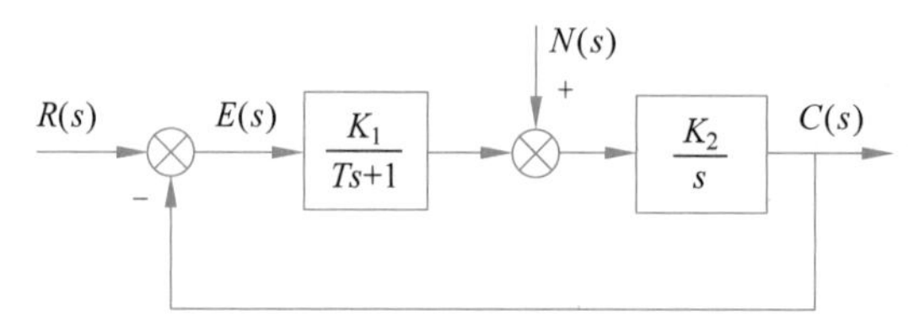

图 3-6-4 系统结构图

解：此系统为二阶系统，当满足 $T>0$，$K_1K_2>0$ 时，系统稳定。系统开环传递函数为

$$G(s)H(s)=\frac{K_1K_2}{s(Ts+1)}$$

由开环传递函数可知，该系统为Ⅰ型系统，开环增益为 $K=K_1K_2$。根据表 3-6-1 可得系统在输入信号 $R(s)=\dfrac{10}{s^2}$ 作用下的稳态误差为

$$e_{ssr}=\frac{10}{K_1K_2}$$

系统在干扰信号 $N(s)=\dfrac{2}{s}$ 作用下的稳态误差为

$$e_{ssn}=\lim_{s\to 0}s\cdot \frac{-\dfrac{K_2}{s}}{1+\dfrac{K_1K_2}{s(Ts+1)}}\cdot \frac{2}{s}=-\frac{2}{K_1}$$

因此总的稳态误差为

$$e_{ss}=e_{ssr}+e_{ssn}=\frac{10}{K_1K_2}-\frac{2}{K_1}$$

3.6.5 MATLAB 实现

在 MATLAB 中，利用函数 dcgain()可求出控制系统的稳态误差，其调用格式为

```
ess = dcgain(num,den)   % 其中 ess 为系统的稳态误差;num 和 den 分别为传递函数的分子和分母多
% 项式的系数按降幂排列构成的系数行向量
```

例 3-20　利用 MATLAB 求解例 3-17 中系统的稳态误差。

解：系统在输入信号作用下的稳态误差为

$$e_{ss}=\lim_{s\to 0}sE(s)=\lim_{s\to 0}s\cdot\Phi_e(s)R(s)=\lim_{s\to 0}s\cdot[1-\Phi(s)]R(s)$$

MATLAB 程序如下：

```
clc;clear
Gs = tf([10,10],[1,4,0,0]);
sys = feedback(Gs,1);                      % 求系统的闭环传递函数
[num, den] = tfdata(sys,'v');
sys1 = tf(den - num,den);                  % 求系统的误差传递函数
s = tf([1 0],[1]);                         % 定义复变量 s
sys2 = sys1 * s;
R1 = tf([1],[1,0]);
ess1 = dcgain(sys2 * R1)                   % 输入 r(t) = 1(t)作用下的稳态误差
R2 = tf([2],[1,0,0]);
ess2 = dcgain(sys2 * R2)                   % 输入 r(t) = 2t 作用下的稳态误差
R3 = tf([6],[1,0,0,0]);
ess3 = dcgain(sys2 * R3)                   % 输入 r(t) = 3t^2 作用下的稳态误差
ess = ess1 + ess2 + ess3                   % 输入 r(t) = 1 + 2t + 3t^2 作用下的稳态误差
```

运行结果如下：

```
ess1 =
     0
ess2 =
     0
ess3 =
    2.4000
ess =
    2.4000
```

由运行结果可知，系统在 $r(t)=1(t)+2t+3t^2$ 作用下的稳态误差为 $e_{ss}=0+0+2.4=2.4$，与例 3-17 结论一致。

3.7 习题

第4章　控制系统的根轨迹法

CHAPTER 4

学习目标

（1）掌握根轨迹的基本概念，理解根轨迹方程，能运用模值方程计算根轨迹上任一点的根轨迹增益或开环增益。

（2）掌握绘制根轨迹的规则，能熟练运用根轨迹规则绘制系统根轨迹。

（3）理解绘制广义根轨迹的思路、要点和方法。

（4）理解闭环零点、极点分布和阶跃响应的定性关系，掌握运用根轨迹分析系统性能的方法。

本章重点

（1）根轨迹的基本概念和根轨迹方程。

（2）绘制根轨迹的基本规则。

（3）广义根轨迹的绘制。

（4）根据根轨迹分析系统的性能。

闭环控制系统的稳定性和动态特性主要由闭环系统特征方程的根（即闭环极点）决定。因此，研究系统闭环特征根在 s 平面的分布可以间接分析控制系统的性能。对于高阶系统而言，直接求解特征根非常困难。因此，有必要探索不解高次代数方程也能求出系统闭环特征根，进而分析控制系统性能的有效方法。

1948 年，伊文思（W. R. Evans）提出了根轨迹法，并且在控制系统的分析与设计中得到广泛的应用。这是一种由开环传递函数间接判断闭环特征根的概略图解法，从而避免了直接求解系统闭环特征根的困难。伊文思用系统参数变化时特征根的变化轨迹来研究系统的性能，与 70 多年前麦克斯韦和劳斯取得的研究成果相比，开创了新的思维和研究方法。

视频讲解

4.1　根轨迹法的基本概念

4.1.1　根轨迹的定义

根轨迹简称根迹，它是开环系统某一参数从零变化到无穷大时，闭环系统特征根在 s 平面上变化的轨迹。

以图 4-1-1 所示控制系统为例，具体说明根轨迹的概念。

闭环传递函数为 $$\Phi(s)=\frac{C(s)}{R(s)}=\frac{2K}{s^2+2s+2K} \tag{4-1-1}$$

闭环特征方程为 $$s^2+2s+2K=0$$

闭环特征根为 $$s_{1,2}=-1\pm\sqrt{1-2K}$$

如果令开环增益 K 从零变化到无穷大，可以用解析的方法求出闭环极点的全部数值，将这些数值标注在 s 平面上，并连成光滑的粗实线，如图 4-1-2 所示。图中粗实线就称为系统的根轨迹，根轨迹上的箭头表示随着 K 值的增加，根轨迹的变化趋势，而标注的数值则代表与闭环极点位置相应的开环增益 K 的数值。

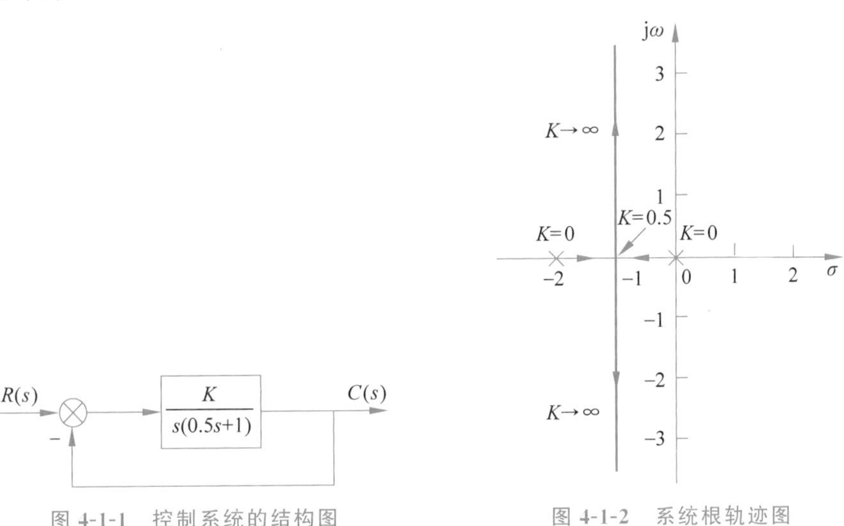

图 4-1-1　控制系统的结构图

图 4-1-2　系统根轨迹图

利用图 4-1-2 所示的系统根轨迹图能方便地分析系统性能随参数 K 变化的规律。

(1) 稳定性。当 K 由 $0\to\infty$ 变化时，由图 4-1-2 可知，系统的闭环极点 s_1, s_2 均在 s 平面的左半平面，因此，系统对所有的 K 值均是稳定的。

(2) 动态性能。由图 4-1-2 可知，当 $0<K<0.5$ 时，闭环极点 s_1, s_2 为两个不相等的负实极点，系统过阻尼；当 $K=0.5$ 时，闭环极点为两个相等的负实极点，系统临界阻尼；当 $K>0.5$ 时，闭环极点为一对具有相同负实部的共轭复数极点，系统欠阻尼。

(3) 稳态性能。由图 4-1-2 可知，系统在坐标原点有一个开环极点，系统属于Ⅰ型系统，因而根轨迹上的 K 值就是静态速度误差系数。如果给定系统的稳态误差要求，则由根轨迹图可以确定闭环极点位置的容许范围。

根据上文的分析可知，根轨迹与系统的特性有着密切的关系。有了系统的根轨迹，就可以了解系统性能随参数变化的情况。

4.1.2　根轨迹方程

视频讲解

闭环控制系统一般可用图 4-1-3 所示的结构图来描述。

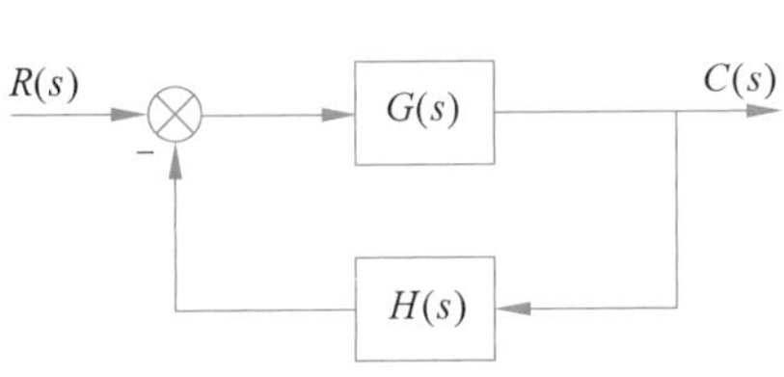

图 4-1-3　闭环控制系统的结构图

系统闭环传递函数为

$$\Phi(s)=\frac{C(s)}{R(s)}=\frac{G(s)}{1+G(s)H(s)} \tag{4-1-2}$$

式中，$G(s)$和$H(s)$分别为控制系统前向通道和反馈通道传递函数。

系统开环传递函数为

$$G(s)H(s)=\frac{K^*(s-z_1)(s-z_2)\cdots(s-z_m)}{(s-p_1)(s-p_2)\cdots(s-p_n)}=\frac{K^*\prod_{i=1}^{m}(s-z_i)}{\prod_{j=1}^{n}(s-p_j)} \tag{4-1-3}$$

式中，K^*是根轨迹增益，从零到无穷大变化；z_i是开环零点；p_j是开环极点，并假定$n \geqslant m$。根轨迹方程(闭环特征方程)为

$$D(s)=1+G(s)H(s)=0$$

即

$$G(s)H(s)=-1 \tag{4-1-4}$$

将式(4-1-3)代入式(4-1-4)，得

$$G(s)H(s)=\frac{K^*\prod_{i=1}^{m}(s-z_i)}{\prod_{j=1}^{n}(s-p_j)}=-1 \tag{4-1-5}$$

满足式(4-1-5)的点，必定是根轨迹上的点，称式(4-1-5)为根轨迹方程。根轨迹方程又可以分解为模值方程和相角方程。

模值方程(模值条件)

$$|G(s)H(s)|=K^*\frac{\prod_{i=1}^{m}|s-z_i|}{\prod_{j=1}^{n}|s-p_j|}=1 \tag{4-1-6}$$

相角方程(相角条件)

$$\begin{aligned}\angle G(s)H(s)&=\sum_{i=1}^{m}\angle(s-z_i)-\sum_{j=1}^{n}\angle(s-p_j)\\&=\sum_{i=1}^{m}\varphi_i-\sum_{j=1}^{n}\theta_j=(2k+1)\pi,\quad k=0,\pm1,\pm2,\cdots\end{aligned} \tag{4-1-7}$$

式中，$\sum_{i=1}^{m}\varphi_i$，$\sum_{j=1}^{n}\theta_j$分别代表所有开环零点、极点到根轨迹上某一点的向量相角之和。

式(4-1-6)和式(4-1-7)是根轨迹上的点同时满足的两个条件。根据这两个条件，可以完全确定s平面上的根轨迹和根轨迹上对应的K^*值。由式(4-1-7)可知，相角条件与根轨迹增益K^*无关，因此，相角条件是确定s平面上根轨迹的充分必要条件，而模值条件可以作为确定根轨迹上各点的K^*值的依据。

下面举例说明根轨迹方程的应用。

例 4-1 已知单位负反馈系统的开环传递函数为$G(s)=\dfrac{K}{s(0.2s+1)(0.5s+1)}$，判断$s_1=-1+\mathrm{j}\sqrt{3}$是否在根轨迹上。

解：将系统开环传递函数化为零点、极点标准形式

$$G(s)=\frac{K}{s(0.2s+1)(0.5s+1)}=\frac{K^*}{s(s+2)(s+5)}$$

式中 $K^*=10K$。

系统有 3 个开环极点 $p_1=0,p_2=-2,p_3=-5$,无开环零点。将开环零点、极点及 s_1 同时标注在复平面上,如图 4-1-4 所示。

点 $s_1=-1+\mathrm{j}\sqrt{3}$ 若在根轨迹上,必须满足相角条件。将 p_1、p_2、p_3 代入式(4-1-7),得

$$\begin{aligned}-\sum_{j=1}^{3}\angle(s-p_j)&=-\angle(s_1-p_1)-\angle(s_1-p_2)-\angle(s_1-p_3)\\&=-\angle(-1+\mathrm{j}\sqrt{3})-\angle(-1+\mathrm{j}\sqrt{3}+2)-\\&\quad\angle(-1+\mathrm{j}\sqrt{3}+5)\\&=-120^\circ-60^\circ-23.4^\circ=-203.4^\circ\end{aligned}$$

显然,点 s_1 不满足相角条件,所以点 s_1 不在根轨迹上。

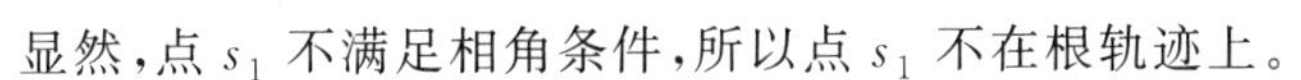

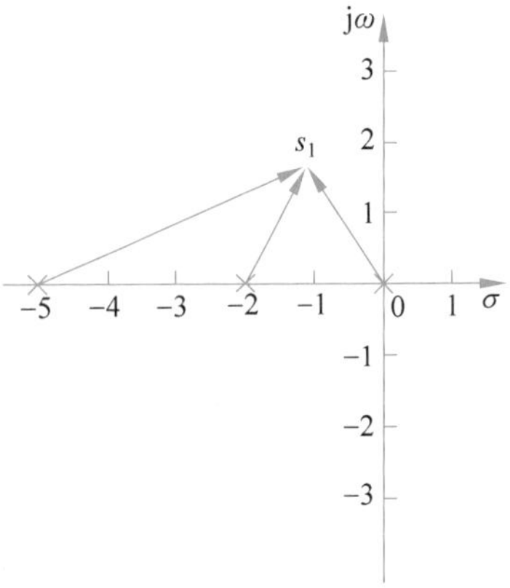

图 4-1-4 开环零点、极点分布图

例 4-2 已知单位负反馈控制系统开环传递函数为 $G(s)=\dfrac{K^*}{s(s+1)(s+5)}$,确定根轨迹上点 $s_1=-\mathrm{j}\sqrt{5}$ 所对应的 K^* 值。

解:系统有 3 个开环极点 $p_1=0,p_2=-1,p_3=-5$,无开环零点。将根轨迹上点 $s_1=-\mathrm{j}\sqrt{5}$ 代入式(4-1-6),得

$$\frac{K^*}{|-\mathrm{j}\sqrt{5}|\,|-\mathrm{j}\sqrt{5}+1|\,|-\mathrm{j}\sqrt{5}+5|}=1$$

得到

$$K^*=30$$

4.2 绘制根轨迹

视频讲解

4.2.1 绘制根轨迹的基本规则

通过根轨迹的绘制规则可确定根轨迹的起点和终点,根轨迹的分支数、对称性和连续性,实轴上的根轨迹,根轨迹的分离点和会合点,根轨迹的渐近线,根轨迹的出射角和入射角,根轨迹与虚轴的交点等信息。特别指出的是,用这些基本规则绘出的根轨迹,其相角遵循 $(2k+1)\pi$ 条件,因此称为 180°根轨迹,以下 8 条绘制规则称为 180°根轨迹的绘制规则。

规则 1 根轨迹的起点与终点

根轨迹始于开环极点,终止于开环零点。

证明:根据式(4-1-6)可得

$$K^*=\frac{\prod\limits_{j=1}^{n}|s-p_j|}{\prod\limits_{i=1}^{m}|s-z_i|}\tag{4-2-1}$$

由式(4-2-1)可知,当 $K^*=0$ 时,求得根轨迹的起点为 $s=p_j(j=1,2,\cdots,n)$,即系统的

开环极点；当 $K^*=\infty$ 时，求得根轨迹的终点为 $s=z_i(i=1,2,\cdots,m)$，即系统的开环零点。

当 $n\geqslant m$ 时，有 m 条根轨迹趋向于开环零点(有限零点)，另外 $(n-m)$ 条根轨迹将趋于无穷远处(无限零点)。因为当 $s\to\infty$ 时，式(4-2-1)还可以写为

$$K^*=\lim_{s\to\infty}\frac{|s|^{n-m}\prod_{j=1}^{n}\left|1-\frac{p_j}{s}\right|}{\prod_{i=1}^{m}\left|1-\frac{z_i}{s}\right|}=\lim_{s\to\infty}|s|^{n-m}\to\infty,\quad n>m \tag{4-2-2}$$

由式(4-2-2)可知，当 $s\to\infty$ 且 $n>m$ 时，$K^*\to\infty$。

规则 2　根轨迹的分支数、对称性和连续性

根轨迹的分支数与开环极点数 n 相等，根轨迹是连续的且对称于实轴。

证明：依据定义，根轨迹是开环系统某一参数从零变化到无穷大时，闭环特征方程的根在 s 平面上的变化轨迹，由闭环特征方程可知，其根的数目即为开环极点数因而根轨迹的分支数必与开环极点数 n 相等。

当 K^* 从零到无穷大连续变化时，闭环特征方程的某些系数也随之连续变化，因而特征方程根的变化也必然是连续的。因为特征方程的根为实数或为共轭复数，所以根轨迹必对称于实轴。

规则 3　实轴上的根轨迹

实轴上某区域，若其右边开环实数零点、极点个数之和为奇数，则该区域必是根轨迹。

证明：设某系统开环零极点分布如图 4-2-1 所示，s_0 是实轴上的点，θ_j 是各开环极点到 s_0 点向量的相角，φ_i 是各开环零点到 s_0 点向量的相角。由图 4-2-1 可见，s_0 点左边的开环实数零点、极点到 s_0 点的向量相角为零，而 s_0 右边开环实数零点、极点到 s_0 点的向量相角均等于 π。

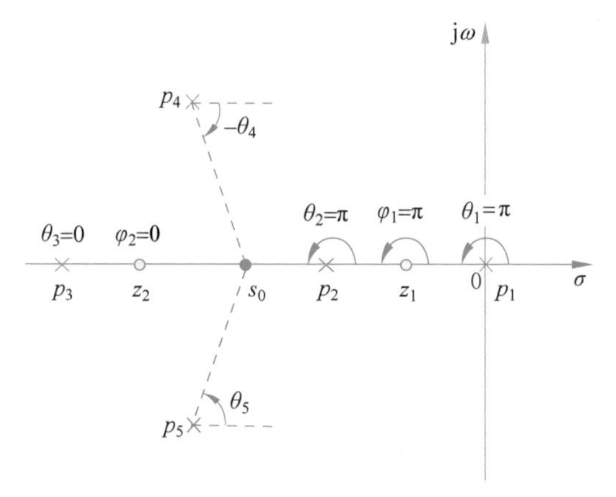

图 4-2-1　实轴上的根轨迹

点 s_0 位于根轨迹上的充分必要条件是相角条件成立，即

$$\sum_{i=1}^{m}\varphi_i-\sum_{j=1}^{n}\theta_j=(2k+1)\pi,\quad k=0,\pm1,\pm2,\cdots$$

于是有

$$\sum_{i=1}^{m}\angle(s_0-z_i)-\sum_{j=1}^{n}\angle(s_0-p_j)=\sum_{i=1}^{2}\angle(s_0-z_i)-\sum_{j=1}^{5}\angle(s_0-p_j)$$

$$=(\pi+0)-(\pi+\pi+0-\theta_4+\theta_5)$$

因为 p_4、p_5 为共轭复数极点，因而 $\theta_4=\theta_5$，所以上式满足相角条件，于是实轴上的点 s_0 在根轨迹上。

对于图 4-2-1 的开环零极点分布，依据本规则可知实轴上区段 $[z_1,p_1]$，$[z_2,p_2]$ 以及 $(-\infty,p_3]$ 均是实轴上的根轨迹。

例 4-3 已知单位负反馈控制系统开环传递函数 $G(s)=\dfrac{K(s+1)}{s(0.2s+1)}$，求 K 从 $0\to\infty$ 时闭环根轨迹。

解：将系统开环传递函数化为零点、极点标准形式

$$G(s)=\frac{K(s+1)}{s(0.2s+1)}=\frac{K^*(s+1)}{s(s+5)}$$

式中 $K^*=5K$。

(1) 开环传递函数分子的阶次 $m=1$，分母的阶次 $n=2$。

(2) 系统有两个开环极点 $p_1=0$，$p_2=-5$，一个开环零点 $z_1=-1$。两条根轨迹分别始于开环极点 p_1 和 p_2，一条终止于有限零点 z_1，另一条趋于无穷远处。

(3) 实轴上，根轨迹区间是 $[-1,0]$ 和 $(-\infty,-5]$。

绘制根轨迹如图 4-2-2 所示。

规则 4 根轨迹的渐近线

若开环极点数 n 大于开环零点数 m，则有 $(n-m)$ 条根轨迹沿着一组直线趋于无穷远，这些直线称为根轨迹的渐近线。渐近线与实轴的交点为

$$\sigma_a=\frac{\sum_{j=1}^{n}p_j-\sum_{i=1}^{m}z_i}{n-m} \tag{4-2-3}$$

渐近线与正实轴方向的夹角(倾角)为

$$\varphi_a=\frac{(2k+1)\pi}{n-m},\quad k=0,\pm1,\pm2,\cdots,n-m-1 \tag{4-2-4}$$

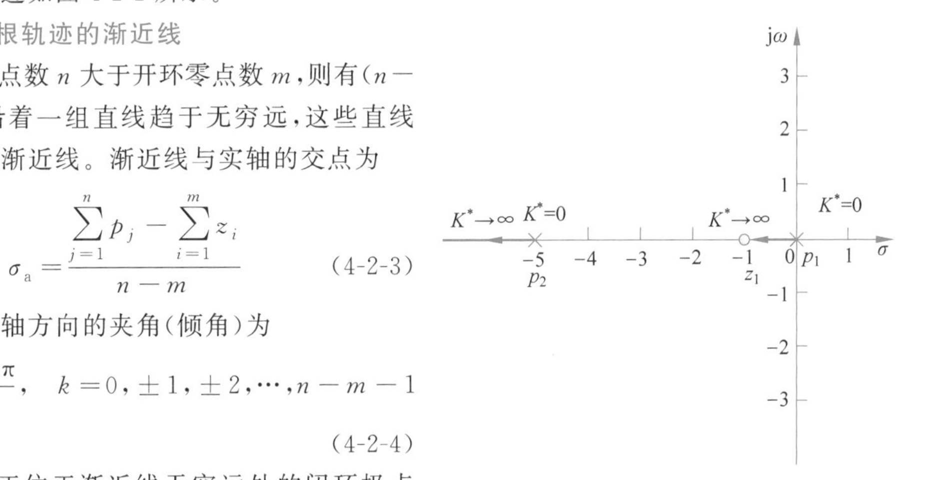

图 4-2-2 例 4-3 的根轨迹

证明：对于位于渐近线无穷远处的闭环极点 s_0，开环零点、极点到这一点的向量的相角近似相等，故相角条件满足

$$\sum_{i=1}^{m}\angle(s_0-z_i)-\sum_{j=1}^{n}\angle(s_0-p_j)\approx m\varphi_a-n\varphi_a=(2k+1)\pi$$

由此得渐近线的倾角为

$$\varphi_a=\frac{(2k+1)\pi}{n-m},\quad k=0,\pm1,\pm2,\cdots,n-m-1$$

设无限远处有闭环极点 s_0，则

$$|s_0-z_i|\approx|s_0-p_j|$$

即对于无限远闭环极点 s_0 而言，所有开环零点、极点都汇集在一点，相当于有某条渐近线与

实轴交点为 σ_a。

由模值条件，有

$$\frac{\prod_{i=1}^{m}|s-z_i|}{\prod_{j=1}^{n}|s-p_j|}=\left|\frac{s^m+\sum_{i=1}^{m}(-z_i)s^{m-1}+\cdots+\prod_{i=1}^{m}(-z_i)}{s^n+\sum_{j=1}^{n}(-p_j)s^{n-1}+\cdots+\prod_{j=1}^{n}(-p_j)}\right|=\frac{1}{K^*} \tag{4-2-5}$$

显然，当 $s=s_0\to\infty$ 时，有 $z_i=p_j=\sigma_a$，于是式(4-2-5)中分母能被分子除尽，即得

$$\frac{1}{|(s-\sigma_a)^{n-m}|}=\left|\frac{1}{s^{n-m}+\left[\sum_{j=1}^{n}(-p_j)-\sum_{i=1}^{m}(-z_i)\right]s^{n-m-1}+\cdots}\right|=\frac{1}{K^*}$$

$$\frac{1}{|s^{n-m}-\sigma_a(n-m)s^{n-m-1}+\cdots|}=\left|\frac{1}{s^{n-m}+\left[\sum_{j=1}^{n}(-p_j)-\sum_{i=1}^{m}(-z_i)\right]s^{n-m-1}+\cdots}\right|=\frac{1}{K^*}$$

令上式分母两边 s^{n-m-1} 项的系数相等，即

$$(n-m)\sigma_a=\sum_{j=1}^{n}p_j-\sum_{i=1}^{m}z_i$$

由此得渐近线交点为

$$\sigma_a=\frac{\sum_{j=1}^{n}p_j-\sum_{i=1}^{m}z_i}{n-m}$$

又因为 p_j、z_i 是实数或共轭复数，故 σ_a 必为实数，因此渐近线交点总在实轴上。

例 4-4　已知单位负反馈控制系统开环传递函数 $G(s)=\dfrac{K^*}{s(s+2)(s+4)}$，求根轨迹的渐近线。

解：系统有 3 个开环极点 $p_1=0, p_2=-2, p_3=-4$，无开环零点，则有 3 条根轨迹沿渐近线趋于无穷远处。

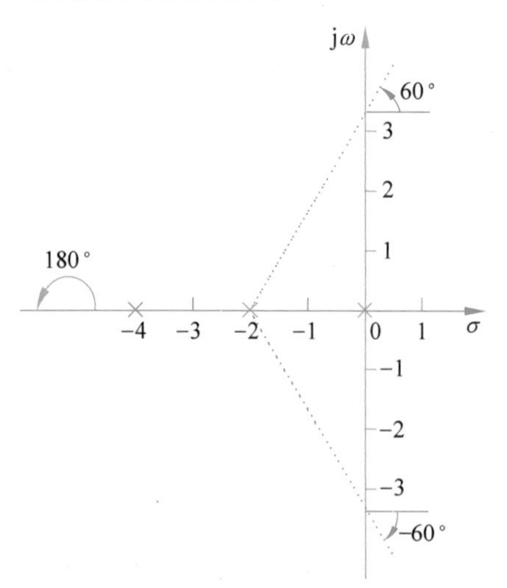

图 4-2-3　例 4-4 的根轨迹渐近线

渐近线与实轴的交点为

$$\sigma_a=\frac{\sum_{j=1}^{n}p_j-\sum_{i=1}^{m}z_i}{n-m}=\frac{0-2-4}{3-0}=-2$$

渐近线与正实轴方向的夹角为

$$\varphi_a=\frac{(2k+1)\pi}{n-m}=\frac{(2k+1)\pi}{3}=\begin{cases}60^\circ, & k=0\\ 180^\circ, & k=1\\ -60^\circ, & k=-1\end{cases}$$

绘制根轨迹渐近线如图 4-2-3 所示。

规则 5　根轨迹的分离点(或会合点)和分离角(或会合角)

两条或两条以上根轨迹在 s 平面上相遇而又分开(或分开后又相遇)的点，称为根轨迹的分离点(或会

合点)。分离点(或会合点)的坐标 d 是下列方程的解

$$\sum_{i=1}^{m}\frac{1}{d-z_i}=\sum_{j=1}^{n}\frac{1}{d-p_j} \tag{4-2-6}$$

根轨迹进入分离点切线方向与离开分离点切线方向之间的夹角,称为分离角(或会合角)。分离角(或会合角)可由 $(2k+1)\pi/l$ 决定,其中,$k=0,1,\cdots,l$。l 为趋向或离开实轴的根轨迹的分支数,该结论的证明可参阅相关文献资料。

证明:设系统的开环传递函数为

$$G(s)H(s)=\frac{K^*M(s)}{N(s)} \tag{4-2-7}$$

式(4-2-7)中,$M(s)=\prod_{i=1}^{m}(s-z_i)$,$N(s)=\prod_{j=1}^{n}(s-p_j)$,系统闭环特征方程为

$$D(s)=1+G(s)H(s)=K^*M(s)+N(s)=0$$

即

$$\prod_{j=1}^{n}(s-p_j)=-K^*\prod_{i=1}^{m}(s-z_i) \tag{4-2-8}$$

根轨迹在 s 平面相遇,说明根轨迹的分离点(或会合点)是系统闭环特征方程的重根,设重根为 d,特征方程有重根的条件为

$$D'(s)=K^*M'(s)+N'(s)=0$$

即

$$\frac{\mathrm{d}}{\mathrm{d}s}\prod_{j=1}^{n}(s-p_j)=-K^*\frac{\mathrm{d}}{\mathrm{d}s}\prod_{i=1}^{m}(s-z_i) \tag{4-2-9}$$

分离点(或会合点)为重根,必然满足式(4-2-8)和式(4-2-9),联立求解可得

$$\frac{\frac{\mathrm{d}}{\mathrm{d}s}\prod_{j=1}^{n}(s-p_j)}{\prod_{j=1}^{n}(s-p_j)}=\frac{\frac{\mathrm{d}}{\mathrm{d}s}\prod_{i=1}^{m}(s-z_i)}{\prod_{i=1}^{m}(s-z_i)}$$

$$\frac{\mathrm{d}\ln\prod_{j=1}^{n}(s-p_j)}{\mathrm{d}s}=\frac{\mathrm{d}\ln\prod_{i=1}^{m}(s-z_i)}{\mathrm{d}s}$$

由于

$$\ln\prod_{j=1}^{n}(s-p_j)=\sum_{j=1}^{n}\ln(s-p_j),\quad \ln\prod_{i=1}^{m}(s-z_i)=\sum_{i=1}^{m}\ln(s-z_i)$$

所以得

$$\sum_{j=1}^{n}\frac{\mathrm{d}\ln(s-p_j)}{\mathrm{d}s}=\sum_{i=1}^{m}\frac{\mathrm{d}\ln(s-z_i)}{\mathrm{d}s}$$

$$\sum_{j=1}^{n}\frac{1}{s-p_j}=\sum_{i=1}^{m}\frac{1}{s-z_i}$$

由上式解出 s,即为分离点坐标 d。

另外,将式(4-2-8)和式(4-2-9)交叉相乘可得

$$N'(s)M(s)-N(s)M'(s)=0 \tag{4-2-10}$$

由式(4-2-10)也可以求出分离点 d。

为了判断在 s 平面上的根轨迹是否有分离点，及分离点可能产生的大概位置，这里介绍一下分离点的性质。因为根轨迹是对称的，所以根轨迹的分离点或位于实轴上，或以共轭形式成对出现在复平面中。一般情况下，常见的根轨迹分离点是位于实轴上的两条根轨迹的分离点。如果根轨迹位于实轴上两个相邻的开环极点之间，则在这两个极点之间至少存在一个分离点；同时，如果根轨迹位于实轴上两个开环零点之间(包括无限零点)，则这两个零点之间也至少有一个分离点。

例 4-5　已知单位负反馈控制系统开环传递函数 $G(s)=\dfrac{K^*(s+2)}{s(s+1)}$，绘制概略根轨迹。

解：绘制根轨迹步骤如下。

(1) 开环传递函数分子的阶次 $m=1$，分母的阶次 $n=2$，有两条根轨迹，一条渐近线。

(2) 系统有两个开环极点 $p_1=0$，$p_2=-1$，一个开环零点 $z_1=-2$。两条根轨迹分别始于开环极点 p_1 和 p_2，一条终止于有限零点 z_1，另一条趋于无穷远处。

(3) 实轴上，根轨迹区间是$[-1,0]$，$(-\infty,-2]$。

(4) 渐近线与实轴的交点为

$$\sigma_a=\frac{\sum_{j=1}^{n}p_j-\sum_{i=1}^{m}z_i}{n-m}=\frac{0+(-1)-(-2)}{2-1}=1$$

渐近线与正实轴方向的夹角为

$$\varphi_a=\frac{(2k+1)\pi}{n-m}=\frac{(2k+1)\pi}{2-1}=180^\circ,\quad k=0$$

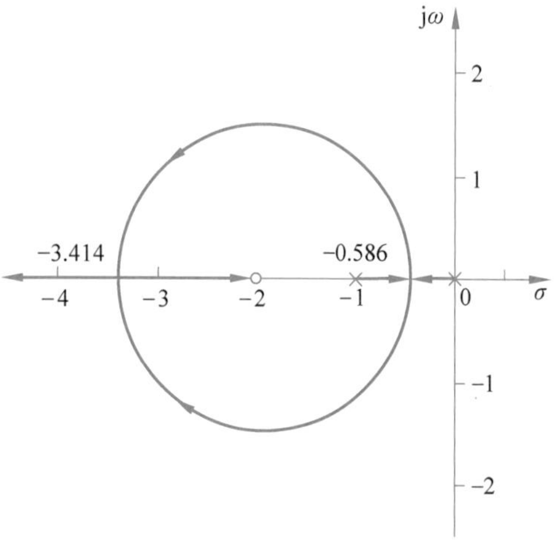

图 4-2-4　例 4-5 的根轨迹

(5) 根轨迹分离点(或会合点)。

根据式(4-2-6)有

$$\frac{1}{d}+\frac{1}{d+1}=\frac{1}{d+2}$$

解此方程，可得 $d_1=-0.586$，$d_2=-3.414$。

(6) 分离点(会合点)的分离角(会合角)均为$\pm 90^\circ$。

绘制根轨迹如图 4-2-4 所示。

显然，根轨迹复数部分是一个圆，证明如下。

闭环极点 s_0 在根轨迹上，则应满足相角条件

$$\angle(s_0+2)-\angle s_0-\angle(s_0+1)=180^\circ$$

设 $s_0=\sigma+\mathrm{j}\omega$，代入上式有

$$\angle(\sigma+\mathrm{j}\omega+2)-\angle(\sigma+\mathrm{j}\omega)-\angle(\sigma+\mathrm{j}\omega+1)=180^\circ$$

即

$$\arctan\frac{\omega}{\sigma+2}-\arctan\frac{\omega}{\sigma}=180^\circ+\arctan\frac{\omega}{\sigma+1}$$

利用三角公式 $\tan(x\pm y)=\dfrac{\tan x\pm\tan y}{1\mp\tan x\cdot\tan y}$，对上式两边取正切，有

$$\frac{\dfrac{\omega}{\sigma+2}-\dfrac{\omega}{\sigma}}{1+\dfrac{\omega}{\sigma+2}\times\dfrac{\omega}{\sigma}}=\frac{\omega}{\sigma+1}$$

化简得

$$(\sigma+2)^2+\omega^2=2$$

显然，上式是以$(-2,\mathrm{j}0)$为圆心，以$\sqrt{2}$为半径的圆。一般地，由两个极点和一个有限零点组成的开环系统，只要有限零点没有位于两个实数极点之间，当K^*从零变化到无穷大时，闭环根轨迹的复数部分是以有限零点为圆心，以有限零点到分离点的距离为半径的圆或圆的一部分。

规则 6 根轨迹的出射角和入射角

根轨迹离开开环复数极点处的切线与正实轴的夹角称为出射角，记为θ_{p_i}。根轨迹进入开环复数零点处的切线与正实轴的夹角称为入射角，记为φ_{z_i}。根据根轨迹的相角条件可求出θ_{p_i}和φ_{z_i}分别为

$$\theta_{\mathrm{p}_i}=(2k+1)\pi+\sum_{j=1}^{m}\angle(p_i-z_j)-\sum_{\substack{j=1\\j\neq i}}^{n}\angle(p_i-p_j),\quad k=0,\pm1,\pm2,\cdots \tag{4-2-11}$$

$$\varphi_{\mathrm{z}_i}=(2k+1)\pi-\sum_{\substack{j=1\\j\neq i}}^{m}\angle(z_i-z_j)+\sum_{j=1}^{n}\angle(z_i-p_j),\quad k=0,\pm1,\pm2,\cdots \tag{4-2-12}$$

证明：设开环系统有m个零点，n个极点，求离开极点p_i的根轨迹的出射角θ_{p_i}。在离开p_i的根轨迹上取一点s_0，且十分靠近p_i，则可认为s_0就在过p_i点处的根轨迹的切线上。依据相角方程，有关系式

$$\sum_{j=1}^{m}\angle(s_0-z_j)-\sum_{j=1}^{n}\angle(s_0-p_j)=(2k+1)\pi$$

因s_0十分接近p_i，则

$$\sum_{j=1}^{m}\angle(p_i-z_j)-\sum_{\substack{j=1\\j\neq i}}^{n}\angle(p_i-p_j)-\theta_{\mathrm{p}_i}=(2k+1)\pi$$

移相后，得到

$$\theta_{\mathrm{p}_i}=(2k+1)\pi+\sum_{j=1}^{m}\angle(p_i-z_j)-\sum_{\substack{j=1\\j\neq i}}^{n}\angle(p_i-p_j)$$

应当指出，在根轨迹的相角条件中，$(2k+1)\pi$与$-(2k+1)\pi$是等价的。同理，可以证明入射角的关系式。求进入零点z_i的根轨迹的入射角φ_{z_i}。在进入z_i的根轨迹上取一点s_0，且十分靠近z_i，则可认为s_0就在过z_i点处的根轨迹的切线上。依据相角方程有如下关系式成立

$$\sum_{j=1}^{m}\angle(s_0-z_j)-\sum_{j=1}^{n}\angle(s_0-p_j)=(2k+1)\pi$$

因s_0十分接近z_i，则

$$\sum_{\substack{j=1\\j\neq i}}^{m}\angle(z_i-z_j)+\varphi_{\mathrm{z}_i}-\sum_{j=1}^{n}\angle(z_i-p_j)=(2k+1)\pi$$

所以有

$$\varphi_{z_i}=(2k+1)\pi-\sum_{\substack{j=1\\j\neq i}}^{m}\angle(z_i-z_j)+\sum_{j=1}^{n}\angle(z_i-p_j)$$

例 4-6　已知负反馈控制系统开环传递函数 $G(s)H(s)=\dfrac{K^*(s+1.5)(s^2+4s+5)}{s(s+2.5)(s^2+s+2.5)}$，绘制概略根轨迹。

解：$G(s)H(s)=\dfrac{K^*(s+1.5)(s^2+4s+5)}{s(s+2.5)(s^2+s+2.5)}=\dfrac{K^*(s+1.5)(s+2+\mathrm{j})(s+2-\mathrm{j})}{s(s+2.5)(s+0.5+\mathrm{j}1.5)(s+0.5-\mathrm{j}1.5)}$

(1) 开环传递函数分子的阶次 $m=3$，分母的阶次 $n=4$，有 4 条根轨迹，1 条渐近线。

(2) 系统有 4 个开环极点 $p_1=0, p_{2,3}=-0.5\pm\mathrm{j}1.5, p_4=-2.5$，3 个开环零点 $z_1=-1.5, z_{2,3}=-2\pm\mathrm{j}$。4 条根轨迹分别始于 4 个开环极点 p_1、p_2、p_3 和 p_4，终止于开环零点 z_1、z_2、z_3 和无穷远处。

(3) 实轴上，根轨迹区间是$(-\infty,-2.5]$，$[-1.5,0]$。

(4) 根轨迹的出射角和入射角。

根轨迹在 p_2 处的出射角为

$$\begin{aligned}\theta_{p_2}&=180^\circ+(\varphi_1+\varphi_2+\varphi_3)-(\theta_1+\theta_3+\theta_4)\\&=180^\circ+[\angle(p_2-z_1)+\angle(p_2-z_2)+\angle(p_2-z_3)]-\\&\quad[\angle(p_2-p_1)+\angle(p_2-p_3)+\angle(p_2-p_4)]\\&=180^\circ+(56.5^\circ+19^\circ+59^\circ)-(108.5^\circ+90^\circ+37^\circ)=79^\circ\end{aligned}$$

根据对称性，可得 $\theta_{p_3}=-\theta_{p_2}=-79^\circ$

根轨迹在 z_2 处的入射角为

$$\begin{aligned}\varphi_{z_2}&=-180^\circ-[\angle(z_2-z_1)+\angle(z_2-z_3)]+[\angle(z_2-p_1)+\angle(z_2-p_2)+\\&\quad\angle(z_2-p_3)+\angle(z_2-p_4)]\\&=-180^\circ-(117^\circ+90^\circ)+(153^\circ+199^\circ+121^\circ+63.5^\circ)\\&=149.5^\circ\end{aligned}$$

根据对称性，可得 $\varphi_{z_3}=-\varphi_{z_2}=-149.5^\circ$。根轨迹的出射角和入射角如图 4-2-5 所示，绘制根轨迹如图 4-2-6 所示。

规则 7　根轨迹与虚轴的交点

若根轨迹与虚轴相交，则交点处的 K^* 和对应的 ω 值可用劳斯稳定判据求得，或者令闭环特征方程中的 $s=\mathrm{j}\omega$，然后分别使其实部和虚部为零求得。根轨迹和虚轴相交表明系统处于临界稳定状态，此时 K^* 称为临界根轨迹增益。

例 4-7　已知单位负反馈控制系统开环传递函数 $G(s)=\dfrac{K^*}{s(s^2+2s+2)}$，绘制概略根轨迹。

解：$G(s)=\dfrac{K^*}{s(s^2+2s+2)}=\dfrac{K^*}{s(s+1+\mathrm{j})(s+1-\mathrm{j})}$

(1) 开环传递函数分子的阶次 $m=0$，分母的阶次 $n=3$，有 3 条根轨迹，3 条渐近线。

(2) 系统有 3 个开环极点 $p_1=0, p_{2,3}=-1\pm\mathrm{j}$，无开环零点。3 条根轨迹分别始于 3 个开环极点 p_1、p_2 和 p_3，终止于无穷远处。

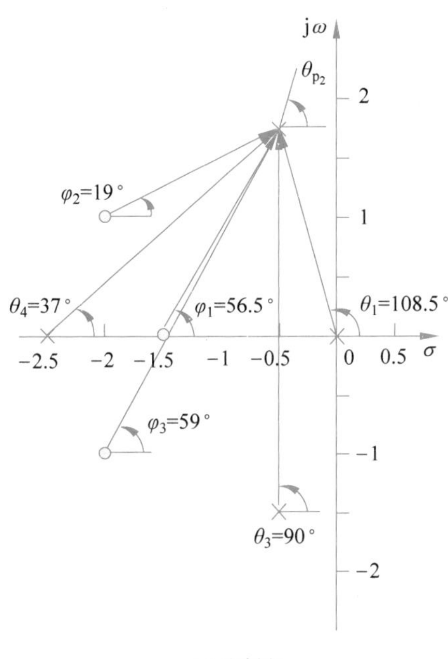

(a) 出射角

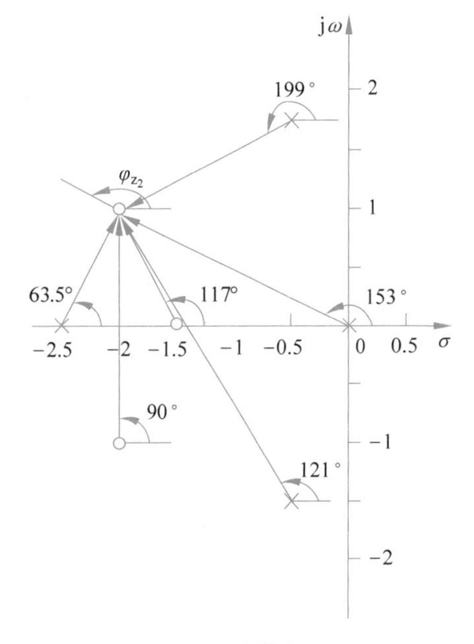

(b) 入射角

图 4-2-5　例 4-6 根轨迹的出射角和入射角

(3) 实轴上,根轨迹区间是$(-\infty,0]$。

(4) 渐近线与实轴的交点为

$$\sigma_a=\frac{\sum_{j=1}^{n}p_j-\sum_{i=1}^{m}z_i}{n-m}=\frac{0+(-1+j)+(-1-j)}{3-0}$$

$$=-0.667$$

渐近线与正实轴方向的夹角为

$$\varphi_a=\frac{(2k+1)\pi}{n-m}=\frac{(2k+1)\pi}{3}=\pm 60^\circ,180^\circ$$

(5) 根据规则 5 所得的分离点方程无解,故根轨迹无分离点(或会合点)。

(6) 根轨迹的出射角。

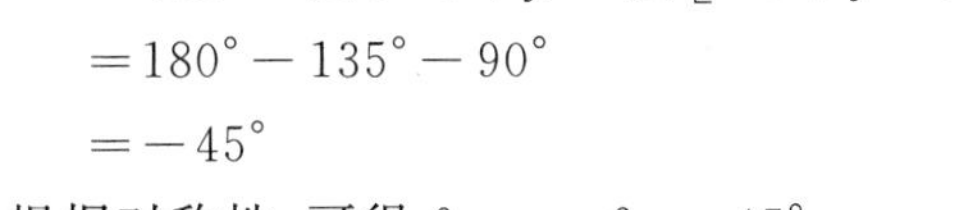

$$\theta_{p_2}=180^\circ-\angle(p_2-p_1)-\angle(p_2-p_3)$$
$$=180^\circ-\angle(-1+j)-\angle[-1+j-(-1-j)]$$
$$=180^\circ-135^\circ-90^\circ$$
$$=-45^\circ$$

根据对称性,可得 $\theta_{p_3}=-\theta_{p_2}=45^\circ$。

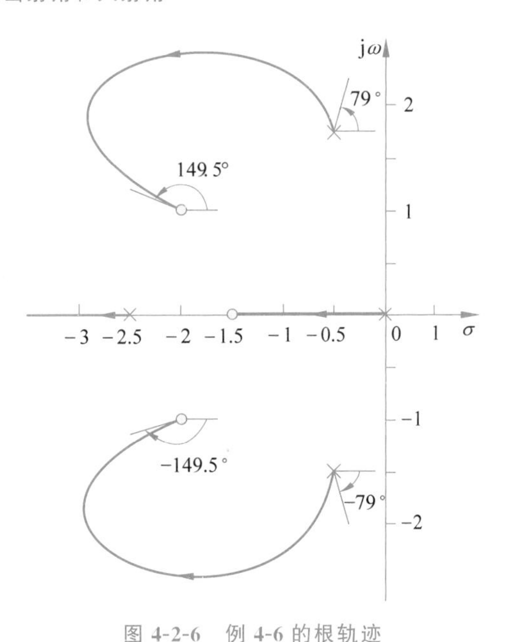

图 4-2-6　例 4-6 的根轨迹

(7) 根轨迹与虚轴的交点。

系统闭环特征方程为

$$D(s)=s^3+2s^2+2s+K^*=0$$

方法一

列劳斯表为

s^3	1	2
s^2	2	K^*
s^1	$\frac{4-K^*}{2}$	
s^0	K^*	

根据劳斯表可知,闭环系统稳定的条件为 $0<K^*<4$,系统临界稳定时 $K^*=4$,将其代入辅助方程

$$F(s)=2s^2+K^*=0$$

求得 $s_{1,2}=\pm \mathrm{j}\sqrt{2}$。因此,根轨迹与虚轴交点为 $s_{1,2}=\pm \mathrm{j}\sqrt{2}$,对应的 $K^*=4$ 为临界根轨迹增益。

方法二

令 $s=\mathrm{j}\omega$,代入闭环特征方程得

$$D(s)=(\mathrm{j}\omega)^3+2(\mathrm{j}\omega)^2+2(\mathrm{j}\omega)+K^*=0$$

根据

$$\begin{cases}\omega^3-2\omega=0\\ 2\omega^2-K^*=0\end{cases} \Rightarrow \begin{cases}\omega=0, & K^*=0\\ \omega=\pm\sqrt{2}, & K^*=4\end{cases}$$

显然,两种方法的计算结果一致。

绘制的根轨迹如图 4-2-7 所示。

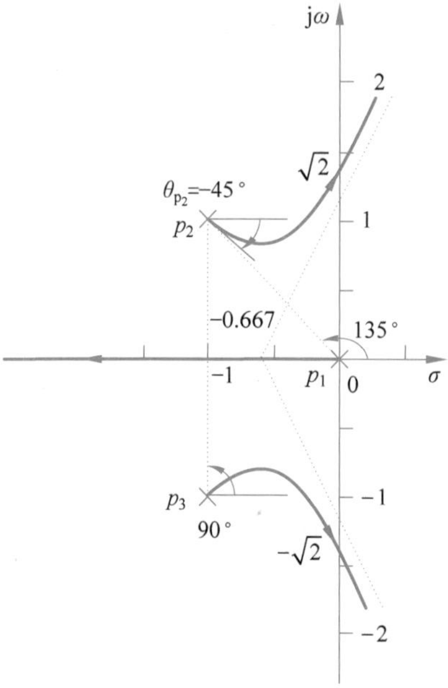

图 4-2-7 例 4-7 的根轨迹

规则 8 根之和与根之积

若系统闭环特征方程可以表示为

$$\prod_{j=1}^{n}(s-p_j)+K^*\prod_{i=1}^{m}(s-z_i)$$
$$=\prod_{j=1}^{n}(s-s_j)=s^n+a_1s^{n-1}+a_2s^{n-2}+\cdots+a_{n-1}s+a_n \tag{4-2-13}$$

式(4-2-13)中,z_i、p_j 分别为开环零点、极点;s_j 为闭环极点,则有如下结论。

(1) 闭环特征根的负值之和,等于闭环特征方程式的第二项系数 a_1。若 $(n-m)\geqslant 2$,根之和与开环根轨迹增益 K^* 无关。

(2) 闭环特征根之积乘以 $(-1)^n$,等于闭环特征方程的常数项 a_n。

上述的结论可以表示为

$$\begin{cases}-\sum_{j=1}^{n}s_j=-\sum_{j=1}^{n}p_j=a_1\\ (-1)^n\prod_{j=1}^{n}s_j=a_n\end{cases} \tag{4-2-14}$$

式(4-2-14)表明,当 K^* 由 $0\rightarrow\infty$ 变化时,若一部分闭环极点在复平面向左移动,另外一

部分必然向右移动，使其根之和保持不变。另外，当根轨迹增益 K^* 为确定值时，若已知某些闭环极点，则应用根之和与根之积的关系可以确定出其他闭环极点。

根据以上绘制根轨迹的 8 条规则，可以绘制系统的概略根轨迹，这对于分析和设计控制系统是非常有益的。

例 4-8　已知单位负反馈控制系统开环传递函数 $G(s)=\dfrac{K^*}{s^3+11s^2+10s}$，绘制概略根轨迹，并求临界根轨迹增益及该增益对应的闭环极点。

解：$G(s)=\dfrac{K^*}{s^3+11s^2+10s}=\dfrac{K^*}{s(s+1)(s+10)}$

(1) 开环传递函数分子的阶次 $m=0$，分母的阶次 $n=3$。有 3 条根轨迹，3 条渐近线。

(2) 系统有 3 个开环极点 $p_1=0, p_2=-1, p_3=-10$，无开环零点。3 条根轨迹分别始于 3 个开环极点 p_1、p_2 和 p_3，终止于无穷远处。

(3) 实轴上，根轨迹区间是$[-1,0]$，$(-\infty,-10]$。

(4) 渐近线与实轴的交点为

$$\sigma_a=\frac{\sum_{j=1}^{n}p_j-\sum_{i=1}^{m}z_i}{n-m}=\frac{0+(-1)+(-10)}{3-0}=-3.667$$

渐近线与正实轴方向的夹角为

$$\varphi_a=\frac{(2k+1)\pi}{n-m}=\frac{(2k+1)\pi}{3}=\pm 60°,180°$$

(5) 根轨迹分离点(或会合点)。

$$\frac{1}{d}+\frac{1}{d+1}+\frac{1}{d+10}=0$$

解得 $d_1=-0.49, d_2=-6.85$(舍去)。

由于满足 $(n-m)\geqslant 2$，闭环根之和为常数。当 K^* 增大时，若一条根轨迹向左移动，则另外两条根轨迹应该向右移动，因此分离点 $|d|<0.5$ 是合理的。

(6) 根轨迹与虚轴的交点。

系统闭环特征方程为

$$D(s)=s^3+11s^2+10s+K^*=0$$

令 $s=\mathrm{j}\omega$，代入闭环特征方程得

$$D(s)=(\mathrm{j}\omega)^3+11(\mathrm{j}\omega)^2+10(\mathrm{j}\omega)+K^*=0$$

根据 $\begin{cases}\omega^3-10\omega=0\\ 11\omega^2-K^*=0\end{cases}$，可得 $\omega=\pm\sqrt{10}, K^*=110$

因此，根轨迹与虚轴交点为 $s_{1,2}=\pm \mathrm{j}\sqrt{10}$，对应的 $K^*=110$。当 $0<K^*<110$ 时，闭环系统稳定，$K^*=110$ 为临界根轨迹增益。绘制根轨迹如图 4-2-8 所示。

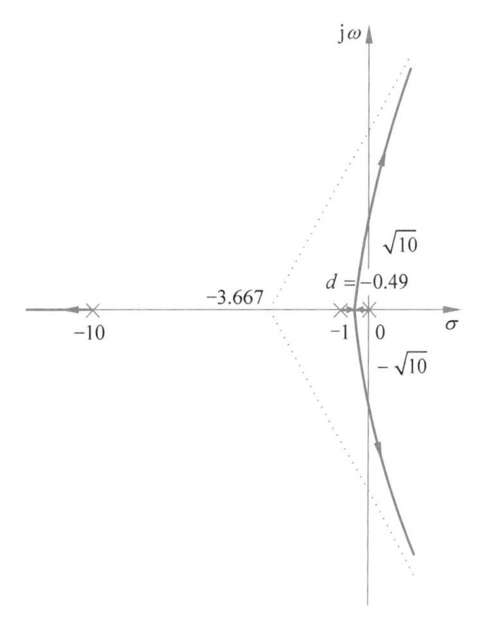

图 4-2-8　例 4-8 的根轨迹

根轨迹与虚轴的交点对应的两个闭环极点为 $s_{1,2}=\pm j\sqrt{10}$,第三个闭环极点可由根之和规则求得,即

$$0-1-10=s_1+s_2+s_3=j\sqrt{10}-j\sqrt{10}+s_3$$

求得 $s_3=-11$。因此,根轨迹增益 $K^*=110$ 对应的3个闭环极点为 $s_{1,2}=\pm j\sqrt{10}$ 和 $s_3=-11$。

例 4-9 已知单位负反馈控制系统开环传递函数 $G(s)=\dfrac{K^*(s+1)}{s(s-1)(s^2+4s+16)}$,绘制概略根轨迹。

解:$G(s)=\dfrac{K^*(s+1)}{s(s-1)(s^2+4s+16)}=\dfrac{K^*(s+1)}{s(s-1)(s+2+j2\sqrt{3})(s+2-j2\sqrt{3})}$

(1) 开环传递函数分子的阶次 $m=1$,分母的阶次 $n=4$。有4条根轨迹,3条渐近线。

(2) 系统有4个开环极点 $p_1=0,p_2=1,p_{3,4}=-2\pm j2\sqrt{3}$,一个开环零点 $z_1=-1$。4条根轨迹分别始于4个开环极点 p_1、p_2、p_3 和 p_4,终止于开环零点 z_1 和无穷远处。

(3) 实轴上,根轨迹区间是 $(-\infty,-1]$,$[0,1]$。

(4) 渐近线与实轴的交点为

$$\sigma_a=\frac{\sum_{j=1}^{n}p_j-\sum_{i=1}^{m}z_i}{n-m}=\frac{0+1+(-2+j2\sqrt{3})+(-2-j2\sqrt{3})-(-1)}{4-1}=-\frac{2}{3}$$

渐近线与正实轴方向的夹角为

$$\varphi_a=\frac{(2k+1)\pi}{n-m}=\frac{(2k+1)\pi}{4-1}=\pm 60^\circ,180^\circ$$

(5) 根轨迹分离点(或会合点)。

$$N'(s)M(s)-N(s)M'(s)=0$$

$$3s^4+10s^3+21s^2+24s-16=0$$

解得 $s_1=-2.26,s_2=0.45,s_{3,4}=-0.76+j2.16$(舍去)

(6) 根轨迹的出射角。

$$\begin{aligned}\theta_{p_3}&=180^\circ+\angle(p_3-z_1)-\angle(p_3-p_1)-\angle(p_3-p_2)-\angle(p_3-p_4)\\&=180^\circ+106.1^\circ-120^\circ-130.9^\circ-90^\circ\\&=-54.8^\circ\end{aligned}$$

根据对称性,可得 $\theta_{p_4}=-\theta_{p_3}=54.8^\circ$

(7) 根轨迹与虚轴的交点。

系统闭环特征方程为

$$D(s)=s^4+3s^3+12s^2+(K^*-16)s+K^*=0$$

列劳斯表为

s^4	1	12	K^*
s^3	3	K^*-16	0
s^2	$\frac{1}{3}(52-K^*)$	K^*	
s^1	$(K^*-16)-\dfrac{9K^*}{52-K^*}$		
s^0	K^*		

令 s^1 行的元素全为零，即

$$K^{*2}-59K^{*}+832=0$$

求得 $K_1^*=35.7, K_2^*=23.3$，将其代入辅助方程

$$F(s)=\frac{1}{3}(52-K^*)s^2+K^*=0$$

求得根轨迹与虚轴的交点为 $s_{1,2}=\pm j2.56$ 和 $s_{3,4}=\pm j1.56$。绘制根轨迹如图 4-2-9 所示。

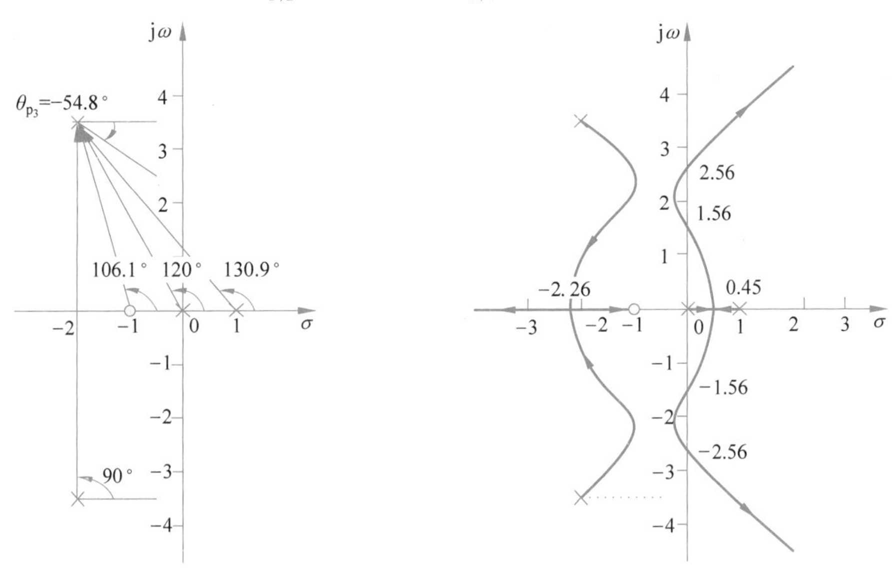

图 4-2-9 例 4-9 的根轨迹

4.2.2 MATLAB 实现

根轨迹法是分析和设计控制系统的一种图解方法，依据根轨迹规则可以较为简便地手工绘制概略根轨迹，应用 MATLAB 软件可以绘制精确的根轨迹图。常见的绘制根轨迹函数包括 rlocus、rlocfind 和 sgrid 等。

1. 函数 rlocus()

在 MATLAB 中，提供了绘制系统根轨迹的函数 rlocus()，其调用格式如下。

```
rlocus(sys)               % 绘制 sys 的闭环根轨迹
rlocus(sys,k)             % 增益向量 k 由用户指定
rlocus(sys1,sys2, …)      % 在同一个绘图窗口中绘制模型 sys1, sys2, … 的闭环根轨迹
[r, k] = rlocus(sys)      % 计算 sys 的根轨迹数据值,返回值 k 为增益向量,r 为闭环极点向量,但不
                          % 绘制根轨迹
r = rlocus(sys,k)         % 计算 sys 的根轨迹数据值,增益向量 k 由用户指定, 但不绘制根轨迹
```

说明：函数输入变量 sys 可以是由函数 tf()、zpk()、ss()中任何一个建立的 LTI 对象模型。

2. 函数 rlocfind()

在 MATLAB 中，提供了计算与根轨迹上极点相对应的根轨迹增益的函数 rlocfind()，其调用格式如下。

```
[k,poles] = rlocfind(sys)   % 求根轨迹上指定点的增益 k,并显示该增益下所有的闭环极点 poles
```

```
[k,poles] = rlocfind(sys,p)    % 对给定 p 计算返回对应的增益 k 和 k 所对应的全部极点 poles
```

3. 函数 sgrid()

在 MATLAB 中,提供了为连续时间系统的根轨迹添加网格线(包括等阻尼比线和等自然频率线)的函数 sgrid(),其调用格式如下。

```
sgrid              % 为根轨迹添加网格线
sgrid(z, wn)       % 为根轨迹添加网格线,等阻尼比范围和等自然频率范围分别由向量 z 和 wn 指定
```

说明:默认情况下,等阻尼比步长为 0.1,范围为 0~1。等自然频率步长为 1,范围为 0~10,也可以由向量 z 和 wn 分别指定其范围。

例 4-10 已知单位负反馈控制系统开环传递函数为 $G(s)=\dfrac{K^*(s^2+2s+4)}{s(s+4)(s+6)(s^2+1.4s+1)}$,利用 MATLAB 绘制系统的根轨迹。

解:输入以下 MATLAB 命令。

```
clc;clear
num = [1 2 4];
den = conv(conv([1 4 0],[1 6]),[1 1.4 1]);
G = tf(num,den);                         % 系统开环传递函数
rlocus(G)                                % 绘制系统根轨迹
p = pole(G)                              % 开环系统的极点
z = zero(G)                              % 开环/闭环系统的零点
sigma = (sum(p) - sum(z))/(length(p) - length(z))    % 计算渐近线与实轴的交点
% % 计算临界稳定点的根轨迹增益与虚轴的交点
AG = allmargin(G);
Kc = AG.GainMargin                       % 临界根轨迹增益
wc = AG.GMFrequency                      % 根轨迹与虚轴的交点频率
```

程序运行结果如图 4-2-10 所示。

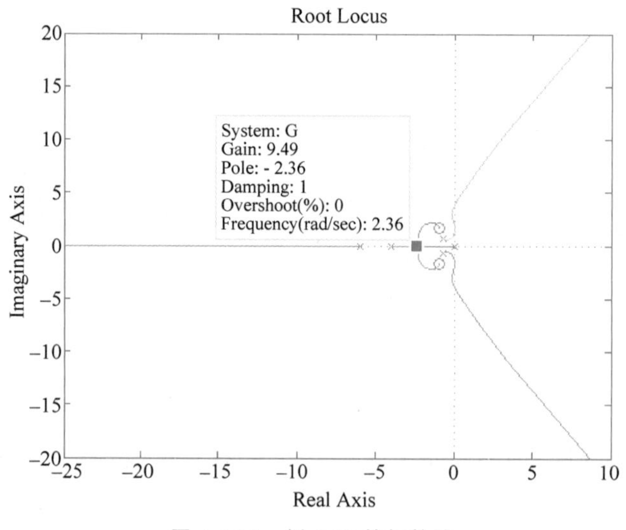

图 4-2-10 例 4-10 的根轨迹

```
p =
         0
   - 6.0000
```

```
   -4.0000
   -0.7000 + 0.7141i
   -0.7000 - 0.7141i
z =
   -1.0000 + 1.7321i
   -1.0000 - 1.7321i
sigma =
    -3.1333
Kc =
   15.6153   67.5209   163.5431
wc =
    1.2132   2.1510   3.7551
```

综上，系统有5个开环极点，2个开环零点。渐近线与实轴交点为-3.1333，渐近线倾角为$\pm 60°$，$180°$。根轨迹的分离点为$d=-2.36$，对应根轨迹增益为$K^*=9.49$。根轨迹与虚轴的交点为$\pm j1.2132$、$\pm j2.1510$和$\pm j3.7551$，对应的临界根轨迹增益分别为15.6153、67.5209和163.5431。由根轨迹图可知，当$0<K<15.6153$和$67.5209<K<163.5431$时，系统稳定。

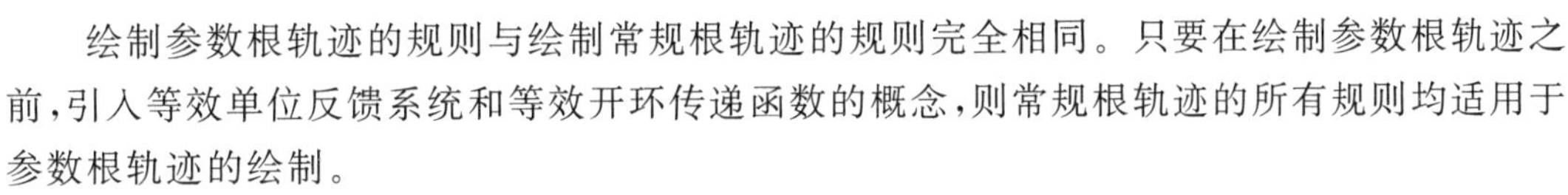

4.3 广义根轨迹

180°根轨迹绘制规则，通常也称为常规根轨迹的绘制规则，是基于负反馈条件下根轨迹增益K^*变化时的根轨迹绘制方法。当系统是基于正反馈条件下，或者其他参数(开环零点、极点，时间常数，反馈系数等)作为变量时的根轨迹，称为广义根轨迹(包括参数根轨迹和零度根轨迹)。

4.3.1 参数根轨迹

视频讲解

以非根轨迹增益K^*(或非开环增益K)为可变参数绘制的根轨迹称为参数根轨迹。

绘制参数根轨迹的规则与绘制常规根轨迹的规则完全相同。只要在绘制参数根轨迹之前，引入等效单位反馈系统和等效开环传递函数的概念，则常规根轨迹的所有规则均适用于参数根轨迹的绘制。

假设负反馈系统的闭环特征方程为

$$D(s)=1+G(s)H(s)=0 \tag{4-3-1}$$

讨论参数β变化时的根轨迹，将式(4-3-1)进行等效变换，即

$$\beta P(s)+Q(s)=1+G(s)H(s)=0 \tag{4-3-2}$$

根据式(4-3-2)得等效的开环传递函数为

$$G_1(s)H_1(s)=\frac{\beta P(s)}{Q(s)} \tag{4-3-3}$$

由式(4-3-3)可以绘制系统在参数β变化时的根轨迹。特别指出，等效开环传递函数是根据式(4-3-1)得来的。等效的含义仅在于其闭环极点相同，而闭环零点通常是不同的。因此，根据闭环零点、极点分布分析系统的性能时，可以采用参数根轨迹上的闭环极点，但必须采用原来闭环系统的零点。

例 4-11 已知负反馈控制系统开环传递函数为 $G(s)H(s)=\dfrac{K(s+a)}{s^2(s+1)}$，当 $K=0.25$ 时，绘制参数 a 变化时的根轨迹。

解：闭环特征方程为

$$D(s)=1+G(s)H(s)=1+\frac{K(s+a)}{s^2(s+1)}=0$$

将上式整理后，得

$$s^3+s^2+Ks+aK=0$$

等效开环传递函数为

$$G_1(s)H_1(s)=\frac{aK}{s^3+s^2+Ks}$$

当 $K=0.25$ 时

$$G_1(s)H_1(s)=\frac{0.25a}{s^3+s^2+0.25s}=\frac{0.25a}{s(s+0.5)^2}$$

(1) 开环传递函数分子的阶次 $m=0$，分母的阶次 $n=3$。有 3 条根轨迹，3 条渐近线。

(2) 系统有 3 个开环极点 $p_1=-0.5$，$p_2=-0.5$，$p_3=0$，无开环零点。3 条根轨迹分别始于 3 个开环极点 p_1、p_2 和 p_3，终止于无穷远处。

(3) 实轴上，根轨迹区间是$(-\infty,0]$。

(4) 渐近线与实轴的交点为

$$\sigma_a=\frac{\sum_{j=1}^{n}p_j-\sum_{i=1}^{m}z_i}{n-m}=\frac{0+(-0.5)+(-0.5)}{3-0}=-\frac{1}{3}$$

渐近线与正实轴方向的夹角为

$$\varphi_a=\frac{(2k+1)\pi}{n-m}=\frac{(2k+1)\pi}{3-0}=\pm 60^\circ,180^\circ$$

(5) 根轨迹分离点(或会合点)。

$$\frac{1}{d}+\frac{2}{d+0.5}=0$$

解得分离点坐标为 $d_1=-\dfrac{1}{6}$。

(6) 根轨迹与虚轴的交点。

系统闭环特征方程为

$$D(s)=4s^3+4s^2+s+a=0$$

列劳斯表为

s^3	4	1
s^2	4	a
s^1	$1-a$	
s^0	a	

令 s^1 行的元素全为零，求得系统临界稳定时 $a=1$，将其代入辅助方程

$$F(s)=4s^2+1=0$$

求得 $s_{1,2}=\pm \mathrm{j}0.5$。绘制根轨迹如图 4-3-1 所示。

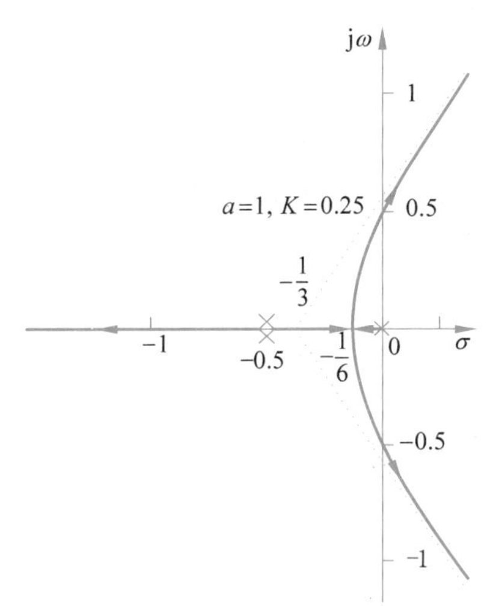

图 4-3-1　例 4-11 中参数 a 变化时的根轨迹

4.3.2　零度根轨迹

开环零点、极点有位于 s 右半平面的系统称为非最小相位系统。非最小相位系统可能出现在有局部正反馈环节存在的情况。非最小相位系统有时不能采用 180°根轨迹绘制规则来绘制系统的根轨迹，因为其相角遵循 $0°+2k\pi$ 条件，而不是 $180°+2k\pi$ 条件，故一般称为零度根轨迹。设某正反馈控制系统如图 4-3-2 所示。

系统闭环传递函数为

$$\Phi(s)=\frac{C(s)}{R(s)}=\frac{G(s)}{1-G(s)H(s)} \tag{4-3-4}$$

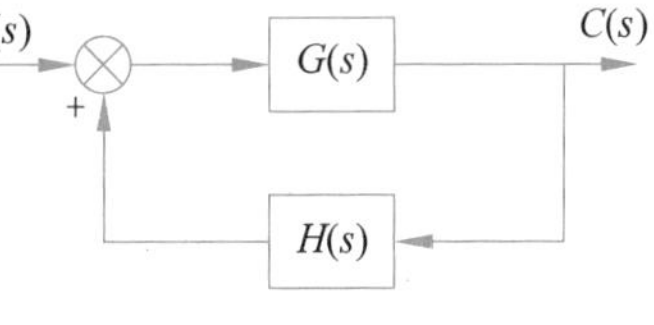

图 4-3-2　正反馈控制系统

根轨迹方程(闭环特征方程)为

$$D(s)=1-G(s)H(s)=0$$

即

$$G(s)H(s)=1 \tag{4-3-5}$$

式(4-3-5)可以写为

$$G(s)H(s)=\frac{K^*\prod_{i=1}^{m}(s-z_i)}{\prod_{j=1}^{n}(s-p_j)}=1 \tag{4-3-6}$$

把式(4-3-6)称为零度根轨迹方程。式(4-3-6)还可写成模值方程和相角方程。

模值方程为

$$|G(s)H(s)|=K^*\frac{\prod_{i=1}^{m}|s-z_i|}{\prod_{j=1}^{n}|s-p_j|}=1 \tag{4-3-7}$$

相角方程为

$$\angle G(s)H(s)=\sum_{i=1}^{m}\angle(s-z_i)-\sum_{j=1}^{n}\angle(s-p_j)=2k\pi,\quad k=0,\pm1,\pm2,\cdots \tag{4-3-8}$$

将式(4-3-7)和式(4-3-8)与常规根轨迹的式(4-1-6)和式(4-1-7)相比,仅相角方程不同。因此,应用常规根轨迹绘制规则绘制零度根轨迹时,对于与相角方程有关的一些规则需要进行适当调整,应修改的规则如下。

规则3　实轴上的根轨迹

实轴上某区域,若其右边开环实数零点、极点个数之和为偶数,则该区域必是根轨迹。

规则4　根轨迹的渐近线

若开环极点数 n 大于开环零点数 m,则$(n-m)$条渐近线与正实轴方向的夹角(倾角)为

$$\varphi_a=\frac{2k\pi}{n-m},\quad k=0,1,2,\cdots,n-m-1 \tag{4-3-9}$$

规则6　根轨迹的出射角和入射角

根据零度根轨迹的相角条件可求出 θ_{p_i}、φ_{z_i} 分别为

$$\theta_{p_i}=2k\pi+\sum_{j=1}^{m}\angle(p_i-z_j)-\sum_{\substack{j=1\\ j\neq i}}^{n}\angle(p_i-p_j),\quad k=0,\pm1,\pm2,\cdots \tag{4-3-10}$$

$$\varphi_{z_i}=2k\pi-\sum_{\substack{j=1\\ j\neq i}}^{m}\angle(z_i-z_j)+\sum_{j=1}^{n}\angle(z_i-p_j),\quad k=0,\pm1,\pm2,\cdots \tag{4-3-11}$$

除上述3个规则外,其他规则不变。

例4-12　已知反馈控制系统开环传递函数为 $G(s)H(s)=\dfrac{K^*(s+2)}{(s+3)(s^2+2s+2)}$,分别画出正反馈和负反馈系统的根轨迹图,并指出它们的稳定性有何不同。

解:系统有3个开环极点 $p_1=-3$,$p_{2,3}=-1\pm\mathrm{j}$,1个开环零点 $z_1=-2$。

(1) 正反馈系统。

$$G(s)H(s)=-\frac{K^*(s+2)}{(s+3)(s^2+2s+2)}=\frac{K^*(-s-2)}{(s+3)(s+1+\mathrm{j})(s+1-\mathrm{j})}$$

① 实轴上,根轨迹区间是$(-\infty,-3]$,$[-2,+\infty)$。

② 渐近线与实轴的交点为

$$\sigma_a=\frac{\sum_{j=1}^{n}p_j-\sum_{i=1}^{m}z_i}{n-m}=\frac{-3-1+\mathrm{j}-1-\mathrm{j}+2}{3-1}=-1.5$$

渐近线与正实轴方向的夹角为

$$\varphi_a=\frac{2k\pi}{n-m}=\frac{2k\pi}{2}=0^\circ,180^\circ$$

③ 根轨迹分离点(或会合点)为

$$\frac{1}{d+3}+\frac{1}{d+1-\mathrm{j}}+\frac{1}{d+1+\mathrm{j}}=\frac{1}{d+2}$$

解得 $d_1=-0.8$,$d_{2,3}=-2.35\pm\mathrm{j}0.85$(舍去)。

④ 根轨迹的出射角为

$$\theta_{p_2}=0^\circ+\angle(p_2-z_1)-\angle(p_2-p_1)-\angle(p_2-p_3)$$
$$=0^\circ+45^\circ-26.6^\circ-90^\circ=-71.6^\circ$$

根据对称性,可得 $\theta_{p_3}=-\theta_{p_2}=71.6^\circ$。

⑤ 根轨迹与虚轴的交点。

系统闭环特征方程为

$$D(s)=s^3+5s^2+(8-K^*)s+6-2K^*=0$$

列劳斯表为

s^3	1	$8-K^*$
s^2	5	$6-2K^*$
s^1	$\dfrac{34-3K^*}{5}$	
s^0	$6-2K^*$	

根据劳斯表可知,系统稳定条件为 $0<K^*<3$,根轨迹与虚轴的交点为 $s_1=0$。绘制根轨迹如图 4-3-3(a)所示。

(2) 负反馈系统。

$$G(s)H(s)=\frac{K^*(s+2)}{(s+3)(s^2+2s+2)}=\frac{K^*(s+2)}{(s+3)(s+1+\mathrm{j})(s+1-\mathrm{j})}$$

① 实轴上,根轨迹区间是[−3,−2]。

② 渐近线与实轴的交点为

$$\sigma_a=\frac{\sum_{j=1}^{n}p_j-\sum_{i=1}^{m}z_i}{n-m}=\frac{-3-1+\mathrm{j}-1-\mathrm{j}+2}{3-1}=-1.5$$

渐近线与正实轴方向的夹角为

$$\varphi_a=\frac{(2k+1)\pi}{n-m}=\frac{(2k+1)\pi}{2}=\pm 90^\circ$$

③ 根轨迹分离点(或会合点)。

$$\frac{1}{d+3}+\frac{1}{d+1-\mathrm{j}}+\frac{1}{d+1+\mathrm{j}}=\frac{1}{d+2}$$

解得 $d_1=-0.8$,$d_{2,3}=-2.35\pm \mathrm{j}0.85$。显然,分离点没有位于实轴根轨迹段,则根轨迹无分离点(会合点)。

④ 根轨迹的出射角为

$$\theta_{p_2}=180^\circ+\angle(p_2-z_1)-\angle(p_2-p_1)-\angle(p_2-p_3)$$
$$=180^\circ+45^\circ-26.6^\circ-90^\circ=108.4^\circ$$

根据对称性,可得 $\theta_{p_3}=-\theta_{p_2}=-108.4^\circ$。

⑤ 根轨迹与虚轴的交点。

$$D(s)=s^3+5s^2+(8+K^*)s+6+2K^*=0$$

列劳斯表为

s^3	1	$8+K^*$
s^2	5	$6+2K^*$
s^1	$\dfrac{34+3K^*}{5}$	
s^0	$6+2K^*$	

由劳斯表可得,$K^*>-3$。根据根轨迹的定义,系统稳定条件为 $K^*>0$,根轨迹与虚轴无交点。绘制根轨迹如图 4-3-3(b)所示。

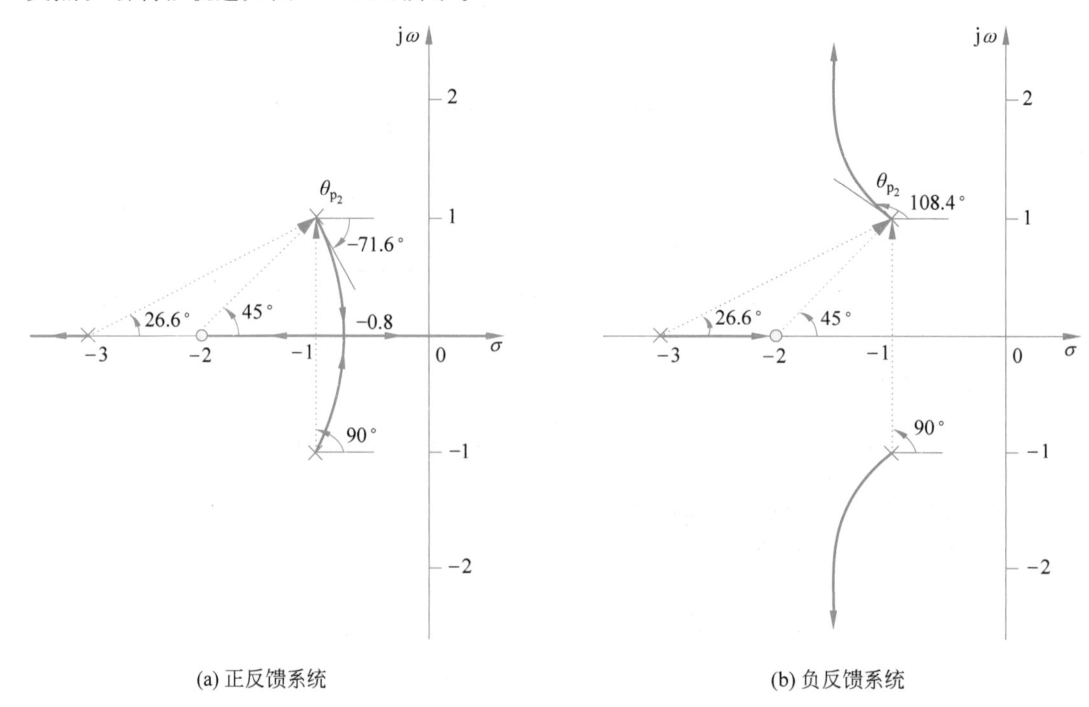

图 4-3-3 例 4-12 的根轨迹

综上,对于正反馈系统,当 $0<K^*<3$ 时,系统稳定。对于负反馈系统,当 $K^*>0$ 时,系统稳定。

4.3.3 MATLAB 实现

例 4-13 已知单位负反馈控制系统闭环传递函数为

$$\Phi(s)=\frac{as}{s^2+as+16},\quad a>0$$

(1) 利用 MATLAB 绘制系统的根轨迹。

(2) 判断$(-\sqrt{3},\mathrm{j})$是否在根轨迹上。

(3) 由根轨迹求出使系统阻尼比 $\zeta=0.707$ 时的 a 值。

解:闭环特征方程为

$$D(s)=s^2+as+16=0$$

等效开环传递函数为

$$G_1(s)H_1(s)=\frac{as}{s^2+16}$$

输入以下 MATLAB 命令。

```
clc;clear
num = [1 0];
den = [1 0 16];
G = tf(num,den);                    % 系统开环传递函数
rlocus(G)                           % 绘制系统根轨迹
 % % 计算阻尼比为 0.707 时对应的参数 a
sgrid(0.707,[ ])
a = rlocfind(G)
```

(1) 绘制系统的根轨迹。

程序运行结果如图 4-3-4 所示。根据图 4-3-4 可知,系统根轨迹是以开环零点为圆心,半径为 4 的一个半圆。根轨迹的分离点 $d=-4$,对应的参数为 $a=8$。根轨迹与虚轴的交点为 $\pm j4$,对应的参数为 $a=0$。因此系统稳定的条件为 $a>0$。

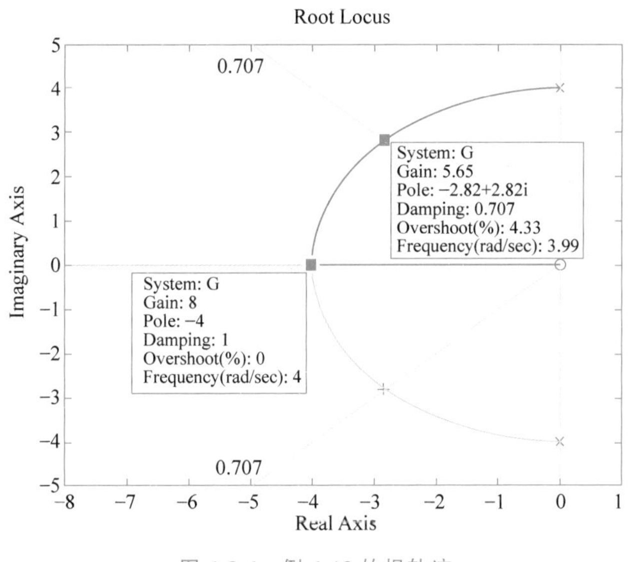

图 4-3-4 例 4-13 的根轨迹

(2) 判断$(-\sqrt{3},j)$是否在根轨迹上。

由图 4-3-4 可知,点 $s=-\sqrt{3}+j$ 到原点的距离为 2,没有在半圆上,所以不是根轨迹上的点。

(3) 由根轨迹求出使系统阻尼比为 $\zeta=0.707$ 时的 a 值。

```
Select a point in the graphics window
selected_point =
  - 2.8221 + 2.8236i
a =
    5.6553
```

由程序运行结果可知,$\zeta=0.707$ 时 $a=5.6553$。

例 4-14 已知单位正反馈控制系统开环传递函数为 $G(s)=\dfrac{K^*(s+1)}{s^2(s+2)(s+4)}$,利用 MATLAB 绘制系统的根轨迹。

解:输入以下 MATLAB 命令。

```
clc;clear
num = [ - 1  - 1];
den = conv(conv([1 0 0],[1 2]),[1 4]);
G = tf(num,den);                          % 系统开环传递函数
rlocus(G)                                 % 绘制系统根轨迹
 % % 开环系统的极点
p = pole(G);
 % % 开环/闭环系统的零点
z = zero(G);
 % % 计算渐近线与实轴的交点
sigma = (sum(p) - sum(z))/(length(p) - length(z))
```

程序运行结果如图 4-3-5 所示。

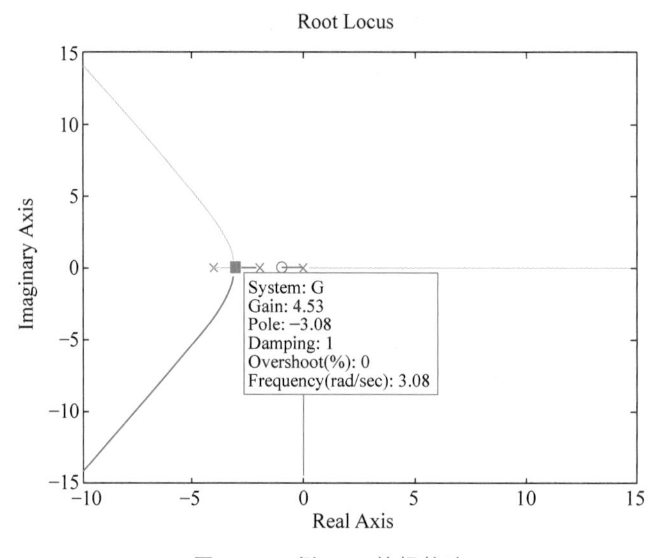

图 4-3-5　例 4-14 的根轨迹

```
sigma =
   - 1.6667
```

综上，系统有 4 个开环极点，1 个开环零点。渐近线与实轴交点为 −1.6667，渐近线倾角为 0°，±120°。根轨迹的分离点为 $d=-3.08$，对应根轨迹增益为 $K^*=4.53$。由于有一条根轨迹始终在 s 右半平面，因此系统不稳定。

4.4 系统性能的分析

应用根轨迹法，可以确定系统在根轨迹增益或其他参数变化时闭环极点的位置，从而得到相应的闭环传递函数，定性地分析系统性能，包括系统的稳定性、动态特性和稳态特性。

4.4.1 利用根轨迹分析系统性能

1. 用根轨迹分析系统阶跃响应

利用根轨迹法可以确定系统中参数变化时闭环极点的分布规律，以及对系统动态过程的影响。下面通过例 4-15 说明如何应用根轨迹分析系统在阶跃信号作用下的动态过程。

例 4-15 已知单位负反馈控制系统开环传递函数为

$$G(s)H(s)=\frac{K^*(s+1)}{s(s-3)}$$

(1) 绘制系统根轨迹。

(2) 确定使闭环系统稳定 K^* 的取值范围,并分析 K^* 对系统动态过程的影响。

(3) 求出 $K^*=10$ 时系统的闭环极点和单位阶跃响应,并说明此时的单位阶跃响应是否有超调,若有超调是多少?

解:

(1) 绘制系统根轨迹。

① 开环传递函数分子的阶次 $m=1$,分母的阶次 $n=2$,有两条根轨迹,一条渐近线。

② 系统有两个开环极点 $p_1=0, p_2=3$,一个开环零点 $z_1=-1$。两条根轨迹分别始于开环极点 p_1 和 p_2,一条终止于开环零点 z_1,另一条趋于无穷远处。

③ 实轴上,根轨迹区间是$(-\infty,-1]$和$[0,3]$。

④ 根轨迹分离点(或会合点)。

$$\frac{1}{d}+\frac{1}{d-3}=\frac{1}{d+1}$$

解得分离点坐标为 $d_1=1, d_2=-3$。

⑤ 根轨迹与虚轴的交点。

系统闭环特征方程为

$$D(s)=s^2+(K^*-3)s+K^*=0$$

令 $s=\mathrm{j}\omega$,代入闭环特征方程。

根据 $\begin{cases}-\omega^2+K^*=0\\(K^*-3)\omega=0\end{cases}$,可得 $\omega=\pm\sqrt{3}$, $K^*=3$。

因此,根轨迹与虚轴交点为 $s_{1,2}=\pm \mathrm{j}\sqrt{3}$,对应的 $K^*=3$ 为临界根轨迹增益。绘制根轨迹如图 4-4-1 所示。

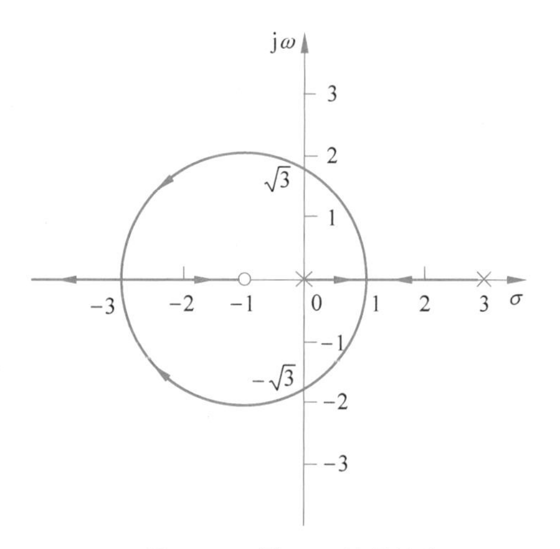

图 4-4-1 例 4-15 的根轨迹

(2) 分析系统稳定性及动态过程。

由图 4-4-1 可知,当根轨迹增益 $K^*>3$ 时,闭环特征根具有负实部,闭环系统稳定。利用模值方程求得分离点 $d_2=-3$ 处对应的根轨迹增益为

$$K^*_{d_2}=\frac{|d_2||d_2-3|}{|d_2+1|}=9$$

由图 4-4-1 可见,当 $K^*\geqslant 9$ 时,闭环特征根有两个不相等的负实根或者两个相等的负实根 $K^*=9$,此时,系统的瞬态响应中无振荡分量,但有超调;当 $3<K^*<9$ 时,特征根有一对实部为负的共轭复根,系统的响应为衰减振荡;当 $K^*=3$ 时,特征根有一对共轭虚根,系统的响应为等幅振荡;当 $0<K^*<3$ 时,系统不稳定。

(3) $K^*=10$ 时系统的闭环极点和单位阶跃响应。

当 $K^*=10$ 时,系统闭环传递函数为

$$\Phi(s)=\frac{C(s)}{R(s)}=\frac{10(s+1)}{s^2+7s+10}$$

系统闭环极点为 $s_1=-2, s_2=-5$。系统单位阶跃响应的拉普拉斯变换为

$$C(s)=\Phi(s)R(s)=\frac{10(s+1)}{s^2+7s+10}\cdot\frac{1}{s}=\frac{1}{s}+\frac{1.67}{s+2}-\frac{2.67}{s+5}$$

进行拉普拉斯反变换,得出系统的单位阶跃响应为

$$c(t)=1+1.67\mathrm{e}^{-2t}-2.67\mathrm{e}^{-5t}$$

由此可见,当 $K^*=10$ 时,系统在单位阶跃信号作用下的响应无振荡分量,但有超调。

若令 $\frac{\mathrm{d}c(t)}{\mathrm{d}t}=0$,得峰值时间 $t_p=0.5\mathrm{s}$,此时超调量为

$$\sigma\%=\frac{c(t_p)-c(\infty)}{c(\infty)}\times 100\%=\frac{1+1.67\mathrm{e}^{-1}-2.67\mathrm{e}^{-2.5}-1}{1}=39.5\%$$

可见,利用根轨迹可以很方便地分析根轨迹增益 K^* 对系统动态特性的影响。

2. 用闭环主导极点估算系统的性能指标

如果高阶系统闭环极点满足具有闭环主导极点的分布规律,就可以忽略非主导极点的影响,将高阶系统近似看作一、二阶系统,可以较为简便地计算(或估算)出系统的各项性能指标。

例 4-16 已知单位负反馈控制系统开环传递函数为

$$G(s)H(s)=\frac{K^*}{s(s+1)(s+2)}$$

(1) 绘制系统根轨迹。

(2) 计算阻尼比 $\zeta=0.5$ 时的系统动态性能指标。

(3) 计算此时系统的稳态速度误差。

解:将开环传递函数写成时间常数形式,得

$$G(s)H(s)=\frac{K^*}{s(s+1)(s+2)}=\frac{K}{s(s+1)(0.5s+1)}$$

式中,$K=\frac{K^*}{2}$ 为开环增益。

(1) 绘制根轨迹。

① 开环传递函数分子的阶次 $m=0$,分母的阶次 $n=3$,有 3 条根轨迹,3 条渐近线。

② 系统有 3 个开环极点 $p_1=0, p_2=-1, p_3=-2$,无开环零点。3 条根轨迹始于开环极点,趋于无穷远处。

③ 实轴上,根轨迹区间是 $(-\infty,-2]$ 和 $[-1,0]$。

④ 渐近线与实轴的交点为

$$\sigma_a=\frac{\sum_{j=1}^{n}p_j-\sum_{i=1}^{m}z_i}{n-m}=\frac{0-1-2}{3-0}=-1$$

渐近线与正实轴方向的夹角为

$$\varphi_a=\frac{(2k+1)\pi}{n-m}=\frac{(2k+1)\pi}{3}=\pm 60°,180°$$

⑤ 根轨迹分离点(或会合点)。

$$\frac{1}{d}+\frac{1}{d+1}+\frac{1}{d+2}=0$$

解得 $d_1=-0.423$,$d_2=-1.577$(舍去)。

⑥ 根轨迹与虚轴的交点。

闭环系统特征方程为

$$D(s)=s^3+3s^2+2s+K^*=0$$

令 $s=\mathrm{j}\omega$,代入闭环特征方程。

根据 $\begin{cases}-\omega^3+2\omega=0\\-3\omega^2+K^*=0\end{cases}$,可得 $\omega=\pm\sqrt{2}$,$K^*=6$。

因此,根轨迹与虚轴的交点为 $s_{1,2}=\pm\mathrm{j}\sqrt{2}$,对应的 $K^*=6$ 为临界根轨迹增益。绘制根轨迹如图 4-4-2 所示。

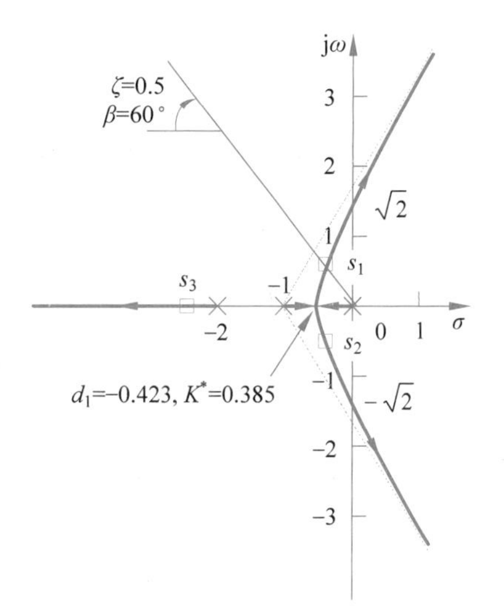

图 4-4-2　例 4-16 的根轨迹

(2) 计算 $\zeta=0.5$ 时系统的动态性能指标。

为了满足阻尼比 $\zeta=0.5$ 的条件,首先画出 $\zeta=0.5$ 的等阻尼线,它与负实轴的夹角为 $\beta=\arccos\zeta=60°$,如图 4-4-2 所示。等阻尼线与根轨迹的交点坐标为 s_1 和 s_2。设复数极点 $s_{1,2}=-\sigma\pm\mathrm{j}\omega$,从根轨迹上可得交点 s_1 的坐标满足

$$\tan 60°=\frac{\omega}{\sigma}=\sqrt{3}$$

求得 $\omega=\sqrt{3}\sigma$,则 $s_{1,2}=-\sigma\pm\mathrm{j}\sqrt{3}\sigma$。设第三个闭环极点为 s_3,由根之和条件可得三个闭环极点满足

$$s_1+s_2+s_3=-2\sigma+s_3=0+(-1)+(-2)$$

可得 $s_3=-3+2\sigma$。

闭环特征方程为

$$\begin{aligned}D(s)&=(s-s_1)(s-s_2)(s-s_3)\\&=s^3+3s^2+6\sigma s-8\sigma^3+12\sigma^2\\&=s^3+3s^2+2s+K^*=0\end{aligned}$$

比较系数有 $\begin{cases}6\sigma=2\\-8\sigma^3+12\sigma^2=K^*\end{cases}$,得 $\begin{cases}\sigma=0.333\\K^*=1.037\end{cases}$。因此,当 $\zeta=0.5$ 时,解得闭环极点为 $s_{1,2}=-0.333\pm\mathrm{j}0.577$,$s_3=-2.334$,对应 $K^*=1.037$。

当 $K^*=1.037$ 时系统闭环传递函数为

$$\Phi(s)=\frac{C(s)}{R(s)}=\frac{1.037}{(s+2.334)(s+0.333+\mathrm{j}0.577)(s+0.333-\mathrm{j}0.577)}$$

由 $s_{1,2}=-0.333\pm j0.577$ 和 $s_3=-2.334$ 可知，s_3 至虚轴的距离是 s_1（或 s_2）至虚轴的距离的 7 倍，满足闭环主导极点的条件。因此，$s_{1,2}$ 可认为是系统的闭环主导极点，可以根据闭环主导极点来估算系统的动态性能指标。

系统闭环传递函数可近似为二阶系统的形式，即

$$\Phi(s)=\frac{C(s)}{R(s)}=\frac{\omega_n^2}{s^2+2\zeta\omega_n s+\omega_n^2}=\frac{0.333^2+0.577^2}{(s+0.333+j0.577)(s+0.333-j0.577)}$$

$$=\frac{0.4438}{s^2+0.666s+0.4438}$$

由此可得二阶系统阻尼比为 $\zeta=0.5$，无阻尼振荡频率为 $\omega_n=0.666\text{rad/s}$。在单位阶跃信号作用下二阶系统的动态性能指标为

$$\sigma\%=e^{-\frac{\pi\zeta}{\sqrt{1-\zeta^2}}}\times100\%=e^{-\frac{0.5\times3.14}{\sqrt{1-0.25}}}\times100\%=16.32\%$$

$$t_s=\frac{3\sim4}{\zeta\omega_n}=\frac{3\sim4}{0.5\times0.666}=9.009\sim12.012\text{s}$$

(3) 计算 $\zeta=0.5$ 时系统的稳态速度误差。

系统为Ⅰ型系统，静态速度误差系数为

$$K_v=\lim_{s\to0}sG(s)H(s)=\lim_{s\to0}\frac{K}{(s+1)(0.5s+1)}=K=0.5185$$

系统在单位斜坡信号作用下的稳态误差为

$$e_{ss}=\frac{1}{K_v}=\frac{1}{K}=1.93$$

3. 用根轨迹计算系统的参数

利用根轨迹法可以计算在一定性能指标下的系统参数。下文通过例 4-17 来讨论如何根据系统的动态和稳态性能指标来确定系统的参数。

例 4-17 已知单位负反馈控制系统的开环传递函数为

$$G(s)H(s)=\frac{K}{(0.5s+1)^4}$$

(1) 确定系统响应为等幅振荡时 K 的取值及振荡频率。

(2) 若要求闭环系统的最大超调量 $\sigma\%\leqslant16.3\%$，试确定开环增益 K 的范围。

(3) 能否通过选择 K 满足调节时间 $t_s\leqslant4\text{s}$ 的要求？

(4) 能否通过选择 K 满足误差系数 $K_p\geqslant10$ 的要求？

解：将开环传递函数化为零点、极点标准形式，得

$$G(s)H(s)=\frac{K}{(0.5s+1)^4}=\frac{K^*}{(s+2)^4}$$

式中 $K^*=16K$。

(1) 绘制系统根轨迹。

① 开环传递函数分子的阶次 $m=0$，分母的阶次 $n=4$。有 4 条根轨迹，4 条渐近线。

② 系统有 4 个开环极点 $p_{1,2,3,4}=-2$，无开环零点。4 条根轨迹趋于无穷远处。

③ 实轴上无根轨迹。

④ 渐近线与实轴的交点为

$$\sigma_a=\frac{\sum_{j=1}^{n}p_j-\sum_{i=1}^{m}z_i}{n-m}=\frac{-2-2-2-2}{4}=-2$$

渐近线与正实轴方向的夹角为

$$\varphi_a=\frac{(2k+1)\pi}{n-m}=\frac{(2k+1)\pi}{4}=\pm45°,\pm135°$$

⑤ 根轨迹无分离点(或会合点)。

⑥ 根轨迹与虚轴的交点。

系统闭环特征方程为

$$D(s)=s^4+8s^3+24s^2+32s+16+K^*=0$$

列劳斯表为

s^4	1	24	$16+K^*$
s^3	8	32	
s^2	20	$16+K^*$	
s^1	$\frac{512-8K^*}{20}$		
s^0	$16+K^*$		

根据劳斯表可知,系统稳定的条件为 $0<K^*<64$。系统临界稳定时 $K^*=64$,将其代入辅助方程

$$F(s)=20s^2+16+K^*=20s^2+80=0$$

可得 $s_{1,2}=\pm j2$,绘制根轨迹如图 4-4-3 所示。若系统响应为等幅振荡,即根轨迹与虚轴相交,临界根轨迹增益为 $K^*=64$,对应的开环增益为 $K=4$,振荡频率为 $\omega=2\text{rad/s}$。

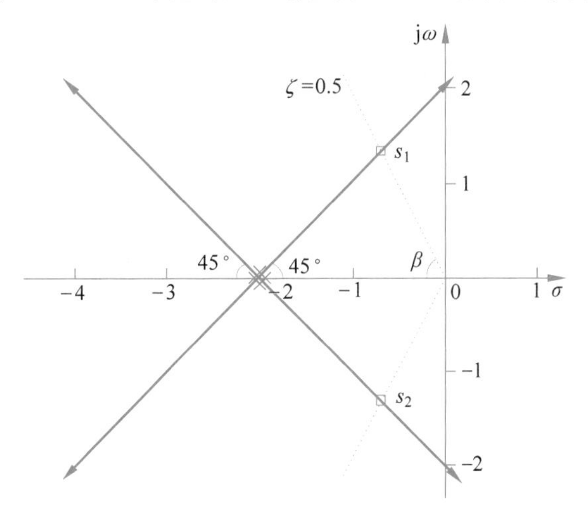

图 4-4-3　例 4-17 的根轨迹

(2) 由根轨迹可见,系统存在一对闭环主导极点,系统的性能可以由二阶系统性能指标公式近似估算。根据

$$\sigma\%=e^{-\frac{\pi\zeta}{\sqrt{1-\zeta^2}}}\times100\%=16.3\%$$

解得 $\zeta=0.5$,阻尼角为 $\beta=\arccos\zeta=60°$,如图 4-4-3 所示。

设闭环极点为 $s_{1,2}=-\alpha\pm j\omega$,由根轨迹图可知交点 s_1 的坐标满足以下关系

$$\tan45°=\frac{\omega}{2-\alpha}=1,\quad \tan60°=\frac{\omega}{\alpha}=\sqrt{3}$$

求得 $\alpha=0.732,\omega=1.268$,则 $s_{1,2}=-0.732\pm j1.268$。可设另外两个闭环极点为 $s_{3,4}=-\gamma\pm j\omega$,由根之和条件可得

$$-2\alpha-2\gamma=4\times(-2)=-8$$

即 $\gamma=3.268$,则 $s_{3,4}=-3.268\pm j1.268$。显然 $s_{3,4}$ 至虚轴的距离约是 $s_{1,2}$ 至虚轴的距离的 5 倍,满足闭环主导极点的条件。因此,$s_{1,2}$ 可认为是系统的闭环主导极点。

当 $\zeta=0.5$ 时对应的 K^* 值可由模值方程求出,即将 s_1 代入模值方程,可得

$$\frac{K^*}{|s_1+2|^4}=\frac{K^*}{|-0.732+j1.268+2|^4}=\frac{K^*}{\left(\sqrt{(2-0.732)^2+1.268^2}\right)^4}=1$$

解得 $K^*=10.34$,相应 $K=0.646$。综上所述,当开环增益取 $K\leqslant0.646$ 时,最大超调量满足 $\sigma\%\leqslant16.3\%$。

(3) 要求 $t_s=\frac{3\sim4}{\zeta\omega_n}\leqslant4s$,即 $\zeta\omega_n\geqslant(0.75\sim1)$。表明闭环主导极点必须位于 s 平面左半部分,且距离虚轴大于(0.75~1),即可满足要求。由图 4-4-3 可知,在系统稳定的范围内,闭环主导极点的实部绝对值均小于 2,所以能通过选择 K 满足 $t_s\leqslant4s$ 的要求。

(4) 由于 $K_p=\lim\limits_{s\to0}G(s)H(s)=\frac{K^*}{16}$,临界稳定根轨迹增益为 $K^*=64$,所以使系统稳定的位置误差系数应满足

$$K_p<\frac{K^*}{16}=\frac{64}{16}=4$$

故不能通过选择 K 满足误差系数 $K_p\geqslant10$ 的要求。

4.4.2 开环零点、极点对系统性能的影响

闭环控制系统的稳定性及动态特性与根轨迹的形状密切相关,而开环零点、极点的分布决定着根轨迹的形状。因此,在系统中适当地增加开环零点、极点或者改变开环零点、极点在 s 平面的位置,可以改变根轨迹的形状,从而改善系统的性能。

1. 开环零点对系统性能的影响

通过例 4-18 来说明增加开环零点对系统性能的影响。

视频讲解

例 4-18 某单位负反馈控制系统开环传递函数为 $G(s)=\frac{K^*}{s(s+2)(s+3)}$,在该系统中分别增加开环零点 z 为 -4、-2.5、$-1\pm j$,分析增加开环零点对系统性能的影响。

解:4 个系统的开环零点、极点分布及根轨迹如图 4-4-4 所示。

从图 4-4-4 可以看出,增加开环零点可以减少渐近线的条数,改变渐近线倾角及与实轴的交点;一般使系统的根轨迹向左偏移,相当于增大了系统阻尼,并提高了系统的稳定性,使系统的动态过程时间减少。因此,适当地引入附加零点,可以使系统的性能有所改善。

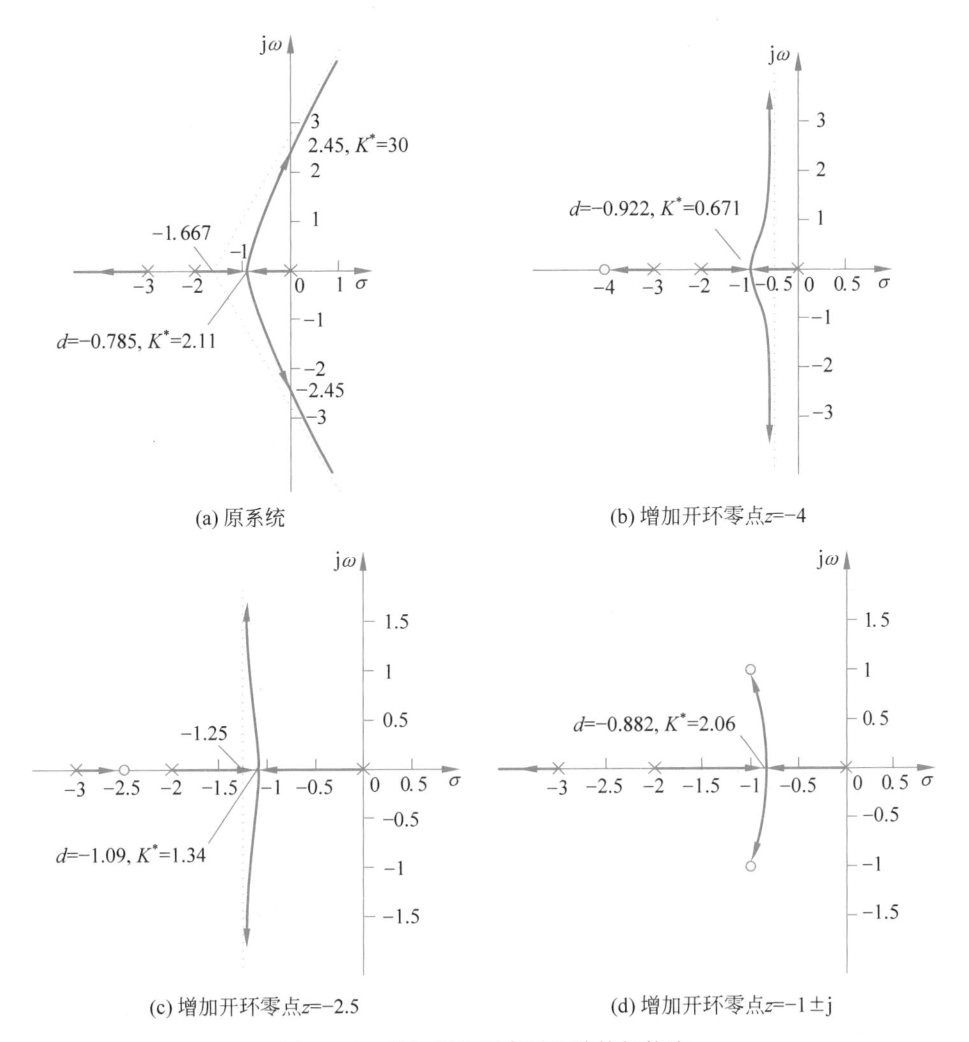

图 4-4-4 增加开环零点后系统的根轨迹

2. 开环极点对系统性能的影响

通过例 4-19 来说明增加开环极点对系统性能的影响。

例 4-19 某单位负反馈控制系统开环传递函数为 $G(s)=\dfrac{K^*}{s(s+2)}$，在该系统中分别增加开环极点 p 为 0、−1、−1±j，分析增加开环极点对系统性能的影响。

解：4 个系统的开环零点、极点分布及根轨迹如图 4-4-5 所示。

从图 4-4-5 可以看出，增加开环极点改变了根轨迹的分布；改变了渐近线的条数、倾角及与实轴的交点；一般使根轨迹向右偏移，相当于减小了系统的阻尼，不利于系统的稳定性和动态特性，且附加极点离虚轴越近，系统的稳定性越差，系统的响应速度越慢。因此，在系统设计时一般不单独增加开环极点。

3. 偶极子对系统性能的影响

在控制系统的综合设计中，偶极子的概念是十分有用的。可以在系统中加入适当的零点，以抵消对动态过程影响较大的不利极点，使系统的动态性能得以改善。附加偶极子对系统性能的影响通过例 4-20 来说明。

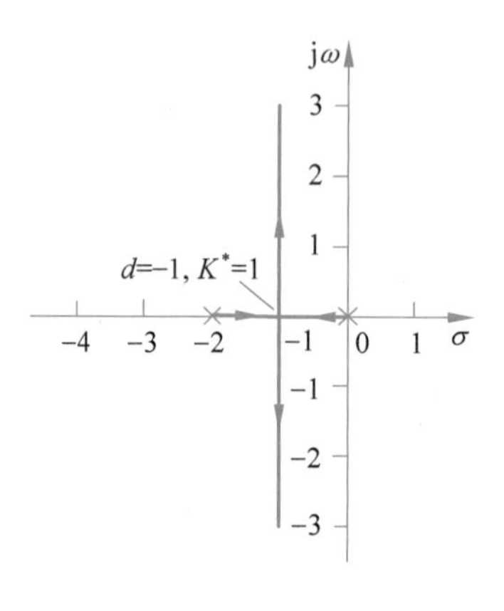

(a) 原系统

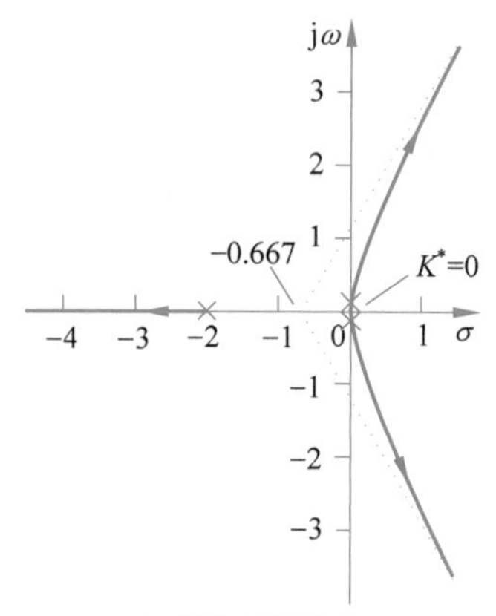

(b) 增加开环极点 $p=0$

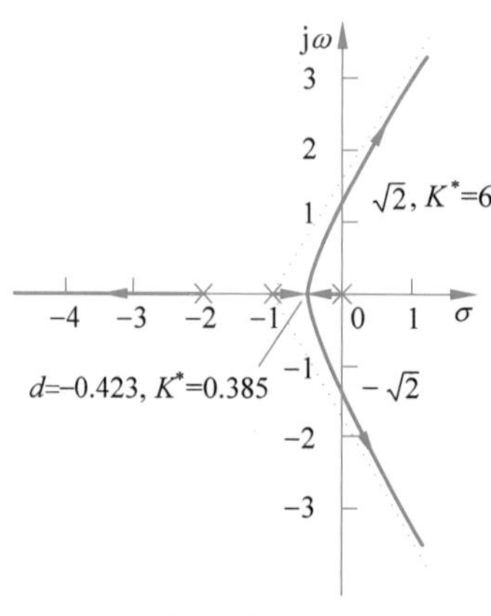

(c) 增加开环极点 $p=-1$

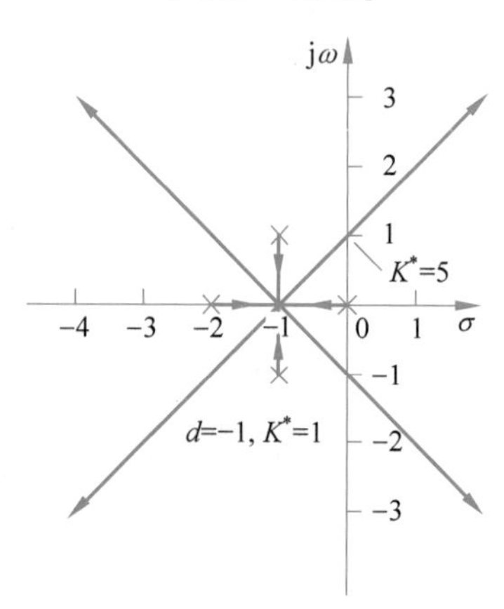

(d) 增加开环极点 $p=-1\pm j$

图 4-4-5 增加开环极点后系统的根轨迹

例 4-20 已知某比例积分控制系统如图 4-4-6 所示,利用根轨迹分析控制系统性能。

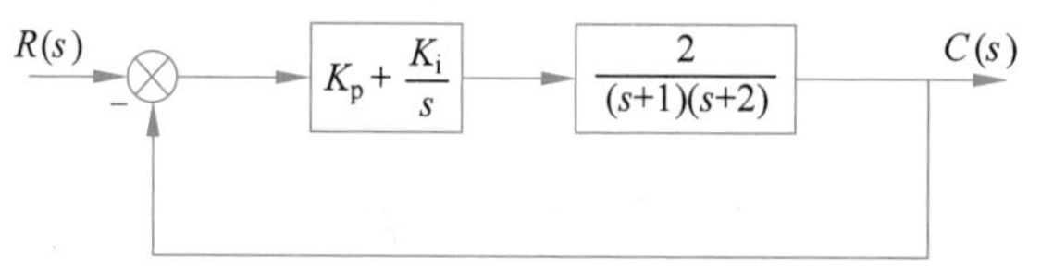

图 4-4-6 例 4-20 的比例积分控制系统

视频讲解

解:当控制器 $G_c(s)=K_p$ 为比例控制时,系统为 0 型系统,其单位阶跃响应存在稳态误差,即稳态误差 $e_{ss}\neq 0$。当控制器 $G_c(s)=K_p+\dfrac{K_i}{s}$ 为比例积分控制时,系统为 Ⅰ 型系统,其单位阶跃响应稳态误差为 $e_{ss}=0$。

系统的开环传递函数为

$$G(s)=G_c(s)G_0(s)=\frac{2K_p(s-z)}{s(s+1)(s+2)}\quad\left(z=-\frac{K_i}{K_p}\right)$$

其中,z 为开环零点。下面比较开环零点 z 分别为 -4、-0.5、-1.2,阻尼比为 $\zeta=0.5$ 时的系统性能。

不加比例积分控制器(相当于 $K_p=1,K_i=0$)的原系统,加入比例积分控制器,相当于系统加入的开环零点 z 分别为-4、-0.5、-1.2,系统的根轨迹如图 4-4-7 所示。

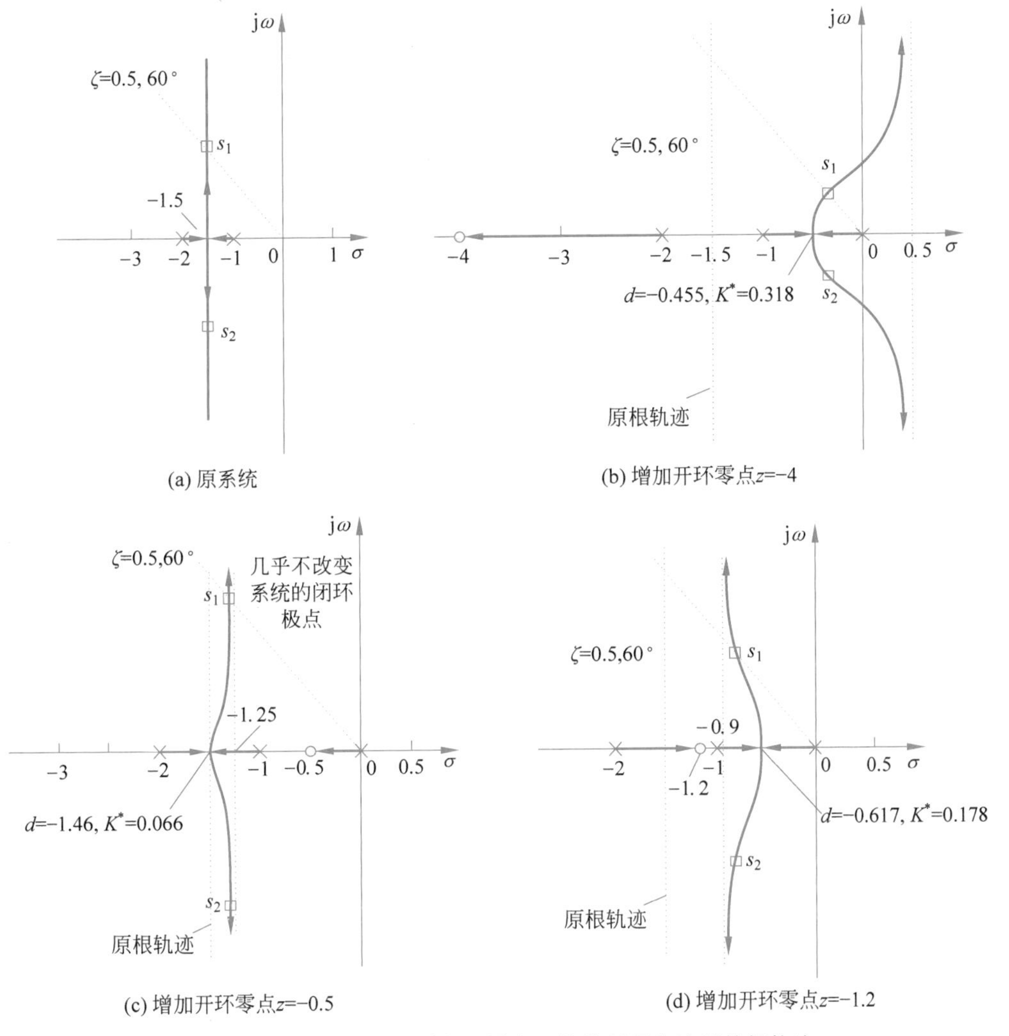

图 4-4-7　例 4-20 中系统加入零点 z 的比例积分控制的根轨迹

设等阻尼线 $\zeta=0.5$(此时 $\beta=\arccos\zeta=60°$)与根轨迹的交点为 s_1,则 $s_1=-a+\mathrm{j}\sqrt{3}a$,代入闭环特征方程

$$D(s)=s^3+3s^2+(2+2K_p)s+2K_i=0$$

令其实部和虚部分别等于 0,得到

$$K_p=3a-1,\quad K_i=6a^2-4a^3$$

根据根之和规则可得

$$s_1+s_2+s_3=-2a+s_3=-1+(-2)=-3$$

即第三个闭环极点为 $s_3=2a-3$。由 $s^2+2\zeta\omega_n s+\omega_n{}^2=(s-s_1)(s-s_2)$,$\zeta=0.5$ 可得

$$s^2+\omega_n s+\omega_n^2=s^2+2as+4a^2$$

整理得 $\omega_n=2a$。选定 K_p,K_i 可求出系统的开环零点 z,由 a 可得到系统闭环极点 $s_{1,2}$、s_3 及 ω_n。当 z 分别取−4、−0.5、−1.2 时,对应的计算结果如表 4-4-1 所示。

表 4-4-1 例 4-20 的计算结果

z	K_p	K_i	$s_{1,2}$	s_3	ω_n(rad/s)
−4	0.17	0.676	−0.39±j0.676	−2.22	0.78
−0.5	2.852	1.425	−1.284±j2.224	−0.432	2.568
−1.2	1.577	1.892	−0.859±j1.488	−1.282	1.718

根据表 4-4-1,得出以下结论:

(1) 当 $z=-4$ 时,K_p 较小,$s_3=-2.22$ 距离开环零点 $z=-4$ 较远,不存在零极点对消现象。闭环主导极点 $s_{1,2}$ 距离虚轴太近,系统稳定性较差,调节时间 t_s 较长。

(2) 当 $z=-0.5$ 时,K_p 较大,$s_3=-0.432$ 与开环零点 $z=-0.5$ 互为偶极子,存在零极点对消现象。闭环主导极点 $s_{1,2}$ 离虚轴较远,调节时间 t_s 较短,系统动态性能较好。

(3) 当 $z=-1.2$ 时,$K_p=1.577$,性能介于开环零点为−4 和−0.5 之间,$s_3=-1.282$ 与开环零点 $z=-1.2$ 互为偶极子,系统性能主要由闭环主导极点 $s_{1,2}$ 决定。

若系统输入为单位阶跃信号,则可以确定它们的单位阶跃响应。画出系统在开环零点 z 分别取−4、−0.5、−1.2 时的单位阶跃曲线如图 4-4-8 所示。

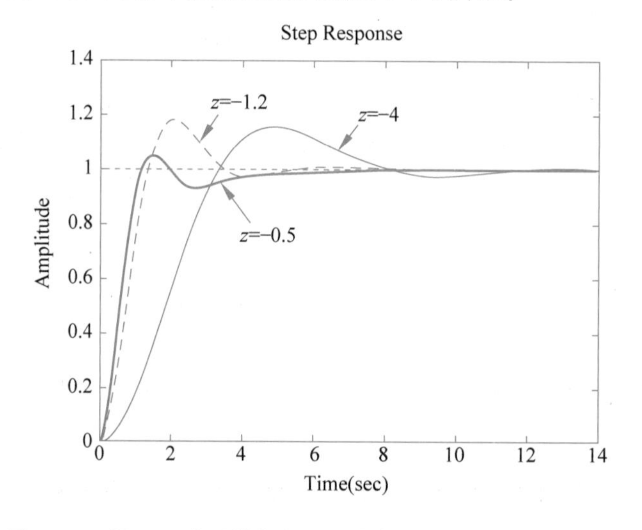

图 4-4-8 例 4-20 中系统加入开环零点 z 的单位阶跃响应曲线

从以上分析可以看出,加入合适的比例积分控制器,使系统形成偶极子,能尽量不改变原系统性能,即主导极点基本不变,而又能提高系统的控制精度。

4.4.3 MATLAB 实现

例 4-21 已知负反馈控制系统开环传递函数为

$$G(s)H(s)=\frac{K^*}{s(s+4)(s^2+8s+32)}$$

(1) 利用 MATLAB 绘制系统的根轨迹。

(2) 求 $\zeta=0.5$ 时的 K^* 值，绘制 $\zeta=0.5$ 时系统单位阶跃响应曲线并分析系统性能指标。

(3) 确定当系统稳定时，参数 K^* 的取值范围。

解：系统开环传递函数为 $G(s)H(s)=\dfrac{K^*}{s(s+4)(s+4+\mathrm{j}4)(s+4-\mathrm{j}4)}$

输入以下 MATLAB 命令。

```
clc;clear
%%绘制系统的根轨迹
figure(1)
num = 1;
den = conv(conv([1 0],[1 4]),[1 8 32]);
G = tf(num,den);               %系统开环传递函数
rlocus(G)                      %绘制系统的根轨迹
%%计算阻尼比为 0.5 对应的根轨迹增益
sgrid(0.5,[])
[k,poles] = rlocfind(G)
%%绘制阻尼比为 0.5 时系统的单位阶跃响应曲线
figure(2)
t = 0:0.01:10;
Go = feedback(tf(k * num,den),1);
step(Go,t);
%%计算临界稳定点的根轨迹增益与虚轴的交点
AG = allmargin(G);
Kc = AG.GainMargin             %临界根轨迹增益
wc = AG.GMFrequency            %根轨迹与虚轴的交点频率
```

(1) 绘制系统的根轨迹。程序运行结果如图 4-4-9(a)所示。

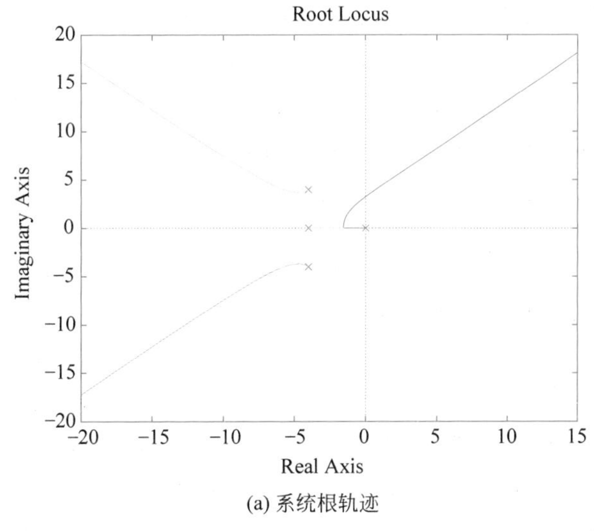

(a) 系统根轨迹

图 4-4-9　例 4-21 的根轨迹

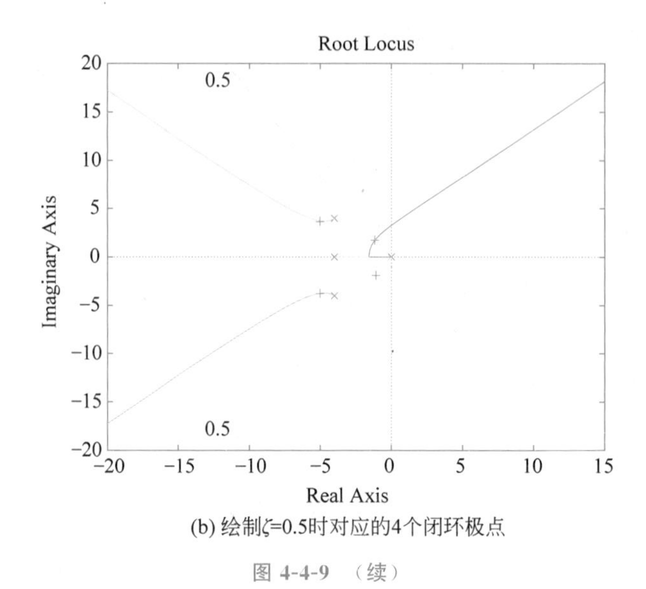

(b) 绘制ζ=0.5时对应的4个闭环极点

图 4-4-9 (续)

(2) $\zeta=0.5$ 时的 K^* 值及 K^* 值对应的 4 个闭环极点。

程序运行结果

```
Select a point in the graphics window
selected_point =
   - 1.0607 + 1.8447i
k =
  176.0777
poles =
   - 4.9160 + 3.7270i
   - 4.9160 - 3.7270i
   - 1.0840 + 1.8578i
   - 1.0840 - 1.8578i
```

由程序运行结果可知，当 $\zeta=0.5$ 时，对应的根轨迹增益为 $K^*=176.0777$，对应的 4 个闭环极点分别为 $s_{1,2}=-1.084\pm \mathrm{j}1.8578$、$s_{3,4}=-4.916\pm \mathrm{j}3.727$。显然，$s_3$ 至虚轴的距离是 s_1 至虚轴的距离的 5 倍，满足闭环主导极点的条件。因此，$s_{1,2}$ 可认为是系统的闭环主导极点，可以根据闭环主导极点 $s_{1,2}$ 来估算系统的动态性能指标。

系统闭环传递函数可近似为二阶系统的形式，即

$$\Phi(s)=\frac{C(s)}{R(s)}=\frac{1.084^2+1.8578^2}{(s+1.084+\mathrm{j}1.8578)(s+1.084-\mathrm{j}1.8578)}=\frac{4.6265}{s^2+2.168s+4.6265}$$

在单位阶跃信号作用下二阶系统的动态性能指标为

$$\sigma\%=\mathrm{e}^{-\frac{\pi\zeta}{\sqrt{1-\zeta^2}}}\times 100\%=\mathrm{e}^{-\frac{0.5\times 3.14}{\sqrt{1-0.25}}}\times 100\%=16.32\%,\quad t_s=\frac{3\sim 4}{\zeta\omega_n}=\frac{3\sim 4}{1.084}=2.767\sim 3.690\mathrm{s}$$

绘制 $\zeta=0.5$ 时系统的单位阶跃响应曲线，程序运行结果如图 4-4-10 所示。

由图 4-4-10 可知，$\zeta=0.5$ 时原系统动态性能指标为 $\sigma\%=15.6\%$，$t_s=3.99\mathrm{s}$。通过与估算的方法得到的结果比较，可以得出采用主导极点的概念估算出的系统性能指标具有较高精度。

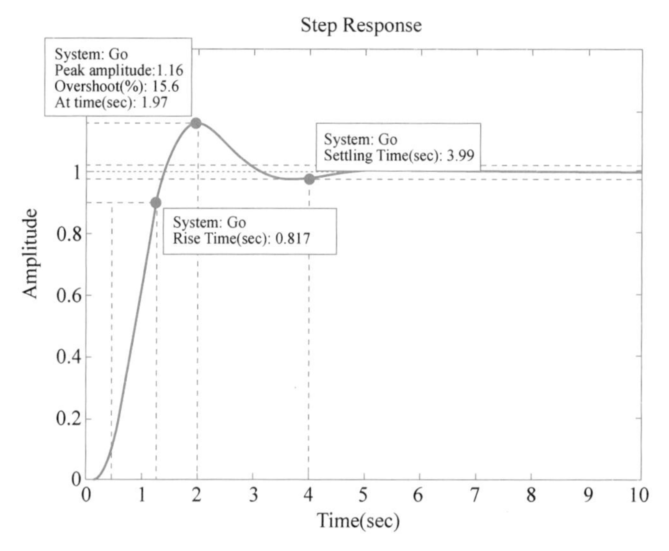

图 4-4-10　例 4-21$\zeta=0.5$ 时系统的单位阶跃响应曲线

(3) 确定系统稳定时 K^* 的取值范围。

根轨迹与虚轴的交点的频率和增益,结果如下:

```
Kc =
  568.7980
wc =
    3.2657
```

由程序运行结果可知,根轨迹与虚轴的交点为 $\pm$j3.2657,临界根轨迹增益 $K^*=568.798$。由根轨迹图可知,当 $0<K^*<568.798$ 时,系统稳定。显然,该系统是一个条件稳定系统。

4.5 习题

第5章　控制系统的频域分析法

CHAPTER 5

学习目标

(1) 理解频率特性的基本概念，学会频率特性的几种几何表示方法。

(2) 掌握最小相位和非最小相位典型环节的幅相频率特性曲线、对数频率特性曲线的特点。

(3) 掌握由系统开环传递函数绘制概略开环幅相频率特性曲线和开环对数幅频渐近特性曲线及对数相频特性曲线的方法，学会应用频率域稳定判据判断闭环系统的稳定性。

(4) 掌握由具有最小相位性质的系统开环对数幅频渐近特性曲线求开环传递函数的方法。

(5) 理解幅值裕度和相角裕度的概念，并会求解。

(6) 理解系统开环频域指标和时域指标的关系(特别是典型二阶系统)，理解三频段法分析闭环系统性能的方法。

(7) 理解系统闭环频域指标与开环频域指标、时域指标的关系。

本章重点

(1) 典型环节的频率特性。

(2) 系统概略开环幅相频率特性曲线和开环对数幅频渐近特性曲线的绘制。

(3) 奈奎斯特稳定判据和对数频率稳定判据及其应用。

(4) 幅值裕度和相角裕度的求解。

(5) 利用开环频率特性分析闭环系统性能的三频段法。

频域分析法是经典控制理论中研究线性系统的3种方法之一。它是利用系统的频率特性来分析和设计控制系统的一种图解方法。相较于时域分析法和根轨迹法，频域分析法具有以下特点：

(1) 控制系统或元件的频率特性可以由分析法和实验法确定，且具有明确的物理意义；

(2) 频率特性可以用多种形式的几何方法表示，因此可以运用图解法对控制系统进行研究，从而避免了求解微分方程时的一些烦琐计算；

(3) 频域分析法是通过开环频率特性来分析闭环系统的性能，且能较方便地分析系统参数对系统性能的影响，从而进一步提出改善系统性能的方法；

(4) 控制系统的频域设计可以兼顾动态响应和噪声抑制两方面的要求；

(5) 频域分析法既适用于线性定常系统，在一定条件下，也能推广应用于某些非线性控制系统(如含有延迟环节的系统)。

因此,频域分析法在工程实际中得到了广泛的应用。

5.1 频率特性的基本概念

视频讲解

控制系统的频率特性,指系统在不同频率的正弦信号作用下,其稳态响应随输入信号频率变化(ω 从 0 变到∞)而变化的特性,它是控制系统的频率域数学模型。

5.1.1 控制系统在正弦信号作用下的稳态响应

设有 n 阶稳定的线性定常系统,其传递函数的零极点形式表达式为

$$G(s)=\frac{C(s)}{R(s)}=\frac{b_m(s-z_1)(s-z_2)\cdots(s-z_m)}{a_n(s-p_1)(s-p_2)\cdots(s-p_n)}$$

为讨论方便且不失一般性,假设 n 个极点 $p_i(i=1,2,\cdots,n)$都是单极点。

当输入为正弦信号 $r(t)=A\sin\omega t$ 时,有

$$R(s)=\frac{A\omega}{s^2+\omega^2}$$

则输出响应的拉普拉斯变换为

$$C(s)=G(s)R(s)=\frac{b_m(s-z_1)(s-z_2)\cdots(s-z_m)}{a_n(s-p_1)(s-p_2)\cdots(s-p_n)}\cdot\frac{A\omega}{s^2+\omega^2}$$

$$=\sum_{i=1}^{n}\frac{C_i}{s-p_i}+\frac{B}{s-\mathrm{j}\omega}+\frac{D}{s+\mathrm{j}\omega} \tag{5-1-1}$$

式(5-1-1)中,$C_i(i=1,2,\cdots,n)$、B、D 为待定常数。

对式(5-1-1)两端取拉普拉斯反变换,得系统的输出响应为

$$c(t)=\sum_{i=1}^{n}C_i\mathrm{e}^{p_it}+B\mathrm{e}^{\mathrm{j}\omega t}+D\mathrm{e}^{-\mathrm{j}\omega t}$$

由于系统稳定,所以当 $t\to\infty$时,上式右端第一项趋于 0。系统的稳态响应为

$$c_{ss}(t)=B\mathrm{e}^{\mathrm{j}\omega t}+D\mathrm{e}^{-\mathrm{j}\omega t}$$

其中

$$B=(s-\mathrm{j}\omega)G(s)\cdot\frac{A\omega}{s^2+\omega^2}\bigg|_{s=\mathrm{j}\omega}=\frac{A\cdot G(\mathrm{j}\omega)}{2\mathrm{j}}=\frac{A\,|G(\mathrm{j}\omega)|}{2\mathrm{j}}\mathrm{e}^{\mathrm{j}\angle G(\mathrm{j}\omega)}$$

$$D=(s+\mathrm{j}\omega)G(s)\cdot\frac{A\omega}{s^2+\omega^2}\bigg|_{s=-\mathrm{j}\omega}=\frac{A\cdot G(-\mathrm{j}\omega)}{-2\mathrm{j}}=-\frac{A\,|G(\mathrm{j}\omega)|}{2\mathrm{j}}\mathrm{e}^{-\mathrm{j}\angle G(\mathrm{j}\omega)}$$

则有

$$c_{ss}(t)=A\,|G(\mathrm{j}\omega)|\left(\frac{\mathrm{e}^{\mathrm{j}\angle G(\mathrm{j}\omega)}\mathrm{e}^{\mathrm{j}\omega t}-\mathrm{e}^{-\mathrm{j}\angle G(\mathrm{j}\omega)}\mathrm{e}^{-\mathrm{j}\omega t}}{2\mathrm{j}}\right)$$

根据欧拉公式得

$$c_{ss}(t)=A\,|G(\mathrm{j}\omega)|\sin[\omega t+\angle G(\mathrm{j}\omega)] \tag{5-1-2}$$

式(5-1-2)表明,稳定的线性定常系统在正弦信号作用下的稳态响应,是与输入同频率的正弦信号,其与输入信号的幅值之比是 $G(\mathrm{j}\omega)$的幅值$|G(\mathrm{j}\omega)|$,相位之差是 $G(\mathrm{j}\omega)$的相角

$\angle G(\mathrm{j}\omega)$，它们都是输入信号频率 ω 的函数。

5.1.2 频率特性

1. 频率特性的定义

线性定常系统在正弦信号作用下，稳态响应与输入信号的幅值之比定义为系统的幅频特性，相位之差定义为系统的相频特性，分别用 $A(\omega)$ 和 $\varphi(\omega)$ 表示。即

$$\begin{cases} A(\omega)=|G(\mathrm{j}\omega)| \\ \varphi(\omega)=\angle G(\mathrm{j}\omega) \end{cases}$$

指数形式表达式为

$$G(\mathrm{j}\omega)=|G(\mathrm{j}\omega)|\mathrm{e}^{\mathrm{j}\angle G(\mathrm{j}\omega)}=A(\omega)\mathrm{e}^{\mathrm{j}\varphi(\omega)} \tag{5-1-3}$$

将式(5-1-3)定义为系统的频率特性。频率特性也可以表示成复数形式，即

$$G(\mathrm{j}\omega)=P(\omega)+\mathrm{j}Q(\omega)$$

$P(\omega)$ 称为系统的实频特性，$Q(\omega)$ 称为系统的虚频特性。可得到

$$\begin{cases} P(\omega)=A(\omega)\cos\varphi(\omega) \\ Q(\omega)=A(\omega)\sin\varphi(\omega) \\ A(\omega)=\sqrt{P^2(\omega)+Q^2(\omega)} \\ \varphi(\omega)=\arctan\dfrac{Q(\omega)}{P(\omega)} \end{cases}$$

上述频率特性的定义是通过稳定系统推导出来的，实际上也适用于不稳定系统。稳定系统的频率特性可以通过实验的方法确定，即将不同频率的正弦信号加到系统的输入端，在输出端测量系统的稳态响应，根据幅值比和相位差就可获得系统的频率特性。而不稳定系统的频率特性是不能用实验方法确定的。

2. 频率特性与传递函数的关系

由 5.1.1 节的推导过程可以看出，将系统传递函数 $G(s)$ 中的复变量 s 用 $\mathrm{j}\omega$ 代替，就得到系统的频率特性 $G(\mathrm{j}\omega)$，即

$$G(\mathrm{j}\omega)=G(s)\big|_{s=\mathrm{j}\omega}=\frac{C(s)}{R(s)}\bigg|_{s=\mathrm{j}\omega}=\frac{C(\mathrm{j}\omega)}{R(\mathrm{j}\omega)} \tag{5-1-4}$$

式(5-1-4)中，$C(\mathrm{j}\omega)$ 和 $R(\mathrm{j}\omega)$ 可以看作输出和输入的傅里叶变换。也就是说，稳定系统的频率特性等于输出和输入的傅里叶变换之比，这正是频率特性的物理意义。

同微分方程和传递函数一样，频率特性也只取决于系统的结构和参数，表征了系统本身的特性和运动规律，是描述线性控制系统的数学模型之一。

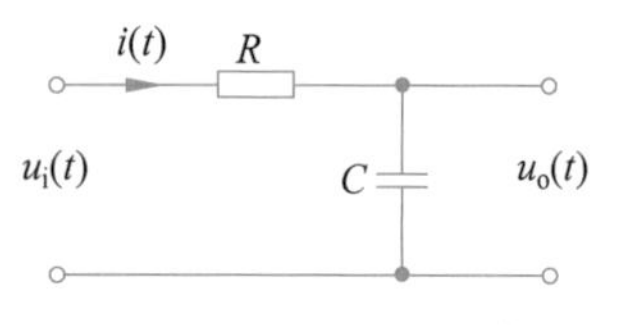

图 5-1-1 RC 无源网络

例 5-1 求图 5-1-1 所示 RC 无源网络的频率特性。

解：RC 无源网络的传递函数为

$$G(s)=\frac{U_o(s)}{U_i(s)}=\frac{1}{RCs+1}=\frac{1}{Ts+1}$$

其中 $T=RC$ 为时间常数。令 $s=\mathrm{j}\omega$，得到网络的频率特性为

$$G(\mathrm{j}\omega)=G(s)\big|_{s=\mathrm{j}\omega}=\frac{1}{1+\mathrm{j}\omega T}=\frac{1}{\sqrt{1+(\omega T)^2}}\mathrm{e}^{-\mathrm{j}\arctan\omega T}=\frac{1}{1+(\omega T)^2}+\mathrm{j}\frac{-\omega T}{1+(\omega T)^2}$$

幅频特性为

$$A(\omega)=\frac{1}{\sqrt{1+(\omega T)^2}} \tag{5-1-5}$$

相频特性为

$$\varphi(\omega)=-\arctan\omega T \tag{5-1-6}$$

实频特性为

$$P(\omega)=\frac{1}{1+(\omega T)^2}$$

虚频特性为

$$Q(\omega)=\frac{-\omega T}{1+(\omega T)^2}$$

5.1.3　频率特性的几何表示法

在工程实际中，采用频域分析法对控制系统进行分析和设计时，通常将频率特性绘制成曲线，然后运用图解法研究。下面介绍几种常见的频率特性曲线。

1. 幅频特性曲线和相频特性曲线

(1) 幅频特性曲线。在以频率 ω 为横轴、幅频特性 $A(\omega)$ 为纵轴的直角坐标平面上，绘制出 $A(\omega)$ 随 ω 变化而变化的曲线，即为幅频特性曲线。

(2) 相频特性曲线。在以频率 ω 为横轴、相频特性 $\varphi(\omega)$ 为纵轴的直角坐标平面上，绘制出 $\varphi(\omega)$ 随 ω 变化而变化的曲线，即为相频特性曲线。

例 5-2　试绘制图 5-1-1 所示 RC 无源网络的幅频特性和相频特性曲线。

解：根据例 5-1 中求出的幅频特性和相频特性的表达式(5-1-5)和式(5-1-6)，计算出 $A(\omega)$ 和 $\varphi(\omega)$ 随频率 ω 变化的值如表 5-1-1 所示。

表 5-1-1　$A(\omega)$ 和 $\varphi(\omega)$ 随频率 ω 变化的值

ω	0	$1/2T$	$1/T$	$2/T$	$3/T$	$4/T$	$5/T$	∞
$A(\omega)$	1	0.894	0.707	0.447	0.316	0.243	0.196	0
$\varphi(\omega)$	0	$-26.6°$	$-45°$	$-63.5°$	$-71.5°$	$-76°$	$-78.7°$	$-90°$

由表中数据采用描点法画出幅频特性曲线和相频特性曲线如图 5-1-2 所示。

2. 幅相频率特性曲线

在以 $G(j\omega)$ 的实部为横轴(实轴)、虚部为纵轴(虚轴)的复平面(简称 G 平面)上，将频率 ω 作为参变量，绘制出幅频特性 $A(\omega)$ 和相频特性 $\varphi(\omega)$ 之间的关系曲线，即为幅相频率特性曲线，又称奈奎斯特(Nyquist)曲线或极坐标图。

由式(5-1-3)可知，频率特性 $G(j\omega)$ 为 G 平面上的向量，向量的长度为幅频特性 $A(\omega)$，向量与实轴正方向的夹角等于相频特性 $\varphi(\omega)$，且逆时针方向为正。当 ω 从 0 到 ∞ 变化时，向量的端点在 G 平面上画出的曲线就是幅相频率特性曲线。通常用箭头表明 ω 增大时幅相特性曲线的变化方向，并把 ω 标在箭头旁边。

例 5-3　画出图 5-1-1 所示 RC 无源网络的幅相频率特性曲线。

解：由表 5-1-1 中数据采用描点法画出 RC 网络的幅相频率特性曲线如图 5-1-3 所示。

3. 对数频率特性曲线

对数频率特性曲线也称伯德(Bode)图，包括对数幅频特性曲线和对数相频特性曲线，是工程中广泛使用的一组曲线。

(1) 对数幅频特性曲线。

在以频率 ω 为横轴、幅频特性 $A(\omega)$ 的对数值 $L(\omega)=20\lg A(\omega)$ 为纵轴的坐标平面上，

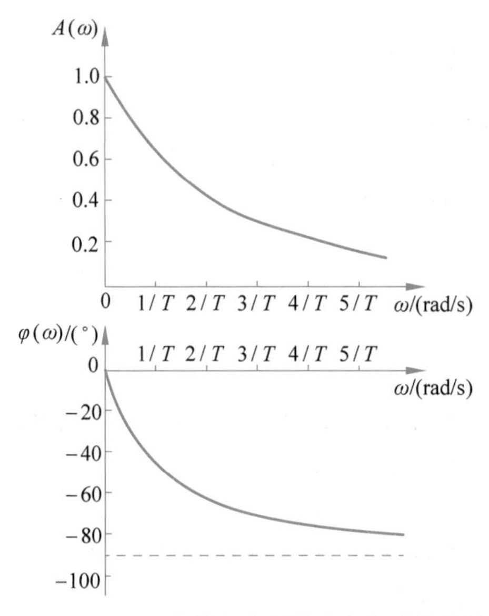

图 5-1-2 RC 网络的幅频特性和相频特性曲线

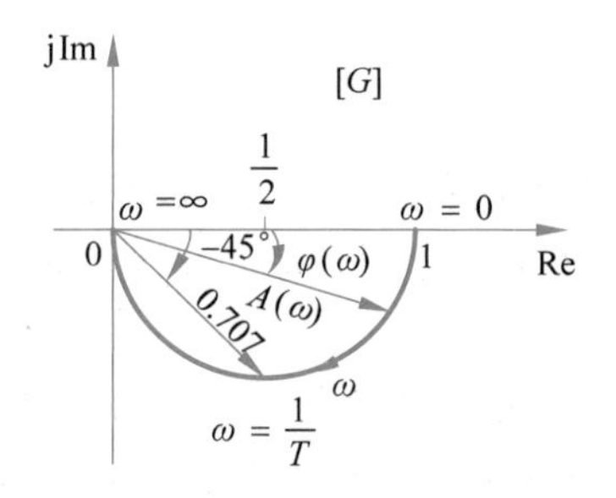

图 5-1-3 RC 网络的幅相频率特性曲线

绘制出 $L(\omega)$随 ω 变化而变化的曲线,即为对数幅频特性曲线。其中,纵坐标单位是 dB(分贝),为线性分度,即 $A(\omega)$每变化 10 倍,$L(\omega)$变化 20dB;横坐标单位是弧度/秒(rad/s),以 ω 对数分度,即 ω 取常用对数后是线性分度,但为了便于观察仍标注为频率 ω,因此横坐标对于 ω 而言不是线性分度。

对数分度如图 5-1-4 所示。当频率 ω 每变化 10 倍(称为十倍频程或 dec)时,坐标间距离变化一个单位长度。

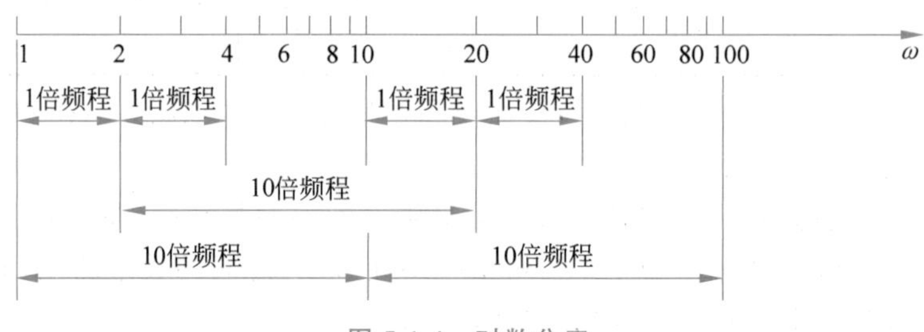

图 5-1-4 对数分度

(2) 对数相频特性曲线。

在以频率 ω 为横轴、相频特性 $\varphi(\omega)$为纵轴的坐标平面上,绘制出 $\varphi(\omega)$随 ω 变化而变化的曲线,即为对数相频特性曲线。其中,纵坐标单位是度(°),为线性分度;横坐标与对数幅频特性曲线的横坐标相同。

综上所述,对数频率特性曲线具有如下特点。

(1) 对数幅频特性和对数相频特性的纵坐标,分别以对数幅频分贝数和相频度数线性分度,是均匀的;横坐标以频率对数分度,但标注的是频率的实际值,是不均匀的。由此构成的坐标系称为半对数坐标系。

(2) 横轴上,对应于频率每变化十倍的范围,称为十倍频程(dec),横轴上所有十倍频程的长度是相等的。

（3）横坐标采用 ω 的对数分度扩大了频带宽度，便于在较大频率范围反映频率特性的变化情况。

（4）对数幅频特性采用 $20\lg A(\omega)$ 将幅值的乘除运算化为加减运算，简化了曲线的绘制过程。

（5）为了说明对数幅频特性的特点，引入斜率的概念。半对数坐标系中的直线斜率为

$$k=\frac{L(\omega_2)-L(\omega_1)}{\lg\omega_2-\lg\omega_1} \tag{5-1-7}$$

例 5-4　画出图 5-1-1 所示 RC 无源网络当 $T=1$ 时的对数频率特性曲线。

解：由表 5-1-1 中数据采用描点法画出 RC 网络当 $T=1$ 时的对数频率特性曲线如图 5-1-5 所示。

4. 对数幅相频率特性曲线

在以相频特性 $\varphi(\omega)$ 为横轴、对数幅频特性 $L(\omega)$ 为纵轴的直角坐标平面上，将 ω 作为参变量，绘制出 $L(\omega)$ 与 $\varphi(\omega)$ 的关系曲线，即为对数幅相频率特性曲线，也称尼柯尔斯(Nichols)图。其中，纵坐标单位是 dB(分贝)，横坐标单位是度(°)，均为线性分度。

对于如图 5-1-6 所示的典型线性定常控制系统，其频率特性根据反馈点是否断开，分为开环频率特性和闭环频率特性。频域分析法一般是基于开环频率特性来分析和设计系统的。在开环频率特性中，工程中广泛使用的是幅相频率特性曲线和对数频率特性曲线，下文将分别详细介绍。

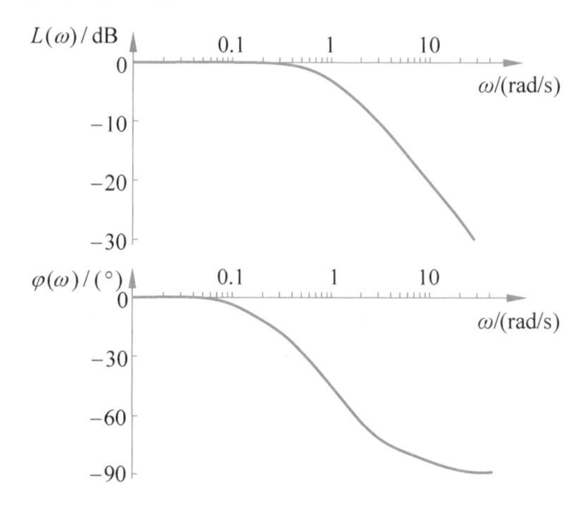

图 5-1-5　$T=1$ 时 RC 网络的对数频率特性曲线

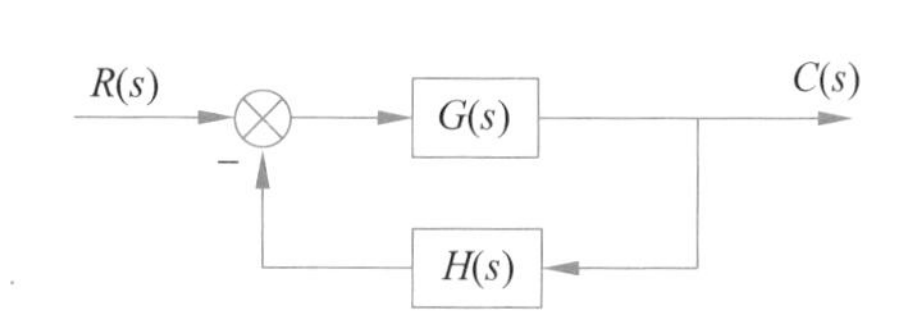

图 5-1-6　典型线性定常控制系统的结构图

5.1.4　MATLAB 实现

1. 控制系统在正弦信号作用下稳态响应的 MATLAB 实现

控制系统在正弦信号作用下的稳态响应可以用 MATLAB 提供的 lsim()函数实现。

例 5-5　已知某控制系统的传递函数为

$$G(s)=\frac{2s+1}{s^2+3s+2}$$

当输入信号为 $r(t)=\sin t$ 时，求系统的输出响应。

解：MATLAB 程序如下。

```
clc;clear
num = [2,1];
den = [1,3,2];
G = tf(num,den);
t = 0:0.1:20;
r = sin(t);
y = lsim(G,r,t);
plot(t,r,t,y); grid;
xlabel('t');
gtext('r(t)');
gtext('c(t)');
```

运行结果如图 5-1-7 所示。可见,正弦信号作用下的稳态响应,是与输入同频率的正弦信号,仅幅值与相位不同。

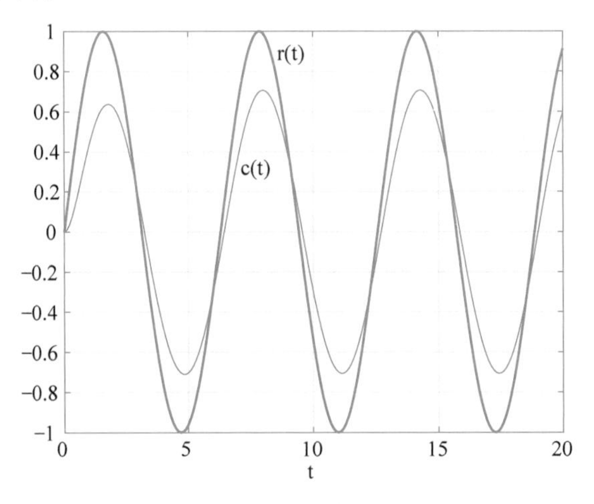

图 5-1-7　例 5-5 的运行结果

2. 系统频率特性的 MATLAB 实现

系统的频率特性可以用 MATLAB 提供的 freqs()函数来分析。该函数可以求出系统频率特性的数值解,也可以绘出系统的幅频和相频特性曲线,其调用格式如下:

```
G = freqs(num,den,w)     % w 是形如 w1:p:w2 的频率范围,向量 G 返回向量 w 所定义的频率点上的频
%率特性的样值
[G,w] = freqs(b,a)       % 向量 G 返回默认频率范围内 200 个频率点上的频率特性的样值,200 个频
%率点记录在 w 中
[G,w] = freqs(b,a,n)     % 向量 G 返回默认频率范围内 n 个频率点上的频率特性的样值,n 个频率点
%记录在 w 中
freqs(b,a)               % 该调用格式不返回频率特性的样值,直接绘出系统的幅频和相频特性曲线
```

例 5-6　画出例 5-5 中系统的幅频特性 $A(\omega)$和相频特性 $\varphi(\omega)$曲线。

解:MATLAB 程序如下。

```
clc;clear
w = [0:0.01:10];
num = [2,1];
den = [1,3,2];
G = freqs(num,den,w);
subplot(2,1,1);
plot(w,abs(G));
xlabel('\omega(rad/s)');
```

```
ylabel('A(\omega)');
grid on;
subplot(2,1,2);
plot(w,angle(G));
xlabel('\omega(rad/s)');
ylabel('\phi(\omega)');
grid on;
```

运行结果如图 5-1-8 所示。

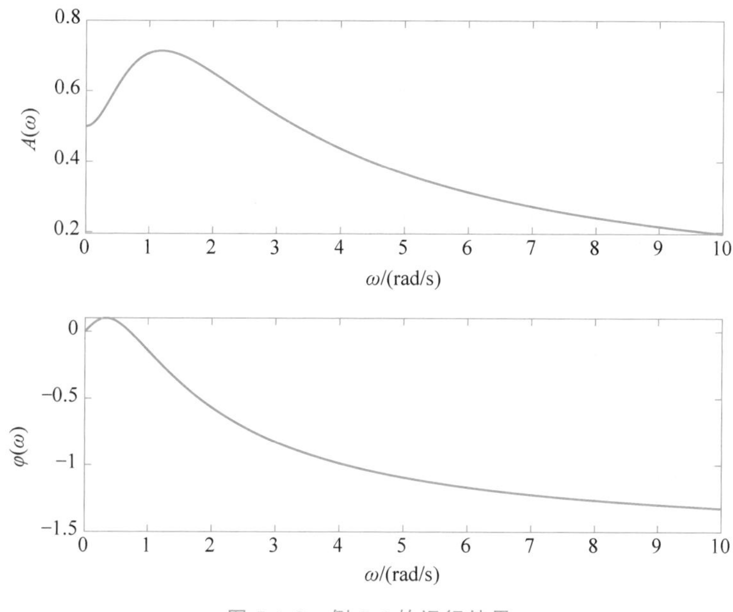

图 5-1-8　例 5-6 的运行结果

5.2 典型环节的频率特性

视频讲解

典型线性定常控制系统如图 5-1-6 所示,其开环传递函数 $G(s)H(s)$ 可以分解为若干典型环节的串联形式,即

$$G(s)H(s)=\prod_{i=1}^{N}G_i(s) \tag{5-2-1}$$

式(5-2-1)中 $G_i(s)$ 是各典型环节的传递函数。为了绘制系统的开环频率特性曲线,需要先熟悉典型环节的频率特性。

典型环节可分为最小相位环节和非最小相位环节两大类。在 2.2 节介绍的典型环节中,除延迟环节外,其余都是最小相位环节。非最小相位环节有比例环节、惯性环节、一阶微分环节、振荡环节和二阶微分环节 5 种。除比例环节外,其他 4 种非最小相位环节和相对应的最小相位环节的不同在于开环零点或极点位于 s 右半平面。

5.2.1　比例环节

1. 最小相位比例环节

最小相位比例环节的传递函数为 $G(s)=K(K>0)$,其频率特性为

$$G(\mathrm{j}\omega)=K=K\cdot \mathrm{e}^{\mathrm{j}0^\circ}$$

（1）幅相频率特性。

幅频特性和相频特性为

$$\begin{cases}A(\omega)=K\\ \varphi(\omega)=0^\circ\end{cases}$$

当频率 ω 从 0 到∞变化时，可画出幅相频率特性曲线如图 5-2-1 中①所示，其为 G 平面正实轴上的一个点。

（2）对数频率特性。

对数幅频特性和对数相频特性为

$$\begin{cases}L(\omega)=20\lg K\\ \varphi(\omega)=0^\circ\end{cases}$$

当频率 ω 从 0 到∞变化时，可画出对数频率特性曲线如图 5-2-2 中①所示，其对数幅频特性是一条高度为 $20\lg K$ 的水平线，对数相频特性是与横轴重合的一条直线。

2. 非最小相位比例环节

非最小相位比例环节的传递函数为 $G(s)=-K(K>0)$，其频率特性为

$$G(\mathrm{j}\omega)=-K=K\cdot \mathrm{e}^{-\mathrm{j}180^\circ}$$

（1）幅相频率特性。

幅频特性和相频特性为

$$\begin{cases}A(\omega)=K\\ \varphi(\omega)=-180^\circ\end{cases}$$

当频率 ω 从 0 到∞变化时，可画出幅相频率特性曲线如图 5-2-1 中②所示，其为 G 平面负实轴上的一个点。

（2）对数频率特性。

对数幅频特性和对数相频特性为

$$\begin{cases}L(\omega)=20\lg K\\ \varphi(\omega)=-180^\circ\end{cases}$$

当频率 ω 从 0 到∞变化时，可画出对数频率特性曲线如图 5-2-2 中②所示，其对数幅频特性与最小相位比例环节的对数幅频特性相同，对数相频特性是过-180°的一条水平线。

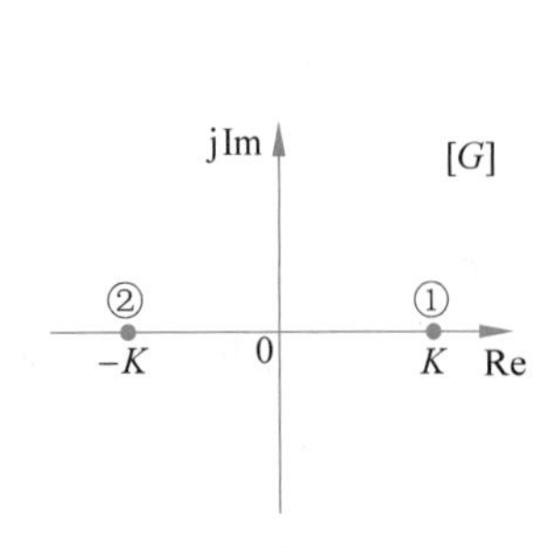

图 5-2-1 比例环节的幅相频率特性曲线
① 最小相位比例环节；
② 非最小相位比例环节

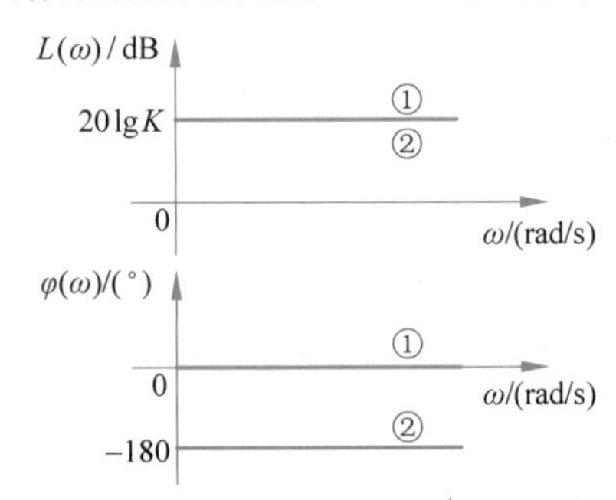

图 5-2-2 比例环节的对数频率特性曲线
① 最小相位比例环节；
② 非最小相位比例环节

5.2.2 积分环节

积分环节的传递函数为$G(s)=\frac{1}{s}$，其频率特性为

$$G(\mathrm{j}\omega)=\frac{1}{\mathrm{j}\omega}=\frac{1}{\omega}\cdot \mathrm{e}^{-\mathrm{j}90^\circ}$$

(1) 幅相频率特性。

幅频特性和相频特性为

$$\begin{cases}A(\omega)=\frac{1}{\omega}\\ \varphi(\omega)=-90^\circ\end{cases}$$

当频率ω从0到∞变化时，可画出幅相频率特性曲线如图5-2-3中①所示，其为G平面上与负虚轴重合的一条直线。

(2) 对数频率特性。

对数幅频特性和对数相频特性为

$$\begin{cases}L(\omega)=-20\lg\omega\\ \varphi(\omega)=-90^\circ\end{cases}$$

当频率ω从0到∞变化时，可画出对数频率特性曲线如图5-2-4中①所示，其对数幅频特性是斜率为-20dB/dec且过(1,0)点的一条直线，对数相频特性是通过-90°的一条水平线。

5.2.3 微分环节

微分环节的传递函数为$G(s)=s$，其频率特性为

$$G(\mathrm{j}\omega)=\mathrm{j}\omega=\omega\cdot \mathrm{e}^{\mathrm{j}90^\circ}$$

(1) 幅相频率特性。

幅频特性和相频特性为

$$\begin{cases}A(\omega)=\omega\\ \varphi(\omega)=90^\circ\end{cases}$$

当频率ω从0到∞变化时，可画出幅相频率特性曲线如图5-2-3中②所示，其为G平面上与正虚轴重合的一条直线。

(2) 对数频率特性。

对数幅频特性和对数相频特性为

$$\begin{cases}L(\omega)=20\lg\omega\\ \varphi(\omega)=90^\circ\end{cases}$$

当频率ω从0到∞变化时，可画出对数频率特性曲线如图5-2-4中②所示，其对数幅频特性是斜率为20dB/dec且过(1,0)点的一条直线，对数相频特性是通过90°的一条水平线。可见，微分环节与积分环节的对数幅频特性曲线关于0dB线对称，对数相频特性曲线关于0°线对称。此结论同样适用于其他传递函数互为倒数的典型环节。

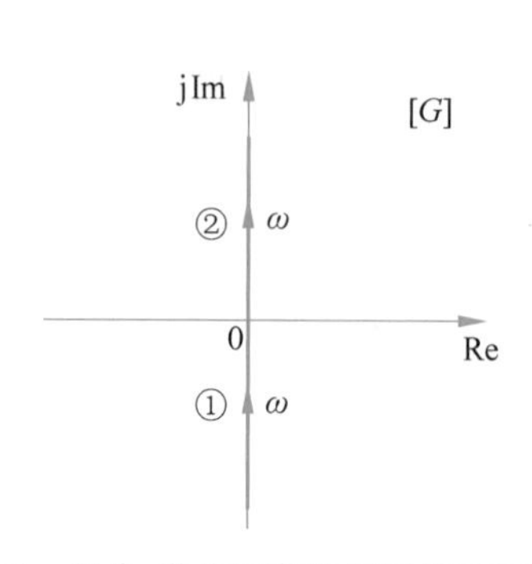

图 5-2-3 积分、微分环节的幅相频率特性曲线

① 积分环节；② 微分环节

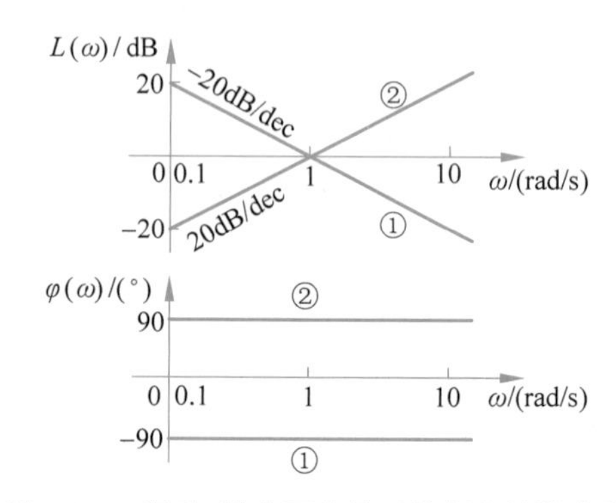

图 5-2-4 积分、微分环节的对数频率特性曲线

① 积分环节；② 微分环节

5.2.4 惯性环节

1. 最小相位惯性环节

最小相位惯性环节的传递函数为 $G(s)=\dfrac{1}{Ts+1}(T>0)$，其频率特性为

$$G(\mathrm{j}\omega)=\frac{1}{\mathrm{j}\omega T+1}=\frac{1}{\sqrt{(\omega T)^2+1}}\mathrm{e}^{-\mathrm{j}\arctan\omega T}$$

(1) 幅相频率特性。

幅频特性和相频特性为

$$\begin{cases}A(\omega)=\dfrac{1}{\sqrt{(\omega T)^2+1}}\\ \varphi(\omega)=-\arctan\omega T\end{cases}$$

当频率 ω 从 $0\to\infty$ 变化时，可画出幅相频率特性曲线如图 5-2-5 中①所示。可以证明，最小相位惯性环节的幅相特性是 G 平面第四象限内，以 $\left(\dfrac{1}{2},\mathrm{j}0\right)$ 为圆心、$\dfrac{1}{2}$ 为半径的半圆。

(2) 对数频率特性。

① 对数幅频特性。

最小相位惯性环节的对数幅频特性为

$$L(\omega)=-20\lg\sqrt{(\omega T)^2+1}$$

当频率 ω 从 $0\to\infty$ 变化时，给出不同的 ω 值，可以逐点求出 $L(\omega)$ 的值，由此可画出对数幅频特性曲线如图 5-2-6 中曲线①的虚线所示。在控制工程中，为了简化对数幅频特性曲线的作图，常用对数幅频渐近特性曲线近似表示。最小相位惯性环节的对数幅频渐近特性曲线的绘制方法如下。

当 $\omega\ll\dfrac{1}{T}$ 时，$(\omega T)^2\ll1$，则 $L(\omega)\approx-20\lg1=0$，即低频渐近线是一条与 0dB 线重合的直线；当 $\omega\gg\dfrac{1}{T}$ 时，$(\omega T)^2\gg1$，则 $L(\omega)\approx-20\lg\omega T$，即高频渐近线是过点 $\left(\dfrac{1}{T},0\right)$、斜率为 -20dB/dec 的一条直线。由此可画出对数幅频渐近特性曲线如图 5-2-6 中曲线①的实线所示。

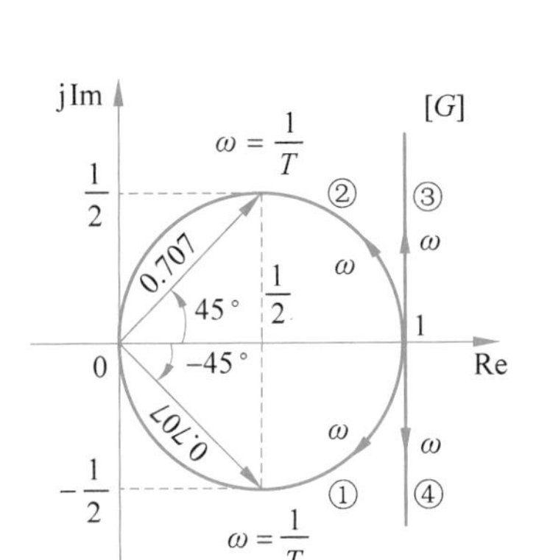

图 5-2-5　惯性、一阶微分环节的幅相频率特性曲线
① 最小相位惯性环节；② 非最小相位惯性环节；
③ 最小相位一阶微分环节；④ 非最小相位一阶微分环节

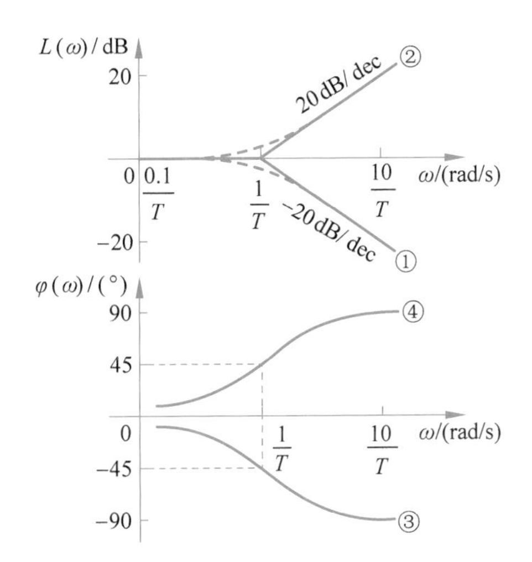

图 5-2-6　惯性、一阶微分环节的对数频率特性曲线
① 惯性环节；② 一阶微分环节；③ 最小相位惯性环节或非最小相位一阶微分环节；④ 非最小相位惯性环节或最小相位一阶微分环节

可见，低频渐近线与高频渐近线相交于 $\omega=\frac{1}{T}$ 处，称频率 $\frac{1}{T}$ 为惯性环节的转折频率，这是绘制惯性环节对数频率特性曲线的一个重要参数。

由图 5-2-6 中曲线①可以看出，用对数幅频渐近特性近似表示对数幅频特性存在误差，误差曲线如图 5-2-7 所示。在转折频率 $\omega=\frac{1}{T}$ 处误差最大，约为 -3dB。通常可以根据误差曲线对对数幅频渐近特性曲线进行修正而获得准确的对数幅频特性曲线。

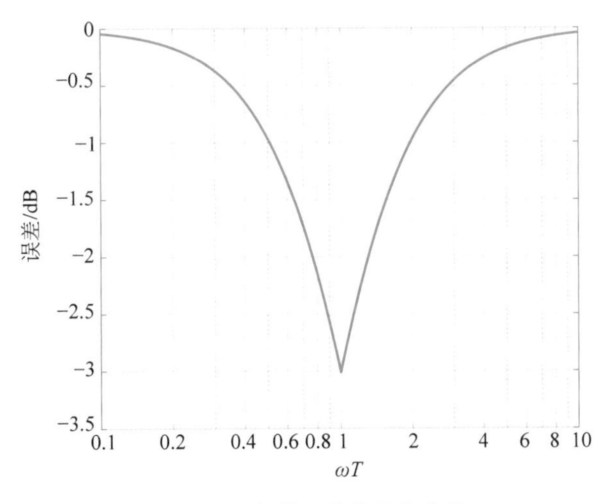

图 5-2-7　惯性环节的误差曲线

② 对数相频特性。

最小相位惯性环节的对数相频特性为

$$\varphi(\omega)=-\arctan\omega T$$

当频率 ω 从 $0\to\infty$ 变化时，可画出对数相频特性曲线如图 5-2-6 中曲线③所示。可以证

明，该曲线关于点$\left(\frac{1}{T},-45°\right)$中心对称。

2. 非最小相位惯性环节

非最小相位惯性环节的传递函数为$G(s)=\frac{1}{-Ts+1}(T>0)$，其频率特性为

$$G(\mathrm{j}\omega)=\frac{1}{-\mathrm{j}\omega T+1}=\frac{1}{\sqrt{(\omega T)^2+1}}\mathrm{e}^{\mathrm{j}\arctan\omega T}$$

(1) 幅相频率特性。

幅频特性和相频特性为

$$\begin{cases}A(\omega)=\dfrac{1}{\sqrt{(\omega T)^2+1}}\\ \varphi(\omega)=\arctan\omega T\end{cases}$$

当频率ω从$0\to\infty$变化时，可画出幅相频率特性曲线如图5-2-5中②所示，其为G平面第一象限内，以$\left(\frac{1}{2},\mathrm{j}0\right)$为圆心、$\frac{1}{2}$为半径的半圆。可见，非最小相位与最小相位惯性环节的幅相特性曲线关于实轴对称。此结论同样适用于最小相位与非最小相位的一阶微分环节、振荡环节、二阶微分环节。

(2) 对数频率特性。

非最小相位惯性环节的对数幅频特性和对数相频特性为

$$\begin{cases}L(\omega)=-20\lg\sqrt{(\omega T)^2+1}\\ \varphi(\omega)=\arctan\omega T\end{cases}$$

类似于最小相位惯性环节的分析方法，可画出非最小相位惯性环节的对数幅频特性曲线如图5-2-6中的曲线①所示，对数相频特性曲线如图5-2-6中的曲线④所示。可见，非最小相位与最小相位的惯性环节对数幅频特性曲线相同，对数相频特性曲线关于0°线对称。此结论同样适用于最小相位与非最小相位的一阶微分环节、振荡环节、二阶微分环节。

5.2.5 一阶微分环节

1. 最小相位一阶微分环节

最小相位一阶微分环节的传递函数为$G(s)=Ts+1(T>0)$，其频率特性为

$$G(\mathrm{j}\omega)=\mathrm{j}\omega T+1=\sqrt{(\omega T)^2+1}\,\mathrm{e}^{\mathrm{j}\arctan\omega T}$$

(1) 幅相频率特性。

幅频特性和相频特性为

$$\begin{cases}A(\omega)=\sqrt{(\omega T)^2+1}\\ \varphi(\omega)=\arctan\omega T\end{cases}$$

当频率ω从$0\to\infty$变化时，$G(\mathrm{j}\omega)$的实部恒等于1，虚部从0变化到∞，由此可画出幅相频率特性曲线如图5-2-5中③所示，其为G平面第一象限内，过点(1,j0)且平行于虚轴的一条直线。

（2）对数频率特性。

最小相位一阶微分环节的对数幅频特性和对数相频特性为

$$\begin{cases} L(\omega)=20\lg\sqrt{(\omega T)^2+1} \\ \varphi(\omega)=\arctan\omega T \end{cases}$$

由于最小相位的一阶微分环节和惯性环节传递函数互为倒数，所以它们的对数幅频特性曲线关于0dB线对称，对数相频特性曲线关于0°线对称，可画出一阶微分环节的对数幅频特性曲线如图5-2-6中曲线②所示，其对数幅频渐近特性曲线的低频渐近线是一条与0dB线重合的直线，高频渐近线是过点$\left(\frac{1}{T},0\right)$、斜率为20dB/dec的一条直线，转折频率为$\frac{1}{T}$；当频率$\omega$从0到$\infty$变化时，可画出对数相频特性曲线如图5-2-6中曲线④所示。该曲线关于点$\left(\frac{1}{T},45°\right)$中心对称。

2. 非最小相位一阶微分环节

非最小相位一阶微分环节的传递函数为$G(s)=-Ts+1(T>0)$，其频率特性为

$$G(\mathrm{j}\omega)=-\mathrm{j}\omega T+1=\sqrt{(\omega T)^2+1}\,\mathrm{e}^{-\mathrm{j}\arctan\omega T}$$

（1）幅相频率特性。

幅频特性和相频特性为

$$\begin{cases} A(\omega)=\sqrt{(\omega T)^2+1} \\ \varphi(\omega)=-\arctan\omega T \end{cases}$$

根据非最小相位与最小相位的一阶微分环节幅相特性曲线关于实轴对称，可画出幅相频率特性曲线如图5-2-5中④所示，其为G平面第四象限内，过点(1,j0)且平行于虚轴的一条直线。

（2）对数频率特性。

非最小相位一阶微分环节的对数幅频特性和对数相频特性为

$$\begin{cases} L(\omega)=20\lg\sqrt{(\omega T)^2+1} \\ \varphi(\omega)=-\arctan\omega T \end{cases}$$

根据非最小相位与最小相位的一阶微分环节对数幅频特性曲线相同、对数相频特性曲线关于0°线对称，可画出对数幅频特性曲线如图5-2-6中的曲线②所示，对数相频特性曲线如图5-2-6中的曲线③所示。

5.2.6 振荡环节

1. 最小相位振荡环节

最小相位振荡环节的传递函数为$G(s)=\frac{\omega_n^2}{s^2+2\zeta\omega_n s+\omega_n^2}(0<\zeta<1,\omega_n>0)$，其频率特性为

$$G(\mathrm{j}\omega)=\frac{\omega_n^2}{-\omega^2+\mathrm{j}2\zeta\omega_n\omega+\omega_n^2}=\frac{1}{1-\frac{\omega^2}{\omega_n^2}+\mathrm{j}2\zeta\frac{\omega}{\omega_n}}$$

(1) 幅相频率特性。

幅频特性和相频特性为

$$\begin{cases} A(\omega)=\dfrac{1}{\sqrt{\left(1-\dfrac{\omega^2}{\omega_n^2}\right)^2+4\zeta^2\dfrac{\omega^2}{\omega_n^2}}} \\ \varphi(\omega)=-\arctan\dfrac{2\zeta\dfrac{\omega}{\omega_n}}{1-\dfrac{\omega^2}{\omega_n^2}}=\begin{cases} -\arctan\dfrac{2\zeta\dfrac{\omega}{\omega_n}}{1-\dfrac{\omega^2}{\omega_n^2}}, & \omega\leqslant\omega_n \\ -\left(180^\circ-\arctan\dfrac{2\zeta\dfrac{\omega}{\omega_n}}{\dfrac{\omega^2}{\omega_n^2}-1}\right), & \omega>\omega_n \end{cases} \end{cases} \tag{5-2-2}$$

振荡环节的幅相频率特性曲线与阻尼比 ζ 有关,给出不同的 ζ 值,可绘出一簇形状相似的曲线。

当频率 ω 从 0 到∞变化时,$A(\omega)$从 1 到 0 变化,$\varphi(\omega)$从 0°到−180°变化。当 $\omega=\omega_n$ 时,$A(\omega_n)=\dfrac{1}{2\zeta}$,$\varphi(\omega_n)=-90^\circ$,即曲线与虚轴的交点为 $-\mathrm{j}\dfrac{1}{2\zeta}$。为了分析 ζ 取值对曲线形状的影响,先求 $A(\omega)$对 ω 的一阶导数,即

$$\frac{\mathrm{d}A(\omega)}{\mathrm{d}\omega}=\frac{-\left[-\dfrac{2\omega}{\omega_n^2}\left(1-\dfrac{\omega^2}{\omega_n^2}\right)+4\zeta^2\dfrac{\omega}{\omega_n^2}\right]}{\left[\left(1-\dfrac{\omega^2}{\omega_n^2}\right)^2+4\zeta^2\dfrac{\omega^2}{\omega_n^2}\right]^{\frac{3}{2}}}$$

当 $0<\zeta\leqslant\dfrac{\sqrt{2}}{2}$ 时,令 $\dfrac{\mathrm{d}A(\omega)}{\mathrm{d}\omega}=0$,求得

$$\omega_r=\omega_n\sqrt{1-2\zeta^2}$$

在 $\omega\in(0,\omega_r)$时,$A(\omega)$单调递增,$\omega\in(\omega_r,\infty)$时,$A(\omega)$单调递减,表明在 $\omega=\omega_r$ 处,$A(\omega)$具有极大值。极大值为

$$M_r=A(\omega_r)=\frac{1}{2\zeta\sqrt{1-\zeta^2}}$$

ω_r 称为谐振频率,M_r 称为谐振峰值,它们均是阻尼比 ζ 的减函数。

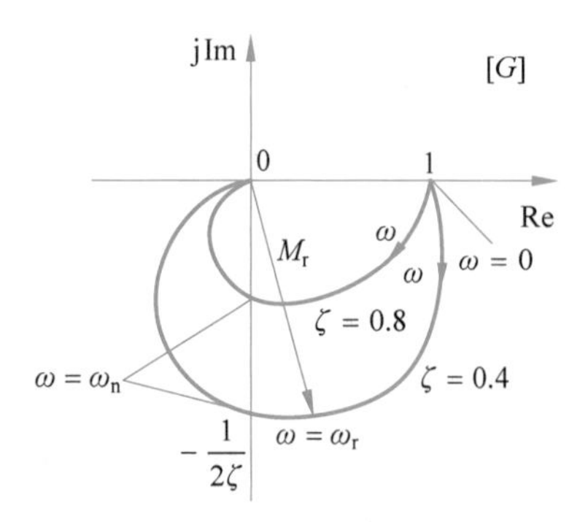

图 5-2-8 振荡环节的幅相频率特性曲线

当 $\dfrac{\sqrt{2}}{2}<\zeta<1$ 时,在 $\omega\in(0,\infty)$的范围内,可求得 $\dfrac{\mathrm{d}A(\omega)}{\mathrm{d}\omega}<0$,表明 $A(\omega)$单调递减。由此可画出振荡环节在不同阻尼比 ζ 时的幅相频率特性曲线如图 5-2-8 所示。

(2) 对数频率特性。

① 对数幅频特性。

最小相位振荡环节的对数幅频特性为

$$L(\omega)=-20\lg\sqrt{\left(1-\frac{\omega^2}{\omega_n^2}\right)^2+4\zeta^2\frac{\omega^2}{\omega_n^2}}$$

与惯性环节类似，控制工程中，也常用对数幅频渐近特性曲线近似表示对数幅频特性。最小相位振荡环节的对数幅频渐近特性曲线的绘制方法如下。

当 $\omega \ll \omega_n$ 时，$L(\omega)\approx -20\lg 1=0$，即低频渐近线与 0dB 线重合；当 $\omega \gg \omega_n$ 时，$L(\omega)\approx -40\lg\frac{\omega}{\omega_n}$，即高频渐近线是过点$(\omega_n,0)$、斜率为$-40$dB/dec 的一条直线。由此可画出振荡环节的对数幅频渐近特性曲线如图 5-2-9 中曲线①所示。两条渐近线相交于 $\omega=\omega_n$ 处，称频率 ω_n 为振荡环节的转折频率。

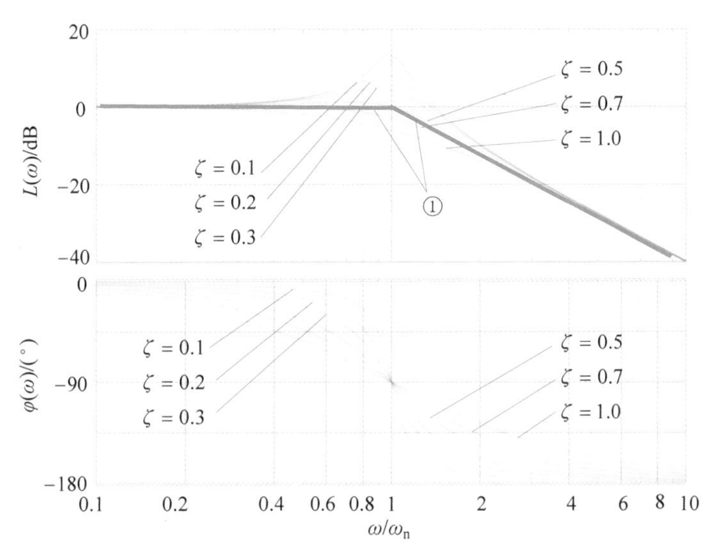

图 5-2-9　振荡环节的对数频率特性曲线

① 对数幅频渐近特性曲线

用振荡环节的渐近特性曲线近似表示对数幅频特性曲线存在误差，误差的大小与 ω 和 ζ 均有关，振荡环节的误差曲线如图 5-2-10 所示。根据误差曲线通过对渐近特性曲线进行修正，得到对数幅频特性曲线如图 5-2-9 所示。

② 对数相频特性。

最小相位振荡环节的对数相频特性与式(5-2-2)相同。$\varphi(\omega)$是 ω 和 ζ 的函数。当频率 ω 从 0 到∞变化时，以 ζ 为参变量，可画出振荡环节的对数相频特性曲线如图 5-2-9 所示，该簇曲线关于点$(\omega_n,-90°)$中心对称。

2. 非最小相位振荡环节

非最小相位振荡环节的传递函数为 $G(s)=\frac{\omega_n^2}{s^2-2\zeta\omega_n s+\omega_n^2}(0<\zeta<1,\omega_n>0)$，其频率特性为

$$G(\mathrm{j}\omega)=\frac{\omega_n^2}{-\omega^2-\mathrm{j}2\zeta\omega_n\omega+\omega_n^2}=\frac{1}{1-\frac{\omega^2}{\omega_n^2}-\mathrm{j}2\zeta\frac{\omega}{\omega_n}}$$

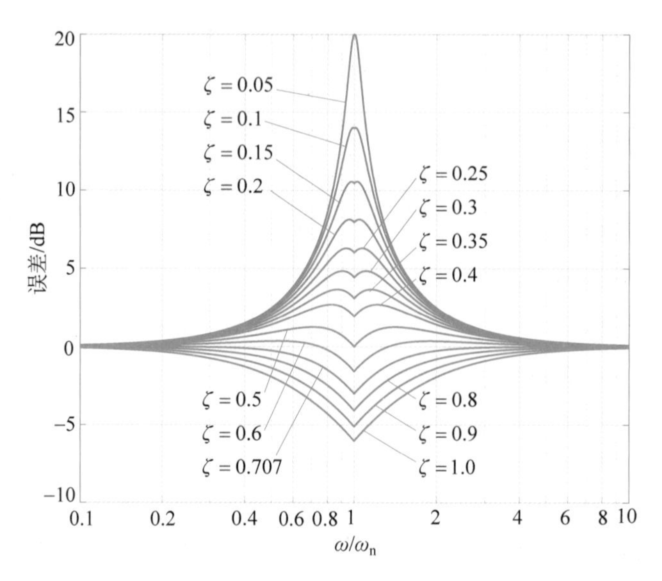

图 5-2-10　振荡环节的误差曲线

(1) 幅相频率特性。

幅频特性和相频特性为

$$
\begin{cases}
A(\omega)=\dfrac{1}{\sqrt{\left(1-\dfrac{\omega^2}{\omega_n^2}\right)^2+4\zeta^2\dfrac{\omega^2}{\omega_n^2}}} \\
\varphi(\omega)=\arctan\dfrac{2\zeta\dfrac{\omega}{\omega_n}}{1-\dfrac{\omega^2}{\omega_n^2}}=\begin{cases}\arctan\dfrac{2\zeta\dfrac{\omega}{\omega_n}}{1-\dfrac{\omega^2}{\omega_n^2}}, & \omega\leqslant\omega_n \\ 180^\circ-\arctan\dfrac{2\zeta\dfrac{\omega}{\omega_n}}{\dfrac{\omega^2}{\omega_n^2}-1}, & \omega>\omega_n\end{cases}
\end{cases}
$$

根据非最小相位与最小相位的振荡环节幅相频率特性曲线关于实轴对称,即可画出非最小相位振荡环节的幅相频率特性曲线。

(2) 对数频率特性。

根据非最小相位与最小相位的振荡环节对数幅频特性曲线相同、对数相频特性曲线关于0°线对称,即可画出非最小相位振荡环节的对数频率特性曲线。

5.2.7 二阶微分环节

1. 最小相位二阶微分环节

最小相位二阶微分环节的传递函数为 $G(s)=\dfrac{s^2}{\omega_n^2}+2\zeta\dfrac{s}{\omega_n}+1(0<\zeta<1,\omega_n>0)$,其频率特性为

$$G(\mathrm{j}\omega)=1-\frac{\omega^2}{\omega_n^2}+\mathrm{j}2\zeta\frac{\omega}{\omega_n}$$

(1) 幅相频率特性。

幅频特性和相频特性为

$$\begin{cases}A(\omega)=\sqrt{\left(1-\dfrac{\omega^2}{\omega_n^2}\right)^2+4\zeta^2\dfrac{\omega^2}{\omega_n^2}}\\ \varphi(\omega)=\arctan\dfrac{2\zeta\dfrac{\omega}{\omega_n}}{1-\dfrac{\omega^2}{\omega_n^2}}=\begin{cases}\arctan\dfrac{2\zeta\dfrac{\omega}{\omega_n}}{1-\dfrac{\omega^2}{\omega_n^2}}, & \omega\leqslant\omega_n\\ 180^\circ-\arctan\dfrac{2\zeta\dfrac{\omega}{\omega_n}}{\dfrac{\omega^2}{\omega_n^2}-1}, & \omega>\omega_n\end{cases}\end{cases}$$

同振荡环节一样，二阶微分环节的幅相频率特性曲线也与阻尼比 ζ 有关。

当频率 ω 从 0 到 ∞ 变化时，$A(\omega)$ 从 1 到 ∞ 变化，$\varphi(\omega)$ 从 0° 到 180° 变化。当 $\omega=\omega_n$ 时，$A(\omega_n)=2\zeta$，$\varphi(\omega_n)=90^\circ$，即曲线与虚轴的交点为 $\mathrm{j}2\zeta$。由于二阶微分环节的幅频特性是振荡环节幅频特性的倒数，所以当 $0<\zeta\leqslant\dfrac{\sqrt{2}}{2}$ 时，$A(\omega)$ 在 $\omega_r=\omega_n\sqrt{1-2\zeta^2}$ 处出现极小值 $M_r=A(\omega_r)=2\zeta\sqrt{1-\zeta^2}$，在 $\omega\in(0,\omega_r)$ 时，$A(\omega)$ 从 1 单调递减至 M_r，$\omega\in(\omega_r,\infty)$ 时，$A(\omega)$ 从 M_r 单调递增至 ∞；当 $\dfrac{\sqrt{2}}{2}<\zeta<1$ 时，在 $\omega\in(0,\infty)$ 的范围内，$A(\omega)$ 从 1 单调递增至 ∞。由此可画出二阶微分环节的幅相频率特性曲线如图 5-2-11 所示，其中 $0<\zeta_1<\dfrac{\sqrt{2}}{2}<\zeta_2<1$。

(2) 对数频率特性。

由于最小相位的二阶微分环节和振荡环节传递函数互为倒数，根据上文得出的结论，两者的对数幅频特性曲线关于 0dB 线对称，对数相频特性曲线关于 0° 线对称。由此可画出二阶微分环节的对数频率特性曲线如图 5-2-12 所示。

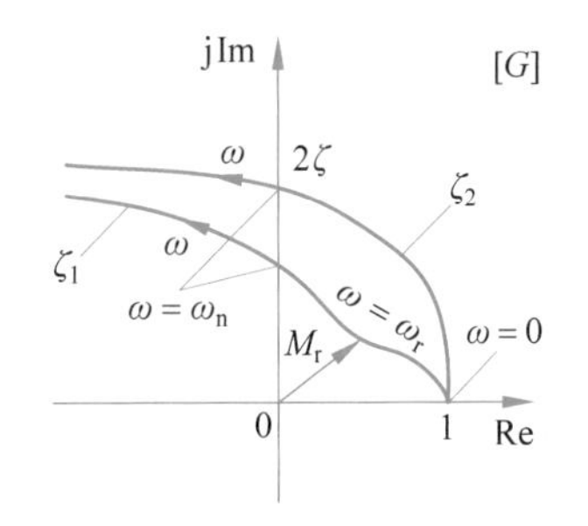

图 5-2-11　二阶微分环节的幅相频率特性曲线

2. 非最小相位二阶微分环节

非最小相位二阶微分环节的传递函数为 $G(s)=\dfrac{s^2}{\omega_n^2}-2\zeta\dfrac{s}{\omega_n}+1\ (0<\zeta<1,\omega_n>0)$，其频率特性为

$$G(\mathrm{j}\omega)=1-\frac{\omega^2}{\omega_n^2}-\mathrm{j}2\zeta\frac{\omega}{\omega_n}$$

(1) 幅相频率特性。

根据非最小相位与最小相位的二阶微分环节幅相频率特性曲线关于实轴对称，即可画

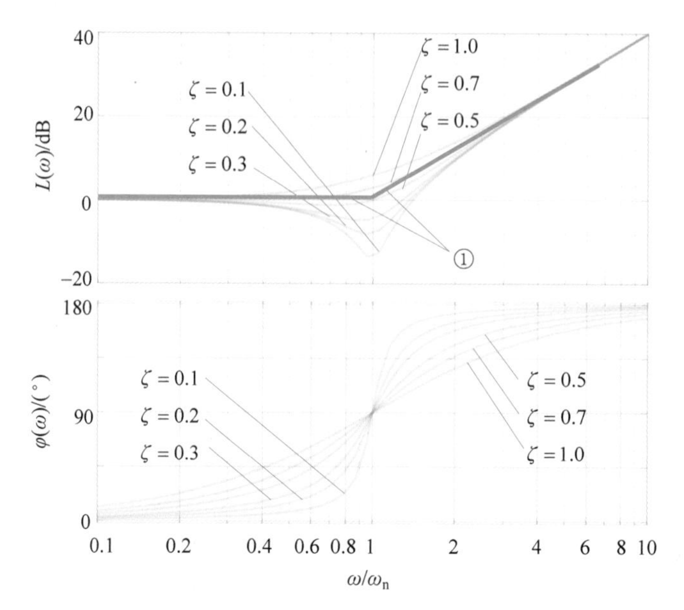

图 5-2-12 二阶微分环节的对数频率特性曲线

① 对数幅频渐近特性曲线

出非最小相位二阶微分环节的幅相频率特性曲线。

(2) 对数频率特性。

根据非最小相位与最小相位的二阶微分环节对数幅频特性曲线相同、对数相频特性曲线关于0°线对称,即可画出非最小相位二阶微分环节的对数频率特性曲线。

5.2.8 延迟环节

延迟环节的传递函数为 $G(s)=\mathrm{e}^{-\tau s}$,其频率特性为

$$G(\mathrm{j}\omega)=\mathrm{e}^{-\mathrm{j}\omega\tau}=1\cdot\mathrm{e}^{-\mathrm{j}\omega\tau}$$

(1) 幅相频率特性。

幅频特性和相频特性为

$$\begin{cases}A(\omega)=1\\ \varphi(\omega)=-\omega\tau(\mathrm{rad})=-57.3\omega\tau(^\circ)\end{cases}$$

当频率 ω 从 0 到∞变化时,$A(\omega)$恒等于 1,$\varphi(\omega)$从 0°变化到$-\infty$,可画出延迟环节的幅相频率特性曲线如图 5-2-13 所示,其为圆心在原点的单位圆。

(2) 对数频率特性。

对数幅频特性和对数相频特性为

$$\begin{cases}L(\omega)=20\lg 1=0\\ \varphi(\omega)=-\omega\tau(\mathrm{rad})=-57.3\omega\tau(^\circ)\end{cases}$$

当频率 ω 从 0 到∞变化时,$L(\omega)$恒等于 0,$\varphi(\omega)$从 0 变化到$-\infty$,可画出延迟环节的对数频率特性曲线如图 5-2-14 所示,其对数幅频特性曲线与 0dB 线重合,对数相频特性曲线是一条呈指数规律下降的曲线。

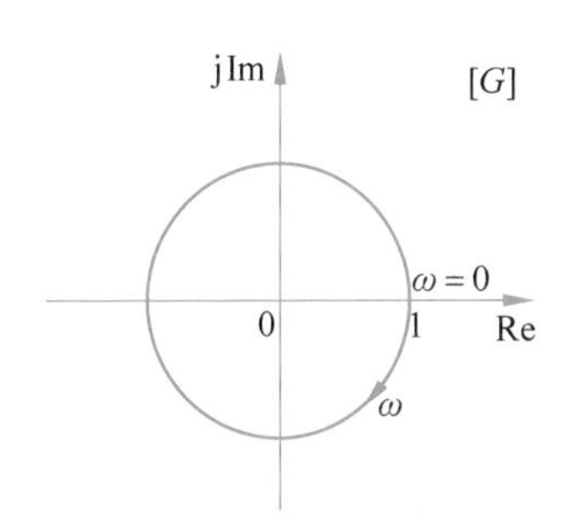

图 5-2-13 延迟环节的幅相频率特性曲线

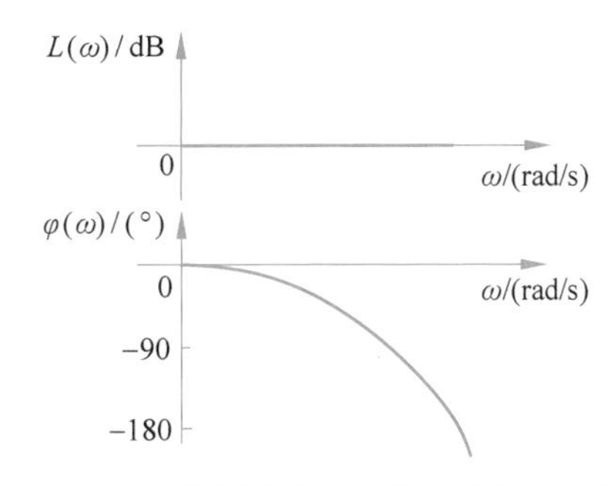

图 5-2-14 延迟环节的对数频率特性曲线

5.3 系统的开环频率特性

常用的系统开环频率特性曲线有开环幅相频率特性曲线和开环对数频率特性曲线。

5.3.1 开环幅相频率特性曲线

视频讲解

典型线性定常系统的开环传递函数如式(5-2-1)所示。设典型环节的频率特性为

$$G_i(\mathrm{j}\omega)=A_i(\omega)\mathrm{e}^{\mathrm{j}\varphi_i(\omega)}$$

则系统的开环频率特性为

$$G(\mathrm{j}\omega)H(\mathrm{j}\omega)=\prod_{i=1}^{N}G_i(\mathrm{j}\omega)=\left[\prod_{i=1}^{N}A_i(\omega)\right]\mathrm{e}^{\mathrm{j}\left[\sum\limits_{i=1}^{N}\varphi_i(\omega)\right]}$$

因此系统的开环幅频特性和开环相频特性为

$$\begin{cases}A(\omega)=\prod\limits_{i=1}^{N}A_i(\omega)\\ \varphi(\omega)=\sum\limits_{i=1}^{N}\varphi_i(\omega)\end{cases}\tag{5-3-1}$$

即系统的开环幅频特性为组成系统的各典型环节的幅频特性之积，开环相频特性为各典型环节的相频特性之和。当频率 ω 从 0 到∞变化时，可以通过描点法绘制出系统的开环幅相频率特性曲线。

实际中，只需要绘制概略的开环幅相频率特性曲线就可以满足工程需要，其方法如下：

(1) 将开环传递函数按典型环节进行分解，并写出开环频率特性表达式。

通常，系统的开环传递函数可分解为

$$G(s)H(s)=\frac{K}{s^{v}}\cdot\frac{\prod\limits_{i=1}^{m_1}(\tau_i s+1)\prod\limits_{k=1}^{m_2}(\tau_k^2 s^2+2\zeta\tau_k s+1)}{\prod\limits_{j=1}^{n_1}(T_j s+1)\prod\limits_{l=1}^{n_2}(T_l^2 s^2+2\zeta T_l s+1)}\tag{5-3-2}$$

式(5-3-2)中，$m_1+2m_2=m$ 为分子多项式的阶次；$v+n_1+2n_2=n$ 为分母多项式的阶次。系统的开环频率特性为

$$G(\mathrm{j}\omega)H(\mathrm{j}\omega)=\frac{K}{(\mathrm{j}\omega)^{v}}\cdot\frac{\prod\limits_{i=1}^{m_1}(\mathrm{j}\omega\tau_i+1)\prod\limits_{k=1}^{m_2}(-\tau_k^2\omega^2+2\mathrm{j}\omega\zeta\tau_k+1)}{\prod\limits_{j=1}^{n_1}(\mathrm{j}\omega T_j+1)\prod\limits_{l=1}^{n_2}(-T_l^2\omega^2+2\mathrm{j}\omega\zeta T_l+1)}$$

(2) 确定开环幅相频率特性曲线的起点($\omega=0_+$)和终点($\omega=\infty$)。

① 起点($\omega=0_+$)。开环幅相频率特性曲线的起点取决于比例环节 K 和系统积分环节的个数 v(系统型别)。对于最小相位系统,起点为

$$G(\mathrm{j}0_+)H(\mathrm{j}0_+)=\lim_{\omega\to 0_+}\frac{K}{(\mathrm{j}\omega)^{v}}=\begin{cases}K\angle 0^\circ, & v=0\\ \infty\angle -90^\circ\cdot v, & v>0\end{cases}$$

② 终点($\omega=\infty$)。开环幅相频率特性曲线的终点取决于开环传递函数分子、分母多项式中最小相位环节和非最小相位环节的阶次和。对于最小相位系统,终点为

$$G(\mathrm{j}\infty)H(\mathrm{j}\infty)=\begin{cases}K^*\angle 0^\circ, & n=m\\ 0\angle -90^\circ\cdot(n-m), & n>m\end{cases}$$

其中 K^* 为系统根轨迹增益。

(3) 确定开环幅相频率特性曲线与实轴和虚轴的交点。

① 与实轴的交点。令 $G(\mathrm{j}\omega)H(\mathrm{j}\omega)$ 的虚部为

$$\mathrm{Im}[G(\mathrm{j}\omega)H(\mathrm{j}\omega)]=0$$

或

$$\varphi(\omega)=\angle G(\mathrm{j}\omega)H(\mathrm{j}\omega)=k\pi\quad(k=0,\pm 1,\pm 2,\cdots)$$

求出频率 ω_{x},称为实轴穿越频率,则开环幅相频率特性曲线与实轴的交点坐标值为

$$\mathrm{Re}[G(\mathrm{j}\omega_{\mathrm{x}})H(\mathrm{j}\omega_{\mathrm{x}})]$$

② 与虚轴的交点。令 $G(\mathrm{j}\omega)H(\mathrm{j}\omega)$ 的实部为

$$\mathrm{Re}[G(\mathrm{j}\omega)H(\mathrm{j}\omega)]=0$$

或

$$\varphi(\omega)=\angle G(\mathrm{j}\omega)H(\mathrm{j}\omega)=\frac{(2k+1)\pi}{2}\quad(k=0,\pm 1,\pm 2,\cdots)$$

求出频率 ω_{y},称为虚轴穿越频率,则开环幅相频率特性曲线与虚轴的交点坐标值为

$$\mathrm{Im}[G(\mathrm{j}\omega_{\mathrm{y}})H(\mathrm{j}\omega_{\mathrm{y}})]$$

(4) 分析开环幅相频率特性曲线的变化范围(象限、单调性等)。

例 5-7 系统开环传递函数如下列各式,分别绘制系统的概略开环幅相频率特性曲线。

(1) $G(s)H(s)=\dfrac{K}{(T_1s+1)(T_2s+1)}\quad K,T_1,T_2>0$

(2) $G(s)H(s)=\dfrac{K}{s(Ts+1)}\quad K,T>0$

(3) $G(s)H(s)=\dfrac{K(\tau s+1)}{s(Ts+1)}\quad K,T,\tau>0$

解:(1)

① 系统的开环频率特性为

$$G(\mathrm{j}\omega)H(\mathrm{j}\omega)=\frac{K}{(\mathrm{j}T_1\omega+1)(\mathrm{j}T_2\omega+1)}=\frac{K[1-T_1T_2\omega^2-\mathrm{j}(T_1+T_2)\omega]}{(1+T_1^2\omega^2)(1+T_2^2\omega^2)}$$

② 由系统的开环传递函数可知 $v=0$，起点为

$$G(\mathrm{j}0)H(\mathrm{j}0)=K\angle 0^\circ$$

终点为

$$G(\mathrm{j}\infty)H(\mathrm{j}\infty)=0\angle -90^\circ\cdot(n-m)=0\angle -180^\circ$$

③ 与实轴的交点。

$$\mathrm{Im}[G(\mathrm{j}\omega)H(\mathrm{j}\omega)]=\frac{K[-(T_1+T_2)\omega]}{(1+T_1^2\omega^2)(1+T_2^2\omega^2)}=0$$

解得 $\omega_x=0$，即系统的开环幅相频率特性曲线除起点外与实轴无交点。
与虚轴的交点。

$$\mathrm{Re}[G(\mathrm{j}\omega)H(\mathrm{j}\omega)]=\frac{K(1-T_1T_2\omega^2)}{(1+T_1^2\omega^2)(1+T_2^2\omega^2)}=0$$

解得 $\omega_y=\dfrac{1}{\sqrt{T_1T_2}}$，则开环幅相频率特性曲线与虚轴的交点坐标值为

$$\mathrm{Im}[G(\mathrm{j}\omega_y)H(\mathrm{j}\omega_y)]=-\frac{K\sqrt{T_1T_2}}{T_1+T_2}$$

④ 在 ω 从 0 到∞变化时，$G(\mathrm{j}\omega)H(\mathrm{j}\omega)$的实部可正可负而虚部小于 0，故该系统的开环幅相频率特性曲线的变化范围为第四和第三象限。

综上，可绘出系统概略开环幅相频率特性曲线如图 5-3-1(a)所示。

(2)

① 系统的开环频率特性为

$$G(\mathrm{j}\omega)H(\mathrm{j}\omega)=\frac{K}{\mathrm{j}\omega(\mathrm{j}T\omega+1)}=\frac{K(-T\omega-\mathrm{j})}{\omega(1+T^2\omega^2)}$$

② 由系统的开环传递函数可知 $v=1$，起点为

$$G(\mathrm{j}0_+)H(\mathrm{j}0_+)=\infty\angle -90^\circ$$

起点处

$$\mathrm{Re}[G(\mathrm{j}0_+)H(\mathrm{j}0_+)]=-KT$$

$$\mathrm{Im}[G(\mathrm{j}0_+)H(\mathrm{j}0_+)]=-\infty$$

终点为

$$G(\mathrm{j}\infty)H(\mathrm{j}\infty)=0\angle -90^\circ\cdot(n-m)=0\angle -180^\circ$$

③ 在 ω 从 0 到∞变化时，系统的开环幅相频率特性曲线与实轴和虚轴均无交点。

④ 在 ω 从 0 到∞变化时，$G(\mathrm{j}\omega)H(\mathrm{j}\omega)$的实部和虚部都小于 0，故该系统的开环幅相频率特性曲线的变化范围在第三象限。

综上，可绘出系统概略开环幅相频率特性曲线如图 5-3-1(b)中①所示。图中虚线为开环幅相频率特性曲线的低频渐近线。通常利用开环幅相频率特性曲线对系统进行分析时不需要准确知道渐近线的位置，因此一般根据 $\varphi(0_+)$取渐近线为坐标轴，可绘出开环幅相频率特性曲线如图 5-3-1(b)中②所示。

(3)

① 系统的开环频率特性为

$$G(\mathrm{j}\omega)H(\mathrm{j}\omega)=\frac{K(\mathrm{j}\tau\omega+1)}{\mathrm{j}\omega(\mathrm{j}T\omega+1)}=\frac{K[-(T-\tau)\omega-\mathrm{j}(1+T\tau\omega^2)]}{\omega(1+T^2\omega^2)}$$

② 由系统的开环传递函数可知 $v=1$,起点为

$$G(\mathrm{j}0_+)H(\mathrm{j}0_+)=\infty\angle-90^\circ$$

终点为

$$G(\mathrm{j}\infty)H(\mathrm{j}\infty)=0\angle-90^\circ\cdot(n-m)=0\angle-90^\circ$$

③ 在 ω 从 0 到 ∞ 变化时,系统的开环幅相频率特性曲线与实轴和虚轴均无交点。

④ 在 ω 从 0 到 ∞ 变化时,若 $T>\tau$,$G(\mathrm{j}\omega)H(\mathrm{j}\omega)$ 的实部和虚部都小于 0,开环幅相频率特性曲线的变化范围在第三象限;若 $T<\tau$,$G(\mathrm{j}\omega)H(\mathrm{j}\omega)$ 的实部大于 0 而虚部小于 0,开环幅相频率特性曲线的变化范围在第四象限。

综上,可绘出系统概略开环幅相频率特性曲线如图 5-3-1(c)所示。

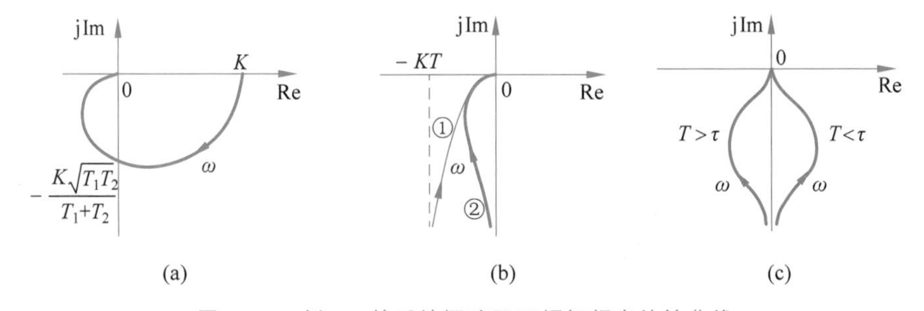

图 5-3-1 例 5-7 的系统概略开环幅相频率特性曲线

需要指出,如果开环传递函数没有开环零点,则在 ω 从 0 到 ∞ 变化时,频率特性的相位单调减小,系统的开环幅相频率特性曲线平滑地变化;而当开环传递函数具有开环零点时,在 ω 从 0 到 ∞ 变化的过程中,频率特性的相位不再单调减小,有可能在某一频段范围内呈增加趋势,而使幅相频率特性曲线出现凹凸现象。当绘制概略开环幅相频率特性曲线时,这一现象可不必准确反映。

5.3.2 开环对数频率特性曲线

1. 开环对数频率特性曲线的绘制

根据式(5-3-1),可得系统的开环对数幅频特性和开环对数相频特性为

$$\begin{cases}L(\omega)=20\lg A(\omega)=20\lg\left[\prod_{i=1}^{N}A_i(\omega)\right]=\sum_{i=1}^{N}20\lg A_i(\omega)=\sum_{i=1}^{N}L_i(\omega)\\ \varphi(\omega)=\sum_{i=1}^{N}\varphi_i(\omega)\end{cases}$$

即系统的开环对数幅频特性为组成系统的各典型环节的对数幅频特性之和,开环对数相频特性为组成系统的各典型环节的对数相频特性之和。因此,可先绘制各典型环节的对数频率特性曲线,然后将它们叠加即可绘制出系统的开环对数频率特性曲线。

实际上,系统的开环对数幅频渐近特性曲线在控制系统的分析和设计中具有十分重要的作用,其绘制方法如下:

(1) 将开环传递函数写成时间常数形式表达式,确定其由哪些典型环节串联组成。

(2) 确定系统的开环增益 K、积分环节的个数(系统型别)v、一阶环节的转折频率 $\frac{1}{T}$ 和二阶环节的转折频率 ω_n,并将各转折频率从小到大标注在半对数坐标系的横轴上。

(3) 绘制低频段(小于最小转折频率 ω_{min} 的频率范围)渐近特性曲线。当 $\omega<\omega_{min}$ 时,一阶环节和二阶环节的对数幅频渐近特性曲线与 0dB 线重合,所以低频段内的系统开环对数幅频渐近特性曲线仅由 $\frac{K}{s^v}$ 决定,即满足方程

$$L(\omega)=20\lg\frac{K}{\omega^v}=20\lg K-20v\lg\omega$$

这是一条斜率为 $-20v$dB/dec 且过 $(1,20\lg K)$ 或 $(K^{\frac{1}{v}},0)$ 点的直线。

(4) 绘制 $\omega\geqslant\omega_{min}$ 频段的渐近特性曲线。当 $\omega\geqslant\omega_{min}$ 时,每遇到一个转折频率,根据该转折频率对应的典型环节的种类,系统开环对数幅频渐近特性曲线的斜率进行相应的改变。改变规律为:惯性环节斜率减小 20dB/dec,一阶微分环节斜率增大 20dB/dec,振荡环节斜率减小 40dB/dec,二阶微分环节斜率增大 40dB/dec。

(5) 若需要得到较为准确的对数幅频特性曲线,可以根据 5.2 节给出的典型环节的误差曲线,在相应转折频率点处对分段折线进行修正。

例 5-8　已知系统的开环传递函数为

$$G(s)H(s)=\frac{20000(s+1)}{s(s+5)(s^2+10s+400)}$$

绘制系统的开环对数幅频渐近特性曲线。

解:(1) 系统开环传递函数的时间常数形式表达式为

$$G(s)H(s)=\frac{10(s+1)}{s\left(\frac{s}{5}+1\right)\left(\frac{s^2}{400}+\frac{s}{40}+1\right)}$$

可见开环系统由积分环节和最小相位的比例环节、一阶微分环节、惯性环节、振荡环节 5 个典型环节串联而成的。

(2) 系统的开环增益为 $K=10$,$v=1$,在半对数坐标系的横轴上顺序标出转折频率:

一阶微分环节转折频率为 $\omega_{min}=\omega_1=1$;

惯性环节转折频率为 $\omega_2=5$;

振荡环节转折频率为 $\omega_3=20$。

(3) 绘制低频段($\omega<1$)渐近特性曲线。低频段满足方程

$$L(\omega)=20\lg K-20v\lg\omega=20-20\lg\omega$$

即一条斜率为 -20dB/dec 且过(1,20)点的直线。

(4) 绘制 $\omega\geqslant1$ 频段的渐近特性曲线。

① $1\leqslant\omega<5$ 时,由于一阶微分环节的作用,渐近线斜率增大 20dB/dec,即由 -20dB/dec 变化到 0dB/dec;

② $5\leqslant\omega<20$ 时,由于惯性环节的作用,渐近线斜率减小 20dB/dec,即由 0dB/dec 变化到 -20dB/dec;

③ $\omega \geqslant 20$ 时，由于振荡环节的作用，渐近线斜率减小 40dB/dec，即由 -20dB/dec 变化到 -60dB/dec；

(5) 若有必要，对开环对数幅频渐近特性曲线进行修正。

综上，可绘出系统的开环对数幅频渐近特性曲线如图 5-3-2 所示。

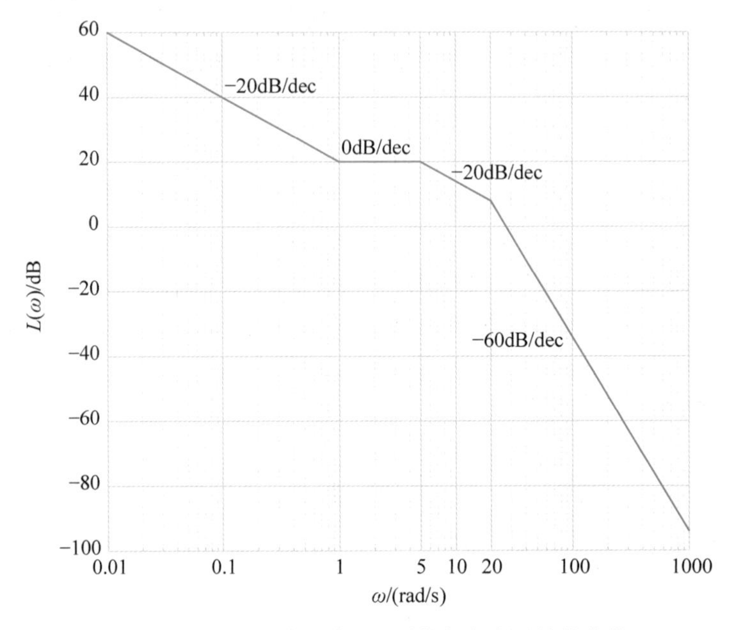

图 5-3-2　例 5-8 的系统开环对数幅频渐近特性曲线

系统的开环对数相频特性曲线的绘制，一般有两种方法。一种是分别绘出各典型环节的对数相频特性曲线，然后逐点叠加并连接成光滑曲线，便得到系统的开环对数相频特性曲线；另一种是写出开环对数相频特性 $\varphi(\omega)$ 的表达式，通过描点法绘出开环对数相频特性曲线。

例 5-9　绘出例 5-8 中系统的开环对数相频特性曲线。

解：系统的开环对数相频特性为

$$\varphi(\omega)=\begin{cases}\arctan\omega-90^\circ-\arctan\dfrac{\omega}{5}-\arctan\dfrac{\dfrac{\omega}{40}}{1-\dfrac{\omega^2}{400}}, & 0<\omega\leqslant 20\\[3ex] \arctan\omega-90^\circ-\arctan\dfrac{\omega}{5}-180^\circ+\arctan\dfrac{\dfrac{\omega}{40}}{\dfrac{\omega^2}{400}-1}, & \omega>20\end{cases}$$

当 ω 从 $0\to\infty$ 变化时，通过描点法可绘出开环对数相频特性曲线如图 5-3-3 所示。

2. 由开环对数频率特性曲线确定系统的开环传递函数

由开环对数频率特性曲线确定系统的开环传递函数，是根据开环传递函数绘制系统开环对数频率特性曲线的逆过程。对于最小相位系统，其开环对数幅频特性与开环传递函数具有一一对应的关系，所以可以直接由开环对数幅频渐近特性曲线来确定开环传递函数。方法如下：

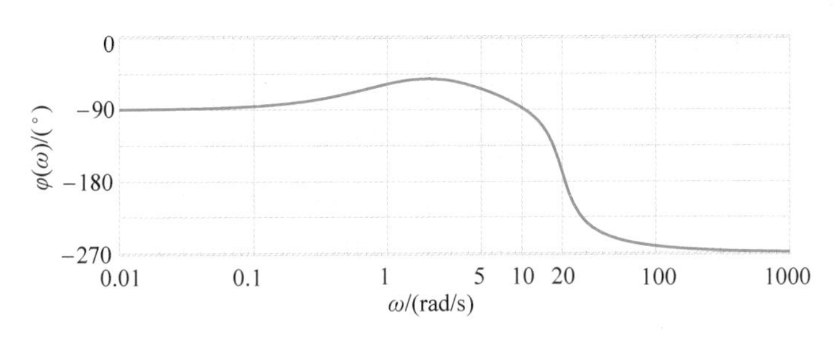

图 5-3-3 例 5-9 的系统开环对数相频特性曲线

(1) 确定系统积分环节的个数(系统型别)v 和开环增益 K。由于低频渐近线的斜率为 $-20v$dB/dec 且过$(1,20\lg K)$或$(K^{\frac{1}{v}},0)$点,所以可以根据低频段直线确定 K 和 v。

(2) 确定开环传递函数的结构形式。根据转折频率前后直线的斜率,确定该转折频率所对应的典型环节的类型,从而写出包含待定参数的开环传递函数表达式。

(3) 由给定条件确定传递函数中的待定参数。

例 5-10 已知某最小相位系统的开环对数幅频渐近特性曲线如图 5-3-4 所示,确定系统的开环传递函数。

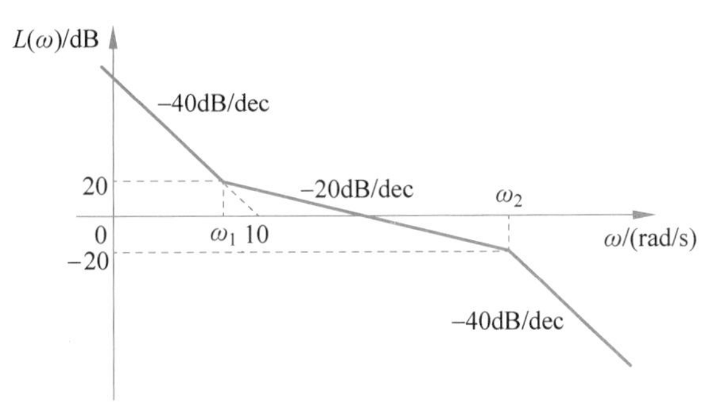

图 5-3-4 例 5-10 的系统开环对数幅频渐近特性曲线

解:(1) 确定系统积分环节的个数(系统型别)v 和开环增益 K。因为开环对数幅频渐近特性曲线的低频段的斜率为-40dB/dec,故 $v=2$;又因为低频渐近线的延长线过点(10,0),所以 $K^{\frac{1}{v}}=K^{\frac{1}{2}}=10$,故 $K=100$。

(2) 确定开环传递函数的结构形式。

① $\omega=\omega_1$ 处,渐近线斜率由-40dB/dec 变化到-20dB/dec,增大 20dB/dec,所以对应一阶微分环节$\dfrac{s}{\omega_1}+1$;

② $\omega=\omega_2$ 处,渐近线斜率由-20dB/dec 变化到-40dB/dec,减小 20dB/dec,所以对应惯性环节$\dfrac{1}{\dfrac{s}{\omega_2}+1}$。因此,系统的开环传递函数形式为

$$G(s)H(s)=\frac{100\left(\dfrac{s}{\omega_1}+1\right)}{s^2\left(\dfrac{s}{\omega_2}+1\right)}$$

(3) 由给定条件确定传递函数中的待定参数。

由式(5-1-7)得

$$-40=\frac{0-20}{\lg 10-\lg \omega_1}, \quad 解得\ \omega_1=3.16$$

$$-20=\frac{-20-20}{\lg \omega_2-\lg \omega_1}, \quad 解得\ \omega_2=316$$

于是,系统的开环传递函数为

$$G(s)H(s)=\frac{100\left(\frac{s}{3.16}+1\right)}{s^2\left(\frac{s}{316}+1\right)}$$

由于非最小相位系统,可能与某些最小相位系统具有相同的开环对数幅频特性曲线。因此不能直接由开环对数幅频特性曲线来确定非最小相位系统的开环传递函数,还需要根据其包含的非最小相位环节或延迟环节对相频特性的影响,并结合系统的开环相频特性曲线予以确定。

5.3.3 MATLAB 实现

1. 系统开环幅相频率特性曲线的 MATLAB 实现

绘制系统的开环幅相频率特性曲线可以用 MATLAB 提供的 nyquist()函数实现,其调用格式如下。

```
nyquist(sys)        %绘制系统在默认频率范围内的奈奎斯特图,sys是由函数tf()、zpk()或ss()建
%立的系统模型
nyquist(sys,w)      %绘制系统在向量w所定义的频率范围内的奈奎斯特图
nyquist(sys1,sys2,…)        %在同一个绘图窗口中绘制多个系统的奈奎斯特图
[re,im,w] = nyquist(sys)     %该调用格式不绘制系统的奈奎斯特图,而是返回系统奈奎斯特图相应
%的实部、虚部和频率向量
[re,im] = nyquist(sys,w)     %该调用格式不绘制系统的奈奎斯特图,而是返回系统奈奎斯特图在向
%量w所定义频率范围内的实部和虚部向量
```

例 5-11 已知系统的开环传递函数为

$$G(s)H(s)=\frac{K(\tau s+1)}{s(Ts+1)} \quad K,T,\tau>0$$

利用 MATLAB 绘制 $K=10$、$T=2$ 或 8、$\tau=5$ 时系统的开环幅相频率特性曲线。

解:MATLAB 程序如下。

```
clc;clear;
k = 10;
T = [2,8];
tao = 5;
for j = 1:length(T)
    num = [k * tao,k];
    den = [T(j),1,0];
    sys = tf(num,den);
    nyquist(sys);
    hold on;
end
```

```
gtext('T < tao');gtext('T > tao');
```

运行结果如图 5-3-5 所示。

例 5-12　利用 MATLAB 绘制例 5-8 中系统的开环幅相频率特性曲线。

解：MATLAB 程序如下。

```
clc;clear;
num = [20000,20000];
den = conv([1,0],conv([1,5],[1,10,400]));
sys = tf(num,den);
nyquist(sys);
axis([ - 6,8, - 30,30]);
```

运行结果如图 5-3-6 所示。

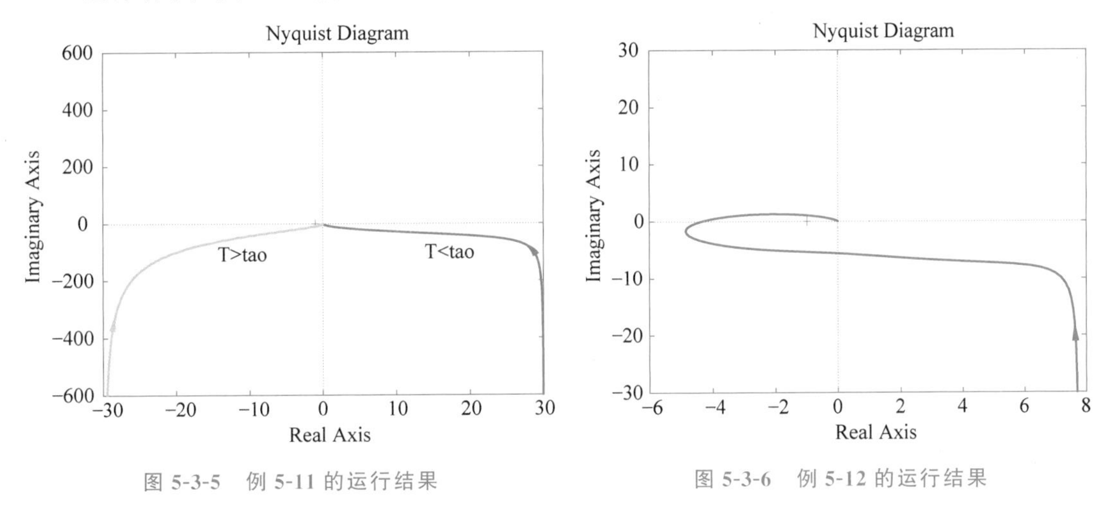

图 5-3-5　例 5-11 的运行结果　　图 5-3-6　例 5-12 的运行结果

2. 系统开环对数频率特性曲线的 MATLAB 实现

绘制系统的开环对数频率特性曲线可以用 MATLAB 提供的 bode()函数实现，其调用格式如下：

```
bode(sys)          % 绘制系统在默认频率范围内的伯德图，sys 是由函数 tf()、zpk()或 ss()建立的系
%统模型
bode(sys,w)        % 绘制系统在向量 w 所定义的频率范围内的伯德图
bode(sys1,sys2,…)        % 在同一个绘图窗口中绘制多个系统的伯德图
[mag,phase,w] = bode(sys)    % 该调用格式不绘制系统的伯德图，而是返回系统伯德图相应的幅值、
% 相位和频率向量，可用 magdB = 20 * log10(mag)将幅值转换为分贝值
[mag,phase] = bode(sys,w)    % 该调用格式不绘制系统的伯德图，而是返回系统伯德图在向量 w 所定
% 义频率范围内的幅值和相位向量，可用 magdB = 20 * log10(mag)将幅值转换为分贝值
```

例 5-13　已知某系统的开环传递函数为

$$G(s)H(s)=\frac{K(10s+1)}{s(s+1)(0.01s^2+0.1s+1)}$$

利用 MATLAB 绘制 K 取不同值时系统的开环对数频率特性曲线，并分析 K 的取值对曲线的影响。

解：MATLAB 程序如下。

```
clc;clear;
%K分别取10,100,1000
k=[10,100,1000];
for i=1:length(k)
    num=[10*k(i),k(i)];
    den=conv([1,0],conv([1,1],[0.01,0.1,1]));
    sys=tf(num,den);
    bode(sys);
    hold on;
end
grid on;
gtext('k=10');
gtext('k=100');
gtext('k=1000');
```

运行结果如图5-3-7所示。由图5-3-7可知,随着K值的增大,对数幅频特性曲线向上平移,形状不变;而对数相频特性曲线不受影响。

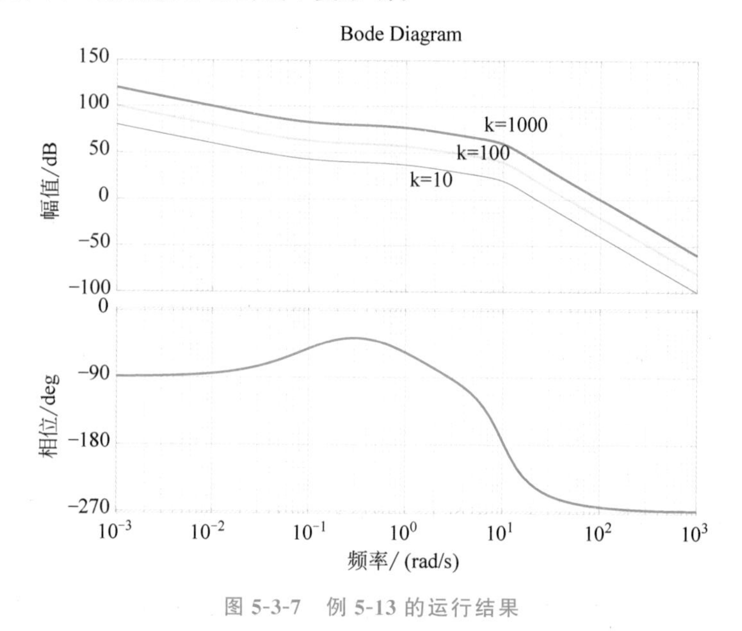

图5-3-7　例5-13的运行结果

5.4 频率稳定判据

系统的闭环稳定性是控制系统分析和设计的首要任务,频率稳定判据就是根据系统的开环频率特性曲线来判断系统的闭环稳定性。常用的频率稳定判据有奈奎斯特稳定判据和对数频率稳定判据两种,其理论基础是复变函数中的幅角原理。

5.4.1 幅角原理

设$F(s)$是一个复变函数,若其有m个零点$z_i(i=1,2,\cdots,m)$,n个极点$p_j(j=1,2,\cdots,n)$,则$F(s)$可以表示成一个有理分式

$$F(s)=\frac{\prod_{i=1}^{m}(s-z_i)}{\prod_{j=1}^{n}(s-p_j)} \tag{5-4-1}$$

对于 s 平面上的任意一点 s，根据映射关系，在 F 平面上可以确定对应的象 $F(s)$。若在 s 平面上任画一条不通过 $F(s)$ 任一零点和极点的闭合曲线 Γ_s，当 s 从曲线 Γ_s 上某点 A 开始顺时针沿 Γ_s 旋转一周回到点 A，那么在 F 平面上对应的象亦从 $F(A)$ 开始形成一条闭合曲线 Γ_F 回到 $F(A)$，如图 5-4-1 所示。

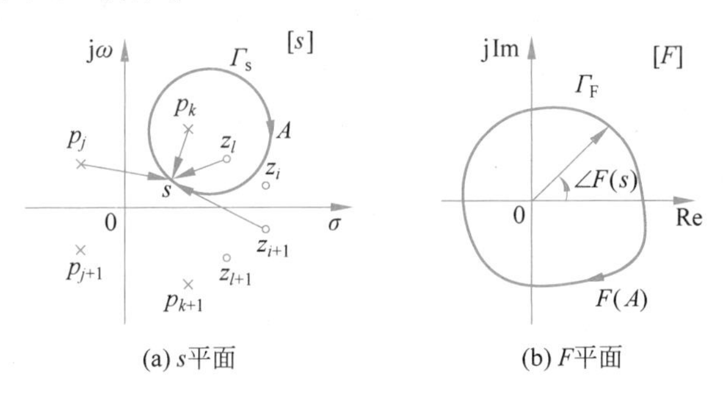

图 5-4-1　s 平面和 F 平面的映射关系

设 s 沿闭合曲线 Γ_s 顺时针转动时，$F(s)$ 的幅角变化为 $\Delta\angle F(s)$。根据式(5-4-1)可得

$$\Delta\angle F(s)=\sum_{i=1}^{m}\Delta\angle(s-z_i)-\sum_{j=1}^{n}\Delta\angle(s-p_j)$$

由图 5-4-1 可知，当 s 沿闭合曲线 Γ_s 顺时针旋转一周时，被 Γ_s 包围的零点向量 $(s-z_l)$ 和极点向量 $(s-p_k)$ 的幅角变化均为 -2π(逆时针旋转为正)，即

$$\Delta\angle(s-z_l)=\Delta\angle(s-p_k)=-2\pi$$

而不被 Γ_s 包围的零点向量和极点向量的幅角变化均为 0。若有 Z 个零点和 P 个极点被 Γ_s 包围，则 $F(s)$ 的幅角变化为

$$\Delta\angle F(s)=(Z-P)(-2\pi)=2\pi(P-Z) \tag{5-4-2}$$

式(5-4-2)表示在 F 平面上闭合曲线 Γ_F 逆时针绕原点 $(P-Z)$ 圈。

根据以上分析，可得如下幅角原理：

设在 s 平面上闭合曲线 Γ_s 不通过 $F(s)$ 的任何零点和极点且包围 $F(s)$ 的 Z 个零点和 P 个极点，则当 s 沿 Γ_s 顺时针旋转一周时，在 F 平面上闭合曲线 Γ_F 逆时针绕原点的圈数 R 满足

$$R=P-Z$$

注意，若 $R<0$，表示曲线 Γ_F 顺时针绕原点 $|R|$ 圈。

5.4.2　奈奎斯特稳定判据

视频讲解

奈奎斯特稳定判据是根据系统的开环幅相频率特性曲线判断系统的闭环稳定性。幅角原理应用于控制系统的奈奎斯特稳定判据，需要选取合适的辅助函数 $F(s)$。

1. 辅助函数 $F(s)$ 的选取

对如图 5-4-2 所示的反馈控制系统，设其开环传递函数为

$$G(s)H(s)=\frac{M(s)}{N(s)}$$

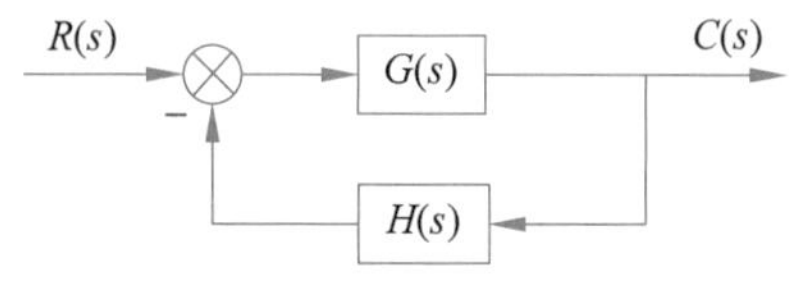

图 5-4-2 反馈控制系统的结构图

则其闭环传递函数为

$$\Phi(s)=\frac{G(s)}{1+G(s)H(s)}=\frac{N(s)G(s)}{N(s)+M(s)} \tag{5-4-3}$$

令辅助函数 $F(s)$为

$$F(s)=1+G(s)H(s)=\frac{N(s)+M(s)}{N(s)} \tag{5-4-4}$$

式(5-4-4)表明,辅助函数 $F(s)$是闭环特征多项式与开环特征多项式之比。

由式(5-4-3)和式(5-4-4)可以看出,$F(s)$具有如下特点:

(1) $F(s)$的零点和极点分别是系统的闭环极点和开环极点。因此,要使系统闭环稳定,$F(s)$的所有零点都必须位于 s 的左半平面上。

(2) 若系统开环传递函数的分子多项式和分母多项式阶次分别为 m 和 n,通常 $m\leqslant n$,则 $F(s)$的零点数和极点数相同,均为 n 个。

(3) $F(s)$与开环传递函数 $G(s)H(s)$之间只相差常数 1,所以 F 平面上的坐标原点就是GH 平面上的$(-1,\mathrm{j}0)$点。当 s 沿闭合曲线Γ_s 顺时针旋转一周时,在 F 平面上形成的闭合曲线 Γ_F 绕原点逆时针旋转的圈数 R 就等于在GH 平面上形成的闭合曲线 Γ_{GH} 绕$(-1,\mathrm{j}0)$点逆时针旋转的圈数。

综上所述,为了确定系统的闭环稳定性,就要确定是否有闭环极点(即 $F(s)$的零点)在 s 右半平面上。根据幅角原理,可以在 s 平面上选取一条包围整个 s 右半平面的闭合曲线 Γ_s,将 $F(s)$的所有右零点(设有 Z 个)和右极点(设有 P 个)包围在内;同时,在 GH 平面上绘制闭合曲线 Γ_{GH} 并确定 Γ_{GH} 绕$(-1,\mathrm{j}0)$点逆时针旋转的圈数 R。则有

$$Z=P-R$$

若 $Z=0$,则系统闭环稳定;否则系统闭环不稳定。

2. 闭合曲线 Γ_s 的选取和闭合曲线 Γ_{GH} 的绘制

根据前文分析可知,闭合曲线 Γ_s 不通过 $F(s)$的任一零极点且包围整个 s 右半平面。下文分两种情况进一步分析。

(1) $G(s)H(s)$在虚轴上无极点。

如图 5-4-3(a)所示,闭合曲线 Γ_s 由三部分组成。对应地,GH 平面上闭合曲线 Γ_{GH} 也由三部分组成。

① 正虚轴 $s=\mathrm{j}\omega$,ω 从 $0\to\infty$变化。对应地,在 GH 平面上是系统的开环幅相频率特性曲线 $G(\mathrm{j}\omega)H(\mathrm{j}\omega)$。

② 半径无穷大的右半圆 $s=\infty e^{\mathrm{j}\theta}$,$\theta$ 从 $90°\to-90°$变化。对应地,在 GH 平面上是原点($m<n$ 时)或$(K^*,\mathrm{j}0)$点($m=n$ 时),K^* 为系统的根轨迹增益。此点不影响 R 的确定,所以确定圈数 R 时不考虑。

③ 负虚轴 $s=-\mathrm{j}\omega$,ω 从$-\infty\to0$ 变化。对应地,在 GH 平面上是系统的开环幅相频率特性曲线 $G(\mathrm{j}\omega)H(\mathrm{j}\omega)$关于实轴的镜像。

由于闭合曲线 Γ_{GH} 关于实轴对称,因此在实际系统分析中,只需绘制 ω 从 $0\to\infty$变化时系统的开环幅相频率特性曲线 $G(\mathrm{j}\omega)H(\mathrm{j}\omega)$,而不必绘制其镜像,如此得到的曲线称为半

闭合曲线，仍用 Γ_{GH} 表示。不难得到，若半闭合曲线 Γ_{GH} 绕$(-1,\mathrm{j}0)$点逆时针旋转的圈数为 N，则

$$R=2N$$

(2) $G(s)H(s)$在虚轴上有极点。

以 $G(s)H(s)$含有积分环节为例进行说明。如图 5-4-3(b)所示，为了避开原点处极点，闭合曲线 Γ_s 在图 5-4-3(a)的基础上略加修改，即在原点附近取以原点为圆心、半径为无穷小的右半圆为 $s=\lim\limits_{\varepsilon\to 0}\varepsilon\,\mathrm{e}^{\mathrm{j}\theta}$，$\theta$ 从$-90°\to 90°$变化。同样只绘制 ω 从 $0\to\infty$变化时的半闭合曲线 Γ_{GH}，此时 s 取值需要先从 $\omega=0$ 绕半径无穷小的圆弧逆时针转 90°到 $\omega=0_+$，然后再沿虚轴到 $\omega\to\infty$。这样需要补充 ω 从 $0\to 0_+$ 变化时小圆弧所对应的半闭合曲线部分。

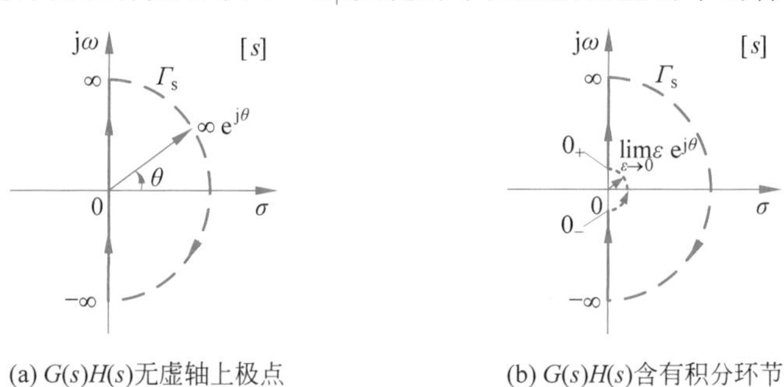

(a) $G(s)H(s)$无虚轴上极点　　(b) $G(s)H(s)$含有积分环节

图 5-4-3　s 平面上的闭合曲线 Γ_s

设开环传递函数如式(5-3-2)所示。当 s 沿着无穷小圆弧从 $\omega=0$ 逆时针转动到 $\omega=0_+$ 时，有 $s=\lim\limits_{\varepsilon\to 0}\varepsilon\,\mathrm{e}^{\mathrm{j}\theta}$，对应 GH 平面上的曲线为

$$G(s)H(s)\Big|_{s=\lim\limits_{\varepsilon\to 0}\varepsilon\mathrm{e}^{\mathrm{j}\theta}}=\frac{K}{s^{v}}\frac{\prod\limits_{i=1}^{m_1}(\tau_i s+1)\prod\limits_{k=1}^{m_2}(\tau_k^2 s^2+2\zeta\tau_k s+1)}{\prod\limits_{j=1}^{n_1}(T_j s+1)\prod\limits_{l=1}^{n_2}(T_l^2 s^2+2\zeta T_l s+1)}\Bigg|_{s=\lim\limits_{\varepsilon\to 0}\varepsilon\mathrm{e}^{\mathrm{j}\theta}}$$

$$=\lim_{\varepsilon\to 0}\frac{K}{\varepsilon^{v}}\mathrm{e}^{-\mathrm{j}v\theta}=\infty\mathrm{e}^{-\mathrm{j}v\theta}$$

可见，当 s 沿着无穷小圆弧从 $\omega=0$ 变化到 $\omega=0_+$ 时，θ 角沿逆时针方向从 0°变化到 90°，对应 GH 平面上的曲线从 $G(\mathrm{j}0)H(\mathrm{j}0)$开始沿半径无穷大圆弧顺时针转过 $v\cdot 90°$到 $G(\mathrm{j}0_+)H(\mathrm{j}0_+)$，也可以说，$GH$ 平面上的曲线从 $G(\mathrm{j}0_+)H(\mathrm{j}0_+)$开始沿半径无穷大圆弧逆时针转过 $v\cdot 90°$到 $G(\mathrm{j}0)H(\mathrm{j}0)$。上述分析表明，半闭合曲线 Γ_{GH} 由开环幅相频率特性曲线和根据积分环节个数所补作的无穷大半径的虚圆弧两部分组成。

3. 奈奎斯特稳定判据

综上所述，奈奎斯特稳定判据可表述如下。

若开环传递函数 $G(s)H(s)$在 s 右半平面有 P 个极点，闭环传递函数 $\Phi(s)=\dfrac{G(s)}{1+G(s)H(s)}$在 s 右半平面有 Z 个极点，当频率 ω 从 $0\to\infty$变化时，半闭合曲线 Γ_{GH} 不穿过$(-1,\mathrm{j}0)$点且包围$(-1,\mathrm{j}0)$点逆时针旋转的圈数为 N，则有

$$Z=P-2N$$

那么系统闭环稳定的充分必要条件是 $Z=0$；否则系统闭环不稳定。其中，N 可通过半闭合曲线 Γ_{GH} 穿越$(-1,\mathrm{j}0)$点左侧负实轴的次数来确定。

若 N_+ 表示正穿越的次数和(从上向下穿越)，N_- 表示负穿越的次数和(从下向上穿越)，则

$$N=N_+-N_-$$

注意，若 Γ_{GH} 由上向下起于或止于$(-1,\mathrm{j}0)$点左侧的负实轴，则为半次正穿越；若 Γ_{GH} 由下向上起于或止于$(-1,\mathrm{j}0)$点左侧的负实轴，则为半次负穿越。当半闭合曲线 Γ_{GH} 穿过$(-1,\mathrm{j}0)$点时，表明闭环传递函数在虚轴上有共轭复数极点，系统可能临界稳定，称$(-1,\mathrm{j}0)$为临界点。

应用奈奎斯特稳定判据判断系统闭环稳定性的步骤如下：

(1) 由系统开环传递函数确定 P 和 v；

(2) 绘制系统的开环幅相频率特性曲线；

(3) 若 $v\neq 0$，补全半闭合曲线 Γ_{GH}，即从 $G(\mathrm{j}0_+)H(\mathrm{j}0_+)$点处开始逆时针绘制半径无穷大、圆心角为 $v\cdot 90°$的圆弧；

(4) 依据奈奎斯特稳定判据判断系统的闭环稳定性。

例 5-14　已知系统的开环传递函数为

$$G(s)H(s)=\frac{2(s+2)}{(s+1)(s^2+2s-3)}$$

根据奈奎斯特稳定判据判断系统的闭环稳定性。

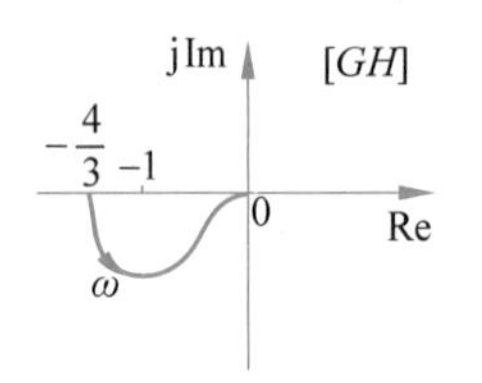

图 5-4-4　例 5-14 的系统概略开环幅相频率特性曲线

解：(1) 由系统的开环传递函数可知 $P=1,v=0$。

(2) 绘制系统的开环幅相频率特性曲线。根据 5.3.1 节所述方法，可绘出系统概略开环幅相频率特性曲线如图 5-4-4 所示。

(3) 由于 $v=0$，所以无需补线。

(4) 依据奈奎斯特稳定判据判断系统的闭环稳定性。由图 5-4-4 可知，随 ω 的增大，半闭合曲线 Γ_{GH} 自上向下起于$(-1,\mathrm{j}0)$点左侧负实轴，所以为半次正穿越，即 $N_+=\frac{1}{2}$，而 $N_-=0$，所以

$$Z=P-2N=P-2(N_+-N_-)=0$$

因此该系统是闭环稳定的。

例 5-15　已知单位负反馈系统的开环传递函数为

$$G(s)=\frac{K}{s^2(Ts+1)},\quad K、T>0$$

利用奈奎斯特稳定判据判断系统的闭环稳定性。若系统闭环不稳定，指出其在 s 右半平面的极点数。

解：(1) 由系统的开环传递函数可知 $P=0,v=2$。

(2) 绘制系统的开环幅相频率特性曲线如图 5-4-5 中实线所示。

(3) 由于 $v=2$，所以需补全半闭合曲线 Γ_{GH}：从 $G(\mathrm{j}0_+)H(\mathrm{j}0_+)$点处开始逆时针绘制半径无穷大、圆心角为 180°的圆弧，如图 5-4-5 中虚线所示。

(4) 依据奈奎斯特稳定判据判断系统的闭环稳定性。

由图 5-4-5 可知，随 ω 的增大，半闭合曲线 Γ_{GH} 自下向上穿越$(-1,\mathrm{j}0)$点左侧负实轴，即 $N_-=1$，而 $N_+=0$，所以

$$Z=P-2N=P-2(N_+-N_-)=2$$

因此该系统是闭环不稳定的，闭环系统在 s 右半平面有 2 个极点。

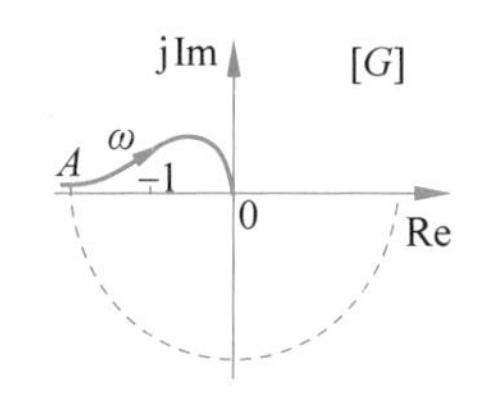

图 5-4-5　例 5-15 的系统概略开环幅相频率特性曲线

该例的分析表明，系统的闭环稳定性与开环传递函数的某些系数(如开环增益 K)无关，即无论系数如何变化，系统总是闭环不稳定的，此类系统为结构不稳定系统。

例 5-16　单位负反馈系统的结构图如图 5-4-6 所示，其中 K_c、K_t、T_1、$T_2>0$。利用奈奎斯特稳定判据分析系统的闭环稳定性与系统开环总增益的关系，并确定临界稳定时的开环总增益。

解：根据系统结构图可写出系统的开环传递函数为

$$G(s)=\frac{K_cK_t}{s(T_1s+1)(T_2s+1)}=\frac{K}{s(T_1s+1)(T_2s+1)}$$

式中 $K=K_cK_t$ 是系统的开环总增益。

(1) 由系统的开环传递函数可知 $P=0,v=1$。

(2) 绘制系统的概略开环幅相频率特性曲线如图 5-4-7 中实线所示。

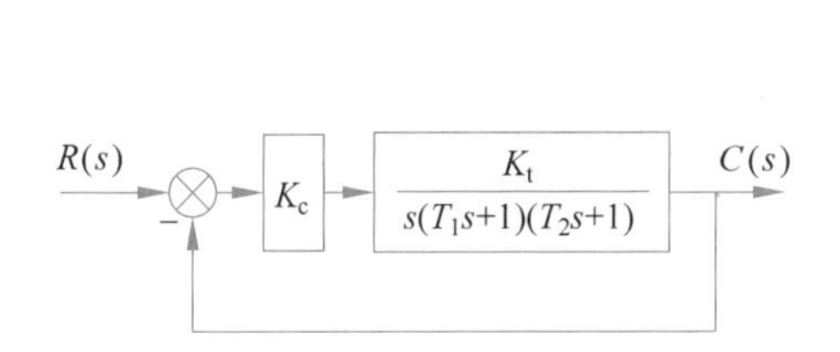

图 5-4-6　例 5-16 的系统结构图

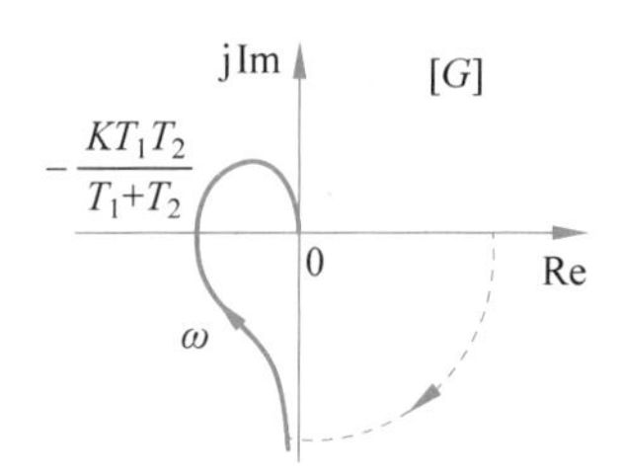

图 5-4-7　例 5-16 的系统概略开环幅相频率特性曲线

(3) 由于 $v=1$，所以需补半闭合曲线 Γ_{GH}：从 $G(\mathrm{j}0_+)H(\mathrm{j}0_+)$点处开始逆时针绘制半径无穷大、圆心角为 90°的圆弧，如图 5-4-7 中虚线所示。

(4) 由图 5-4-7 可知，随 ω 的增大，半闭合曲线 Γ_{GH} 点自下向上穿越负实轴，根据奈奎斯特稳定判据进行如下分析：

当$-\dfrac{KT_1T_2}{T_1+T_2}>-1$ 即 $K<\dfrac{T_1+T_2}{T_1T_2}$时，半闭合曲线 Γ_{GH} 穿越$(-1,\mathrm{j}0)$点右侧负实轴，所以 $N_-=0$，而 $N_+=0$，因此 $Z=P-2N=P-2(N_+-N_-)=0$，系统闭环稳定；

当$-\dfrac{KT_1T_2}{T_1+T_2}<-1$ 即 $K>\dfrac{T_1+T_2}{T_1T_2}$时，半闭合曲线 Γ_{GH} 穿越$(-1,\mathrm{j}0)$点左侧负实轴，所以 $N_-=1$，而 $N_+=0$，因此 $Z=P-2N=P-2(N_+-N_-)=2$，系统闭环不稳定，且闭环系统在 s 右半平面有 2 个极点；

当$-\dfrac{KT_1T_2}{T_1+T_2}=-1$ 即 $K=\dfrac{T_1+T_2}{T_1T_2}$时，半闭合曲线 Γ_{GH} 穿过$(-1,\mathrm{j}0)$点，系统临界稳定。

该例的分析表明,系统的闭环稳定性与开环传递函数的某些系数(如开环增益 K)有关,当系数改变时,闭环系统的稳定性发生变化,此类系统为条件稳定系统。

视频讲解

5.4.3 对数频率稳定判据

对数频率稳定判据是根据系统的开环对数频率特性曲线判断系统的闭环稳定性。由于系统的开环幅相频率特性曲线与开环对数频率特性曲线存在一定的对应关系,所以将奈奎斯特稳定判据推广运用,即可得到对数频率稳定判据。

1. 开环幅相频率特性曲线与开环对数频率特性曲线的对应关系

系统的开环幅相频率特性曲线(奈奎斯特图)和开环对数频率特性曲线(伯德图)有如下对应关系:

(1) 奈奎斯特图的单位圆($A(\omega)=1$)对应伯德图的 0dB 线($L(\omega)=0$),单位圆的外部($A(\omega)>1$)对应 0dB 线以上的部分($L(\omega)>0$),单位圆的内部($A(\omega)<1$)对应 0dB 线以下的部分($L(\omega)<0$)。

(2) 奈奎斯特图的负实轴对应伯德图的 $\varphi(\omega)=(2k+1)\pi,k=0,\pm1,\cdots$。

(3) 奈奎斯特图的(-1,j0)点对应伯德图的 $L(\omega)=0$ 且 $\varphi(\omega)=(2k+1)\pi,k=0,\pm1,\cdots$ 的点;(-1,j0)点的左侧负实轴对应伯德图的 $L(\omega)>0$ 且 $\varphi(\omega)=(2k+1)\pi,k=0,\pm1,\cdots$ 的区域;(-1,j0)点的右侧负实轴对应伯德图的 $L(\omega)<0$ 且 $\varphi(\omega)=(2k+1)\pi,k=0,\pm1,\cdots$ 的区域。

(4) 奈奎斯特图的半闭合曲线 Γ_{GH} 与伯德图的对数幅频特性曲线和对数相频特性曲线的对应关系。

设 Γ_{GH} 对应的对数幅频特性曲线和对数相频特性曲线分别为 Γ_{L} 和 Γ_{φ}。

① 若 $G(s)H(s)$在虚轴上无极点,Γ_{GH} 是系统的开环幅相频率特性曲线。对应地,Γ_{L} 是开环对数幅频特性曲线 $L(\omega)$,Γ_{φ} 是开环对数相频特性曲线 $\varphi(\omega)$。

② 若 $G(s)H(s)$含有 v 个积分环节,Γ_{GH} 在系统开环幅相频率特性曲线的基础上,需从 $G(\mathrm{j}0_+)H(\mathrm{j}0_+)$点起逆时针绘制半径无穷大、圆心角为 $v\cdot90°$的虚圆弧。对应地,Γ_{L} 仍是开环对数幅频特性曲线 $L(\omega)$,而 Γ_{φ} 在开环对数相频特性曲线 $\varphi(\omega)$的基础上,需从 $\varphi(0_+)$点处向上补画 $v\cdot90°$的虚直线。

(5) 奈奎斯特图和伯德图的正负穿越次数的对应关系。

① 正穿越一次:奈奎斯特图的半闭合曲线 Γ_{GH} 从上向下穿越(-1,j0)点左侧负实轴一次,对应于伯德图中,在 $L(\omega)>0$ 的范围内,Γ_{φ} 曲线从下向上穿越 $(2k+1)\pi,k=0,\pm1,\cdots$ 线一次。

② 负穿越一次:奈奎斯特图的半闭合曲线 Γ_{GH} 从下向上穿越(-1,j0)点左侧负实轴一次,对应于伯德图中,在 $L(\omega)>0$ 的范围内,Γ_{φ} 曲线从上向下穿越 $(2k+1)\pi,k=0,\pm1,\cdots$ 线一次。

③ 正穿越半次:奈奎斯特图的半闭合曲线 Γ_{GH} 从上向下起于或止于(-1,j0)点左侧负实轴,对应于伯德图中,在 $L(\omega)>0$ 的范围内,Γ_{φ} 曲线从下向上起于或止于 $(2k+1)\pi,k=0,\pm1,\cdots$ 线。

④ 负穿越半次：奈奎斯特图的半闭合曲线 Γ_{GH} 从下向上起于或止于$(-1,\mathrm{j}0)$点左侧负实轴，对应于伯德图中，在 $L(\omega)>0$ 的范围内，Γ_{φ} 曲线从上向下起于或止于$(2k+1)\pi$，$k=0,\pm1,\cdots$线。

2. 对数频率稳定判据

设 $\omega=\omega_c$ 时，满足

$$\begin{cases} A(\omega_c)=|G(\mathrm{j}\omega_c)H(\mathrm{j}\omega_c)|=1 \\ L(\omega_c)=20\lg A(\omega_c)=0 \end{cases}$$

则称 ω_c 为系统的截止频率。

对数频率稳定判据表述为若系统有 P 个 s 右半平面的开环极点，Z 个 s 右半平面的闭环极点，则系统闭环稳定的充分必要条件是：当频率 ω 从 $0\to\infty$变化时，$\varphi(\omega_c)\neq(2k+1)\pi$，$k=0,\pm1,\cdots$且在 $L(\omega)>0$ 的范围内，Γ_{φ} 曲线穿越$(2k+1)\pi$，$k=0,\pm1,\cdots$线的次数

$$N=N_+-N_-$$

满足

$$Z=P-2N=0$$

应用对数频率稳定判据判断系统闭环稳定性的步骤如下：

(1) 由系统开环传递函数确定 P 和 v；

(2) 绘制系统的开环对数幅频特性曲线 $L(\omega)$和开环对数相频特性曲线 $\varphi(\omega)$；

(3) 若 $v\neq0$，补画相频特性曲线 Γ_{φ}，即从 $\varphi(0_+)$点处向上补画 $v\cdot90°$的虚直线；

(4) 依据对数频率稳定判据判断系统的闭环稳定性。

例 5-17　已知系统的开环传递函数为

$$G(s)H(s)=\frac{20000(s+1)}{s(s+5)(s^2+10s+400)}$$

利用对数频率稳定判据判断系统的闭环稳定性。

解：(1) 由系统的开环传递函数可知 $P=0$，$v=1$。

(2) 绘制系统的开环对数频率特性曲线如图 5-4-8 中实线所示。

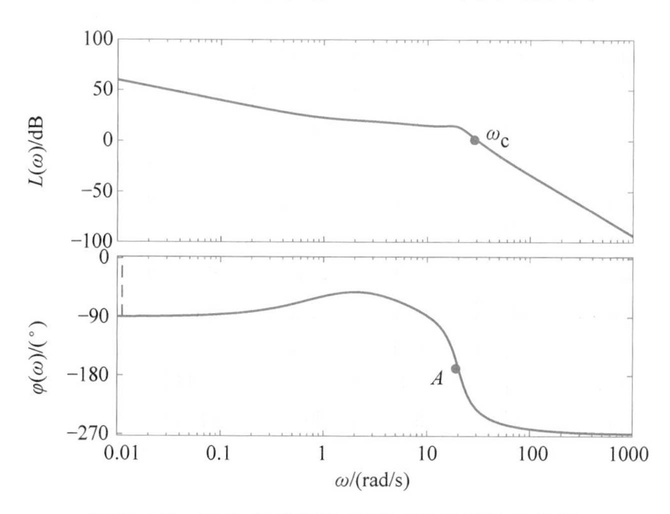

图 5-4-8　例 5-17 的系统开环对数频率特性曲线

(3) 由于 $v=1$,所以需补画相频特性曲线 Γ_{φ}:从 $\varphi(0_{+})$点处向上补画 90°的虚直线,如图 5-4-8 中虚线所示。

(4) 依据对数频率稳定判据判断系统的闭环稳定性。

由图 5-4-8 可知,随 ω 的增大,在 $L(\omega)>0$ 的范围内,相频特性曲线 Γ_{φ} 自上向下穿越 $-180°$线,即 $N_{-}=1$,而 $N_{+}=0$,所以

$$Z=P-2N=P-2(N_{+}-N_{-})=2$$

因此该系统是闭环不稳定的,闭环系统在 s 右半平面有 2 个极点。

5.4.4 MATLAB 实现

1. 利用奈奎斯特稳定判据判断系统闭环稳定性的 MATLAB 实现

例 5-18 已知单位负反馈系统的开环传递函数为

$$G(s)=\frac{2(s+2)}{(s+1)(s^{2}+2s-3)}$$

绘制系统的奈奎斯特图,并利用奈奎斯特稳定判据判断系统的闭环稳定性。

解:MATLAB 程序如下。

```
clc;clear
num = [2,4];
den = conv([1,1],[1,2, - 3]);
sys = tf(num,den);
pzmap(sys);
title('open - loop zero - pole diagram');
figure(2)
nyquist(sys);
axis([ - 1.5,0.5, - 0.2,0.2]);
figure(3)
pzmap(feedback(sys,1));
title('close - loop zero - pole diagram');
```

运行结果如图 5-4-9 所示。

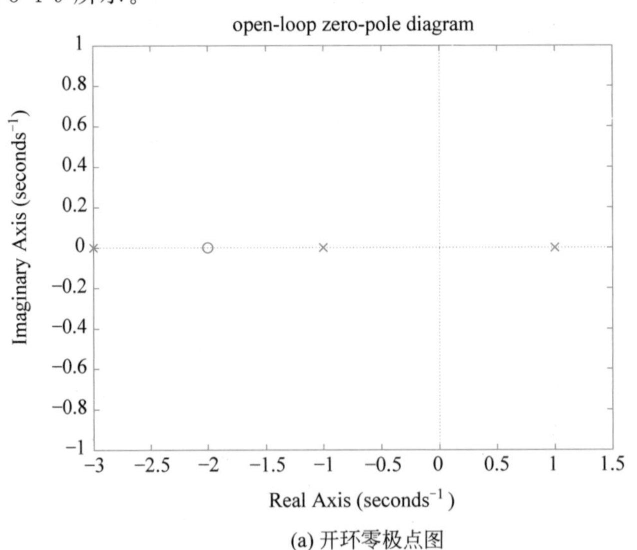

(a) 开环零极点图

图 5-4-9 例 5-18 的运行结果

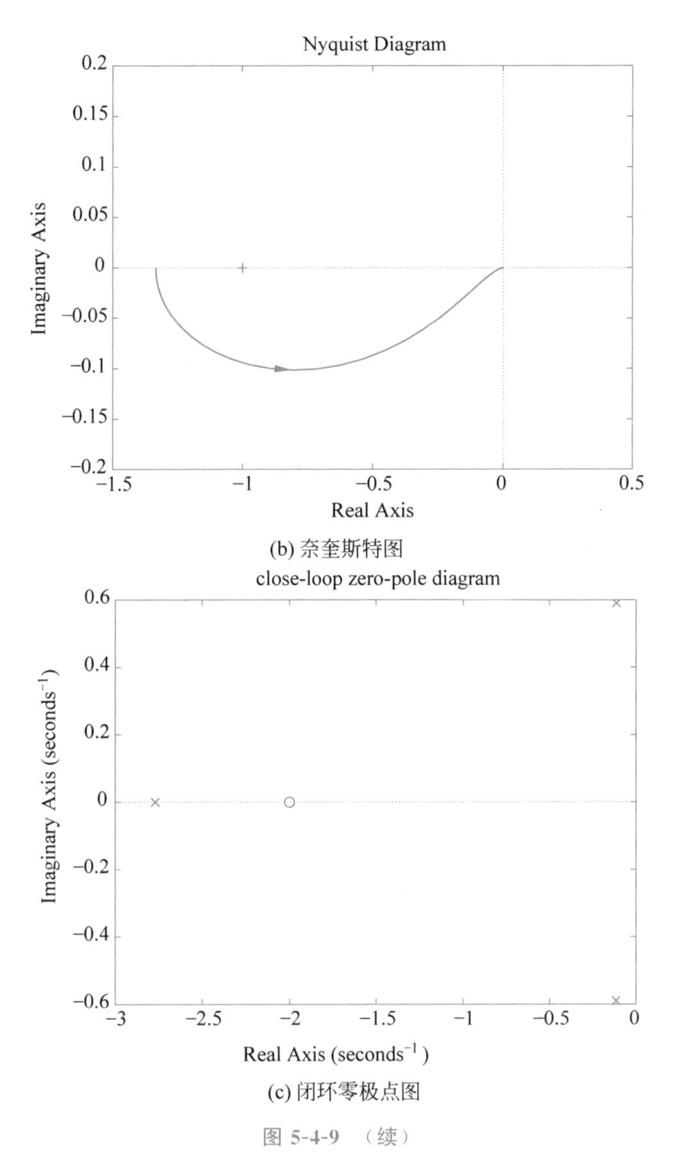

(b) 奈奎斯特图

(c) 闭环零极点图

图 5-4-9 （续）

由图 5-4-9(a)可以看出，开环系统 s 右半平面有一个极点，即 $P=1$；由图 5-4-9(b)可以看出，随 ω 的增大，在(−1,j0)点左侧有半次正穿越，即 $N_+=\frac{1}{2}$，而 $N_-=0$，所以

$$Z=P-R=P-2N=P-2(N_+-N_-)=0$$

因此该系统是闭环稳定的，与例 5-14 的结果相同。由图 5-4-9(c)可以看出，闭环系统所有极点均在 s 左半平面，即可以验证系统是闭环稳定的。

2. 利用对数频率稳定判据判断系统闭环稳定性的 MATLAB 实现

例 5-19 绘制例 5-18 中系统的伯德图，并利用对数频率稳定判据判断系统的闭环稳定性。

解：MATLAB 程序如下。

```
clc;clear
num = [2,4];
den = conv([1,1],[1,2, - 3]);
```

```
sys = tf(num,den);
w = logspace( - 3,3,500);
bode(sys,w);
grid on;
figure(2)
step(feedback(sys,1));
```

运行结果如图 5-4-10 所示。

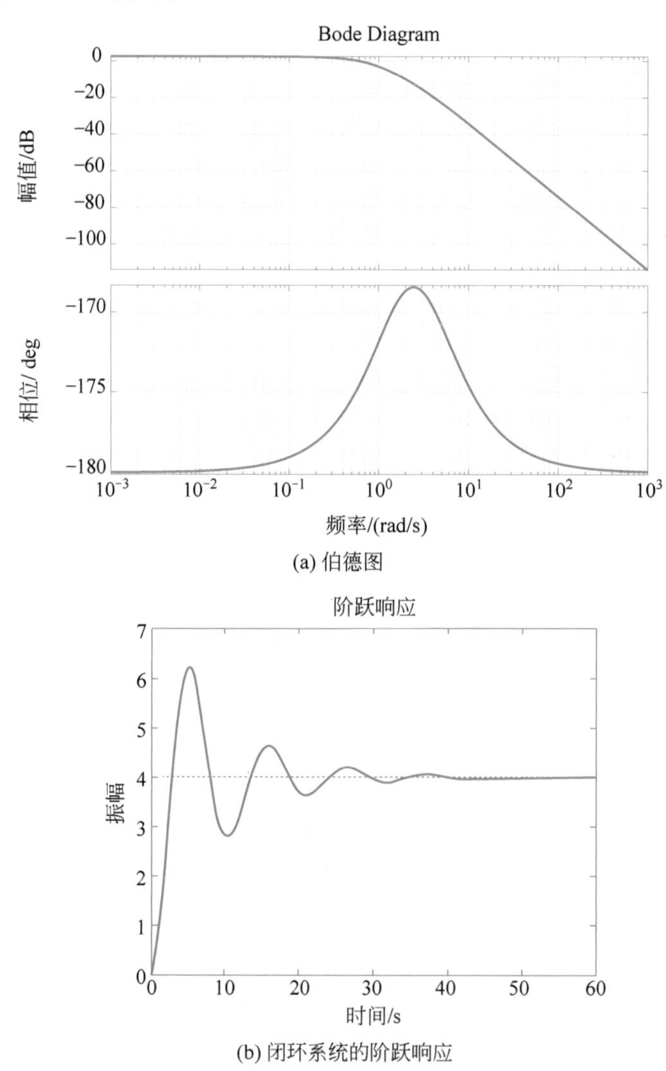

(a) 伯德图

(b) 闭环系统的阶跃响应

图 5-4-10 例 5-19 的运行结果

由图 5-4-9(a)可以看出,开环系统 s 右半平面有一个极点,即 $P=1$;由图 5-4-10(a)可以看出,随 ω 的增大,在 $L(\omega)>0$ 的范围内,对数相频特性曲线自下向上起于 $-180°$线,即 $N_+=\frac{1}{2}$,而 $N_-=0$,所以

$$Z=P-R=P-2N=P-2(N_+-N_-)=0$$

因此该系统是闭环稳定的。由图 5-4-10(b)可以看出,闭环系统的阶跃响应呈衰减波形,即可以验证系统是闭环稳定的。

5.5 稳定裕度

在控制系统的分析和设计中，不仅要考虑系统的稳定性，还要求系统有一定的稳定程度，即相对稳定性。频域的相对稳定性通常用稳定裕度来衡量。稳定裕度是系统接近临界稳定状态的程度，包括相角裕度 γ 和幅值裕度 h。对于最小相位系统，在奈奎斯特图中就是开环幅相频率特性曲线 $G(\mathrm{j}\omega)H(\mathrm{j}\omega)$ 接近临界点 $(-1,\mathrm{j}0)$ 的程度，$G(\mathrm{j}\omega)H(\mathrm{j}\omega)$ 曲线越接近临界点 $(-1,\mathrm{j}0)$，系统的相对稳定性越差。

5.5.1 相角裕度 γ

1. 相角裕度 γ 的定义

如图 5-5-1 所示，设 ω_c 为开环幅相频率特性曲线 $G(\mathrm{j}\omega)H(\mathrm{j}\omega)$ 与单位圆交点处的频率（截止频率），则系统在 ω_c 处的幅值和相角为

$$\begin{cases} A(\omega_c)=|G(\mathrm{j}\omega_c)H(\mathrm{j}\omega_c)|=1 \\ \varphi(\omega_c)=\angle G(\mathrm{j}\omega_c)H(\mathrm{j}\omega_c) \end{cases}$$

相角裕度 γ 定义为

$$\gamma=180^\circ+\varphi(\omega_c)=180^\circ+\angle G(\mathrm{j}\omega_c)H(\mathrm{j}\omega_c)$$

相角裕度 γ 的物理意义是，闭环稳定系统的开环相频特性再滞后 γ 度，则开环幅相频率特性曲线 $G(\mathrm{j}\omega)H(\mathrm{j}\omega)$ 会穿过临界点 $(-1,\mathrm{j}0)$，系统将处于临界稳定状态；如果开环相频特性滞后角超过 γ 度，系统就会变为不稳定系统。相角裕度是设计控制系统时的一个重要依据。

2. 相角裕度在伯德图上的表示

如图 5-5-2 所示，ω_c 为对数幅频特性曲线 $L(\omega)$ 与 0dB 线交点处的频率，相角裕度 γ 为 ω_c 处相角 $\varphi(\omega_c)$ 与 $-180°$ 线的距离。

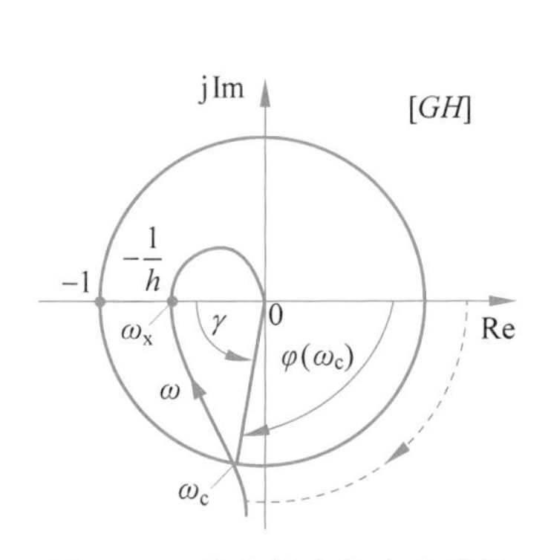

图 5-5-1　稳定裕度的定义图示

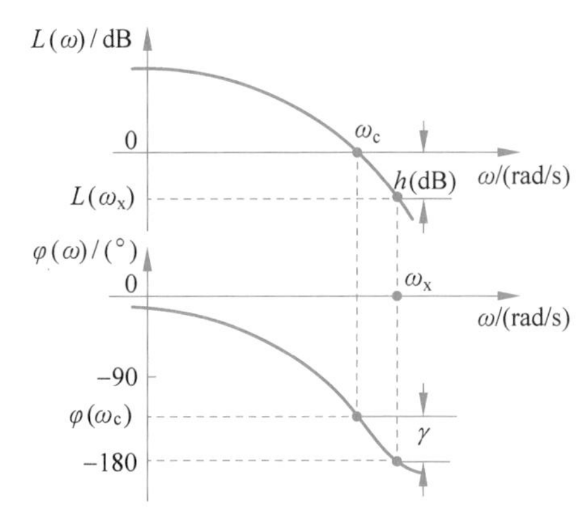

图 5-5-2　稳定裕度在伯德图上的表示

5.5.2 幅值裕度 h

1. 幅值裕度 h 的定义

如图 5-5-1 所示，设 ω_x 为开环幅相频率特性曲线 $G(\mathrm{j}\omega)H(\mathrm{j}\omega)$ 与负实轴交点处的频率

(穿越频率),则系统在 ω_x 处的相角和幅值为

$$\begin{cases}\varphi(\omega_x)=\angle G(\mathrm{j}\omega_x)H(\mathrm{j}\omega_x)=(2k+1)\pi, \quad k=0,\pm 1,\cdots \\ A(\omega_x)=|G(\mathrm{j}\omega_x)H(\mathrm{j}\omega_x)|\end{cases}$$

幅值裕度 h 定义为 $A(\omega_x)$ 的倒数,即

$$h=\frac{1}{A(\omega_x)}=\frac{1}{|G(\mathrm{j}\omega_x)H(\mathrm{j}\omega_x)|}$$

幅值裕度 h 的物理意义是,闭环稳定系统的开环幅频特性再增大 h 倍,则开环幅相频率特性曲线 $G(\mathrm{j}\omega)H(\mathrm{j}\omega)$ 会穿过临界点 $(-1,\mathrm{j}0)$,系统将处于临界稳定状态;如果开环幅频特性增大超过 h 倍,系统就会变为不稳定系统。

2. 幅值裕度在伯德图上的表示

如图 5-5-2 所示,ω_x 为对数相频特性曲线 $\varphi(\omega)$ 与 $(2k+1)\pi,k=0,\pm1,\cdots$ 线(通常为 $-180°$ 线)交点处的频率,则

$$h(\mathrm{dB})=-20\lg|G(\mathrm{j}\omega_x)H(\mathrm{j}\omega_x)|=-L(\omega_x)$$

相角裕度和幅值裕度通常作为控制系统分析和设计的开环频域指标,如果只用两者之一,都不足以说明系统的相对稳定性,只有同时给出这两个量才能确定系统的相对稳定性。对于最小相位系统,只要满足 $\gamma>0$ 或 $h(\mathrm{dB})>0(h>1)$ 时,闭环系统就是稳定的。

例 5-20 已知单位负反馈系统的开环传递函数为

$$G(s)=\frac{K}{s(0.5s+1)(0.02s+1)}$$

系统开环增益 K 为 10、25 和 100 时分别确定系统的稳定裕度。

解:系统的开环频率特性为

$$\begin{aligned}G(\mathrm{j}\omega)&=\frac{K}{\mathrm{j}\omega(\mathrm{j}0.5\omega+1)(\mathrm{j}0.02\omega+1)}\\&=\frac{K}{\omega\sqrt{1+(0.5\omega)^2}\sqrt{1+(0.02\omega)^2}}e^{\mathrm{j}[-90°-\arctan(0.5\omega)-\arctan(0.02\omega)]}\end{aligned}$$

按 ω_x 定义有

$$-90°-\arctan(0.5\omega_x)-\arctan(0.02\omega_x)=-180°$$

解得

$$\omega_x=10\mathrm{rad/s}$$

① 当 $K=10$ 时

$$A(\omega_x)=\frac{10}{\omega_x\sqrt{1+(0.5\omega_x)^2}\sqrt{1+(0.02\omega_x)^2}}=0.19$$

$$h=\frac{1}{A(\omega_x)}=5.26, \quad h(\mathrm{dB})=-20\lg A(\omega_x)=14.42\mathrm{dB}$$

按 ω_c 的定义有

$$A(\omega_c)=\frac{10}{\omega_c\sqrt{1+(0.5\omega_c)^2}\sqrt{1+(0.02\omega_c)^2}}=1$$

解得

$$\omega_c=4.47\mathrm{rad/s}$$

则
$$\varphi(\omega_c)=-90^\circ-\arctan(0.5\omega_c)-\arctan(0.02\omega_c)=-161^\circ$$
$$\gamma=180^\circ+\varphi(\omega_c)=19^\circ$$

由上文的计算可以看出，对于高阶系统，一般难以准确计算截止频率 ω_c。在工程上，可根据对数幅频渐近特性曲线确定截止频率 ω_c，即 ω_c 满足 $L(\omega_c)=0$，再由相频特性确定相角裕度 γ。

② 当 $K=25$ 和 $K=100$ 时

绘出 $K=25$ 和 $K=100$ 时的对数幅频渐近特性曲线和对数相频特性曲线如图 5-5-3 所示。它们的幅频特性曲线不同，但具有相同的相频特性曲线。

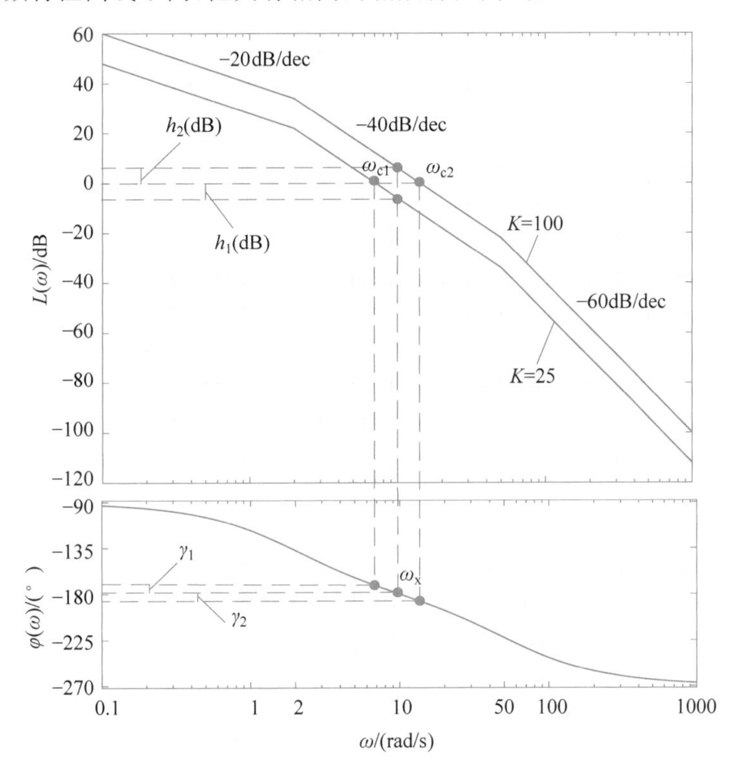

图 5-5-3 例 5-20 的系统对数频率特性曲线

由图 5-5-3 可得，当 $K=25$ 时，$h_1(\text{dB})=6.36\text{dB}$，$\omega_{c1}=7\text{rad/s}$，$\gamma_1=8^\circ$；当 $K=100$ 时，$h_2(\text{dB})=-5.68\text{dB}$，$\omega_{c2}=14\text{rad/s}$，$\gamma_2=-7.5^\circ$。

例 5-20 分析表明，减小开环增益 K，能够增大系统的稳定裕度，但会使系统的稳态误差变大。为了使系统具有良好的过渡过程，工程上一般要求相角裕度 γ 为 30°～60°，幅值裕度 $h(\text{dB})$ 应大于 6dB。而欲满足相角裕度 γ 为 30°～60°这一要求，应使开环对数幅频特性在截止频率 ω_c 附近的斜率大于 -40dB/dec 且具有一定的宽度，通常取 -20dB/dec。

5.5.3 MATLAB 实现

MATLAB 提供了用于计算系统稳定裕度的函数 margin( )和 allmargin( )，其调用格式如下：

```
margin(sys)      % 绘制系统在默认频率范围内的伯德图,并显示幅值裕度、相角裕度及相应的频率
[Gm,Pm,wg,wp] = margin(sys)   % 该调用格式不绘制系统的伯德图,而是返回系统的幅值裕度、相角
```

```
% 裕度及相应的频率,可用 GmdB = 20 * log10(Gm)将幅值转换为分贝值
[Gm,Pm,wg,wp] = margin(map,phase,w)   % 该调用格式首先由 bode()函数得到幅值 map、相位 phase
% 和频率向量 w,然后返回系统的幅值裕度、相角裕度及相应的频率,而不绘制系统的伯德图.可用
% GmdB = 20 * log10(Gm)将幅值转换为分贝值
allmargin(sys)   % 返回单输入单输出系统的幅值裕度、相角裕度及相应频率,时滞幅值裕度及临界
% 频率,相应闭环系统稳定等详细信息
```

例 5-21 已知单位负反馈系统的开环传递函数为

$$G(s)=\frac{10}{s(0.5s+1)(0.02s+1)}$$

利用 MATLAB 求系统的稳定裕度。

解：MATLAB 程序如下。

```
clc;clear
num = [10];
den = conv([0.5,1,0],[0.02,1]);
sys = tf(num,den);
margin(sys);
grid on;
[Gm,Pm,wg,wp] = margin(sys)
GmdB = 20 * log10(Gm)
s = allmargin(sys)
```

运行结果如图 5-5-4 所示。

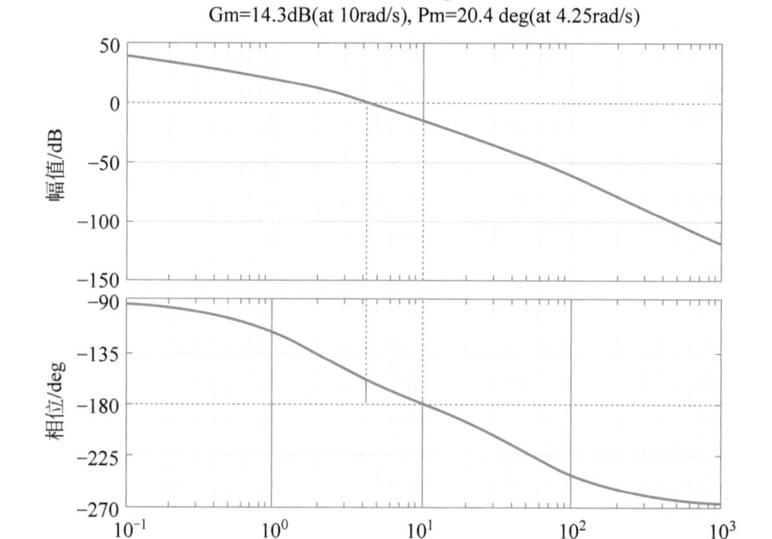

图 5-5-4 例 5-21 的运行结果

```
Gm =
    5.2000
Pm =
   20.3681
wg =
    10
wp =
```

```
    4.2460
GmdB =
   14.3201
s =
  包含以下字段的 struct:
    GainMargin: 5.2000
    GMFrequency: 10
    PhaseMargin: 20.3681
    PMFrequency: 4.2460
    DelayMargin: 0.0837
    DMFrequency: 4.2460
         Stable: 1
```

5.6 利用开环频率特性分析系统的性能

在系统闭环稳定的前提下，可以利用开环频率特性分析系统的准确性、快速性、抗高频干扰能力等性能。鉴于开环对数频率特性在控制工程中应用更广泛，且对于最小相位系统，对数幅频特性和对数相频特性具有一一对应的关系，所以通常采用对数幅频特性对系统的性能进行分析。

实际系统的开环对数幅频渐近特性曲线一般如图 5-6-1 所示，将它分成低频段、中频段和高频段 3 个频段进行讨论。

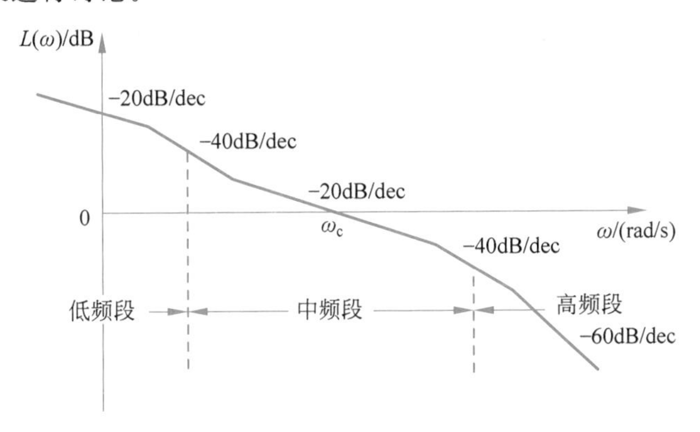

图 5-6-1　实际系统的开环对数幅频渐近特性曲线

5.6.1 低频段与系统稳态性能的关系

低频段通常是指开环对数幅频渐近特性曲线第一个转折频率之前的频段，这一频段的特性完全由积分环节和开环增益决定，反映了系统的稳态性能。低频段的对数幅频特性为

$$L(\omega)=20\lg\frac{K}{\omega^{v}}=20\lg K-20v\lg\omega$$

即低频段的斜率表示积分环节的个数 v(系统型别)，而高度决定系统的开环增益 K。

若低频段斜率为 0dB/dec，则 $v=0$，即系统为 0 型系统。低频段的高度为 $20\lg K$，则位置误差系数为 $K_p=K$；

若低频段斜率为 -20dB/dec，则 $v=1$，即系统为 Ⅰ 型系统。绘制低频段的延长线交 0dB 线于 ω_k，有 $L(\omega_k)=20\lg K-20\lg\omega_k=0$，得 $K=\omega_k$，则速度误差系数为 $K_v=K=\omega_k$；

若低频段斜率为-40dB/dec,则$v=2$,即系统为Ⅱ型系统。同理可得加速度误差系数为$K_a=K=\omega_k^2$。

由上述分析可以看出,低频段的斜率越小,位置越高,则对应的积分环节数目越多,开环增益越大,那么在系统闭环稳定的前提下,稳态误差越小,稳态精度越高。

5.6.2 中频段与系统动态性能的关系

中频段是指开环对数幅频渐近特性曲线在截止频率ω_c附近的频段,这一频段的特性集中反映了系统的动态性能。系统的动态性能主要取决于中频段的形状,而中频段形状又取决于开环截止频率ω_c、中频段的斜率和中频段的宽度3个参数。其中,中频段的斜率和宽度反映系统的平稳性,开环截止频率ω_c的大小反映系统的快速性。

对于最小相位系统,对数幅频特性和对数相频特性具有一一对应的关系。对数相频特性$\varphi(\omega)$在某频率ω_0处的大小与该频率对应对数幅频渐近特性曲线$L(\omega)$的斜率有密切的关系,$L(\omega)$的斜率越负,则$\varphi(\omega_0)$负值越大。因此,在开环截止频率ω_c处,$L(\omega)$的斜率越负,则$\varphi(\omega_c)$负值越大,那么相角裕度$\gamma=180°+\varphi(\omega_c)$就越小,系统的稳定程度和动态性能就会变差,甚至系统会变得不稳定。为了使系统稳定且具有满意的动态性能,一般希望开环截止频率ω_c处的开环对数幅频特性曲线斜率为-20dB/dec,且中频段有足够的宽度。

1. 二阶系统

对于二阶系统,开环频域指标截止频率ω_c和相角裕度γ与时域指标超调量$\sigma\%$和调节时间t_s之间有准确的解析关系,下面进行详细讨论。

典型二阶系统的开环传递函数为

$$G(s)=\frac{\omega_n^2}{s(s+2\zeta\omega_n)}$$

开环频率特性为

$$G(j\omega)=\frac{\omega_n^2}{j\omega(j\omega+2\zeta\omega_n)}=\frac{\omega_n^2}{\omega\sqrt{\omega^2+4\zeta^2\omega_n^2}}e^{j\left[-90°-\arctan\frac{\omega}{2\zeta\omega_n}\right]}=A(\omega)e^{j\varphi(\omega)}$$

(1) γ和$\sigma\%$的关系。

根据相角裕度的定义,有

$$A(\omega_c)=\frac{\omega_n^2}{\omega_c\sqrt{\omega_c^2+4\zeta^2\omega_n^2}}=1$$

可求得

$$\omega_c=\omega_n\sqrt{-2\zeta^2+\sqrt{4\zeta^4+1}} \tag{5-6-1}$$

则

$$\gamma=180°+\varphi(\omega_c)=90°-\arctan\frac{\omega_c}{2\zeta\omega_n}=\arctan\frac{2\zeta\omega_n}{\omega_c} \tag{5-6-2}$$

将式(5-6-1)代入式(5-6-2)得

$$\gamma=\arctan\frac{2\zeta}{\sqrt{-2\zeta^2+\sqrt{4\zeta^4+1}}} \tag{5-6-3}$$

当$0<\zeta<0.6$时,γ和ζ之间近似线性关系,且

$$\gamma \approx 100\zeta$$

由第3章时域分析可知，二阶系统的超调量为

$$\sigma\% = e^{-\pi\zeta/\sqrt{1-\zeta^2}} \times 100\% \tag{5-6-4}$$

画出式(5-6-3)和式(5-6-4)的函数关系曲线如图5-6-2所示。可见，相角裕度 γ 和超调量 $\sigma\%$ 都仅由阻尼比 ζ 决定，且 γ 是 ζ 的增函数，$\sigma\%$ 是 ζ 的减函数。阻尼比 ζ 越大，相角裕度 γ 越大，超调量 $\sigma\%$ 越小，系统阶跃响应的平稳性就越好。工程上通常希望 $30° \leqslant \gamma \leqslant 60°$。

(2) ω_c、γ 和 t_s 的关系。

由第3章时域分析可知，二阶系统的调节时间($\Delta = 5\%$时)为

$$t_s = \frac{3}{\zeta\omega_n} \tag{5-6-5}$$

将式(5-6-1)与式(5-6-5)相乘，得

$$\omega_c t_s = \frac{3}{\zeta}\sqrt{-2\zeta^2 + \sqrt{4\zeta^4 + 1}} \tag{5-6-6}$$

由式(5-6-3)和式(5-6-6)可得

$$\omega_c t_s = \frac{6}{\tan\gamma} \tag{5-6-7}$$

画出式(5-6-7)的函数关系曲线如图5-6-3所示。可见，当 γ 一定时，开环截止频率 ω_c 与调节时间 t_s 成反比，即 ω_c 越大，调节时间 t_s 越短，系统响应速度越快，但系统抗高频干扰的能力也会越差。

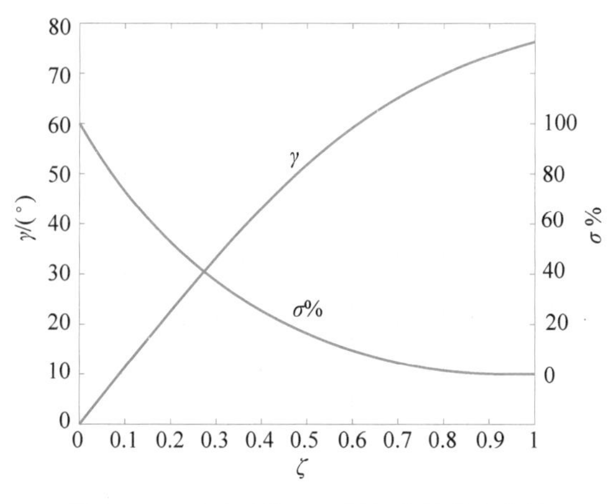

图5-6-2 二阶系统 γ、$\sigma\%$与 ζ 的关系曲线

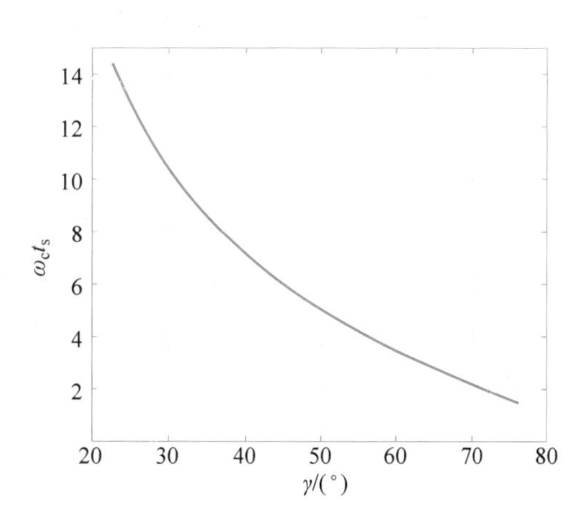

图5-6-3 二阶系统 $\omega_c t_s$ 与 γ 的关系曲线

2. 高阶系统

对于高阶系统，要准确建立开环频域指标和时域指标之间的数学表达式是很困难的。工程实际中，常用以下两个经验公式通过开环频域指标估算时域指标：

$$\sigma\% = \left[0.16 + 0.4\left(\frac{1}{\sin\gamma} - 1\right)\right] \times 100\% \quad 35° \leqslant \gamma \leqslant 90° \tag{5-6-8}$$

$$t_s = \frac{\pi}{\omega_c}\left[2 + 1.5\left(\frac{1}{\sin\gamma} - 1\right) + 2.5\left(\frac{1}{\sin\gamma} - 1\right)^2\right] \quad 35° \leqslant \gamma \leqslant 90° \tag{5-6-9}$$

画出式(5-6-8)和式(5-6-9)的函数关系曲线如图5-6-4所示。可见，当 ω_c 一定时，高阶系统

的超调量$\sigma\%$和调节时间t_s都随γ的增大而减小。

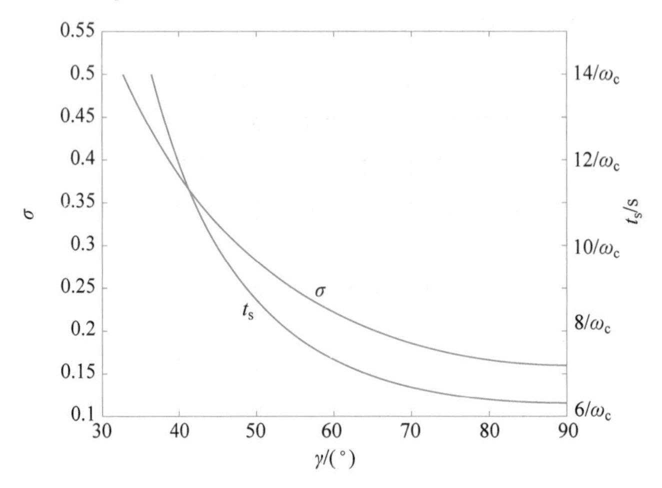

图 5-6-4　高阶系统$\sigma\%$、t_s与γ的关系曲线

5.6.3　高频段与系统抗高频干扰能力的关系

高频段是指开环对数幅频渐近特性曲线在中频段以后的频段，这一频段的特性是由系统中时间常数很小的环节决定的，这些环节的转折频率都远大于开环截止频率ω_c，故对系统的动态性能影响不大。高频段主要反映了系统对高频干扰信号的抑制能力。

对于单位负反馈系统，闭环传递函数为

$$\Phi(s)=\frac{G(s)}{1+G(s)}$$

令$s=\mathrm{j}\omega$得

$$\Phi(\mathrm{j}\omega)=\frac{G(\mathrm{j}\omega)}{1+G(\mathrm{j}\omega)} \tag{5-6-10}$$

式(5-6-10)中，$G(\mathrm{j}\omega)$为系统的开环频率特性，$\Phi(\mathrm{j}\omega)$为系统的闭环频率特性。

在高频段，系统的开环对数幅频特性值一般都很小，即$20\lg|G(\mathrm{j}\omega)|\ll 0$，亦即$G(\mathrm{j}\omega)\ll 1$，因此有

$$|\Phi(\mathrm{j}\omega)|=\frac{|G(\mathrm{j}\omega)|}{|1+G(\mathrm{j}\omega)|}\approx|G(\mathrm{j}\omega)| \tag{5-6-11}$$

式(5-6-11)表明，在高频段，系统的闭环频率特性和开环频率特性近似相等。因此，高频段的斜率越负，幅值越小，系统对高频干扰信号的衰减作用就越大，即系统的抗高频干扰能力就越强。

综上所述，一个合理的控制系统，其开环对数幅频特性曲线的形状应具有如下特点：

(1) 低频段应具有－20dB/dec或－40dB/dec的斜率，并有一定的高度，以满足系统稳态性能的要求。

(2) 中频段的斜率应为－20dB/dec，且具有足够的宽度，以保证系统的动态性能比较好。

(3) 高频段应有较负的斜率，以提高系统抗高频干扰的能力。

值得注意的是，三频段的划分没有严格的准则，三频段的理论也没有为校正系统提供具体方法，但三频段的概念为直接利用开环频率特性分析稳定闭环系统的稳态、动态和抗干扰

性能提供了原则和方向。

5.7 控制系统的闭环频率特性

工程上常利用开环频率特性分析和设计控制系统。在对控制系统进行进一步的分析和设计时,也常利用其闭环频率特性。

5.7.1 闭环频率特性的确定方法

闭环频率特性的确定有不同的方法,下面介绍通过系统的开环频率特性来求闭环频率特性的向量作图法。

反馈控制系统的闭环传递函数为

$$\Phi(s)=\frac{G(s)}{1+G(s)H(s)}=\frac{1}{H(s)}\cdot\frac{G(s)H(s)}{1+G(s)H(s)}$$

其中 $H(s)$ 为主反馈通道的传递函数,一般为常数,故不影响闭环频率特性的形状。而 $G(s)H(s)/[1+G(s)H(s)]$ 可以看成是前向通道传递函数为 $G(s)H(s)$ 的单位负反馈系统的传递函数。因此,确定系统的闭环频率特性时,只需对单位负反馈系统进行分析。

设单位负反馈系统的开环频率特性为

$$G(\mathrm{j}\omega)=A(\omega)\mathrm{e}^{\mathrm{j}\varphi(\omega)}$$

那么闭环频率特性为

$$\Phi(\mathrm{j}\omega)=\frac{G(\mathrm{j}\omega)}{1+G(\mathrm{j}\omega)}=M(\mathrm{j}\omega)\mathrm{e}^{\mathrm{j}\alpha(\omega)}$$

若开环幅相频率特性曲线如图 5-7-1 所示,由图可得

$$\begin{cases}G(\mathrm{j}\omega)=\boldsymbol{OA}=|\boldsymbol{OA}|\mathrm{e}^{\mathrm{j}\varphi(\omega)}\\1+G(\mathrm{j}\omega)=\boldsymbol{PA}=|\boldsymbol{PA}|\mathrm{e}^{\mathrm{j}\theta(\omega)}\end{cases}$$

故闭环频率特性为

$$\Phi(\mathrm{j}\omega)=\frac{\boldsymbol{OA}}{\boldsymbol{PA}}=\frac{|\boldsymbol{OA}|}{|\boldsymbol{PA}|}\mathrm{e}^{\mathrm{j}[\varphi(\omega)-\theta(\omega)]}$$

即

$$\begin{cases}M(\mathrm{j}\omega)=\dfrac{|\boldsymbol{OA}|}{|\boldsymbol{PA}|}\\\alpha(\omega)=\varphi(\omega)-\theta(\omega)\end{cases}$$

当 ω 从 $0\to\infty$ 变化时,便可以通过描点法绘制出系统概略的闭环幅频特性曲线和闭环相频特性曲线。典型的闭环幅频特性曲线如图 5-7-2 所示。此方法几何意义明确,容易理解,但绘制过程比较烦琐。工程上常用 MATLAB 等计算机软件求闭环频率特性。

5.7.2 系统的闭环频域性能指标及其与时域指标的关系

用闭环频率特性来评价系统的性能,通常采用零频值 $M(0)$、谐振峰值 M_{r}、谐振频率 ω_{r}、带宽频率 ω_{b} 等性能指标,如图 5-7-2 所示。

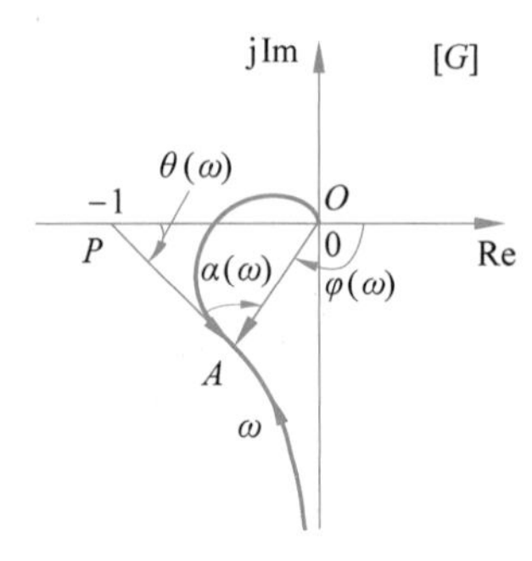

图 5-7-1 由开环频率特性确定闭环频率特性

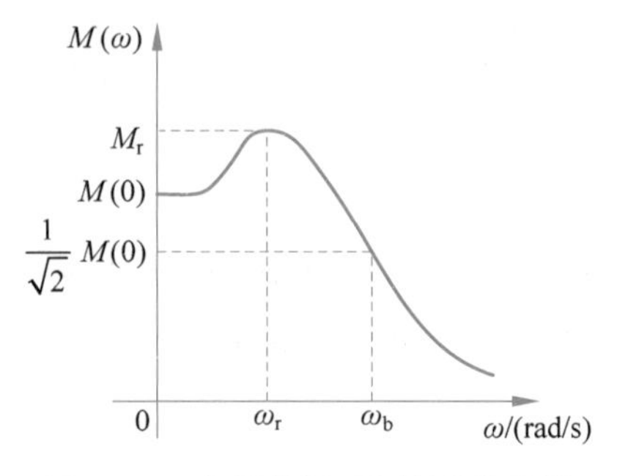

图 5-7-2 典型的闭环幅频特性曲线

1. 零频值 $M(0)$

零频值 $M(0)$是 $\omega=0$ 时的闭环幅频特性值，其大小反映了系统的稳态精度。

对于单位负反馈系统，设开环传递函数

$$G(s)=\frac{K}{s^{v}}G_{0}(s)$$

其中 $G_0(s)$中不包含比例环节和积分环节。则闭环传递函数为

$$\Phi(s)=\frac{G(s)}{1+G(s)}=\frac{KG_{0}(s)}{s^{v}+KG_{0}(s)}$$

所以

$$M(0)=\left|\Phi(\mathrm{j}\omega)\right|_{\omega=0}=\lim_{\omega\to 0}\left|\frac{KG_{0}(\mathrm{j}\omega)}{(\mathrm{j}\omega)^{v}+KG_{0}(\mathrm{j}\omega)}\right|=\lim_{\omega\to 0}\left|\frac{K}{(\mathrm{j}\omega)^{v}+K}\right|$$

(1) 若 $M(0)=1$，说明 $v\neq 0$，即系统为Ⅰ型及以上系统，其在单位阶跃信号作用下的稳态误差为 0。

(2) 若 $M(0)<1$，说明 $v=0$，即系统为 0 型系统，且 $M(0)=\dfrac{K}{1+K}$，系统在单位阶跃信号作用下存在稳态误差。

综上所述可知，$M(0)$越接近 1，系统的稳态精度越高。

2. 谐振峰值 M_r

谐振峰值 M_r 是闭环幅频特性的最大值，其大小反映了系统的平稳性。

对于典型二阶系统，其闭环传递函数为

$$\Phi(s)=\frac{\omega_{n}^{2}}{s^{2}+2\zeta\omega_{n}s+\omega_{n}^{2}}$$

由 5.2 节中振荡环节的讨论可知，二阶系统的谐振峰值为

$$M_{r}=\frac{1}{2\zeta\sqrt{1-\zeta^{2}}},\quad 0<\zeta\leqslant\frac{\sqrt{2}}{2} \tag{5-7-1}$$

由第 3 章时域分析可知，二阶系统的超调量为

$$\sigma\%=\mathrm{e}^{-\pi\zeta/\sqrt{1-\zeta^{2}}}\times 100\% \tag{5-7-2}$$

画出式(5-7-1)和式(5-7-2)的函数关系曲线如图 5-7-3 所示。可见，谐振峰值 M_r 和超调量 $\sigma\%$都由阻尼比 ζ 决定，且都是 ζ 的减函数。ζ 越小，M_r 越大，$\sigma\%$也越大，系统阶跃响应

的平稳性就越差。当谐振峰值 $M_r=1.2\sim1.5$,相应的 $\sigma\%=20\%\sim30\%$,此时系统的动态过程有适度的振荡,平稳性较好,系统响应结果比较满意。工程上,设计控制系统时,常以 $M_r=1.3$ 作为设计依据。

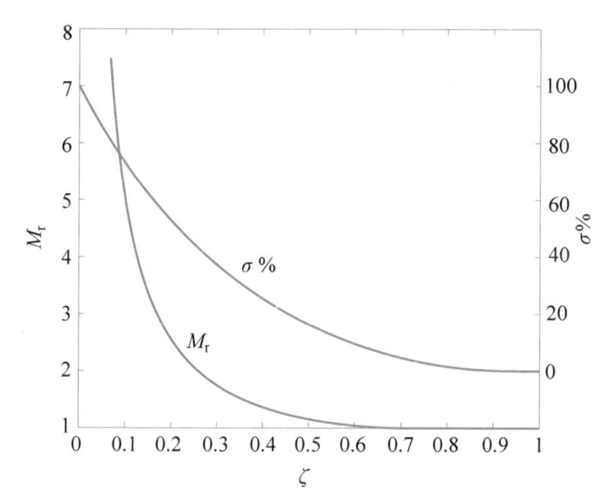

图 5-7-3 二阶系统 M_r、$\sigma\%$与 ζ 的关系曲线

进一步分析可以得到谐振峰值 M_r 和超调量 $\sigma\%$之间的关系为

$$\sigma\%=\mathrm{e}^{-\pi\sqrt{M_r-\sqrt{M_r^2-1}}}\times100\%$$

3. 谐振频率 ω_r

谐振频率 ω_r 是闭环幅频特性出现谐振峰值时的频率,其大小反映系统的快速性。

对于典型二阶系统,由 5.2 节中振荡环节的讨论可知,谐振频率为

$$\omega_r=\omega_n\sqrt{1-2\zeta^2}$$

由第 3 章时域分析可知,二阶系统的峰值时间为

$$t_p=\frac{\pi}{\omega_n\sqrt{1-\zeta^2}}$$

则

$$\omega_r t_p=\frac{\pi\sqrt{1-2\zeta^2}}{\sqrt{1-\zeta^2}} \tag{5-7-3}$$

结合式(5-7-1)和式(5-7-3),画出 $\omega_r t_p$ 与 M_r 之间的关系曲线如图 5-7-4 所示。可见,当 M_r 一定时,谐振频率 ω_r 与峰值时间 t_p 成反比,即 ω_r 越大,t_p 越小,系统阶跃响应的快速性越好。

4. 带宽频率 ω_b

带宽频率 ω_b 是闭环幅频特性下降到$\dfrac{1}{\sqrt{2}}M(0)$时的频率。将频率范围$(0,\omega_b)$称为系统的频带宽度,简称带宽。带宽是频域中一项非常重要的性能指标,其大小反映了系统的快速性和抗干扰能力。

对于典型二阶系统,其闭环幅频特性为

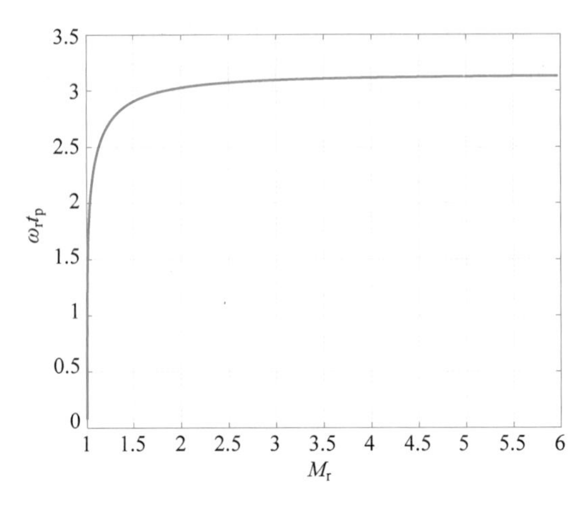

图 5-7-4　二阶系统 $\omega_r t_p$ 与 M_r 的关系曲线

$$M(\omega)=|\Phi(\mathrm{j}\omega)|=\frac{1}{\sqrt{\left(1-\frac{\omega^2}{\omega_n^2}\right)^2+4\zeta^2\frac{\omega^2}{\omega_n^2}}}$$

显然 $M(0)=1$，由带宽频率的定义得

$$\frac{1}{\sqrt{\left(1-\frac{\omega_b^2}{\omega_n^2}\right)^2+4\zeta^2\frac{\omega_b^2}{\omega_n^2}}}=\frac{1}{\sqrt{2}}$$

解得

$$\omega_b=\omega_n\sqrt{1-2\zeta^2+\sqrt{2-4\zeta^2+4\zeta^4}} \tag{5-7-4}$$

由第 3 章时域分析可知，二阶系统的调节时间($\Delta=5\%$时)为

$$t_s=\frac{3}{\zeta\omega_n}$$

则

$$\omega_b t_s=\frac{3}{\zeta}\sqrt{1-2\zeta^2+\sqrt{2-4\zeta^2+4\zeta^4}} \tag{5-7-5}$$

结合式(5-7-1)和式(5-7-5)，画出 $\omega_b t_s$ 与 M_r 之间的关系曲线如图 5-7-5 所示。可见，当 M_r 一定时，带宽频率 ω_b 与调节时间 t_s 成反比，即 ω_b 越大，t_s 越短，系统响应速度越快，但系统抗高频干扰的能力也会越差。这一规律对任意阶次的控制系统都是成立的。

上文讨论了典型二阶系统的闭环频域指标和时域指标之间的关系，两者可以用准确的解析表达式表示。对于高阶系统，时域指标和闭环频域指标之间很难建立严格的数学表达式。但当高阶系统存在一对共轭复数主导极点时，可以将高阶系统近似为二阶系统进行分析和设计。至于一般的高阶系统，在工程上，常用以下两个经验公式通过闭环频域指标估算时域指标：

$$\sigma\%=[0.16+0.4(M_r-1)]\times 100\% \quad 1\leqslant M_r\leqslant 1.8 \tag{5-7-6}$$

$$t_s=\frac{\pi}{\omega_c}[2+1.5(M_r-1)+2.5(M_r-1)^2] \quad 1\leqslant M_r\leqslant 1.8 \tag{5-7-7}$$

画出式(5-7-6)和式(5-7-7)的函数关系曲线如图5-7-6所示。可见，高阶系统的超调量$\sigma\%$随谐振峰值M_r的增大而增大；调节时间t_s随M_r的增大而增大，但随截止频率ω_c的增大而减小。

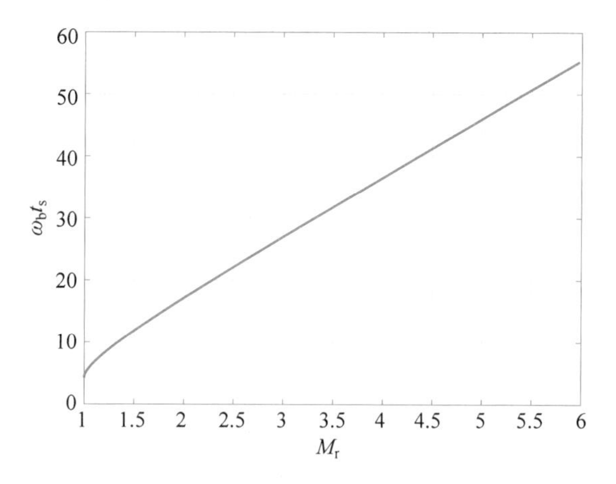

图5-7-5 二阶系统$\omega_b t_s$与M_r的关系曲线

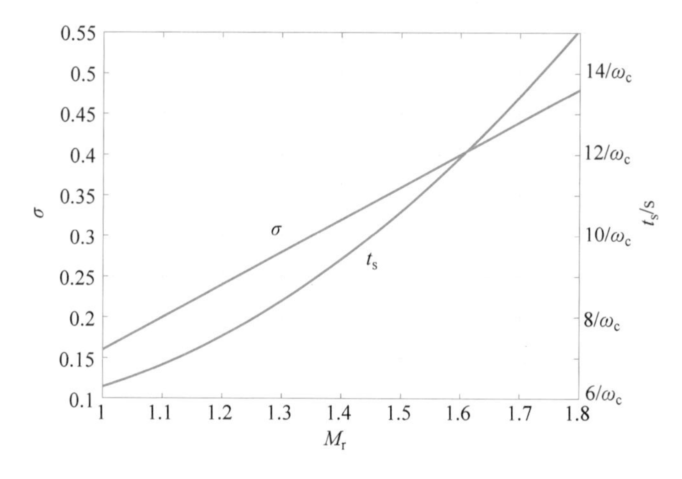

图5-7-6 高阶系统$\sigma\%$、t_s与M_r的关系曲线

5.7.3 系统闭环频域指标和开环频域指标的关系

系统闭环频域指标带宽频率ω_b和谐振峰值M_r与开环频域指标截止频率ω_c和相角裕度γ之间存在密切的关系。

1. 带宽频率ω_b和截止频率ω_c的关系

由前面章节的分析可知，带宽频率ω_b和截止频率ω_c都与系统的响应速度成正比，均可用来衡量系统的快速性。

对于典型二阶系统，由式(5-6-1)和式(5-7-4)可得

$$\frac{\omega_b}{\omega_c}=\sqrt{\frac{1-2\zeta^2+\sqrt{2-4\zeta^2+4\zeta^4}}{-2\zeta^2+\sqrt{4\zeta^4+1}}}$$

当$0.4<\zeta<0.707$时，带宽频率为$1.55\omega_c<\omega_b<1.6\omega_c$。

对于高阶系统，初步设计时，可近似取

$$\omega_b = 1.6\omega_c \tag{5-7-8}$$

2. 谐振峰值 M_r 和相角裕度 γ 的关系

由前面章节的分析可知，谐振峰值 M_r 和相角裕度 γ 都能表征系统的稳定程度和平稳性。通常情况下，谐振频率 ω_r 位于截止频率 ω_c 附近，且在谐振峰值 M_r 附近，相频特性 $\varphi(\omega)$变化比较缓慢。基于此，谐振峰值 M_r 和相角裕度 γ 之间有如下的近似关系：

$$M_r \approx \frac{1}{\sin\gamma} \tag{5-7-9}$$

设计控制系统时，一般先根据控制要求提出闭环频域指标 ω_b 和 M_r，再由式(5-7-8)和式(5-7-9)选择合适的截止频率 ω_c 和确定相角裕度 γ，然后根据 ω_c 和 γ 选择校正网络的结构并确定参数。

5.7.4 MATLAB 实现

MATLAB 没有提供直接求闭环系统的谐振频率、谐振峰值和带宽的函数。下面举例说明如何利用 MATLAB 求闭环系统的谐振频率、谐振峰值和带宽。

例 5-22 已知单位负反馈系统的开环传递函数为

$$G(s) = \frac{10}{s(0.5s+1)(0.02s+1)}$$

利用 MATLAB 绘制闭环系统的伯德图，并求其谐振频率、谐振峰值和带宽。

解：MATLAB 程序如下。

```
clc;clear
num = [10];
den = conv([0.5,1,0],[0.02,1]);
sys_open = tf(num,den);
sys_close = feedback(sys_open,1);
w = logspace( - 1,2);
bode(sys_close,w);
grid on;
[mag,phase,w] = bode(sys_close,w);
[Mr,i] = max(mag);
resonant_peak = 20 * log10(Mr)
resonant_frequency = w(i)
k = 1;
while 20 * log10(mag(k))> - 3;
    k = k + 1;
end
bandwidth = w(k)
```

闭环系统的伯德图如图 5-7-7 所示。

程序运行结果如下。

```
resonant_peak =
    8.8114
resonant_frequency =
    4.4984
bandwidth =
    6.8665
```

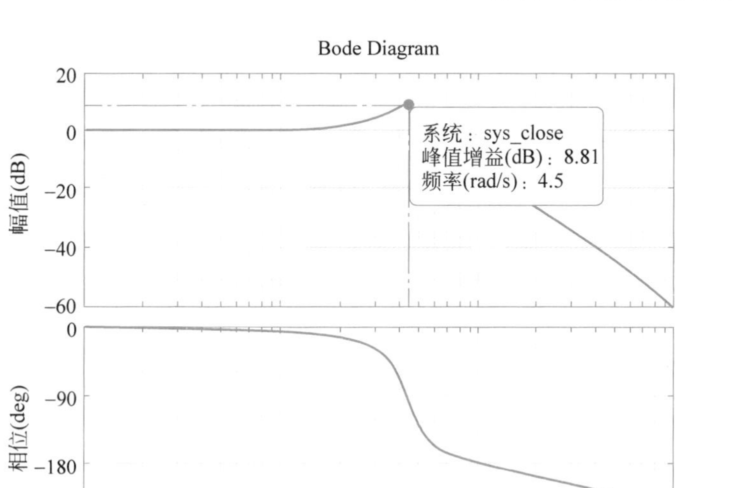

图 5-7-7　例 5-22 的闭环系统的伯德图

5.8 习题

第6章 控制系统的校正

CHAPTER 6

学习目标

(1) 理解线性系统的基本控制规律。

(2) 理解超前校正、滞后校正、滞后-超前校正装置的特性及对系统的影响。

(3) 理解并掌握串联超前、串联滞后和串联滞后-超前校正的频域设计原理及方法；理解串联综合设计法的特点及方法。

(4) 理解反馈校正和复合校正的特点和作用，掌握运用反馈校正和复合校正提高系统性能的方法。

本章重点

(1) 了解PID控制规律的特点。

(2) 熟练掌握超前校正、滞后校正、滞后-超前校正装置的适用场合和参数的选择原则。

(3) 熟练掌握串联校正的频域法设计步骤和方法。

(4) 掌握反馈校正和复合校正的特点，能采用电器元件实现校正装置。

第3章～第5章的内容主要是研究线性控制系统的分析方法，即运用这些方法对控制系统性能进行定性分析和定量计算。在实际控制工程问题中，当控制系统的性能指标不能满足要求时，就必须在系统原有结构的基础上引入附加装置，使控制系统的性能得到改善。根据预先给定的性能指标，去设计满足性能要求的控制系统，这类问题称为控制系统的校正，引入的附加装置称为校正装置。本章讨论仅限于单输入、单输出线性定常连续控制系统。

6.1 系统校正设计基础

控制系统的校正就是从实际工程出发，提出系统要达到的各项性能指标要求，然后根据控制对象合理选择控制方案及结构形式，计算参数和选择元器件，通过仿真和实验研究，设计同时满足稳态和动态性能指标的实用系统。

控制系统的校正问题常常可以归结为设计适当类型和适当参数值的校正装置。校正装置可以补偿系统不可变动部分(由控制对象、执行机构和测量部件组成的部分)在特性上的缺陷，使校正后的控制系统能满足事先要求的性能指标。

6.1.1 性能指标

在控制系统设计中，采用的设计方法一般依据性能指标的提出形式而定。系统校正常用的性能指标如下。

1. 时域指标

时域指标包括稳态误差 e_{ss}、静态位置误差系数 K_p、静态速度误差系数 K_v、静态加速度误差系数 K_a、超调量 $\sigma\%$、上升时间 t_r、峰值时间 t_p、调节时间 t_s 等。

2. 频域指标

频域指标包括截止频率 ω_c、相角裕度 γ、幅值裕度 h、谐振频率 ω_r、谐振峰值 M_r、带宽频率 ω_b 等。

若性能指标以频域指标的形式提出，则一般采用频域法进行校正，常用的频域指标有 ω_c 和 γ。

3. 频域指标与时域指标的关系

在频域中对系统进行分析设计时，通常以频域指标为依据，但是频域指标不如时域指标直观、准确。因此，需进一步探讨频域指标与时域指标的关系。

由第 5 章可知，对于典型二阶系统，时域指标和频域指标之间的关系可以准确地用以下数学公式表示。

谐振峰值：$M_r=\dfrac{1}{2\zeta\sqrt{1-\zeta^2}}\left(0<\zeta\leqslant\dfrac{\sqrt{2}}{2}\right)$。

谐振频率：$\omega_r=\omega_n\sqrt{1-2\zeta^2}\left(0<\zeta\leqslant\dfrac{\sqrt{2}}{2}\right)$。

带宽频率：$\omega_b=\omega_n\sqrt{1-2\zeta^2+\sqrt{2-4\zeta^2+4\zeta^4}}$。

截止频率：$\omega_c=\omega_n\sqrt{-2\zeta^2+\sqrt{4\zeta^4+1}}$。

相角裕度：$\gamma=\arctan\dfrac{2\zeta}{\sqrt{-2\zeta^2+\sqrt{4\zeta^4+1}}}$。

超调量：$\sigma\%=\mathrm{e}^{-\pi\zeta/\sqrt{1-\zeta^2}}\times100\%$。

调节时间：$t_s=\dfrac{3\sim4}{\zeta\omega_n}$。

对于高阶系统，工程实际中，常用以下经验公式实现两种指标的转换。

谐振峰值：$M_r\approx\dfrac{1}{\sin\gamma}$。

超调量：$\sigma\%=\left[0.16+0.4\left(\dfrac{1}{\sin\gamma}-1\right)\right]\times100\%,\quad 35^\circ\leqslant\gamma\leqslant90^\circ$。

调节时间：$t_s=\dfrac{\pi}{\omega_c}\left[2+1.5\left(\dfrac{1}{\sin\gamma}-1\right)+2.5\left(\dfrac{1}{\sin\gamma}-1\right)^2\right],\quad 35^\circ\leqslant\gamma\leqslant90^\circ$。

正确选择各项性能指标，是控制系统设计中一项重要工作。实际系统对性能指标的要求应有所侧重，如调速系统对平稳性和稳态精度要求严格，而随动系统则对快速性要求很高。另外，性能指标的提出不能脱离实际，性能指标既要满足设计要求，又不能过于苛刻，以便容易实现。

视频讲解

6.1.2 校正方式

按照校正装置在系统中的连接方式，控制系统校正方式通常可分成串联校正、反馈校正和复合校正。以 $G_c(s)$ 表示校正装置的传递函数，$G(s)$ 表示被控对象的传递函数，可以得到以下几种校正连接方式。

1. 串联校正

校正装置 $G_c(s)$ 串联在系统的前向通道中，如图 6-1-1 所示。

2. 反馈校正

校正装置 $G_c(s)$ 连接在系统的局部反馈通道中，又称为并联校正，如图 6-1-2 所示。

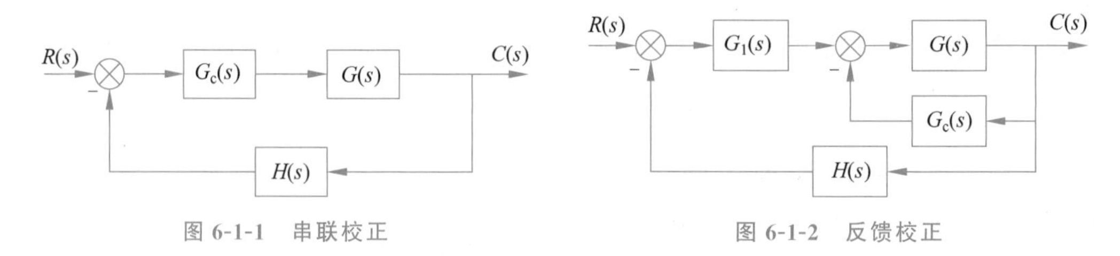

图 6-1-1 串联校正　　图 6-1-2 反馈校正

3. 复合校正

校正装置 $G_c(s)$ 连接在系统反馈回路外的顺馈(或前馈)通道中，如图 6-1-3 所示。复合校正包括图 6-1-3(a)所示的按输入补偿的复合校正和图 6-1-3(b)所示的按扰动补偿的复合校正。

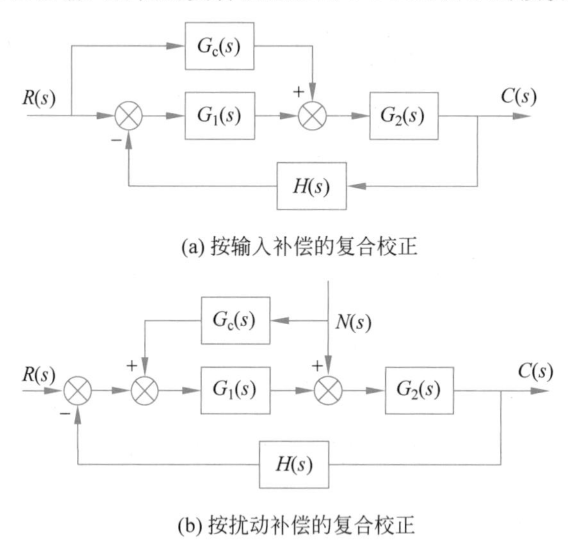

图 6-1-3 复合校正

控制系统设计中采用哪种校正方式，通常取决于性能指标要求、信号性质、系统各点功率、可选用的元件和经济性等因素。一般来说，串联校正比反馈校正简单，且易实现，但是串联校正装置有严重的增益衰减，因此采用串联校正时需要引入附加放大器，以提高增益并起隔离作用。为了避免功率损耗，串联校正通常安装在前向通路中能量最低的点上。对于反馈校正，信号总是从功率较高的点传输到功率较低的点，无须引入附加放大器，所需元件数目常比串联校正要少。在性能指标要求较高的控制系统设计中，例如要求稳态误差小、同时又要求动态特性好的系统，复合校正方式尤为适用。

6.1.3 基本控制规律

确定校正装置的具体形式时，应先了解校正装置所提供的控制规律，以便选择相应的元件。校正装置中最常采用的是比例-积分-微分(PID)控制规律。比例-积分-微分控制器在工业控制领域被广泛应用。设控制器的输出信号为 $u(t)$，输入信号为 $e(t)$，则基本的比例-积分-微分控制规律可描述为

$$u(t)=K_{\mathrm{p}}e(t)+K_{\mathrm{i}}\int_0^t e(t)\mathrm{d}t+K_{\mathrm{d}}\frac{\mathrm{d}e(t)}{\mathrm{d}t}=K_{\mathrm{p}}\left[e(t)+\frac{1}{T_{\mathrm{i}}}\int_0^t e(t)\mathrm{d}t+T_{\mathrm{d}}\frac{\mathrm{d}e(t)}{\mathrm{d}t}\right] \tag{6-1-1}$$

式(6-1-1)中，K_{p} 为比例系数；K_{i} 为积分系数；K_{d} 为微分系数；T_{i} 为积分时间常数；T_{d} 为微分时间常数。

在控制系统的设计中，往往采用比例、积分、微分基本控制规律，或者将这些控制规律进行线性组合，使校正后的控制系统满足性能指标的要求。

1. 比例控制

比例控制器的传递函数为

$$G_{\mathrm{c}}(s)=\frac{U(s)}{E(s)}=K_{\mathrm{p}} \tag{6-1-2}$$

式(6-1-2)所对应的对数频率特性曲线($K_{\mathrm{p}}>1$)如图 6-1-4 所示。

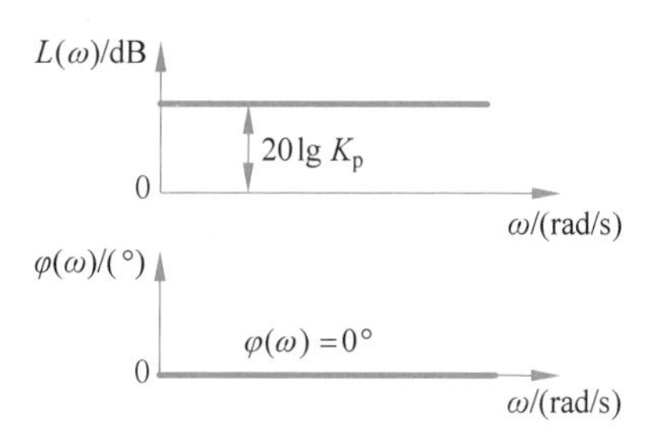

图 6-1-4 比例控制对数频率特性曲线

从控制作用看，通过 K_{p} 可以调整系统的开环增益，对输入信号的相位无影响。在串联校正中，与原系统相比，适当提高 K_{p}，可以增大开环增益，减小系统的稳态误差，提高系统的控制精度，但也会导致系统的相对稳定性变差，甚至不稳定。因此，实施比例控制改善系统稳态性能的同时，也牺牲了系统的相对稳定性。在系统校正设计中，一般不单独使用比例控制。

2. 比例-微分控制

比例-微分控制器的传递函数为

$$G_{\mathrm{c}}(s)=\frac{U(s)}{E(s)}=K_{\mathrm{p}}(1+T_{\mathrm{d}}s) \tag{6-1-3}$$

式(6-1-3)所对应的对数频率特性曲线($K_{\mathrm{p}}=1$)如图 6-1-5 所示。

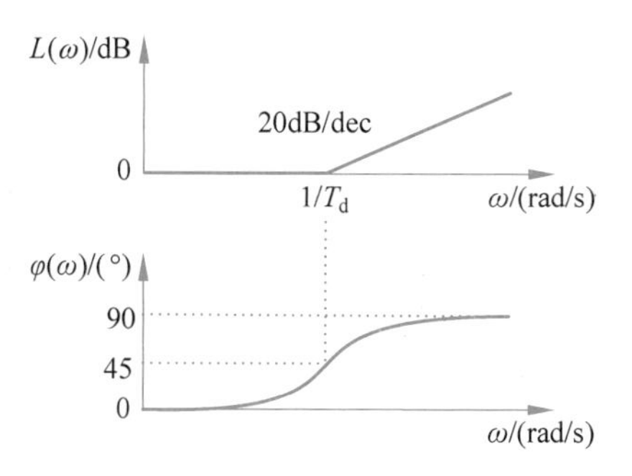

图 6-1-5 比例-微分控制对数频率特性曲线

从图 6-1-5 可以看出，在 $1/T_{\mathrm{d}}\sim+\infty$ 频段，比例-微分控制器对输入信号有微分作用，具有正相位，能对系统进行相位补偿，提高了相角裕度，从而可以改善系统的稳定性。但是当频率 $\omega>1/T_{\mathrm{d}}$ 时，校正装置的幅值也在增加，放大了可能存在于系统内部的高频噪声。从控制作用看，微分作用能反映输入信号的变化趋势，只对动态过程起作用，而对稳态过程

没有影响。所以在系统校正设计中,一般不单独使用微分控制。

例 6-1 已知单位负反馈系统开环传递函数为 $G(s)=\frac{1}{s^2}$,分析比例-微分控制器对系统的影响。

解:无比例-微分控制器时,系统闭环特征方程为

$$s^2+1=0$$

显然,系统在校正前是不稳定的,闭环特征根为一对共轭纯虚根 $s_{1,2}=\pm j$,阻尼比 $\zeta=0$,阶跃响应为不衰减的等幅振荡形式,系统处于临界稳定状态。

在串联校正中,加入比例-微分控制器,相当于使系统增加了一个位于 s 平面负实轴的开环零点 $z=-1/T_d$,系统的相角裕度提高,因而有助于改善系统动态性能。此时系统闭环特征方程为

$$s^2+K_pT_ds+K_p=0$$

其阻尼比 $\zeta=T_d\sqrt{K_p}/2>0$,因此闭环系统是稳定的。比例-微分控制器提高系统的阻尼程度,可通过参数 K_p 和 T_d 来调整。

3. 比例-积分控制

比例-积分控制器的传递函数为

$$G_c(s)=\frac{U(s)}{E(s)}=K_p\left(1+\frac{1}{T_is}\right)=\frac{K_p(T_is+1)}{T_is} \tag{6-1-4}$$

式(6-1-4)所对应的对数频率特性曲线($K_p=1$)如图 6-1-6 所示。

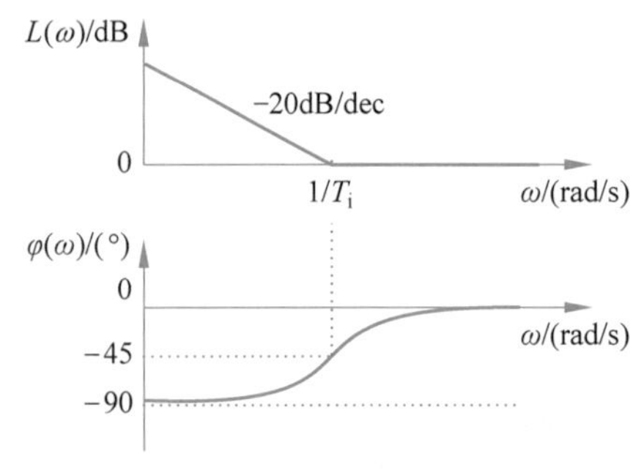

图 6-1-6 比例-积分控制对数频率特性曲线

由图 6-1-6 可以看出,在 $0\sim1/T_i$ 频段,比例-积分控制器对输入信号有积分作用,具有负相位,同时对系统的中频和高频特性影响较小,使系统基本能保持原来的响应速度和稳定裕度。当频率 $\omega<1/T_i$ 时,比例-积分控制器在零频率具有无穷大增益,改善了系统的稳态性能。

例 6-2 已知单位负反馈系统开环传递函数为 $G(s)=\frac{1}{4s+1}$,分析比例-积分控制器对系统性能的改善作用。

解:原系统与比例-积分控制器串联后,其开环传递函数为

$$G_c(s)G(s)=\frac{K_p(T_is+1)}{T_is(4s+1)}$$

可见,加入比例-积分控制器,相当于给系统增加了一个位于原点的开环极点 $p=0$ 和一个位于负实轴的开环零点 $z=-1/T_i$。增加的开环极点提高了系统的型别,使系统由原来的 0 型提高到 Ⅰ 型,有利于减小或消除稳态误差,但也使信号产生 90°的相位滞后,对系统的稳定性不利。增加的负实零点缓和了比例-积分控制器极点对系统稳定性及动态过程产生的不利影响。参数 T_i 影响积分作用的强弱,T_i 过小会使系统超调加大,甚至使系统出现振荡,稳定性变差。因此,在系统校正设计中,一般不单独使用积分控制。

采用比例-积分控制器后,系统的闭环特征方程为

$$4T_is^2+T_i(K_p+1)s+K_p=0$$

由于参数 K_p 和 T_i 都是正数,由劳斯稳定判据可知,闭环系统稳定。因此通过调整比例-积分控制器的参数 K_p 和 T_i,可以对系统的性能有所改善。

4. 比例-积分-微分控制

比例-积分-微分控制器的传递函数为

$$G_c(s)=\frac{U(s)}{E(s)}=K_p\left(1+\frac{1}{T_is}+T_ds\right) \tag{6-1-5}$$

由式(6-1-5)可见,比例-积分-微分控制器是比例、积分、微分3种控制作用的叠加。式(6-1-5)所对应的对数频率特性曲线($K_p=1$)如图6-1-7所示。

由图6-1-7可见,在系统频率特性的低频段,主要是积分控制起作用,提高系统的型别,改善系统的稳态性能;在系统频率特性的中频段,主要是微分控制起作用,改善系统的动态性能,因此,比例-积分-微分控制器可以全面地提高系统的性能。

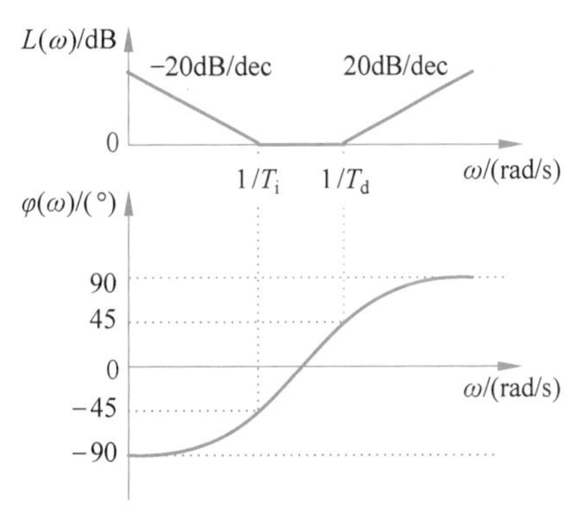

图 6-1-7　比例-积分-微分控制对数频率特性曲线

6.2 常用校正装置及其特性

根据校正装置的频率特性,校正装置分为超前校正装置、滞后校正装置和滞后-超前校正装置。本节主要研究常用校正装置及其特性,以便在控制系统校正时使用。

6.2.1 超前校正装置

超前校正装置可以用RC无源超前网络实现,其电路连接图如图6-2-1所示。

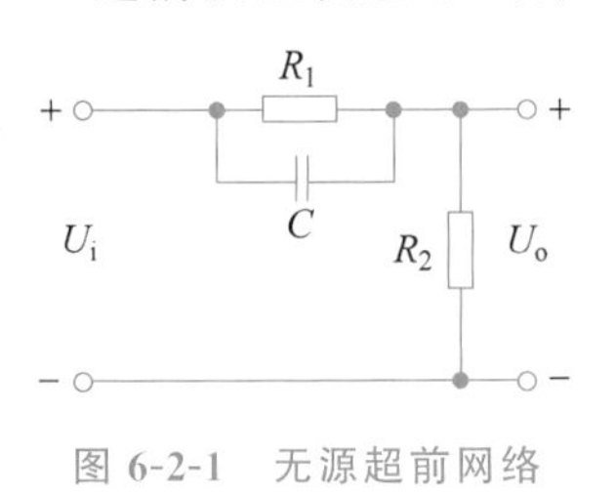

图 6-2-1　无源超前网络

无源超前网络的传递函数为

$$G'_c(s)=\frac{U_o(s)}{U_i(s)}=\frac{R_2}{R_1+R_2}\cdot\frac{R_1Cs+1}{\dfrac{R_1R_2}{R_1+R_2}Cs+1}$$

令 $a=\dfrac{R_1+R_2}{R_2}$,$T=\dfrac{R_1R_2}{R_1+R_2}C$,则无源超前网络的传递函数可写为

$$G'_c(s)=\frac{U_o(s)}{U_i(s)}=\frac{1}{a}\cdot\frac{aTs+1}{Ts+1},\quad a>1 \tag{6-2-1}$$

式(6-2-1)中,a 为超前网络的分度系数,T 为时间常数。

显然,采用无源超前网络进行串联校正时,整个系统的开环增益要下降为原来的 $\frac{1}{a}$,为补偿超前网络造成的增益衰减,需要串入放大器或将原来放大器的放大倍数提高 a 倍。如果采用表6-2-1所示的有源超前网络,就不存在上述放大倍数的补偿问题。

无源超前网络加补偿放大器后,其传递函数为

$$G_c(s) = aG'_c(s) = \frac{aTs+1}{Ts+1}, \quad a > 1 \tag{6-2-2}$$

式(6-2-2)所对应的对数频率特性曲线如图 6-2-2(a)所示。显然,在 $1/(aT) \sim 1/T$ 频段中,超前网络对输入信号有微分作用,相当于比例-微分控制。由于该校正装置的相角总是超前的,故称为超前网络。

超前网络的相频特性为

$$\varphi_c(\omega) = \arctan aT\omega - \arctan T\omega = \arctan \frac{(a-1)T\omega}{1+aT^2\omega^2} \tag{6-2-3}$$

令 $\frac{d\varphi_c(\omega)}{d\omega} = 0$,求得最大超前角频率为

$$\omega_m = \frac{1}{T\sqrt{a}} \tag{6-2-4}$$

显然,最大超前角频率 ω_m 恰好处于频段 $1/(aT) \sim 1/T$ 的几何中心。将式(6-2-4)代入式(6-2-3),可得最大超前角

$$\varphi_m = \arctan \frac{a-1}{2\sqrt{a}} = \arcsin \frac{a-1}{a+1} \tag{6-2-5}$$

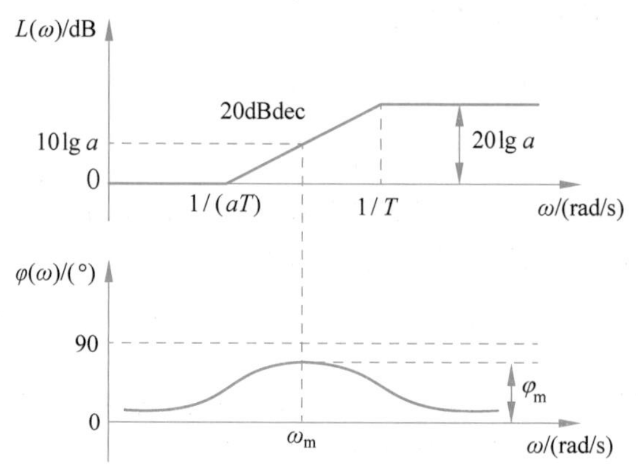

(a) 对数频率特性曲线

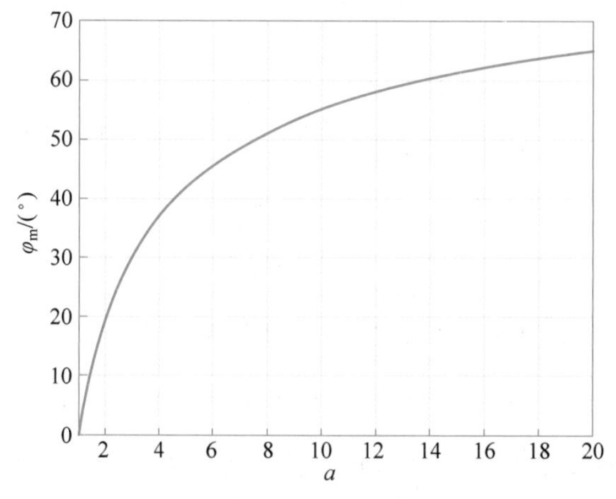

(b) 分度系数与最大超前角的关系

图 6-2-2 无源超前网络特性

式(6-2-5)表明，a 值越大，超前网络的微分效果越强。a 与 φ_m 的关系曲线如图 6-2-2(b)所示。为了保持系统较高的信噪比，实际选用的 a 值一般不超过 20，超前网络的最大超前角一般不大于 65°。如果需要大于 65°的超前角，则要通过两个超前网络串联来实现，并在所串联的两个超前网络之间加一个隔离放大器，以消除它们之间的负载效应。

此外，最大超前角频率 ω_m 处的对数幅频值为

$$L_c(\omega_m)=20\lg|G_c(j\omega_m)|=20\lg\sqrt{a}=10\lg a \tag{6-2-6}$$

从对数频率特性看，超前网络相当于一个高通滤波器。当 $\omega>\dfrac{1}{T}$时，幅频特性上移了 $20\lg a$ dB，这会削弱系统抗变频干扰的能力，因此在变频干扰比较严重的情况，一般不用超前校正。

超前校正装置也可以采用有源网络来实现，如表 6-2-1 所示。

6.2.2 滞后校正装置

滞后校正装置可以用 RC 无源滞后网络实现，其电路连接图如图 6-2-3 所示。

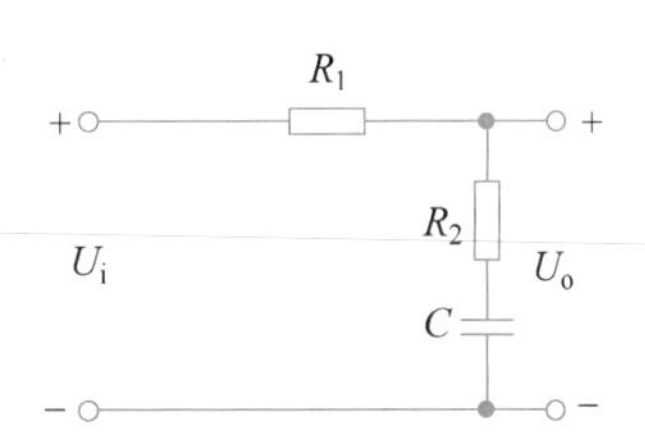

图 6-2-3　无源滞后网络

无源滞后网络的传递函数为

$$G_c(s)=\frac{U_o(s)}{U_i(s)}=\frac{R_2Cs+1}{(R_1+R_2)Cs+1}$$

令 $b=\dfrac{R_2}{R_1+R_2}$，$T=(R_1+R_2)C$，则无源滞后网络的传递函数可写为

$$G_c(s)=\frac{U_o(s)}{U_i(s)}=\frac{bTs+1}{Ts+1},\quad b<1 \tag{6-2-7}$$

式(6-2-7)中，b 为滞后网络的分度系数，T 为时间常数。式(6-2-7)对应的对数频率特性曲线如图 6-2-4(a)所示。显然，在 $1/T\sim1/(bT)$频段无源滞后网络对输入信号有积分作用，相当于比例-积分控制。由于该校正装置的相角总是滞后的，故称为滞后网络。

无源滞后网络的相频特性为

$$\varphi_c(\omega)=\arctan bT\omega-\arctan T\omega=\arctan\frac{(b-1)T\omega}{1+bT^2\omega^2} \tag{6-2-8}$$

令$\dfrac{d\varphi_c(\omega)}{d\omega}=0$，求得最大滞后角频率为

$$\omega_m=\frac{1}{T\sqrt{b}} \tag{6-2-9}$$

与超前网络类似，滞后网络最大滞后角频率 ω_m 恰好处于频段 $1/T\sim1/(bT)$的几何中心。将式(6-2-9)代入式(6-2-8)，得最大滞后角为

$$\varphi_m=\arcsin\frac{1-b}{1+b} \tag{6-2-10}$$

从对数频率特性看，滞后网络相当于一个低通滤波器。当 $\omega>1/(bT)$时，对信号的衰减作用为 $20\lg b$，且 b 值越小，抑制高频噪声的能力越强。采用无源滞后网络进行串联

校正时，主要利用其高频幅值衰减特性，以降低系统的开环截止频率，提高系统的相角裕度。

为避免相角滞后对系统有较大的影响，选择校正参数时，应尽量使滞后网络第二个转折频率 $1/(bT)$ 远离系统校正后的截止频率 ω_c'。一般取

$$\frac{1}{bT}=0.1\omega_c' \tag{6-2-11}$$

此时，滞后网络在 ω_c' 处产生的相角滞后量为

$$\varphi_c(\omega_c')=\arctan bT\omega_c'-\arctan T\omega_c'=\arctan\frac{(b-1)T\omega_c'}{1+bT^2\omega_c'^2} \tag{6-2-12}$$

将式(6-2-11)代入式(6-2-12)，且 $b<1$，式(6-2-12)可化简为

$$\varphi_c(\omega_c')\approx\arctan[0.1(b-1)]$$

$\varphi_c(\omega_c')$ 随 b 变化的关系曲线如图 6-2-4(b)所示。可见，滞后网络的第二个转折频率 10 倍频($b=0.1$)处的相位滞后不超过 6°。

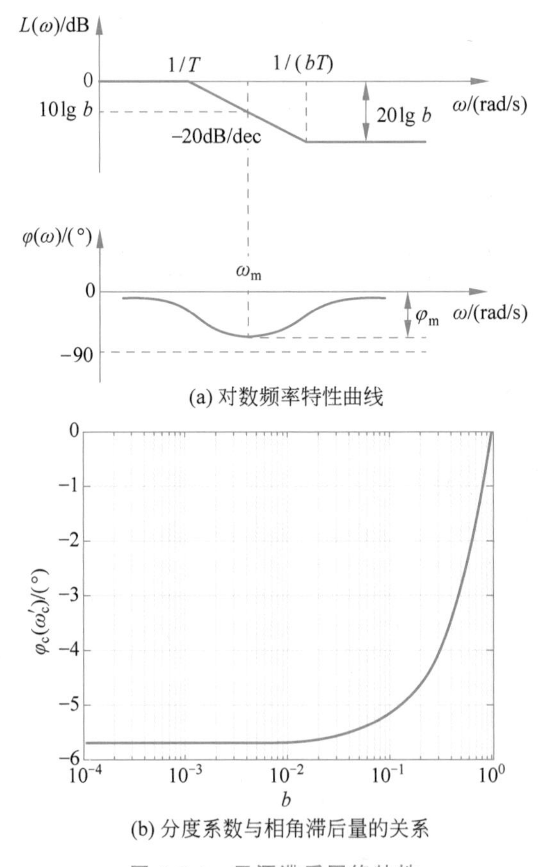

(a) 对数频率特性曲线

(b) 分度系数与相角滞后量的关系

图 6-2-4　无源滞后网络特性

滞后网络幅值的衰减使得有可能调大开环增益，从而提高稳态精度。缺点是使频带变窄，降低了快速性。一般适用于稳态精度要求较高或稳定性要求严格的系统。

串联滞后校正装置也可以采用有源网络来实现，如表 6-2-1 所示。

6.2.3　滞后-超前校正装置

视频讲解

滞后-超前校正装置可以用RC无源滞后-超前网络实现，电路连接图如图6-2-5所示。其传递函数为

$$G_c(s)=\frac{U_o(s)}{U_i(s)}=\frac{(R_1C_1s+1)(R_2C_2s+1)}{R_1C_1R_2C_2s^2+(R_1C_1+R_2C_2+R_1C_2)s+1}$$

令 $T_a=R_1C_1$，$T_b=R_2C_2$，$\alpha T_a+\frac{T_b}{\alpha}=R_1C_1+R_2C_2+R_1C_2$，则滞后-超前网络的传递函数可写为

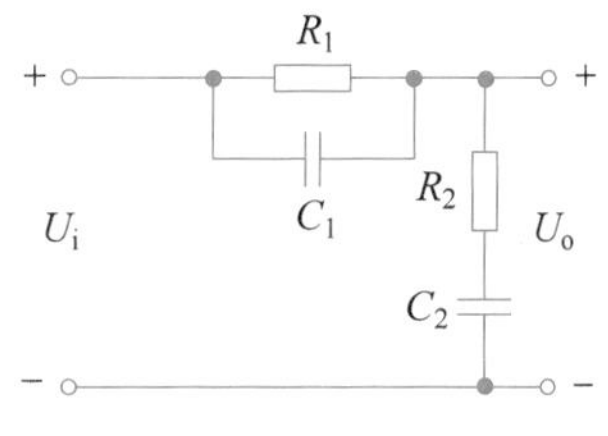

图6-2-5　无源滞后-超前网络

$$G_c(s)=\frac{U_o(s)}{U_i(s)}=\frac{(T_as+1)(T_bs+1)}{(\alpha T_as+1)\left(\frac{T_b}{\alpha}s+1\right)},\quad \alpha>1,T_a>T_b \tag{6-2-13}$$

式(6-2-13)中，$(T_as+1)/(\alpha T_as+1)$为网络的滞后部分，$(T_bs+1)/(T_bs/\alpha+1)$为网络的超前部分。对应的对数频率特性曲线如图6-2-6所示。

滞后-超前网络的零相角频率为

$$\omega_0=\frac{1}{\sqrt{T_aT_b}},\quad T_a>T_b$$

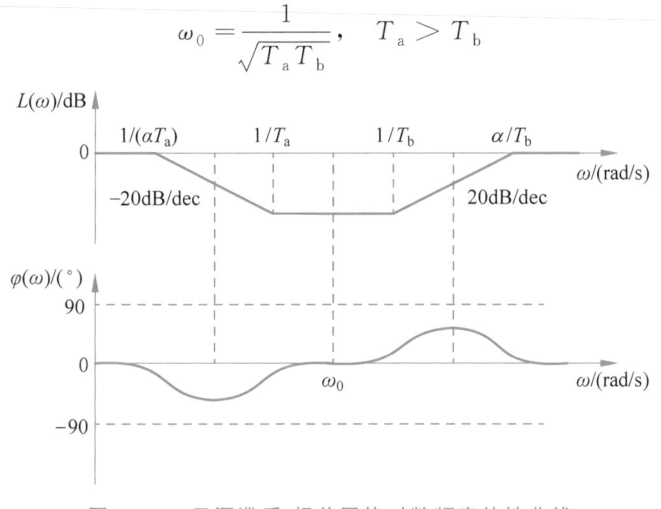

图6-2-6　无源滞后-超前网络对数频率特性曲线

由图6-2-6可见，无源滞后-超前网络在低频段和高频段的幅频特性曲线均为0dB。当 $0<\omega<\omega_0$ 时，相角为负，起到滞后校正的作用；当 $\omega_0<\omega<+\infty$ 时，相角为正，起到超前校正的作用。幅频特性的低频段由于具有使幅值衰减的作用，因此允许在低频段提高开环增益，以改善系统的稳态特性。幅频特性的高频段增加了相位超前角度，提高了相角裕度，从而改善了系统的动态性能。

滞后-超前网络综合了滞后网络和超前网络的特点，可以同时提高稳态和动态特性，相当于比例-积分-微分作用，故称为滞后-超前网络。

表6-2-1给出了有源滞后-超前网络的电路连接形式、传递函数及对数频率特性曲线。

表 6-2-1　有源滞后-超前网络及特性

类型	电路图	传递函数	频率特性
PD	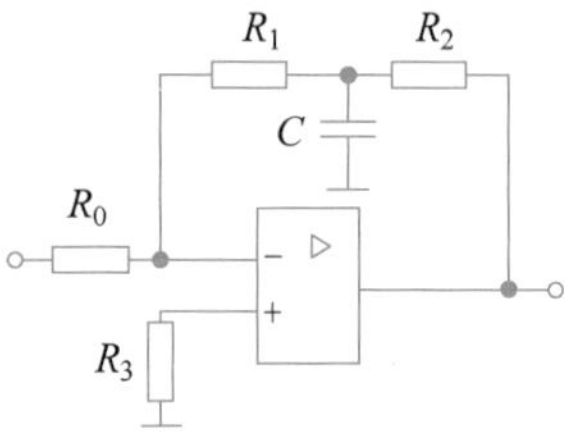 R_1 R_2 C R_0 R_3	$G_c(s)=K(Ts+1)$ $T=\dfrac{R_1R_2}{R_1+R_2}C$ $K=\dfrac{R_1+R_2}{R_0}$	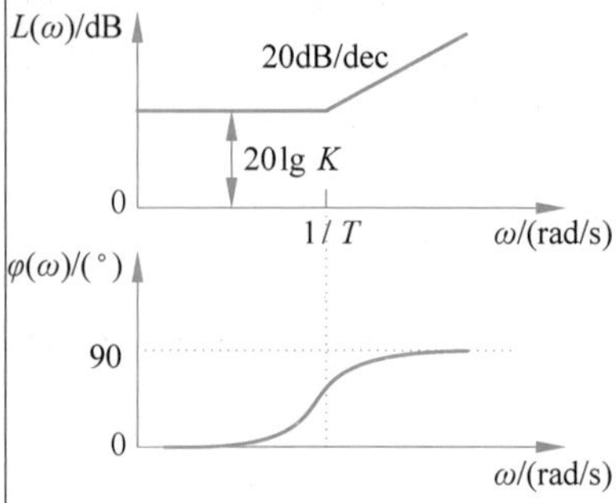 $L(\omega)$/dB　20dB/dec　20lg K　0　$1/T$　ω/(rad/s) $\varphi(\omega)/(°)$　90　0　ω/(rad/s)
PI	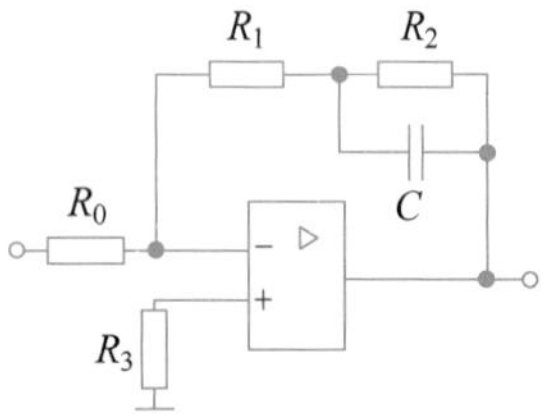 R_1 R_2 C R_0 R_3	$G_c(s)=K\dfrac{T_1s+1}{T_2s+1}$ $T_1=\dfrac{R_1R_2}{R_1+R_2}C$ $T_2=R_2C$ $K=\dfrac{R_1+R_2}{R_0}$	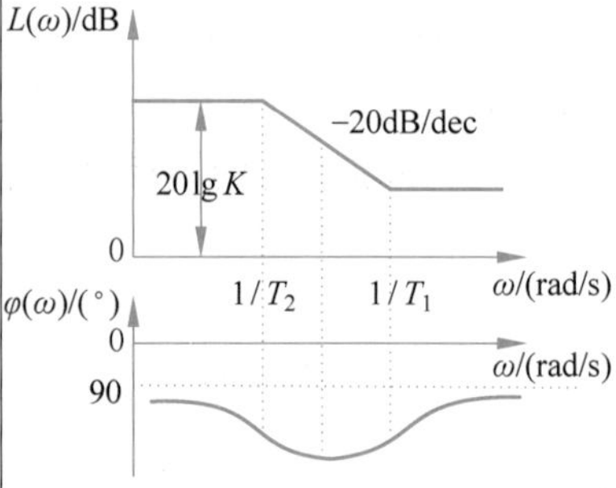 $L(\omega)$/dB　−20dB/dec　20lg K　0　$1/T_2$　$1/T_1$　ω/(rad/s) $\varphi(\omega)/(°)$　0　90　ω/(rad/s)
PID	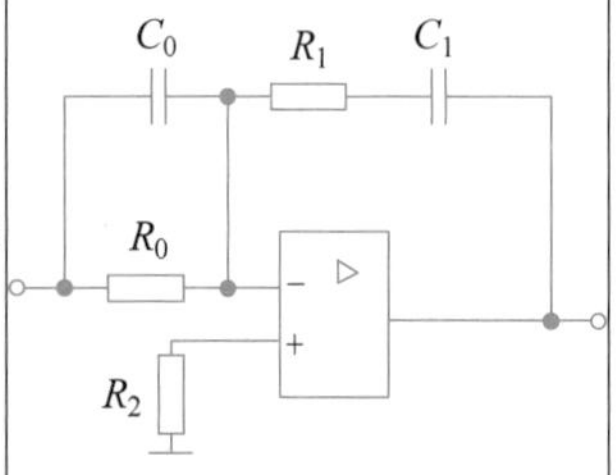 C_0 R_1 C_1 R_0 R_2	$G_c(s)=K\dfrac{(T_1s+1)(T_2s+1)}{T_1s}$ $T_1=R_1C_1$ $T_2=R_0C_0$ $K=\dfrac{R_1}{R_0}$	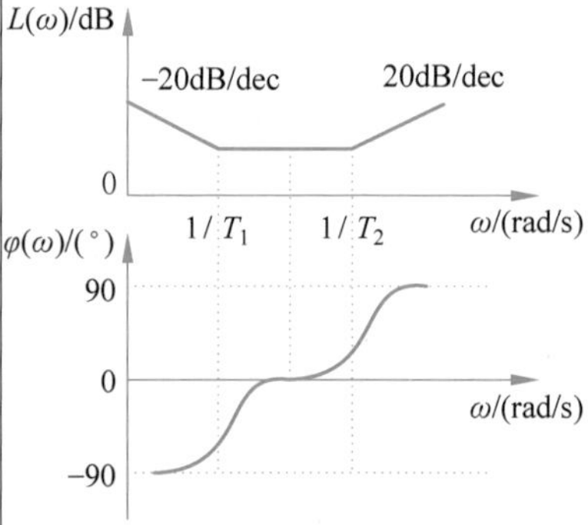 $L(\omega)$/dB　−20dB/dec　20dB/dec　0　$1/T_1$　$1/T_2$　ω/(rad/s) $\varphi(\omega)/(°)$　90　0　−90　ω/(rad/s)

6.3 串联校正

频率法是分析设计控制系统最常用的方法。应用频率法对系统进行校正，其目的是改变频率特性的形状，使校正后的系统具有合适的低频、中频和高频频率特性以及足够的稳定裕度，从而满足所要求的性能指标。当系统的期望性能指标是时域指标时，需要将其转换为频域指标。

本节主要应用超前校正装置、滞后校正装置和滞后-超前校正装置实现串联校正，介绍串联校正综合法的设计思想，并给出相应的串联校正示例。

6.3.1 频率法校正设计

从第5章的内容可知，一个合理的控制系统，其开环对数幅频特性曲线有如下特点：低频段应具有−20dB/dec或−40dB/dec的斜率，并有一定的高度，以满足系统稳态性能的要求；中频段应以−20dB/dec的斜率穿过0dB线，并占有足够宽的中频宽度，以满足动态性能指标要求；高频段的频率特性应该尽快衰减，以削减噪声影响。频域法串联校正的实质是利用校正装置改变系统的开环对数频率特性，使之符合三频段的要求，从而达到改善系统性能的目的。

6.3.2 串联超前校正

视频讲解

频率法串联超前校正的设计思想是利用超前网络的相角超前特性，只要正确地将超前网络的转折频率 $1/(aT)$ 和 $1/T$ 置于待校正系统截止频率的两旁，并适当选择超前网络参数 a 和 T，就可以提高校正后系统的相角裕度和截止频率，从而改善系统的动态性能。

假设待校正系统的开环传递函数为 $G(s)$，校正后系统的开环传递函数为 $G'(s)$。系统给定的性能指标分别为稳态误差 e_{ss}^*、截止频率 ω_c^*、相角裕度 γ^* 和幅值裕度 h^*(dB)。用频域法设计无源超前网络的步骤如下：

(1) 根据给定的稳态误差 e_{ss}^* 要求，确定开环增益 K。

(2) 根据已确定的开环增益 K，绘制待校正系统的对数幅频特性曲线 $L(\omega)$，并计算截止频率 ω_c 和相角裕度 γ。当 $\omega_c<\omega_c^*$，$\gamma<\gamma^*$ 时，首先考虑超前校正。

(3) 根据给定的相角裕度 γ^*，确定超前网络的最大超前角 φ_m 为

$$\varphi_m=\gamma^*-\gamma+\varepsilon,\quad \varepsilon>0 \tag{6-3-1}$$

式(6-3-1)中，ε 为补偿角，用于补偿因超前网络的引入，使校正后系统截止频率增大而导致的待校正系统的相角损失量。若待校正系统中频段的斜率为−40dB/dec时，一般取 $\varepsilon=5°\sim10°$，若待校正系统中频段的斜率为−60dB/dec时，一般取 $\varepsilon=15°\sim20°$。

(4) 根据所确定的最大超前角 φ_m，由式(6-2-5)求得超前网络参数 a 为

$$a=\frac{1+\sin\varphi_m}{1-\sin\varphi_m} \tag{6-3-2}$$

(5) 确定超前网络最大超前角 φ_m 对应的最大超前角频率 ω_m。为充分利用超前网络相角超前特性，选择 ω_m 作为校正后系统的截止频率 ω_c'，即 $\omega_c'=\omega_m$。此时

$$L(\omega_c')+L_c(\omega_m)=0$$

根据式(6-2-6)可得

$$-L(\omega_c')=L_c(\omega_m)=10\lg a \tag{6-3-3}$$

(6) 由式(6-2-4)确定超前网络参数 T 为

$$T=\frac{1}{\omega_m\sqrt{a}}=\frac{1}{\omega_c'\sqrt{a}} \tag{6-3-4}$$

(7) 根据已求得的超前网络参数 a 和 T，由式(6-2-2)确定超前网络的传递函数 $G_c(s)$。

(8) 验算校正后系统的性能。

校正后系统的开环传递函数为

$$G'(s)=G_c(s)G(s)$$

相应的相角裕度为

$$\gamma' = 180^\circ + \angle G_c(j\omega'_c)G(j\omega'_c)$$

若验算结果 γ' 不满足性能指标要求，返回步骤(3)，适当增大补偿角 ε，重新设计直到系统满足性能指标要求。

设计中也可以根据截止频率 ω_c^* 的要求，选择校正后系统的截止频率为 $\omega'_c = \omega_c^*$。通过计算待校正系统在 ω'_c 处的对数幅频值 $L(\omega'_c)$，依据步骤(5)和步骤(6)，求出超前网络参数 a 和 T。

例 6-3　已知系统结构图如图 6-3-1 所示，要求设计串联无源超前网络 $G_c(s)$，使得系统满足如下指标：(1)在单位斜坡输入下的稳态误差为 $e_{ss}^* \leqslant 0.1$；(2)截止频率为 $\omega_c^* \geqslant 4.4\text{rad/s}$；(3)相角裕度为 $\gamma^* \geqslant 45^\circ$。

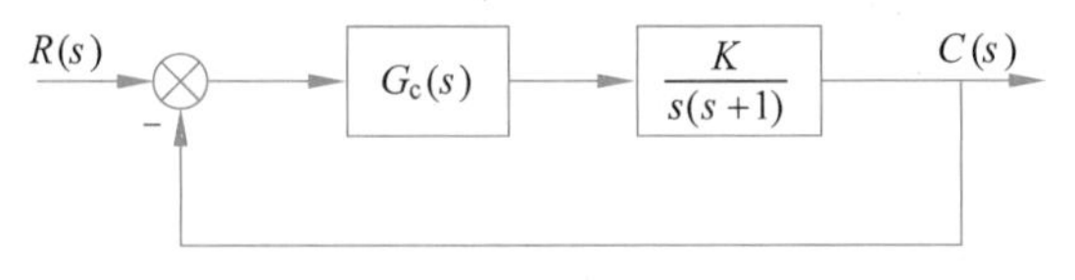

图 6-3-1　例 6-3 的系统结构图

解：(1) 根据系统稳态性能要求，确定开环增益 K。由

$$e_{ss}^* = \frac{1}{K_v} = \frac{1}{K} \leqslant 0.1$$

取 $K = 10$，则待校正系统的开环传递函数为

$$G(s) = \frac{10}{s(s+1)}$$

(2) 根据已确定的开环增益 K，绘制待校正系统的对数幅频特性曲线 $L(\omega)$，并计算截止频率 ω_c 和相角裕度 γ。

绘制待校正系统的对数幅频特性曲线如图 6-3-2 中 $L(\omega)$ 所示。根据截止频率定义，应有 $|G(j\omega_c)| \approx \dfrac{10}{\omega_c \cdot \omega_c} = 1$，可求出待校正系统的截止频率为 $\omega_c = 3.16\text{rad/s}$(在 $\omega \geqslant 1$ 频段内)。

待校正系统的相角裕度为

$$\gamma = 180^\circ + \angle G(j\omega_c) = 180^\circ - 90^\circ - \arctan 3.16 = 17.6^\circ$$

显然，$\omega_c < \omega_c^*$，$\gamma < \gamma^*$，系统不满足性能指标要求。

(3) 确定超前网络的参数。

方法一：

由于待校正系统中频段斜率为 -40dB/dec，故取 $\varepsilon = 10^\circ$，由式(6-3-1)得

$$\varphi_m = \gamma^* - \gamma + \varepsilon = 45^\circ - 17.6^\circ + 10^\circ = 37.4^\circ$$

代入式(6-3-2)，解得超前网络参数 a 为

$$a = \frac{1 + \sin\varphi_m}{1 - \sin\varphi_m} = 4.1$$

根据式(6-3-3)，可求得校正后系统的截止频率 ω'_c，即

$$L(\omega'_c) = 20\lg\frac{10}{\omega'^2_c} = -10\lg a$$

解得 $\omega'_c=4.5\text{rad/s}$。显然 $\omega'_c>\omega^*_c$，截止频率满足性能指标要求。

根据式(6-3-4)，可得超前网络参数 T 为

$$T=\frac{1}{\omega'_c\sqrt{a}}=0.11\text{s}$$

因此，串联无源超前网络的传递函数为

$$G_c(s)=\frac{aTs+1}{Ts+1}=\frac{0.45s+1}{0.11s+1}=\frac{\dfrac{s}{2.22}+1}{\dfrac{s}{9.09}+1}$$

其对数幅频特性曲线如图 6-3-2 中 $L_c(\omega)$所示。

(4) 验算系统性能指标。

校正后系统的开环传递函数为

$$G'(s)=G_c(s)G(s)=\frac{10(0.45s+1)}{s(s+1)(0.11s+1)}=\frac{10\left(\dfrac{s}{2.22}+1\right)}{s(s+1)\left(\dfrac{s}{9.09}+1\right)}$$

其对数幅频特性曲线如图 6-3-2 中 $L'(\omega)$所示。校正后系统相角裕度为

$$\gamma'=180^\circ+\arctan 0.45\omega'_c-90^\circ-\arctan\omega'_c-\arctan 0.11\omega'_c=49.9^\circ$$

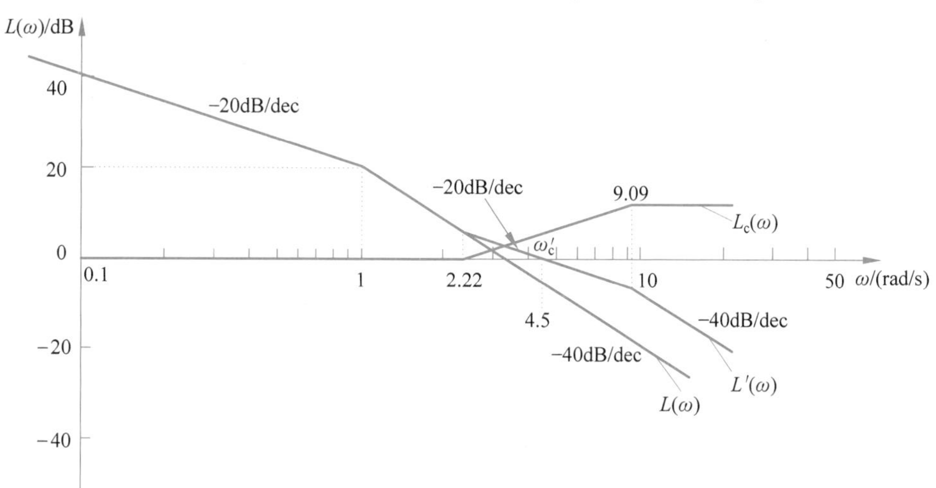

图 6-3-2 例 6-3 的对数幅频特性曲线

综上所述，校正后系统截止频率为 $\omega'_c=4.5\text{rad/s}$，相角裕度为 $\gamma'=49.9^\circ$，稳态误差为 $e_{ss}=0.1$，满足系统性能指标要求。

方法二：

根据系统截止频率 ω^*_c 的要求，直接选取校正后系统截止频率为 $\omega'_c=\omega^*_c=4.4\text{rad/s}$，由式(6-3-3)，可求得超前网络参数 a，即

$$L(\omega'_c)=20\lg\frac{10}{\omega'^2_c}=-10\lg a$$

解得 $a=3.75$，则超前网络参数 $T=\dfrac{1}{\omega'_c\sqrt{a}}=0.12\text{s}$。因此串联无源超前网络的传递函数为

$$G_c(s)=\frac{aTs+1}{Ts+1}=\frac{0.45s+1}{0.12s+1}$$

校正后系统开环传递函数为

$$G'(s)=G_c(s)G(s)=\frac{10(0.45s+1)}{s(s+1)(0.12s+1)}$$

校正后系统相角裕度为

$$\gamma'=180°+\arctan0.45\omega'_c-90°-\arctan\omega'_c-\arctan0.12\omega'_c=48.17°>\gamma^*=45°$$

显然,利用方法二计算的参数也满足系统性能指标要求。

通过例6-3可以看出,校正后$L'(\omega)$曲线以-20dB/dec斜率穿过0dB线,并且在ω'_c处具有较宽的频段,相角裕度γ'相对于校正前系统有了明显的提高。$L'(\omega)$在$L(\omega)$的上方,对高频信号的幅值衰减能力降低。由此可见,串联超前校正主要用来改善系统的动态性能,但以牺牲系统的抗扰性能为代价。由于无源超前网络最大超前角为$\varphi_m\leqslant65°(a\leqslant20)$,当待校正系统的中频段斜率为$-60$dB/dec(相角裕度$\gamma<0$,系统不稳定)时,采用一级串联超前校正将无法实现性能指标的要求。另外,若待校正系统的截止频率附近存在多个惯性环节,导致截止频率滞后的相位迅速减小,则不宜采用串联超前校正。

视频讲解

6.3.3 串联滞后校正

频率法串联滞后校正的设计思想是利用滞后网络的高频幅值衰减特性,使校正后系统截止频率下降,从而使系统获得足够的相角裕度。因此,在设计滞后网络时应避免最大滞后角发生在系统截止频率附近。由于滞后网络的高频幅值衰减特性,减小了系统带宽,降低了系统的快速性。因此,串联滞后校正适用于快速性要求不高而抑制噪声要求较高的系统。若待校正系统仅稳态性能不满足指标要求时,也可以采用串联滞后校正以提高系统的稳态精度。用频域法设计无源滞后网络的步骤如下。

(1) 根据系统稳态误差e_{ss}^*的要求,确定开环增益K。

(2) 根据已确定的开环增益K,绘制待校正系统的对数幅频特性曲线$L(\omega)$,并计算截止频率ω_c和相角裕度γ。

(3) 根据系统相角裕度γ^*的要求,确定校正后系统的截止频率ω'_c,即满足

$$\gamma^*=180°+\varphi(\omega'_c)+\varphi_c(\omega'_c) \tag{6-3-5}$$

式(6-3-5)中,$\varphi(\omega'_c)$为待校正系统在ω'_c处的相角值,$\varphi_c(\omega'_c)$为滞后网络在ω'_c处引起的相位滞后量,一般取$-6°$。

(4) 确定滞后网络参数b和T。

由于滞后网络在ω'_c处的幅值衰减量为$20\lg b$,要保证校正后系统的截止频率为ω'_c,则待校正系统在ω'_c处的对数幅频值应满足

$$L(\omega'_c)+20\lg b=0 \tag{6-3-6}$$

由式(6-3-6)可确定滞后网络参数b。

由已确定的b值可根据式(6-2-11)计算滞后网络参数T。若求得的T值过大而难以实现,则可将式(6-2-11)中的系数适当增大,即

$$\frac{1}{bT}=(0.1\sim0.25)\omega'_c \tag{6-3-7}$$

相应的 $\varphi_c(\omega_c')$ 的估计值应在 $-6°\sim-14°$ 范围内确定。

(5) 验算校正后系统的性能指标。

例 6-4 已知单位负反馈系统开环传递函数为 $G(s)=\dfrac{K}{s(s+1)(0.25s+1)}$，要求设计串联滞后网络 $G_c(s)$，使得系统满足如下指标：(1)静态速度误差系数为 $K_v\geqslant5$；(2)相角裕度为 $\gamma^*\geqslant40°$。

解：(1) 根据系统静态速度误差系数 K_v 的要求，确定开环增益 K。因为

$$K=K_v\geqslant5$$

取 $K=5$，则待校正系统的开环传递函数为

$$G(s)=\frac{5}{s(s+1)(0.25s+1)}$$

(2) 根据已确定的 K 值，绘制待校正系统的对数幅频特性曲线，如图 6-3-3 中 $L(\omega)$ 所示。

根据截止频率定义，应有 $|G(j\omega_c)|\approx\dfrac{5}{\omega_c\cdot\omega_c}=1$，求得待校正系统的截止频率为 $\omega_c=2.24\text{rad/s}$(在 $1\leqslant\omega<4$ 频段范围内)。

待校正系统相角裕度为

$$\gamma=180°+\angle G(j\omega_c)=180°-90°-\arctan\omega_c-\arctan0.25\omega_c=-5.2°$$

显然，待校正系统是不稳定的，且相角裕度不满足性能指标的要求。

(3) 根据系统相角裕度 γ^* 的要求，确定校正后系统的截止频率 ω_c'。

由式(6-3-5)可得

$$\varphi(\omega_c')=\gamma^*-180°-\varphi_c(\omega_c')=40°-180°-(-6°)=-134°$$

根据待校正系统在 ω_c' 处的相角

$$\varphi(\omega_c')=-90°-\arctan\omega_c'-\arctan0.25\omega_c'=-134°$$

可求得 $\omega_c'=0.68\text{rad/s}$(在 $\omega\leqslant1$ 频段范围内)。

(4) 确定滞后网络参数 b 和 T。

根据式(6-3-6)可得

$$L(\omega_c')=20\lg\frac{5}{\omega_c'}=-20\lg b$$

解得 $b=0.136$。将 $\omega_c'=0.68\text{rad/s}$ 和 $b=0.136$ 代入式(6-2-11)，即

$$\frac{1}{bT}=0.1\omega_c'\Rightarrow\frac{1}{0.136T}=0.068$$

解得 $T=108.131\text{s}$。因此串联滞后网络的传递函数为

$$G_c(s)=\frac{bTs+1}{Ts+1}=\frac{14.706s+1}{108.131s+1}=\frac{\dfrac{s}{0.068}+1}{\dfrac{s}{0.0092}+1}$$

其对数幅频特性曲线如图 6-3-3 中 $L_c(\omega)$ 所示。

(5) 验算校正后系统的性能指标。

校正后系统的传递函数为

$$G'(s)=G_c(s)G(s)=\frac{5(14.706s+1)}{s(s+1)(0.25s+1)(108.131s+1)}$$

其对数幅频特性曲线如图 6-3-3 中 $L'(\omega)$所示，校正后系统的相角裕度为

$$\gamma'=180°+\arctan14.706\omega'_c-90°-\arctan\omega'_c-\arctan0.25\omega'_c-\arctan108.131\omega'_c=41.2°$$

综上所述，校正后系统截止频率为 $\omega'_c=0.68\text{rad/s}$，相角裕度为 $\gamma'=41.2°$，静态速度误差系数为 $K_v=5$，满足系统性能指标要求。

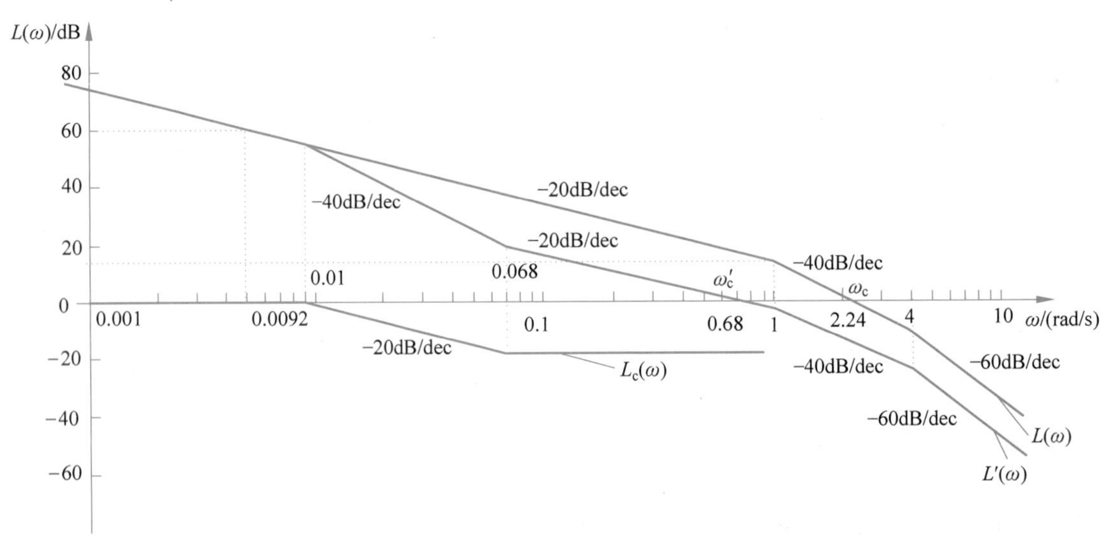

图 6-3-3　例 6-4 的对数幅频特性曲线

由图 6-3-3 可以看出，校正前 $L(\omega)$曲线以-40dB/dec 的斜率穿过 0dB 线，相角裕度不足，系统不稳定；校正后 $L'(\omega)$曲线则以-20dB/dec 的斜率穿过 0dB 线，相角裕度明显增加，系统相对稳定性得到显著改善。然而校正后 ω'_c比校正前 ω_c 降低，因此串联滞后校正以牺牲截止频率换取了相角裕度的提高。另外，由于滞后网络高频幅值衰减特性，校正后系统 $L'(\omega)$曲线高频段降低，抗高频干扰能力提高。

视频讲解

6.3.4　串联滞后-超前校正

如果校正前系统不稳定，且要求校正后系统有较高的响应速度、相角裕度和稳态精度，一般需采用串联滞后-超前校正。频率法串联滞后-超前校正的设计思想是利用超前部分提高相角裕度，同时利用滞后部分改善系统的稳态性能，兼有超前校正和滞后校正的优点。用频域法设计无源滞后-超前网络的步骤如下。

(1) 根据系统稳态误差 e^*_{ss} 的要求，确定开环增益 K。

(2) 根据已确定的开环增益 K，绘制待校正系统的对数幅频特性曲线 $L(\omega)$，并计算截止频率 ω_c、相角裕度 γ 和幅值裕度 h(dB)。

(3) 选择待校正系统对数幅频特性曲线斜率从-20dB/dec 变为-40dB/dec 的转折频率，作为校正网络超前部分的转折频率 $\omega_b(\omega_b=1/T_b)$。

这里选择 ω_b 的原因，一是降低校正后系统的阶次，二是保证校正后系统的中频段斜率为-20dB/dec，且具有一定的宽度。

(4) 根据响应速度的要求，选择系统的截止频率 ω'_c和校正网络参数 α。

要保证校正后系统的截止频率为所选的 ω_c'，应满足

$$-20\lg\alpha + L(\omega_c') + 20\lg(T_b\omega_c') = 0 \tag{6-3-8}$$

式(6-3-8)中，$L(\omega_c')$为待校正系统在 ω_c'处的对数幅频值，$-20\lg\alpha$ 为校正网络最大幅值衰减值，$20\lg(T_b\omega_c')$为校正网络超前部分在 ω_c'处的对数幅频值。由式(6-3-8)可计算校正网络参数 α。

(5) 根据系统相角裕度 γ^* 的要求，估算校正网络滞后部分的转折频率 $\omega_a(\omega_a=1/T_a)$。

(6) 验算校正后系统的性能指标。

例 6-5 已知单位负反馈系统开环传递函数为 $G(s)=\dfrac{K}{s\left(\dfrac{s}{6}+1\right)\left(\dfrac{s}{2}+1\right)}$，要求设计串联校正装置 $G_c(s)$，使得系统满足如下指标：(1)最大指令速度为 180°/s 时，位置滞后误差不超过 1°；(2)相角裕度为 $\gamma^*=45°\pm3°$；(3)幅值裕度为 $h^*(\text{dB})\geqslant10\text{dB}$；(4)动态过程调节时间为 $t_s\leqslant3\text{s}$。

解：(1) 根据系统稳态误差 e_{ss}^* 的要求，确定开环增益 K。

当系统输入信号为 $r(t)=180t$ 时，其稳态误差为 $e_{ss}^*=\dfrac{180}{K}$。由题意知 $e_{ss}^*\leqslant1$，取 $K=180$，则待校正系统的开环传递函数为

$$G(s)=\frac{180}{s\left(\frac{s}{6}+1\right)\left(\frac{s}{2}+1\right)}$$

(2) 根据已确定的开环增益 K，绘制待校正系统的对数幅频特性曲线，如图 6-3-4 中 $L(\omega)$所示。根据截止频率的定义，应有 $|G(j\omega_c)|\approx\dfrac{180}{\omega_c\cdot\dfrac{\omega_c}{6}\cdot\dfrac{\omega_c}{2}}=1$，求出待校正系统的截止频率为 $\omega_c=\sqrt[3]{2160}=12.93\text{rad/s}$(在 $\omega\geqslant6$ 频段内)。

待校正系统的相角裕度为

$$\begin{aligned}\gamma&=180°+\angle G(j\omega_c)=180°-90°-\arctan\frac{\omega_c}{6}-\arctan\frac{\omega_c}{2}\\&=-56°\end{aligned}$$

显然，待校正系统不稳定。如果采用串联超前校正，要将待校正系统的相角裕度从 $-56°$提高到 45°，至少需要选用两级无源超前网络，并且还需要附加前置放大器，从而使系统结构复杂化。另外，校正后系统的截止频率将过大，响应速度将过快，伺服电机来不及动作而出现饱和效应。同时系统过大的带宽，也会造成输出噪声电平过高。如果采用串联滞后校正，可以使系统的相角裕度提高到 45°左右，但对于该例要求的高性能系统，由于滞后网络时间常数太大而无法实现，此外滞后网络极大地减小了系统的截止频率，使得系统的响应迟缓。通过上述分析表明，超前校正和滞后校正都不宜采用，因此，应当选用串联滞后-超前校正。

(3) 由待校正系统的对数幅频特性曲线 $L(\omega)$可知，其斜率从 -20dB/dec 变为 -40dB/dec 的转折频率为 2rad/s，此频率作为校正网络超前部分的转折频率 ω_b，即 $\omega_b=2\text{rad/s}$，相应 $T_b=1/\omega_b=0.5\text{s}$。

(4) 选择系统的截止频率 ω_c' 和校正网络参数 α。

根据系统相角裕度为 $\gamma^*=45°$ 及调节时间为 $t_s \leqslant 3s$ 的要求，代入

$$t_s=\frac{\pi}{\omega_c^*}\left[2+1.5\left(\frac{1}{\sin\gamma^*}-1\right)+2.5\left(\frac{1}{\sin\gamma^*}-1\right)^2\right] \leqslant 3s$$

解得截止频率为 $\omega_c^* \geqslant 3.2\text{rad/s}$。考虑到要求中频段斜率为$-20\text{dB/dec}$，故校正后系统截止频率 ω_c' 应在 3.2～6rad/s 范围内选取。这里取 $\omega_c'=3.5\text{rad/s}$。

由式(6-3-8)计算 α，即

$$-20\lg\alpha+20\lg\frac{180}{0.5\omega_c'^2}+20\lg(0.5\omega_c')=0$$

解得 $\alpha=51$。因此串联无源滞后-超前网络的传递函数可写为

$$G_c(s)=\frac{(T_a s+1)(T_b s+1)}{(\alpha T_a s+1)\left(\dfrac{T_b s}{\alpha}+1\right)}=\frac{(T_a s+1)(0.5s+1)}{(51T_a s+1)(0.01s+1)}$$

(5) 根据系统相角裕度 γ^* 的要求，估算校正网络滞后部分的转折频率 $\omega_a(\omega_a=1/T_a)$。

校正后系统的传递函数为

$$G'(s)=G_c(s)G(s)=\frac{(T_a s+1)(0.5s+1)}{(51T_a s+1)(0.01s+1)}\times\frac{180}{s\left(\dfrac{s}{6}+1\right)\left(\dfrac{s}{2}+1\right)}$$

$$=\frac{180(T_a s+1)}{s(0.167s+1)(51T_a s+1)(0.01s+1)}$$

校正后系统的相角裕度为

$$\begin{aligned}\gamma'&=180°+\arctan T_a\omega_c'-90°-\arctan 0.167\omega_c'-\arctan 51T_a\omega_c'-\arctan 0.01\omega_c'\\&=57.7°+\arctan 3.5T_a-\arctan 178.5T_a\end{aligned}$$

根据相角裕度 γ^* 的要求，取校正后系统的相角裕度为 $\gamma'=45°$，上式可写为

$$57.7°+\arctan 3.5T_a-\arctan 178.5T_a=45°$$

解得 $T_a=1.24(\omega_a=1/T_a=0.8065)$，则串联无源滞后-超前网络的传递函数为

$$G_c(s)=\frac{(T_a s+1)(T_b s+1)}{(\alpha T_a s+1)\left(\dfrac{T_b s}{\alpha}+1\right)}=\frac{(1.24s+1)(0.5s+1)}{(63.24s+1)(0.01s+1)}=\frac{\left(\dfrac{s}{0.8065}+1\right)\left(\dfrac{s}{2}+1\right)}{\left(\dfrac{s}{0.0158}+1\right)\left(\dfrac{s}{100}+1\right)}$$

其对数幅频特性曲线如图 6-3-4 中 $L_c(\omega)$ 所示。

(6) 验算校正后系统的性能指标。

校正后系统的开环传递函数为

$$G'(s)=G_c(s)G(s)=\frac{180(1.24s+1)}{s(0.167s+1)(63.24s+1)(0.01s+1)}$$

其对数幅频特性曲线如图 6-3-4 中 $L'(\omega)$ 所示，校正后系统的相角裕度为

$$\begin{aligned}\gamma'&=180°+\arctan 1.24\omega_c'-90°-\arctan 0.167\omega_c'-\arctan 63.24\omega_c'-\arctan 0.01\omega_c'\\&=45°\end{aligned}$$

最后，用计算的方法或 MATLAB 仿真的方法验算系统的幅值裕度，得到 $h'(\text{dB})=28.59\text{dB}$。

综上所述，校正后系统截止频率为 $\omega_c'=3.5\text{rad/s}$，相角裕量为 $\gamma'=45°$，稳态速度误差系数为 $K_v=180$，幅值裕度为 $h'(\text{dB})=28.59\text{dB}$，满足系统性能指标要求。

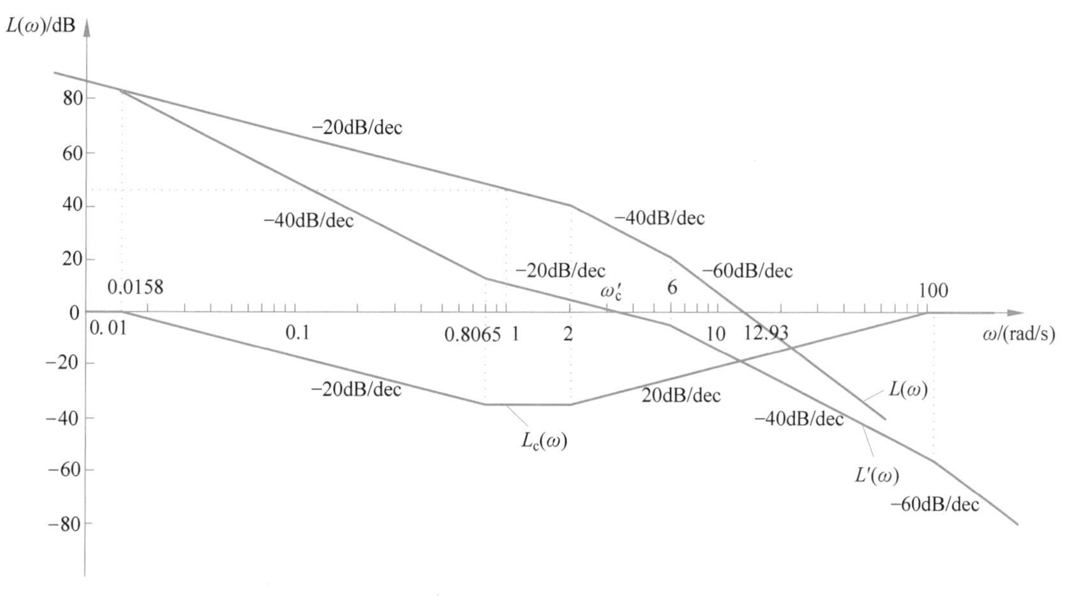

图 6-3-4　例 6-5 的对数幅频特性曲线

由以上对串联校正的 3 种校正方式的分析可知，串联超前校正可提高系统的截止频率和相角裕度，从而减小阶跃响应的调节时间和超调量；串联滞后校正可以提高系统的相角裕度，降低系统的截止频率，从而使系统的阶跃响应超调量下降并提高系统的抗干扰能力；串联滞后-超前校正兼有两者的优点，既可提高系统的响应速度、降低超调量，又能抑制高频噪声。

6.3.5　串联综合法校正

视频讲解

串联综合法校正的设计思想是根据给定的性能指标，确定系统期望的开环频率特性，然后与待校正系统的开环频率特性进行比较，最后确定校正装置的形式及参数。由于综合法校正的主要依据是期望特性，因此又称为期望特性法。应当指出，该方法一般仅适用于最小相位系统。

设原系统的开环传递函数为 $G(s)$，串联校正装置的传递函数为 $G_c(s)$，具有期望性能的开环传递函数为 $G'(s)$，则 $G'(s)=G(s)G_c(s)$，$G_c(s)=\dfrac{G'(s)}{G(s)}$，相应的对数幅频特性为 $L_c(\omega)=L'(\omega)-L(\omega)$。$L'(\omega)$即为满足给定性能指标的“期望特性”。

下面分析将频域性能指标转化为期望频率特性的方法。通常，具有较好性能的控制系统应具有的期望开环频率特性如图 6-3-5 所示。

由图 6-3-5 可知系统的开环传递函数为

$$G'(s)=\frac{K\left(\dfrac{1}{\omega_2}s+1\right)}{s^2\left(\dfrac{1}{\omega_3}s+1\right)}$$

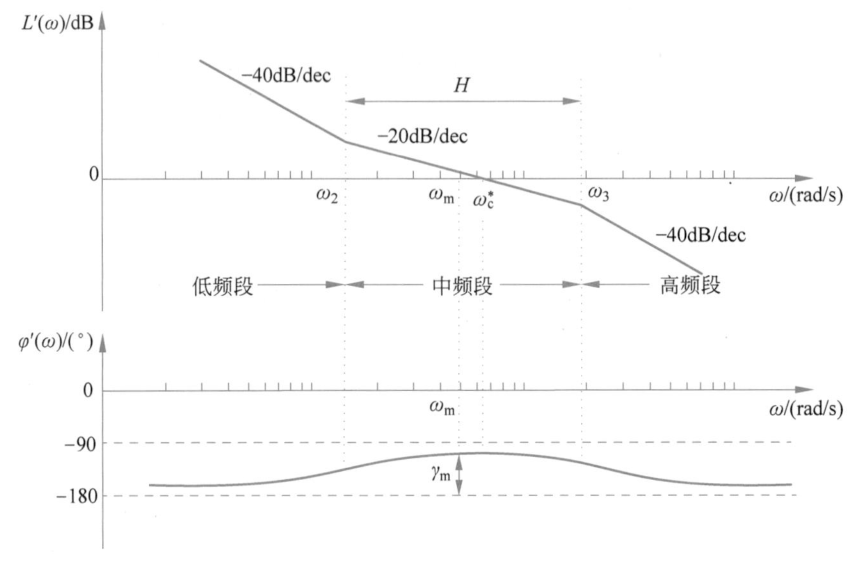

图 6-3-5　期望开环频率特性

相频特性为

$$\varphi'(\omega) = -180° + \arctan\frac{\omega}{\omega_2} - \arctan\frac{\omega}{\omega_3}$$

则

$$\gamma'(\omega) = 180° + \varphi'(\omega) = \arctan\frac{\omega}{\omega_2} - \arctan\frac{\omega}{\omega_3} \tag{6-3-9}$$

由 $\frac{d\gamma'}{d\omega}=0$，解得产生 γ'_{max} 的角频率为

$$\omega_m = \sqrt{\omega_2\omega_3} \tag{6-3-10}$$

显然 ω_m 是转折频率 ω_2 和 ω_3 的几何中心。将式(6-3-10)代入式(6-3-9)，求得

$$\sin(\gamma'_m) = \frac{\omega_3 - \omega_2}{\omega_3 + \omega_2} \tag{6-3-11}$$

令中频段的宽度为 H，即 $H=\frac{\omega_3}{\omega_2}$，则式(6-3-11)可写为

$$\sin(\gamma'_m) = \frac{H-1}{H+1}$$

考虑到通常在极大值附近相角变化较小，特别是在开环截止频率 ω_c^* 接近两个转折频率的几何中心时误差很小，近似有 $\gamma'(\omega_m) \approx \gamma'(\omega_c^*)$。由谐振峰值和相角裕度之间的近似关系为 $M_r \approx \frac{1}{\sin\gamma}$，可得

$$M_r = \frac{H+1}{H-1}$$

由相角裕度与阻尼比的关系可知，M_r 和 H 均是体现系统阻尼比的频域指标。

当 ω_2、ω_3 与 ω_c^* 满足

$$\frac{\omega_3}{\omega_c^*}=\frac{2H}{H+1}, \quad \frac{\omega_c^*}{\omega_2}=\frac{H+1}{2}$$

或者

$$\omega_2=\omega_c^* \frac{2}{H+1}, \quad \omega_3=\omega_c^* \frac{2H}{H+1}$$

系统的闭环谐振峰值最小。

由于中频段对系统的动态性能起决定性作用，通常采用综合法进行系统校正时要留出一定的裕量，取 $\omega_2 \leqslant \omega_c^* \dfrac{2}{H+1}$，$\omega_3 \geqslant \omega_c^* \dfrac{2H}{H+1}$。由 $M_r=\dfrac{H+1}{H-1}$，得

$$\omega_2 \leqslant \omega_c^* \frac{M_r-1}{M_r}, \quad \omega_3 \geqslant \omega_c^* \frac{M_r+1}{M_r}$$

由此可得期望频率特性的两个参数 ω_2 和 ω_3，结合 ω_c^* 就可以确定期望频率特性的中频段。通常，为保证有足够的相角裕度，一般取中频段宽度为 $H \geqslant 10$。为了使校正装置较为简单，需要结合原系统对数幅频特性曲线确定期望频率特性的低频段和高频段。可采用下面的步骤按期望特性对系统进行串联校正。

(1) 根据系统对稳态性能的要求，确定系统的型别 v 和开环增益 K，绘制期望特性的低频段。

(2) 根据系统性能指标确定期望截止频率 ω_c^*、期望相角裕度 γ^* 以及期望谐振峰值 M_r。根据 ω_c^* 和 M_r 确定参数 H、ω_2 和 ω_3，绘制期望特性的中频段，使中频段的斜率为 -20dB/dec，并有足够宽度，或使中频段的斜率为 -40dB/dec，且比较窄，以保证系统具有足够的相角裕度。

(3) 绘制期望特性低、中频段之间的衔接频段，其斜率一般为 -40dB/dec 或 -60dB/dec，为了简化校正装置，应使直线的斜率尽量接近相邻线段的斜率，以减少对系统性能的影响。

(4) 根据系统幅值裕度及高频段抗扰能力的要求，绘制期望特性的高频段。通常为了使校正装置较为简单且便于实现，一般期望特性的高频段与原系统的高频段斜率一致或完全重合。

(5) 绘制期望特性的中、高频段之间的衔接频段，其斜率一般取 -40dB/dec。

(6) 根据期望对数幅频特性与原系统对数幅频特性之差，绘制校正装置的对数幅频特性 $L_c(\omega)$，求出校正装置的传递函数 $G_c(s)$。

(7) 验算校正后系统的性能指标。

例 6-6 已知单位负反馈系统开环传递函数为 $G(s)=\dfrac{K}{s\left(\dfrac{s}{10}+1\right)\left(\dfrac{s}{60}+1\right)}$，要求设计串联校正装置 $G_c(s)$，使得系统满足如下指标：(1) 当 $r(t)=t$ 时，稳态误差为 $e_{ss}^* \leqslant 1/126$；(2)相角裕度为 $\gamma^* \geqslant 35°$；(3)开环截止频率为 $\omega_c^* \geqslant 20\text{rad/s}$。

解：由稳态误差为 $e_{ss}^* \leqslant 1/126$，得开环增益为 $K \geqslant 126$，取 $K=126$。绘制待校正系统的对数幅频特性曲线如图 6-3-6 中 $L(\omega)$所示。根据截止频率定义，应有 $|G(\omega_c)| \approx \dfrac{126}{\omega_c \cdot \dfrac{\omega_c}{10}}=1$，

可求出待校正系统的截止频率为 $\omega_c=\sqrt{1260}=35.5\text{rad/s}$(在 $10\leqslant\omega<60$ 频段内)。

待校正系统相角裕度为

$$\gamma=180^\circ+\angle G(\mathrm{j}\omega_c)=180^\circ-90^\circ-\arctan\frac{\omega_c}{10}-\arctan\frac{\omega_c}{60}=-14.9^\circ$$

显然,原系统不稳定,不满足性能指标要求。

下面绘制期望频率特性。

(1) 低频段。

系统为Ⅰ型,当 $\omega=1\text{rad/s}$ 时,$20\lg K=42\text{dB}$,过点(1,42)绘制斜率为 -20dB/dec 的直线与原系统的低频段重合。

(2) 中频段及衔接段。

根据 $\gamma^*\geqslant35^\circ$ 的要求,可得 $M_r=\dfrac{1}{\sin\gamma^*}\leqslant1.74$,取 $M_r=1.7$。由 $\omega_c^*\geqslant20\text{rad/s}$ 的要求,可以确定中频段两个转折频率的范围,即

$$\omega_2\leqslant\omega_c^*\frac{M_r-1}{M_r},\quad \omega_3\geqslant\omega_c^*\frac{M_r+1}{M_r}$$

求得 $\omega_2\leqslant8.24\text{rad/s}$,$\omega_3\geqslant31.76\text{rad/s}$。为使期望频率特性简单,取 $\omega_2=5\text{rad/s}$,$\omega_3=50\text{rad/s}$,则中频段宽度为 $H=\dfrac{\omega_3}{\omega_2}=10$。在 $\omega_c^*=20\text{rad/s}$ 处绘制斜率为 -20dB/dec 的直线。

为连接中频段和低频段,在中频段为 $\omega_2=5\text{rad/s}$ 处绘制斜率为 -40dB/dec 的直线,其与低频段的交点 ω_1 可由下式确定

$$0-20\lg\frac{\omega_2}{\omega_c^*}-40\lg\frac{\omega_1}{\omega_2}=20\lg\frac{126}{\omega_1}$$

解得 $\omega_1=0.79\text{rad/s}$。

(3) 高频段及衔接段。

为简化校正装置,在中频段为 $\omega_3=50\text{rad/s}$ 处绘制斜率为 -40dB/dec 的直线,并与原系统对数幅频特性曲线 $L(\omega)$ 的高频段交于 ω_4。$\omega>\omega_4$ 时,取期望特性高频段与原系统高频特性一致。

高频段的交点 ω_4 满足

$$0-20\lg\frac{\omega_3}{\omega_c^*}-40\lg\frac{\omega_4}{\omega_3}=20\lg\frac{126}{\omega_4\cdot\dfrac{\omega_4}{10}\cdot\dfrac{\omega_4}{60}}$$

解得 $\omega_4=75.6\text{rad/s}$。绘制期望对数幅频特性曲线如图 6-3-6 中 $L'(\omega)$ 所示。

根据 $L_c(\omega)=L'(\omega)-L(\omega)$,求出校正装置的对数幅频特性曲线如图 6-3-6 中 $L_c(\omega)$ 所示,其传递函数为

$$G_c(s)=\frac{\left(\dfrac{s}{5}+1\right)\left(\dfrac{s}{10}+1\right)}{\left(\dfrac{s}{0.79}+1\right)\left(\dfrac{s}{75.6}+1\right)}$$

显然校正装置为滞后-超前网络。

最后验算系统性能指标。校正后系统的开环传递函数为

$$G'(s)=G_c(s)G(s)=\frac{126\left(\frac{s}{5}+1\right)}{s\left(\frac{s}{0.79}+1\right)\left(\frac{s}{60}+1\right)\left(\frac{s}{75.6}+1\right)}$$

其对数幅频特性曲线如图 6-3-6 中 $L'(\omega)$所示，校正后系统截止频率为 $\omega_c'=\omega_c^*=20\text{rad/s}$，相角裕度为

$$\gamma'=180°-90°+\arctan\left(\frac{\omega_c'}{5}\right)-\arctan\left(\frac{\omega_c'}{0.79}\right)-\arctan\left(\frac{\omega_c'}{60}\right)-\arctan\left(\frac{\omega_c'}{75.6}\right)$$
$$=45°$$

综上所述，校正后系统截止频率为 $\omega_c'=20\text{rad/s}$，相角裕度为 $\gamma'=45°$，稳态误差为 $e_{ss}'=\frac{1}{126}$，满足系统性能指标要求。

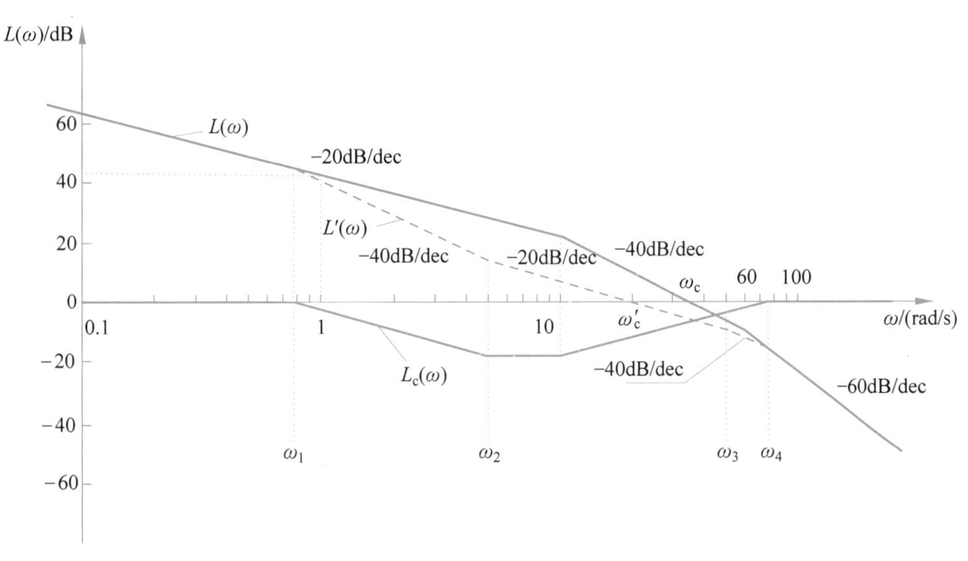

图 6-3-6　例 6-6 的对数幅频特性曲线

6.3.6　MATLAB 实现

借助 MATLAB 强大的计算功能，可以进一步讨论控制系统校正装置的设计问题，以获得满意的系统性能。下面通过具体实例，说明 MATLAB 在控制系统校正中的应用。

1. 超前校正的 MATLAB 实现

例 6-7　针对例 6-3 所给的系统和要求，利用 MATLAB 确定串联超前校正装置，并比较校正前后系统的性能指标。

解：MATLAB 程序如下。

```
clc;clear
exp_gama = 45;                    % 期望相角裕度 γ = 45°
epsilon = 10;                     % 补偿角取 ε = 10°
K = 10;                           % 开环增益
```

```
G0 = K * tf(1,[1 1 0]);                    % 待校正系统开环传递函数
[Gm0,Pm0,wcg0,wcp0] = margin(G0)           % 待校正系统幅值裕度、相角裕度及对应的穿越频率和截止
                                           % 频率
GmdB = 20 * log10(Gm0);                    % 待校正系统幅值裕度的对数值(dB)
[mag0,phase0,w0] = bode(G0);               % 待校正系统的开环频率特性的幅值、相位值和对应频率
magdB = 20 * log10(mag0);                  % 幅值的对数值
phim = exp_gama - Pm0 + epsilon;           % 最大超前角 φm
a = (1 + sind(phim))/(1 - sind(phim));% 求校正参数 a
adB = - 10 * log10(a);                     % a 的对数值
wc = spline(magdB,w0,adB);                 % 校正后系统的截止频率
T = 1/wc/sqrt(a);                          % 校正参数 T
Gc = tf([a * T 1],[T 1])                   % 超前校正网络传递函数
G = Gc * G0;                               % 校正后系统的开环传递函数
[Gm,Pm,wcg,wcp] = margin(G)                % 校正后系统幅值裕度、相角裕度及对应的穿越频率和截止
                                           % 频率
figure(1)
bode(G0)
grid
hold on
bode(G)
figure(2)
G1 = feedback(G0,1);step(G1)
hold on
G2 = feedback(G,1);step(G2)
```

程序运行结果如下。

```
Gm0 =
   Inf
Pm0 =
   17.9642
wcg0 =
   Inf
wcp0 =
    3.0842
Gc =
  0.4536 s + 1
  ------------
  0.1126 s + 1
Continuous - time transfer function.
Gm =
   Inf
Pm =
   49.7706
wcg =
   Inf
wcp =
    4.4248
```

由运行结果可知,待校正系统的相角裕度为 $\gamma=17.9642°$,截止频率为 $\omega_c=3.0842\text{rad/s}$,显然不满足要求。采用串联超前校正,得到超前网络的传递函数为

$$G_c(s)=\frac{0.4536s+1}{0.1126s+1}$$

校正后系统的相角裕度为 $\gamma'=49.7706°$，截止频率为 $\omega_c'=4.4248\text{rad/s}$，满足性能指标要求。校正前后系统的对数频率特性曲线如图 6-3-7 所示。

系统校正前后的单位阶跃响应曲线如图 6-3-8 所示，校正前系统超调量为 $\sigma\%=60.4\%$，调节时间为 $t_s=7.31\text{s}$，校正后系统的超调量为 $\sigma\%=22.4\%$，调节时间为 $t_s=1.23\text{s}$。可见，系统动态性能得到了明显改善。

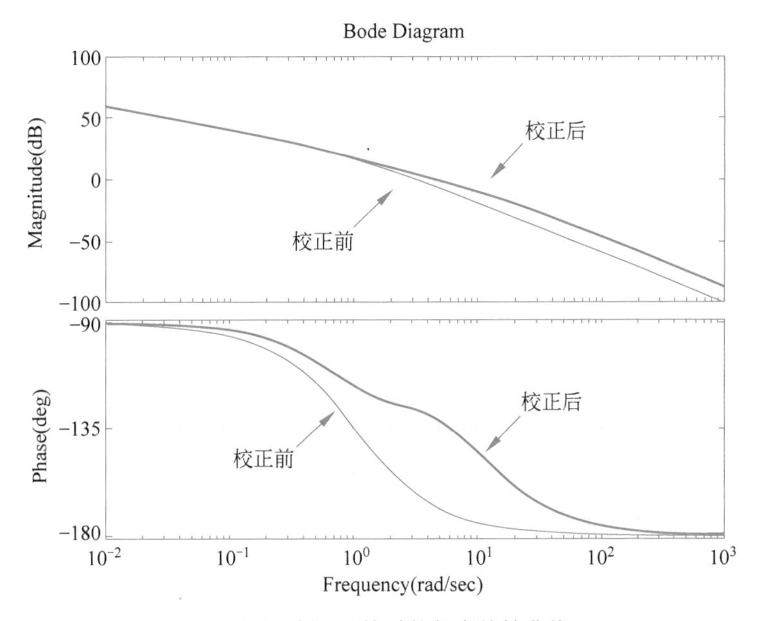

图 6-3-7　例 6-7 的对数频率特性曲线

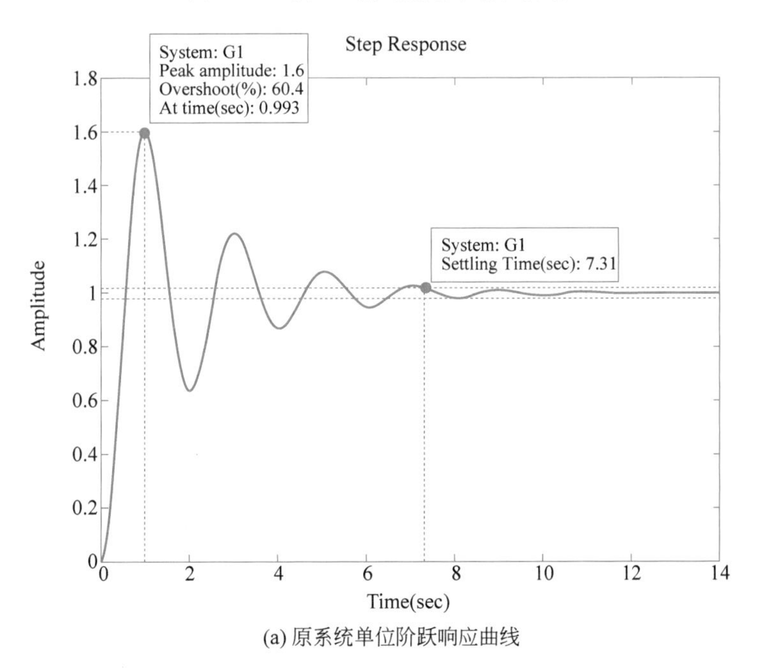

(a) 原系统单位阶跃响应曲线

图 6-3-8　例 6-7 的单位阶跃响应曲线

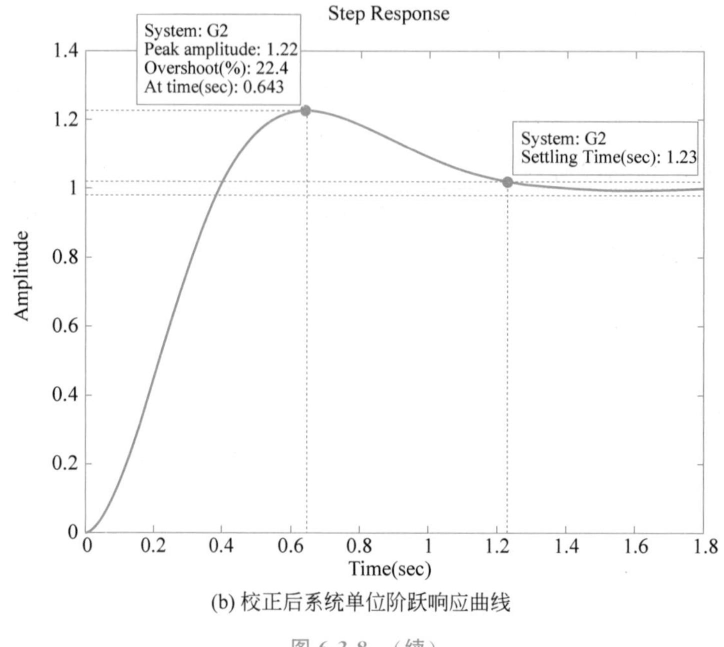

(b) 校正后系统单位阶跃响应曲线

图 6-3-8 （续）

2. 滞后校正的 MATLAB 实现

例 6-8 针对例 6-4 所给的系统和要求，利用 MATLAB 确定串联滞后校正装置，并求出系统校正后的性能指标。

解：MATLAB 程序如下。

```
clc;clear
exp_gama = 40;                                  % 期望相角裕度 γ = 40°
phic = - 6;                                     % 滞后角取 φc(wc') = - 6°
K = 5;                                          % 开环增益
G0 = K * tf(1,conv([1 1 0],[0.25 1]));          % 待校正系统开环传递函数
[Gm0,Pm0,wcg0,wcp0] = margin(G0)                % 待校正系统幅值裕度、相角裕度及对应的穿越频率和截止
                                                % 频率
GmdB = 20 * log10(Gm0);                         % 待校正系统幅值裕度的对数值(dB)
[mag0,phase0,w0] = bode(G0);                    % 待校正系统的开环频率特性的幅值、相位值和对应频率
magdB = 20 * log10(mag0);                       % 待校正系统幅值的对数值
phi = exp_gama - 180 - phic;                    % 待校正系统在期望截止频率 wc 处的相位
wc = spline(phase0,w0,phi);                     % 校正后系统的截止频率 wc
mag1 = spline(w0,mag0,wc);                      % 校正后系统截止频率 wc 处的原系统幅值 mag1
mag1dB = 20 * log10(mag1);                      % mag1 的对数值
b = 10^( - mag1dB/20);                          % 校正参数 b
T = 1/(b * 0.1 * wc);                           % 校正参数 T
Gc = tf([b * T 1],[T 1])                        % 滞后校正装置
G = Gc * G0;                                    % 校正后系统的开环传递函数
[Gm,Pm,wcg,wcp] = margin(G)                     % 校正后系统幅值裕度、相角裕度及对应的穿越频率和截止
                                                % 频率
figure(1)
margin(G0);grid;
figure(2)
margin(G);grid;
```

程序运行结果如下。

```
Gm0 =
    1.0000
Pm0 =
   7.3342e - 06
wcg0 =
    2.0000
wcp0 =
    2.0000
Gc =
  14.65 s + 1
  -----------
  87.37 s + 1
Continuous - time transfer function.
Gm =
    5.5394
Pm =
   41.1370
wcg =
    1.9277
wcp =
    0.6850
```

校正前和校正后系统的对数频率特性如图 6-3-9 和图 6-3-10 所示，待校正系统的幅值裕度为 $20\lg h \approx 0\mathrm{dB}$，相角裕度为 $\gamma \approx 0°$，$\omega_c = 2\mathrm{rad/s}$，待校正系统不稳定，显然不满足要求。

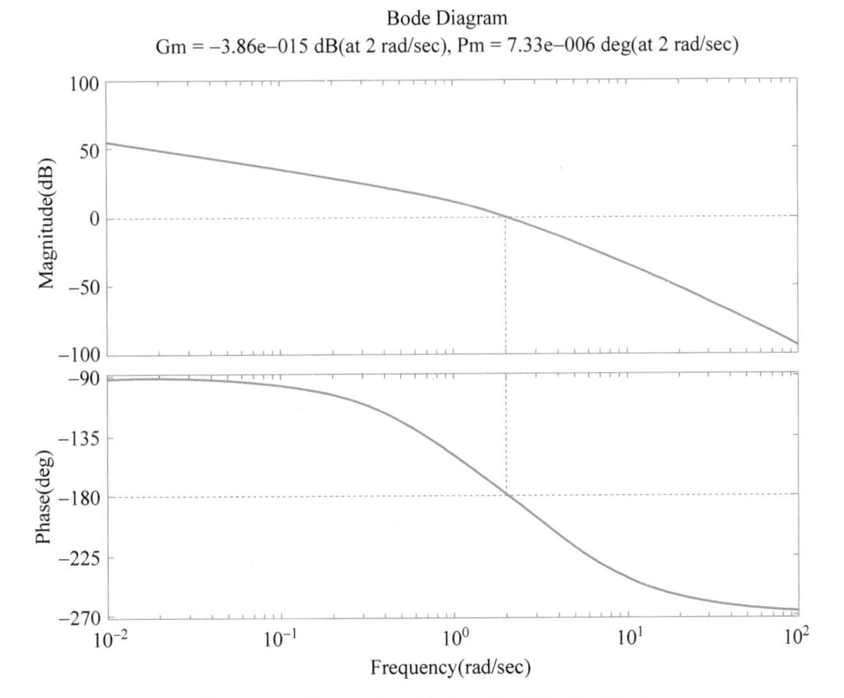

图 6-3-9 例 6-8 的校正前系统对数频率特性

采用串联滞后校正，得到校正装置的传递函数为

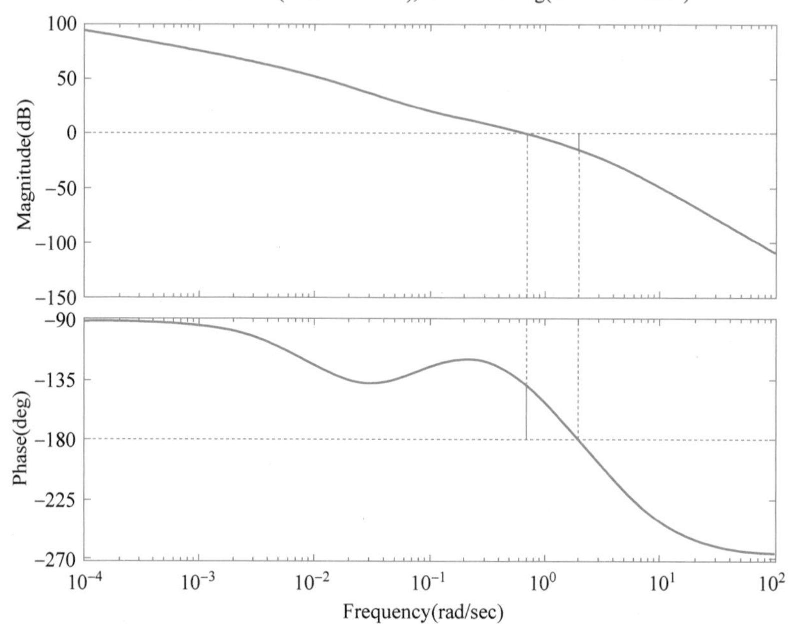

图 6-3-10　例 6-8 的校正后系统对数频率特性

$$G_c(s)=\frac{14.65s+1}{87.37s+1}$$

校正后系统幅值裕度为 $20\lg h'\approx 14.9\text{dB}$，相角裕度为 $\gamma'=41.1370°$，$\omega_c'=0.6850\text{rad/s}$，满足系统性能指标。由此可见，应用 MATLAB 所得结果与例 6-4 所求基本一致。

3. 滞后-超前校正的 MATLAB 实现

例 6-9　针对例 6-5 所给的系统和要求，利用 MATLAB 确定串联滞后-超前校正装置，并比较校正前后系统的性能指标。

解：MATLAB 程序如下。

```
clc;clear
exp_gama = 45;                    % 期望相角裕度 γ = 45°
exp_GmdB = 10;                    % 期望幅值裕度 h(dB) = 10
K = 180;                          % 开环增益
Mr = 1/sind(exp_gama);            % 根据期望相角裕度计算谐振峰值
ts = 3;                           % 调节时间
exp_wc = pi * (2 + 1.5 * (Mr - 1) + 2.5 * (Mr - 1)^2)/3;
                                  % 根据调节时间、谐振峰值计算期望截止频率
G0 = K * zpk([],[0  -2  -6],12);  % 待校正系统开环传递函数
[Gm0,Pm0,wcg0,wcp0] = margin(G0)  % 待校正系统幅值裕度、相角裕度及对应的穿越频率和截止
                                  % 频率
Gm0_dB = 20 * log10(Gm0)          % 待校正系统幅值裕度的对数值
[mag0,phase0,w0] = bode(G0);      % 待校正系统的开环频率特性的幅值、相位值和对应频率
wb = 2;                           % 校正网络超前部分的转折频率 wb
Tb = 1/wb;                        % 求校正装置参数 Tb
delta = 0.3;                      % 开环截止频率裕量,delta 可取 0.1 - 0.5
wc = roundn(exp_wc, - 1) + delta; % 校正后系统的截止频率 wc
a = spline(w0,mag0,wc) * (Tb * wc); % 校正装置参数 a
```

```
phi0 = spline(w0,phase0,wc);             % 待校正系统在截止频率 wc 处的相位
x = 0:0.01:100;                          % 给定 x 的范围
phic = atand(x * wc) + atand(Tb * wc) - atand(Tb * wc/a) - atand(a * x * wc);
                                         % 校正装置在截止频率 wc 处的相位
angle = phi0 + phic - exp_gama;          % 校正后系统在截止频率 wc 处的相位
Ta = spline(angle,x, - 180);             % 求校正装置参数 Ta
wa = 1/Ta;                               % 校正网络滞后部分的转接频率 wa
Gc = zpk(tf([Ta 1],[a * Ta 1]) * tf([Tb 1],[a^( - 1) * Tb 1]))
                                         % 滞后 - 超前校正装置 Gc(s)
G = Gc * G0;                             % 校正后系统的开环传递函数
[Gm,Pm,wcg,wcp] = margin(G)              % 校正后系统幅值裕度、相角裕度以及相应的穿越频率和截止
                                         % 频率
Gm_dB = 20 * log10(Gm)                   % 校正后系统幅值裕度的对数值(dB)
figure(1)
bode(G0)
grid
hold on
bode(G)
figure(2)
Go = feedback(G,1);                      % 校正后系统的闭环传递函数
step(Go)
```

程序运行结果如下。

```
Gm0 =
    0.0444
Pm0 =
  - 55.0917
wcg0 =
    3.4641
wcp0 =
   12.4296
Gm0_dB =
  - 27.0437
Gc =
    (s + 2) (s + 0.7743)
  ----------------------
  (s + 77.14) (s + 0.02007)
Continuous - time zero/pole/gain model.
Gm =
   15.3988
Pm =
   42.8514
wcg =
   20.0021
wcp =
    3.9626
Gm_dB =
   23.7498
```

校正前后系统的对数频率特性曲线如图 6-3-11 所示，校正后系统的单位阶跃响应如图 6-3-12 所示。由运行结果可以看出，待校正系统的幅值裕度为 $h(\text{dB})=-27.0437\text{dB}$，相角裕度为 $\gamma=-55.0917°$，$\omega_c=3.4641\text{rad/s}$，待校正系统不稳定，显然不满足要求。

采用串联滞后-超前校正，得到校正装置的传递函数为

$$G_c(s)=\frac{(s+2)(s+0.7743)}{(s+77.14)(s+0.02007)}$$

校正后系统幅值裕度为 $h'(\mathrm{dB})=23.7498\mathrm{dB}$，相角裕度为 $\gamma'=42.8514°$，$\omega'_c=3.9626\mathrm{rad/s}$，最大超调量为 $\sigma\%=32.8\%$，调节时间为 $t_s=2.68\mathrm{s}$，满足系统性能指标。

例 6-6 中，由于待校正系统在 ω'_c 处的对数幅频值 $L(\omega'_c)$ 计算中采用近似法，所以计算结果与 MATLAB 运算结果略有差异。

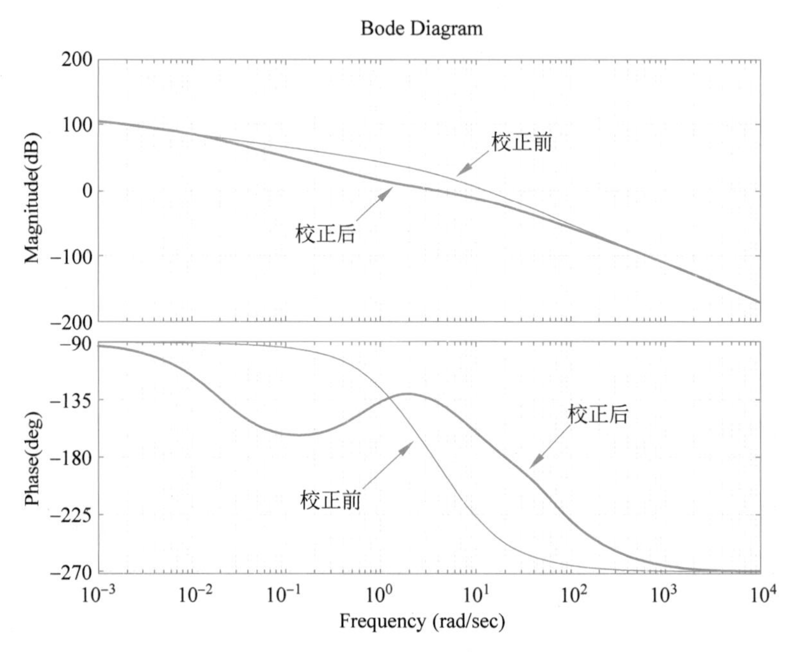

图 6-3-11　例 6-9 的校正前后系统对数频率特性曲线

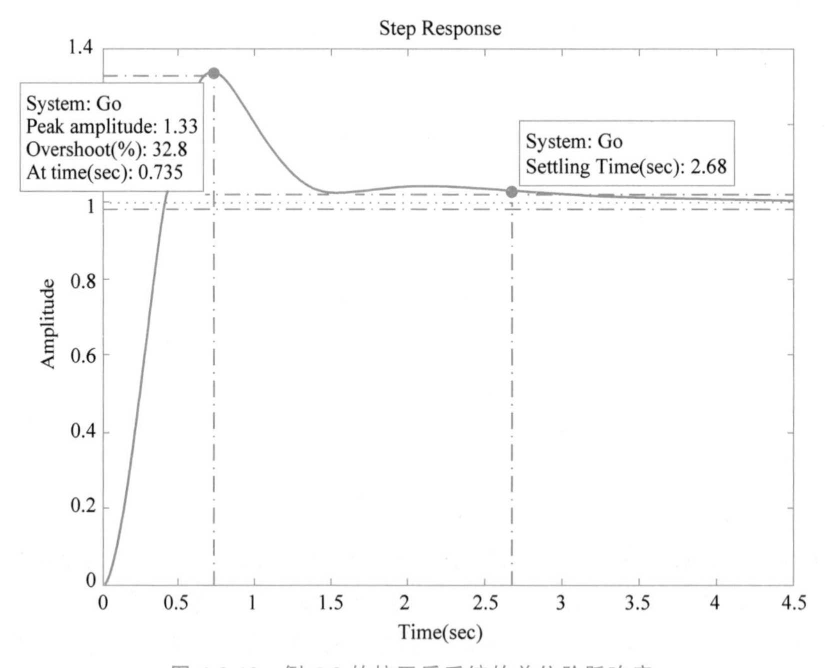

图 6-3-12　例 6-9 的校正后系统的单位阶跃响应

6.4 反馈校正

在工程实践中，当被控对象的数学模型比较复杂或者系统有重大缺陷(例如微分方程的阶次较高、延迟和惯性较大或参数不稳定)时，采用串联校正方法一般无法满足设计要求，此时可以采用反馈校正方式。反馈校正的实质是利用校正装置反馈包围系统前向通道中的一部分环节或全部环节，以达到改善系统性能的目的。

6.4.1 反馈校正原理

反馈校正系统结构图如图 6-4-1 所示，被校正装置 $G_c(s)$反馈包围部分的传递函数为

$$G_2'(s)=\frac{G_2(s)}{1+G_2(s)G_c(s)}$$

待校正系统的开环传递函数为

$$G(s)=G_1(s)G_2(s)G_3(s)$$

校正后系统的开环传递函数为

$$G'(s)=G_1(s)G_2'(s)G_3(s)=\frac{G_1(s)G_2(s)G_3(s)}{1+G_2(s)G_c(s)}=\frac{G(s)}{1+G_2(s)G_c(s)} \tag{6-4-1}$$

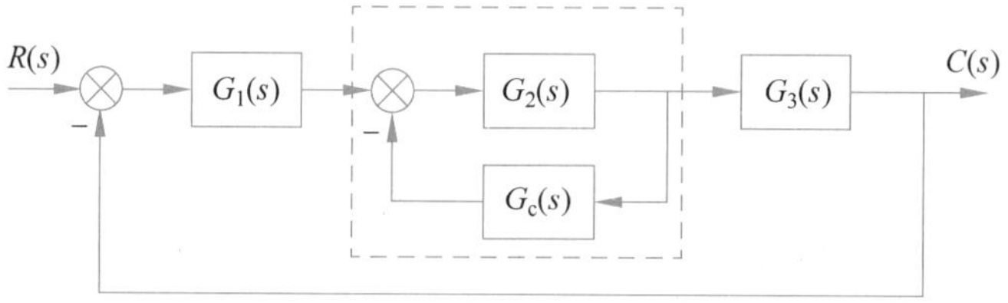

图 6-4-1　反馈校正系统结构图

由式(6-4-1)可知，引入局部反馈后，系统的开环传递函数是原系统开环传递函数 $G(s)$的$\frac{1}{1+G_2(s)G_c(s)}$倍。当被包围部分 $G_2(s)$内部参数变化或受到作用于 $G_2(s)$上的干扰影响时，由于负反馈的作用，将其影响减小为原来的 $1/[1+G_2(s)G_c(s)]$倍，从而使之得到有效抑制。

如果反馈校正包围的回路稳定(即回路中各环节均是最小相位环节)，则可以用对数频率特性曲线来分析其性能。

在系统主要的校正频率范围内，即$|G_2(j\omega)G_c(j\omega)|\gg 1$，式(6-4-1)可表示为

$$G'(j\omega)=\frac{G(j\omega)}{1+G_2(j\omega)G_c(j\omega)}\approx\frac{G(j\omega)}{G_2(j\omega)G_c(j\omega)}=\frac{G_1(j\omega)G_3(j\omega)}{G_c(j\omega)} \tag{6-4-2}$$

由式(6-4-2)可知，反馈校正后系统的特性几乎与局部反馈包围的环节 $G_2(s)$无关。由于 $G'(j\omega)$由希望的频率特性确定，于是可以根据 $G_2(j\omega)G_c(j\omega)\approx G(j\omega)/G'(j\omega)$获得近似的 $G_2(j\omega)G_c(j\omega)$。由于 $G_2(s)$是已知的，因此可以求得反馈校正装置 $G_c(s)$。

在$|G_2(j\omega)G_c(j\omega)|\ll 1$的频率范围内，式(6-4-2)可表示为

$$G'(j\omega)\approx G(j\omega) \tag{6-4-3}$$

由式(6-4-3)表明，校正后系统与待校正系统的开环频率特性一致。因此适当选择反馈

校正装置 $G_c(s)$ 的参数,可以使校正后系统的动态性能满足要求。

由此可见,反馈校正就是用反馈校正装置包围待校正系统中对动态性能改善有重大妨碍作用的某些环节,形成一个局部反馈回路,适当选择校正装置的形式和参数,可使局部反馈回路的性能比被包围环节的性能大为改善。下面讨论几种典型的反馈校正形式及作用。

1. 比例反馈包围积分环节

图 6-4-1 中,若 $G_2(s)=\frac{K}{s}$,$G_c(s)=K_h$,则局部反馈回路的等效传递函数为

$$G_2'(s)=\frac{K}{s+KK_h}=\frac{K'}{T's+1} \tag{6-4-4}$$

其中 $K'=\frac{1}{K_h}$,$T'=\frac{1}{KK_h}$。由式(6-4-4)可知,当比例反馈包围积分环节后,等效环节成为惯性环节。这一变化使系统型别降低,相位滞后减少,而增益 K 变为 $1/K_h$,一般可通过调整其他部分的增益来补偿。

2. 比例反馈包围惯性环节

图 6-4-1 中,若 $G_2(s)=\frac{K}{Ts+1}$(时间常数 T 较大),$G_c(s)=K_h$,则局部反馈回路的等效传递函数为

$$G_2'(s)=\frac{K}{Ts+1+KK_h}=\frac{K'}{T's+1} \tag{6-4-5}$$

其中 $K'=\frac{K}{1+KK_h}$,$T'=\frac{T}{1+KK_h}$。由式(6-4-5)可知,当比例反馈包围惯性环节后,等效环节仍为惯性环节,其时间常数和增益都减小为原来的 $1/(1+KK_h)$ 倍。时间常数 T 的下降可以增加系统带宽,有利于加快系统的响应速度,而增益 K 的减小,可通过提高前置放大器的增益来补偿,以保证系统的稳态精度。

式(6-4-5)还可以表示为

$$G_2'(s)=\frac{1}{1+KK_h}\cdot\frac{Ts+1}{\frac{T}{1+KK_h}s+1}\cdot\frac{K}{Ts+1}=\frac{Ts+1}{a(a^{-1}Ts+1)}\cdot\frac{K}{Ts+1} \tag{6-4-6}$$

其中 $a=1+KK_h>1$。式(6-4-6)表明,在控制系统设计中,比例反馈包围惯性环节可以等效为串联超前校正网络。

3. 微分反馈包围惯性环节

图 6-4-1 中,若 $G_2(s)=\frac{K}{Ts+1}$,$G_c(s)=K_ts$,则局部反馈回路的等效传递函数为

$$G_2'(s)=\frac{K}{(T+KK_t)s+1}=\frac{K'}{T's+1} \tag{6-4-7}$$

其中 $K'=K$,$T'=T+KK_t$。由式(6-4-7)可知,微分反馈包围惯性环节后,其等效环节仍为惯性环节,增益不受影响,可以保证系统的稳态精度,而时间常数增大,可以使系统中各环节的时间常数拉开距离,从而改善系统的相对稳定性。

式(6-4-7)也可表示为

$$G_2'(s)=\frac{Ts+1}{(T+KK_t)s+1}\cdot\frac{K}{Ts+1}=\frac{Ts+1}{bTs+1}\cdot\frac{K}{Ts+1} \tag{6-4-8}$$

其中 $b=1+\frac{KK_t}{T}>1$。式(6-4-8)表明，微分反馈包围惯性环节可以等效为串联滞后校正网络。

由此可见，在控制系统中使用反馈校正，通过选择校正装置的形式，可以起到与串联校正一样的作用，同时可削弱噪声对系统的影响。

4. 微分反馈包围振荡环节

图 6-4-1 中，如果 $G_2(s)=\frac{K\omega_n^2}{s^2+2\zeta\omega_n s+\omega_n^2}$，$G_c(s)=K_t s$，则局部反馈回路的等效传递函数为

$$G_2'(s)=\frac{K\omega_n^2}{s^2+(2\zeta+KK_t\omega_n)\omega_n s+\omega_n^2}=\frac{K\omega_n^2}{s^2+2\zeta'\omega_n s+\omega_n^2} \tag{6-4-9}$$

其中 $\zeta'=\zeta+0.5KK_t\omega_n$。由式(6-4-9)可知，微分反馈包围振荡环节后，其等效环节仍为二阶振荡环节。与原系统相比，等效阻尼比显著增大，但不影响无阻尼振荡频率 ω_n。微分反馈在动态响应中增大了阻尼比，从而有效地减弱了阻尼环节的不利影响，改善系统的相对稳定性。如果 $\zeta'=\zeta+0.5KK_t\omega_n\geqslant 1$，局部反馈回路就等效为两个惯性环节和一个放大环节。

由以上几种典型情况的分析可知，反馈校正能有效地改变被包围环节的动态结构和参数，并且在一定条件下，反馈校正装置的特性可以完全取代被包围环节的特性，大幅削弱这部分环节由于特性参数变化及各种干扰带给系统的影响。同时，反馈校正分析与设计问题可以通过结构上的等价变化，转化为相应的串联校正设计问题。

应当指出，如果反馈校正参数选择不当，使局部内回路失去稳定，则整个系统也难以稳定可靠地工作，并且不便于对系统进行开环调试。因此反馈校正形成的内回路最好是稳定的。

6.4.2 反馈校正的设计

下面通过例 6-10 说明如何应用频域法设计反馈校正装置。

例 6-10　已知系统结构图如图 6-4-1 所示。其中 $G_1(s)=\frac{K_1}{0.014s+1}$，$G_2(s)=\frac{12}{(0.1s+1)(0.02s+1)}$，$G_3(s)=\frac{0.0025}{s}$，$K_1$ 在 6000 内可调。设计反馈校正装置 $G_c(s)$，要求系统满足如下性能指标：系统静态速度误差系数为 $K_v\geqslant 150$，超调量为 $\sigma\%\leqslant 40\%$，调节时间为 $t_s\leqslant 1$s。

解：(1) 将高阶系统时域性能指标转化为频域性能指标。

$$由\begin{cases}\sigma\%=\left[0.16+0.4\left(\frac{1}{\sin\gamma}-1\right)\right]\times 100\%\leqslant 40\%\\ M_r\approx\frac{1}{\sin\gamma}\\ t_s=\frac{\pi}{\omega_c}\left[2+1.5\left(\frac{1}{\sin\gamma}-1\right)+2.5\left(\frac{1}{\sin\gamma}-1\right)^2\right]\leqslant 1\end{cases}，\quad 解得\begin{cases}M_r\leqslant 1.6\\ \gamma^*\geqslant 38.68^\circ\\ \omega_c^*\geqslant 12\text{rad/s}\end{cases}$$

取 $M_r=1.6$，$\omega_c^*=12$rad/s。

(2) 根据系统静态速度误差系数 K_v 要求，确定开环增益 K。由题意可知

$$K = K_v = K_1 \times 12 \times 0.0025 \geqslant 150$$

取 $K_1 = 5000$,待校正系统的开环传递函数为

$$G(s) = \frac{150}{s(0.1s+1)(0.02s+1)(0.014s+1)}$$

(3) 根据已确定的开环增益 K,绘制待校正系统的对数幅频特性曲线如图 6-4-2(a)中 $L(\omega)$所示。根据截止频率定义,应有 $|G(j\omega_c)| \approx \dfrac{150}{\omega_c \cdot 0.1\omega_c} = 1$,求出待校正系统的截止频率为 $\omega_c = \sqrt{1500} = 38.73\text{rad/s}$(在 $10 \leqslant \omega < 50$ 频段内)。

待校正系统相角裕度为

$$\begin{aligned}\gamma &= 180° + \angle G(j\omega_c) = 180° - 90° - \arctan 0.1\omega_c - \arctan 0.02\omega_c - \arctan 0.014\omega_c \\ &= -51.75°\end{aligned}$$

显然,待校正系统是不稳定的,不满足性能指标要求。

(4) 确定校正后系统的转折频率,绘制校正后系统的开环对数幅频特性曲线 $L'(\omega)$。

中频段:斜率取为-20dB/dec,且截止频率选择为 $\omega'_c = \omega_c^* = 12\text{rad/s}$。根据性能指标要求,可以确定中频段两个转折频率范围,即由 $\omega_2 \leqslant \omega_c^* \dfrac{M_r - 1}{M_r}$ 和 $\omega_3 \geqslant \omega_c^* \dfrac{M_r + 1}{M_r}$,得 $\omega_2 \leqslant 4.5\text{rad/s}$,$\omega_3 \geqslant 19.5\text{rad/s}$。

为了简化校正装置,直接取 C 点频率为 $\omega_3 = 1/0.014 = 71.43\text{rad/s}$,并取 B 点频率为 $\omega_2 = 4\text{rad/s}$,则 $H = \dfrac{\omega_3}{\omega_2} = 17.86$。

另外,按校正装置简单及滞后校正负相角对截止频率处相角影响最小来考虑,确定低频段、高频段的转折频率。

低频段:Ⅰ型系统,与待校正系统对数幅频特性 $L(\omega)$的低频段重合。由 B 点绘制斜率为-40dB/dec 的直线与低频段相交于 A 点。由校正后系统对数幅频特性 $L'(\omega)$各点转折频率可得

$$0 - 20\lg\frac{\omega_2}{\omega'_c} - 40\lg\frac{\omega_1}{\omega_2} = 20\lg\frac{150}{\omega_1}$$

即

$$0 - 20\lg\frac{4}{12} - 40\lg\frac{\omega_1}{4} = 20\lg\frac{150}{\omega_1}$$

求得 A 点频率为 $\omega_1 = 0.32\text{rad/s}$。

高频段:当 $\omega \geqslant \omega_4$ 时,取 $L'(\omega)$与 $L(\omega)$开环频率特性一致。为了简化校正装置,再由 C 点绘制斜率为-40dB/dec 的直线向高频段延伸交 $L(\omega)$于 D 点。由校正后系统对数幅频特性 $L'(\omega)$各点转折频率,可得

$$0 - 20\lg\frac{\omega_3}{\omega'_c} - 40\lg\frac{\omega_4}{\omega_3} = 20\lg\frac{150}{\omega_4 \cdot 0.1\omega_4 \cdot 0.02\omega_4 \cdot 0.014\omega_4}$$

即

$$0 - 20\lg\frac{71.43}{12} - 40\lg\frac{\omega_4}{71.43} = 20\lg\frac{150}{0.000028\omega_4^4}$$

求得 D 点频率为 $\omega_4 = 79.06\text{rad/s}$。

绘制校正后系统的对数幅频特性曲线如图 6-4-2(a)中 $L'(\omega)$所示。因为 $L'(\omega)$低频段与 $L(\omega)$重合,所以开环增益 K 值不变。校正后系统的开环传递函数为

$$G'(s)=\frac{150\left(\frac{s}{4}+1\right)}{s\left(\frac{s}{0.32}+1\right)\left(\frac{s}{71.43}+1\right)\left(\frac{s}{79.06}+1\right)}=\frac{150(0.25s+1)}{s(3.125s+1)(0.014s+1)(0.0126s+1)}$$

(5) 确定局部反馈回路的开环传递函数。

由于 $G_2(j\omega)G_c(j\omega)\approx G(j\omega)/G'(j\omega)$,有

$$G_2(s)G_c(s)=\frac{G(s)}{G'(s)}=\frac{(3.125s+1)(0.0126s+1)}{(0.25s+1)(0.1s+1)(0.02s+1)}$$

绘制局部反馈回路 $G_2(s)G_c(s)$对数幅频特性曲线如图 6-4-2(b)中 $L_c(\omega)$所示。为了简化校正装置,取

$$G_2(s)G_c(s)=\frac{3.125s}{(0.25s+1)(0.1s+1)(0.02s+1)}$$

(6) 检验局部反馈回路的稳定性和截止频率附近的特性。

检验局部反馈回路稳定性,主要检验 $\omega=\omega_4=79.06\text{rad/s}$ 处的相角裕度,则

$\angle G_2'(j\omega_4)=180°+90°-\arctan0.25\omega_4-\arctan0.1\omega_4-\arctan0.02\omega_4=42.4°$,说明局部反馈回路稳定。此外,在 $\omega=\omega_c'$处,有 $|G_2(j\omega_c')G_c(j\omega_c')|=\left|\frac{3.125\omega_c'}{0.25\omega_c'\times0.1\omega_c'}\right|=10.42$,满足 $|G_2(j\omega)G_c(j\omega)|\gg1$ 的条件,因此近似误差较小。

(7) 确定反馈校正装置 $G_c(s)$的传递函数。

根据已求出的 $G_2(s)G_c(s)$,代入已知的 $G_2(s)=\frac{12}{(0.1s+1)(0.02s+1)}$,可得

$$G_c(s)=\frac{0.2604s}{0.25s+1}=1.0416\frac{0.25s}{0.25s+1}$$

(8) 验算校正后系统的性能指标。

校正后系统相角裕度为

$$\begin{aligned}\gamma'&=180°+\arctan0.25\omega_c'-90°-\arctan3.125\omega_c'-\arctan0.014\omega_c'-\arctan0.0126\omega_c'\\&=55°\end{aligned}$$

综上所述,校正后系统静态速度误差系数为 $K_v=150$,截止频率为 $\omega_c'=12\text{rad/s}$,相角裕度为 $\gamma'=55°$,谐振峰值为 $M_r=1.2$,超调量为 $\sigma\%=24.8\%$,调节时间为 $t_s=0.64\text{s}$,满足设计要求。

与串联校正相比,反馈校正有削弱非线性因素的影响及对干扰有抑制作用等特点,但由于引入反馈校正,一般需要专门的测量部件,例如角速度的测量就需要测速电机、角速度陀螺仪等部件,因此使得系统的成本提高。另外反馈校正对系统动态特性的影响比较复杂,设计和调整比较麻烦。

6.4.3 MATLAB 实现

例 6-11　利用 MATLAB 验证例 6-10 中系统的性能。

解：MATLAB 程序如下。

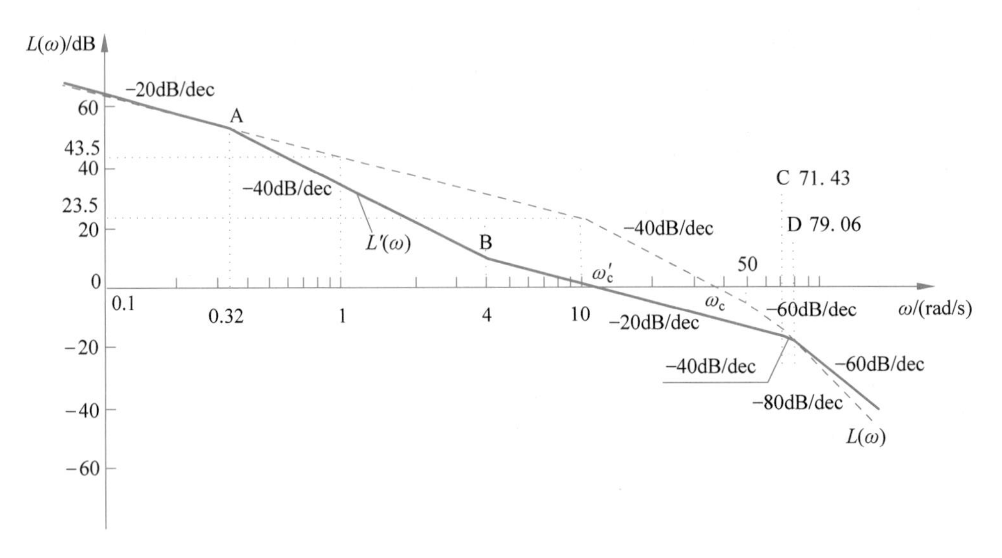

(a) 原系统与校正后系统的对数幅频特性曲线

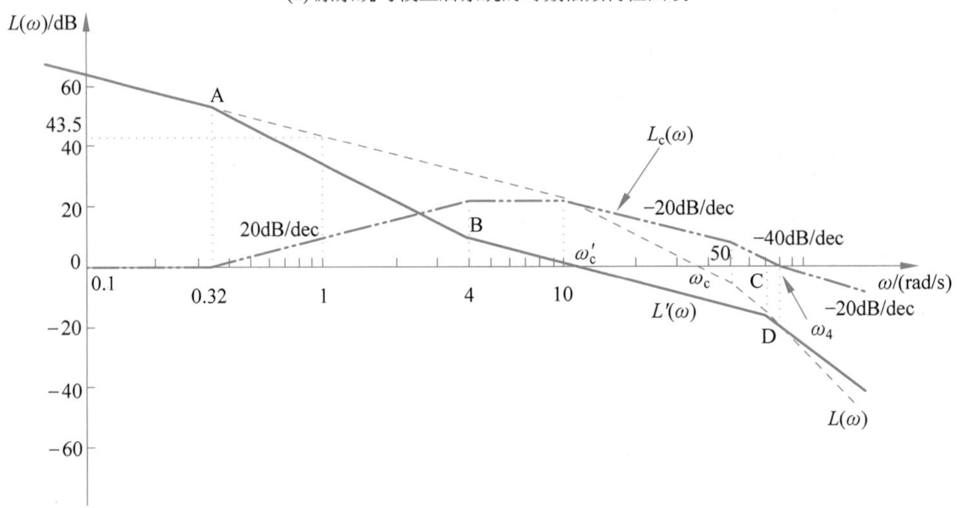

(b) 局部反馈回路的对数幅频特性曲线

图 6-4-2　例 6-10 的对数幅频特性

```
clc
G0 = tf(150,[conv([0.1,1,0],conv([0.02,1],[0.014,1]))]);
G = tf([37.5,150],[conv([3.125,1,0],conv([0.014,1],[0.0126,1]))]);
[Gm0,Pm0,wcg0,wcp0] = margin(G0)     % 待校正系统幅值裕度、相角裕度及对应穿越频率、截止频率
[Gm,Pm,wcg,wcp] = margin(G)          % 校正后系统幅值裕度、相角裕度及对应穿越频率、截止频率
figure(1)
bode(G0)
grid
hold on
bode(G)
G1 = feedback(G,1);
figure(2)
step(G1);                            % 校正后系统阶跃响应
```

程序运行结果如下。

```
Gm0 =
    0.2290
Pm0 =
  - 41.3300
wcg0 =
   16.4842
wcp0 =
   32.9828
Gm =
   11.3337
Pm =
   54.8986
wcg =
   71.5130
wcp =
   12.2868
```

由运行结果可知，待校正系统的相角裕度 $\gamma=-41.3300°$，截止频率 $\omega_c=32.9828\text{rad/s}$，显然系统不稳定。校正后系统的相角裕度 $\gamma'=54.8986°$，截止频率 $\omega_c'=12.2868\text{rad/s}$，满足性能指标要求。校正前后系统的对数频率特性曲线如图 6-4-3 所示。

校正后系统单位阶跃响应曲线如图 6-4-4 所示，由此可知超调量 $\sigma\%=21.5\%$，调节时间 $t_s=0.673\text{s}$。可见系统动态性能得到了明显改善。

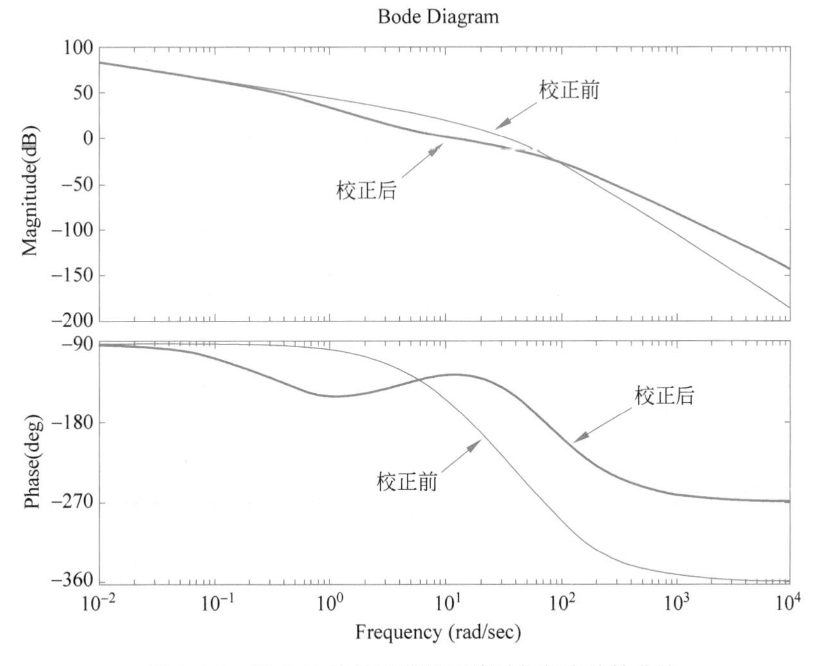

图 6-4-3　例 6-11 的校正前后系统对数频率特性曲线

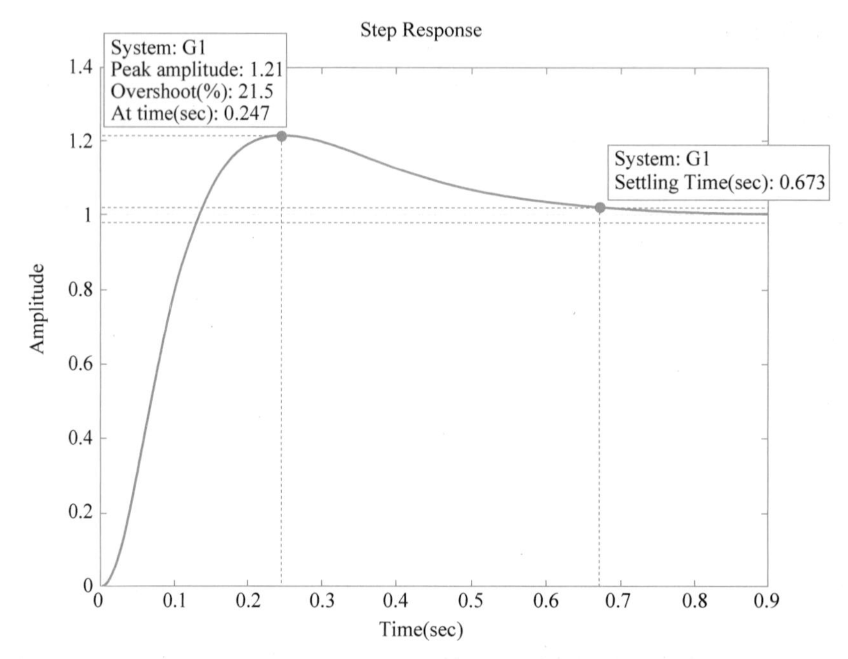

图 6-4-4　例 6-11 的校正后系统单位阶跃响应曲线

6.5 复合校正

串联校正和反馈校正是控制工程中两种常用的校正方法,在一定程度上可以使已校正系统满足性能指标要求。然而当控制系统存在低频强扰动,或系统的稳态精度和响应速度要求较高时,一般的校正方法难以满足要求,此时可以考虑采用前馈(顺馈)控制和反馈控制有机结合的校正方法,即复合校正。

通常复合校正分为按输入补偿的复合校正和按扰动补偿的复合校正两种方式。

6.5.1 按输入补偿的复合校正

为了减小或消除系统在典型输入信号作用下的稳态误差,可以增加开环传递函数中积分环节的个数或提高系统的开环增益,但是这两种方法都会降低系统的相对稳定性,甚至造成系统不稳定。可见系统在动态性能指标与稳态性能指标之间存在矛盾。为了解决这一问题,可以采用按输入补偿的复合校正。

按输入补偿的复合控制系统如图 6-5-1 所示。其中 $G_c(s)$ 为前馈补偿装置,其作用是通过适当选择 $G_c(s)$,对输入信号 $R(s)$ 作用下的误差 $E(s)$ 进行全补偿或者部分补偿,以提高系统稳态精度。

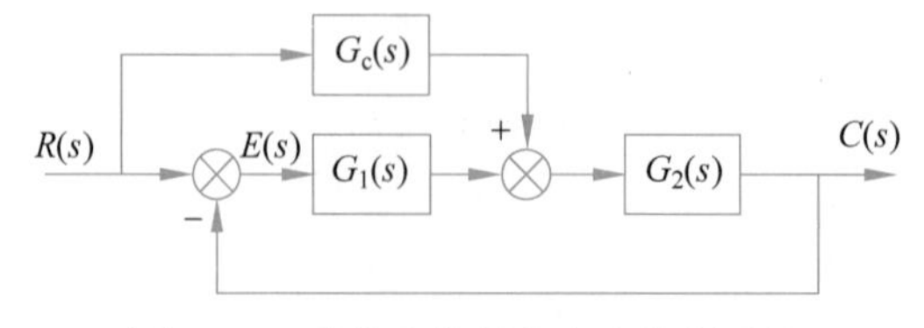

图 6-5-1　按输入补偿的复合控制系统

所谓全补偿，是指输入信号 $r(t)$ 为任意函数的情况下，通过前馈补偿，使误差 $E(s)=0$。由图 6-5-1 可得系统的误差为

$$E(s)=\frac{1-G_2(s)G_c(s)}{1+G_1(s)G_2(s)}R(s)$$

要使误差 $E(s)=0$，则应满足

$$G_c(s)=\frac{1}{G_2(s)} \tag{6-5-1}$$

式(6-5-1)称为误差全补偿条件。

所谓部分补偿，是指输入信号 $r(t)$ 为某种典型信号时，通过前馈补偿，使稳态误差 $e_{ss}=\lim\limits_{s\to 0}sE(s)=0$。即不增加开环传递函数中积分环节个数或不改变开环增益，通过设计 $G_c(s)$，使系统等效为要求的型别。

设系统闭环传递函数为

$$\Phi(s)=\frac{C(s)}{R(s)}=\frac{b_m s^m+b_{m-1}s^{m-1}+\cdots+b_2 s^2+b_1 s+b_0}{a_n s^n+a_{n-1}s^{n-1}+\cdots+a_2 s^2+a_1 s+a_0}$$

则系统的误差为

$$\begin{aligned}E(s)&=R(s)-C(s)=[1-\Phi(s)]R(s)\\&=\left(1-\frac{b_m s^m+b_{m-1}s^{m-1}+\cdots+b_2 s^2+b_1 s+b_0}{a_n s^n+a_{n-1}s^{n-1}+\cdots+a_2 s^2+a_1 s+a_0}\right)R(s)\\&=\frac{a_n s^n+\cdots+(a_2-b_2)s^2+(a_1-b_1)s+(a_0-b_0)}{a_n s^n+a_{n-1}s^{n-1}+\cdots+a_2 s^2+a_1 s+a_0}R(s)\end{aligned} \tag{6-5-2}$$

假设闭环系统稳定，如果系统在阶跃信号输入下，使 $e_{ss}=\lim\limits_{s\to 0}sE(s)=0$，则由式(6-5-2)可得系统等价为Ⅰ型系统的条件为 $a_0=b_0$；若系统在斜坡信号输入下使 $e_{ss}=\lim\limits_{s\to 0}sE(s)=0$，则系统等价为Ⅱ型系统的条件为 $a_0=b_0$ 且 $a_1=b_1$；若系统在加速度信号输入下实现无静差，则系统等价为Ⅲ型系统的条件为 $a_0=b_0$、$a_1=b_1$ 和 $a_2=b_2$，以此类推。

综上所述，系统对给定输入信号 $r(t)=t^{v-1}$ 作用下，稳态误差为零的条件为 $\Phi(s)$ 中的分子和分母后 v 项构成的多项式恒等，即

$$b_{v-1}s^{v-1}+\cdots+b_2 s^2+b_1 s+b_0=a_{v-1}s^{v-1}+\cdots+a_2 s^2+a_1 s+a_0$$

则

$$b_{v-1}=a_{v-1},\cdots,b_1=a_1,b_0=a_0$$

例 6-12　某复合控制系统如图 6-5-2 所示。选择前馈校正方案及其参数，使系统等效成为Ⅱ型或Ⅲ型系统。

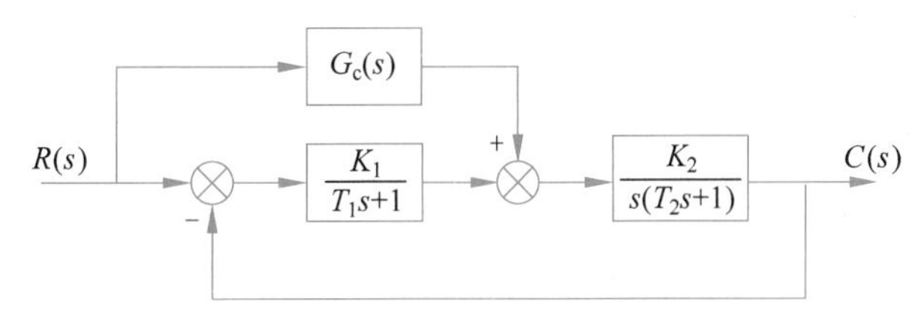

图 6-5-2　例 6-12 的系统结构图

解：系统闭环传递函数为

$$\Phi(s)=\frac{C(s)}{R(s)}=\frac{\dfrac{K_2}{s(T_2s+1)}\left(G_c(s)+\dfrac{K_1}{T_1s+1}\right)}{1+\dfrac{K_1}{T_1s+1}\cdot\dfrac{K_2}{s(T_2s+1)}}=\frac{K_2(T_1s+1)G_c(s)+K_1K_2}{T_1T_2s^3+(T_1+T_2)s^2+s+K_1K_2}$$

系统误差为

$$E(s)=R(s)-C(s)=[1-\Phi(s)]R(s)$$

根据稳态误差与系统型别的关系可知，校正前系统为Ⅰ型，若使系统成为Ⅱ型，当输入为 $R(s)=\dfrac{1}{s^2}$ 时，则应使给定稳态误差为零。

系统稳态误差为

$$e_{ss}=\lim_{s\to 0}sE(s)=\lim_{s\to 0}s\left[1-\frac{K_2(T_1s+1)G_c(s)+K_1K_2}{T_1T_2s^3+(T_1+T_2)s^2+s+K_1K_2}\right]\cdot\frac{1}{s^2}$$

$$=\lim_{s\to 0}\frac{T_1T_2s^3+(T_1+T_2)s^2+s-K_2(T_1s+1)G_c(s)}{T_1T_2s^3+(T_1+T_2)s^2+s+K_1K_2}\cdot\frac{1}{s}$$

要使 $e_{ss}=0$，则前馈校正装置为 $G_c(s)=\dfrac{s}{K_2(T_1s+1)}$。

若使系统成为Ⅲ型，当输入为 $R(s)=\dfrac{1}{s^3}$ 时，则应使给定稳态误差为零。

系统稳态误差为

$$e_{ss}=\lim_{s\to 0}sE(s)=\lim_{s\to 0}s\left[1-\frac{K_2(T_1s+1)G_c(s)+K_1K_2}{T_1T_2s^3+(T_1+T_2)s^2+s+K_1K_2}\right]\cdot\frac{1}{s^3}$$

$$=\lim_{s\to 0}\frac{T_1T_2s^3+(T_1+T_2)s^2+s-K_2(T_1s+1)G_c(s)}{T_1T_2s^3+(T_1+T_2)s^2+s+K_1K_2}\cdot\frac{1}{s^2}$$

要使 $e_{ss}=0$，则前馈校正装置为 $G_c(s)=\dfrac{(T_1+T_2)s^2+s}{K_2(T_1s+1)}$。

可见，按输入补偿的复合校正方式，可以增大系统的型别，消除稳态误差，提高系统的控制精度。

待校正系统的闭环传递函数为

$$\Phi'(s)=\frac{\dfrac{K_1}{T_1s+1}\cdot\dfrac{K_2}{s(T_2s+1)}}{1+\dfrac{K_1}{T_1s+1}\cdot\dfrac{K_2}{s(T_2s+1)}}=\frac{K_1K_2}{T_1T_2s^3+(T_1+T_2)s^2+s+K_1K_2}$$

与校正后系统闭环特征方程相同，均为

$$D(s)=T_1T_2s^3+(T_1+T_2)s^2+s+K_1K_2$$

由此可见，引入校正装置 $G_c(s)$ 不影响闭环系统的稳定性。这种提高稳态性能而不影响系统动态性能的校正方式，解决了使用串联校正时动态性能指标与稳态性能指标之间的矛盾。

6.5.2　按扰动补偿的复合校正

控制系统中存在的低频强扰动，其频率与给定输入信号的频率接近，若系统对输入信号跟踪快，则对扰动的抑制能力就差，反之若对扰动不敏感，则跟踪输入信号的能力就差，也就是说，系统在抗扰能力和跟踪能力之间存在矛盾。

按扰动补偿的复合控制系统如图 6-5-3 所示。通过适当选择前馈补偿装置 $G_c(s)$，使低频扰动信号 $N(s)$对输出 $C(s)$的影响全部被消除，即由扰动引起的误差得到全补偿，亦即在扰动信号 $N(s)$作用下，控制系统的输出 $C(s)=0$。

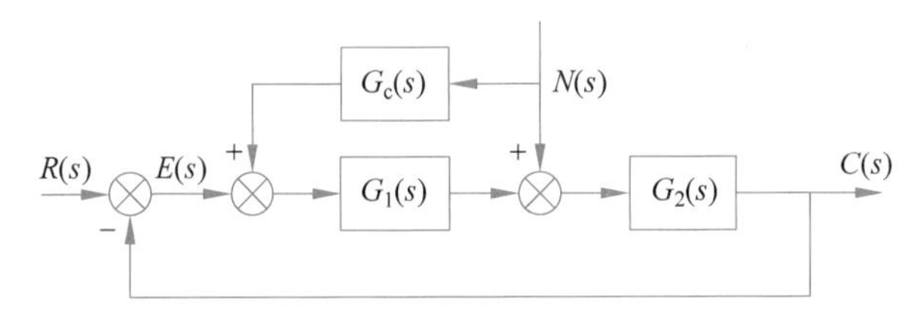

图 6-5-3　按扰动补偿的复合控制系统

由图 6-5-3 可得系统在扰动信号 $N(s)$作用下的输出为

$$C(s)=\frac{G_2(s)+G_1(s)G_2(s)G_c(s)}{1+G_1(s)G_2(s)}\cdot N(s)$$

若要 $C(s)=0$，则应使

$$G_c(s)=-\frac{1}{G_1(s)} \tag{6-5-3}$$

式(6-5-3)称为对扰动的全补偿条件。想要实现对扰动的全补偿，要求扰动信号 $n(t)$是可测量的，且 $G_c(s)$在物理上是可实现的。由式(6-5-3)可知，$G_c(s)$是 $G_1(s)$的倒数，由于 $G_1(s)$的分母阶次一般高于分子阶次，所以 $G_c(s)$往往不能准确实现。因此，在按扰动补偿的复合系统设计时，多采用近似补偿(在一定频段内实现全补偿)或者稳态补偿(当扰动信号为阶跃信号时，引起的稳态误差为零)。另外，由于扰动补偿相当于开环控制，所以校正装置 $G_c(s)$必须要有较高的参数稳定性。

例 6-13　某复合控制系统结构如图 6-5-4 所示，确定对扰动的全补偿条件。

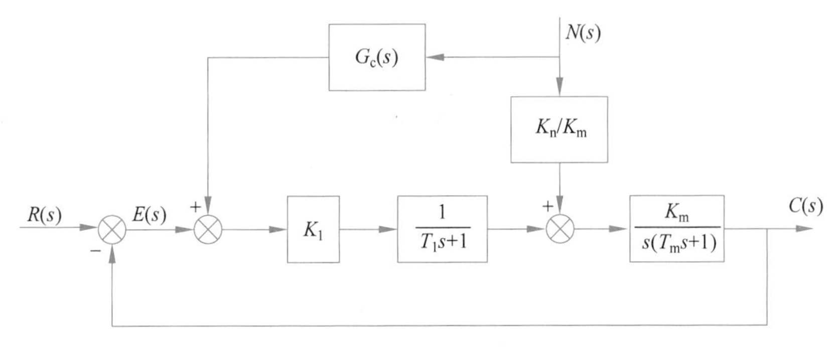

图 6-5-4　例 6-13 的系统结构图

解：在扰动信号 $N(s)$作用下，控制系统的输出为

$$C(s)=\frac{\frac{K_m}{s(T_m s+1)}\left(\frac{K_n}{K_m}+G_c(s)\frac{K_1}{T_1 s+1}\right)}{1+\frac{K_1}{T_1 s+1}\cdot\frac{K_m}{s(T_m s+1)}}\cdot N(s)$$

若要使系统的输出不受扰动信号 $N(s)$的影响，则令 $C(s)=0$，即可得全补偿条件为 $G_c(s)=-\frac{K_n}{K_1K_m}(T_1s+1)$，可以采用一个比例-微分控制器来实现，但实际上往往很难精确实现。

若采用近似补偿，可取校正装置为

$$G_c(s)=-\frac{K_n}{K_1K_m}\cdot\frac{T_1s+1}{T_2s+1},\quad T_2\ll T_1$$

则 $G_c(s)$在物理上能够实现，且达到近似补偿要求，即在扰动信号作用的主要频段内进行了全补偿。

若采用稳态补偿，当输入为 $N(s)=\frac{1}{s}$时，系统稳态误差为

$$e_{ss}=\lim_{s\to0}sE(s)=\lim_{s\to0}s\left[-\frac{\frac{K_m}{s(T_m s+1)}\left(\frac{K_n}{K_m}+G_c(s)\frac{K_1}{T_1 s+1}\right)}{1+\frac{K_1}{T_1 s+1}\cdot\frac{K_m}{s(T_m s+1)}}\right]\cdot\frac{1}{s}$$

$$=\lim_{s\to0}\left[-\frac{K_n(T_1s+1)+K_1K_mG_c(s)}{T_1T_ms^3+(T_1+T_m)s^2+s+K_1K_m}\right]$$

要使 $e_{ss}=0$，则 $G_c(s)=-\frac{K_n}{K_1K_m}$。

控制系统分析与设计时，一般可选择串联校正以满足系统动态性能指标，而利用 $G_c(s)$补偿扰动对系统的影响，解决系统的快速跟踪与抗扰性能之间的矛盾。

6.6 习题

第7章 离散控制系统的分析与校正

CHAPTER 7

学习目标

(1) 理解离散系统的概念,了解离散系统与连续系统的区别与联系。

(2) 理解信号采样及保持的数学描述,掌握采样定理的内容及零阶保持器的特性。

(3) 掌握 z 变换的定义、性质及求解方法;掌握利用长除法、部分分式法及留数法求 z 反变换的方法;掌握用 z 变换法求解差分方程的步骤和方法。

(4) 掌握脉冲传递函数的概念及性质;掌握离散系统开环脉冲传递函数和闭环脉冲传递函数的求解方法。

(5) 理解 s 域到 z 域的映射关系;掌握离散系统的稳定条件及稳定性的判别方法;理解采样周期对离散系统稳定性的影响。

(6) 理解离散系统稳态误差的概念,明确终值定理的应用条件;掌握系统的型别和静态误差系数的概念;掌握离散系统稳态误差的计算方法。

(7) 掌握离散系统闭环极点分布与瞬态响应的关系以及系统动态性能的分析计算方法。

(8) 理解离散化设计方法的设计步骤;掌握数字控制器脉冲传递函数的求解;掌握最少拍系统的定义及最少拍系统的设计方法。

本章重点

(1) 信号的采样和保持。

(2) z 变换和 z 反变换。

(3) 脉冲传递函数。

(4) 离散系统的稳定性、稳态误差和动态特性分析。

(5) 最少拍系统的设计。

离散系统是在连续系统基础上发展起来的。离散系统与连续系统相比,既有本质的不同,又有分析方法的相似性,这类方法是以 z 变换为数学工具,将连续系统中的一些概念和理论推广应用于离散系统。本章主要介绍信号的采样、采样定理、信号的保持、z 变换、脉冲传递函数、离散控制系统的稳定性、稳态误差和动态特性的分析以及数字控制系统的校正等内容。

7.1 离散系统概述

控制系统中的所有信号都是时间变量的连续函数,这样的系统称为连续系统。控制系统中有一处或几处信号是脉冲或数码,这样的系统称为离散系统。通常把离散信号是脉冲序列形式的离散系统,称为采样控制系统或脉冲控制系统,而把数字序列形式的离散系统,称为数字控制系统或计算机控制系统。在理想采样及忽略量化误差情况下,数字控制系统近似于采样控制系统,将它们统称为离散系统,这使得数字控制系统与采样控制系统的分析与设计在理论上统一了起来。

近年来,随着数字计算机特别是微处理器的迅速发展和广泛应用,数字控制器在许多场合已经逐步取代了模拟控制器。图 7-1-1 为某工厂电阻炉温度计算机控制系统示意图,该系统的炉温期望值事先存入计算机内存,炉温实际值由热电偶检测,并转换成电压信号,经放大、滤波后,由 A/D 转换器将模拟量变换为数字量送入计算机,在计算机中与所设置的炉温期望值比较后产生偏差信号,计算机根据预先规定的控制规律计算出相应的控制量,再经 D/A 转换器变换成电流信号,通过触发器控制晶闸管导通角,从而改变电阻丝中电流大小,达到控制炉温的目的。

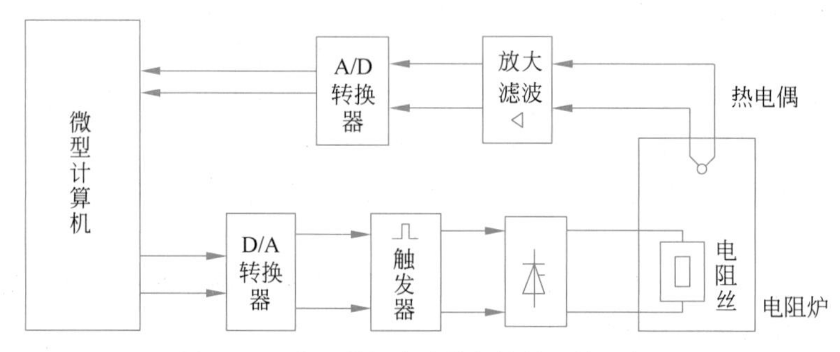

图 7-1-1 电阻炉温度计算机控制系统示意图

在电阻炉温度计算机控制系统中,计算机作为系统的数字控制器,只能接收和处理时间上和幅值上都离散的数字信号,而被控对象、测量元件和执行机构的输入和输出信号,是时间上和幅值上都连续变化的连续信号(又称模拟信号),为了使两种信号在系统中能相互传递,在计算机控制系统中,必须包含 A/D 转换器和 D/A 转换器,以实现两种信号的转换。计算机控制系统的典型原理图如图 7-1-2 所示。图中 $r(t)$为系统的输入信号,$c(t)$为输出信号,$e(t)$为偏差信号,由 A/D 转换器将连续的偏差信号转换为数字信号 $e^*(t)$送入计算机,计算机根据预先规定的控制规律对 $e^*(t)$进行运算或处理,得到控制信号 $u^*(t)$,再通过 D/A 转换器将 $u^*(t)$转换为模拟控制信号 $u_h(t)$,以实现对被控对象的控制。

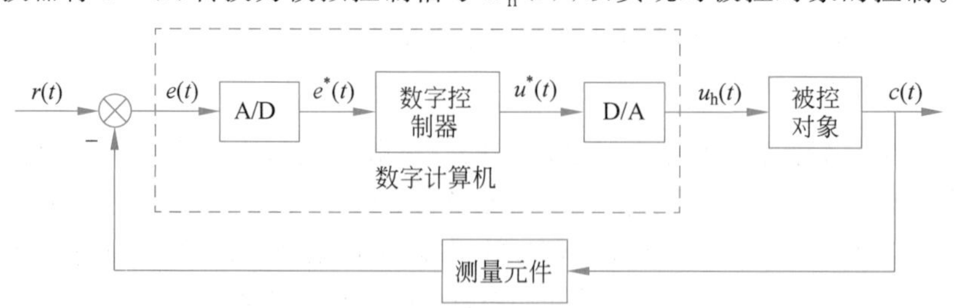

图 7-1-2 典型计算机控制系统原理图

由此可见,A/D 转换器和 D/A 转换器是计算机控制系统中的两个特殊环节。A/D 转换器是把连续的模拟信号转换为离散数字信号的装置,包括采样和量化两个过程。采样是将连续模拟信号转换为时间上离散而幅值上连续的离散模拟信号。量化则是采用一组数码逼近离散模拟信号的幅值,将其转换成数字信号。当 A/D 转换器字长足够长,转换精度足够高时,可忽略量化误差的影响,此时,A/D 转换器就可以近似用一个采样开关 S 来表示。D/A 转换器是把离散的数字信号转换为连续模拟信号的装置,包括解码和保持两个过程。解码是把离散数字信号转换为离散模拟信号,保持则是经过保持器将离散模拟信号复现为连续的模拟信号。为了便于对控制系统进行理论分析,通常 D/A 转换器近似用保持器代替,其传递函数为 $G_h(s)$,此外将数字控制器近似用传递函数 $G_c(s)$和一个采样开关等效描述,被控对象的传递函数为 $G_0(s)$,测量元件的传递函数为 $H(s)$,这样计算机控制系统就可简化为图 7-1-3 所示结构,从而可以用下文介绍的方法对离散系统进行分析和校正。

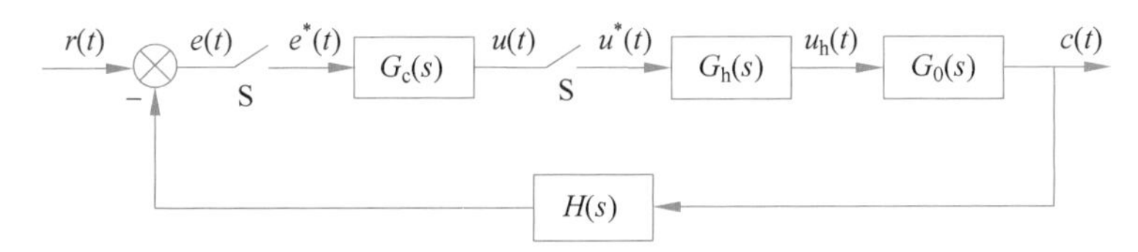

图 7-1-3　计算机控制系统简化结构图

随着计算机应用技术的迅猛发展,自动控制系统普遍采用计算机作为控制器。采用计算机或微处理器的控制系统有很多优点:数字信号的传递可以有效地抑制噪声,提高系统的抗干扰能力;可用一台计算机实现对多个被控对象的分时控制,提高了设备的利用率;由于控制规律是由软件实现的,可以根据系统的运行情况调整控制规律,具有更大的灵活性;利用计算机强大的计算能力和逻辑判断能力,可以实现模拟装置难以实现的复杂控制规律。

7.2 信号的采样与保持

采样器与保持器是离散系统的两个基本环节,为了定量研究离散系统,需要对信号的采样和保持过程用数学的方法加以描述。

7.2.1 信号的采样

1. 采样过程

将连续信号转换成脉冲序列的过程,称为采样过程,完成采样操作的装置称为采样器或称采样开关。

采样过程如图 7-2-1 所示,采样开关 S 每隔一个周期 T 闭合一次,闭合持续时间为 τ,之后每隔一个周期重复一次。采样开关的输入信号 $f(t)$为连续信号,如图 7-2-1(a)所示,输出信号 $f_\tau^*(t)$为宽度为 τ 的脉冲序列,如图 7-2-1(c)所示。在实际应用中,采样开关多为电子开关,闭合时间 τ 极短,通常为毫秒到微秒级,一般远小于采样周期 T 和系统连续部分的最大时间常数,为了简化系统的分析,可以认为 $\tau\approx 0$。这样,采样开关的输出近似看成一串理想脉冲,脉冲强度等于相应采样时刻 $f(t)$的值,如图 7-2-1(d)所示。

实际上,理想采样过程可以看成一个脉冲幅值调制过程,如图 7-2-2 所示。

采样开关好比是一个脉冲幅值调制器,理想单位脉冲序列 $\delta_T(t)$作为幅值调制器的载波信号,其数学表达式为

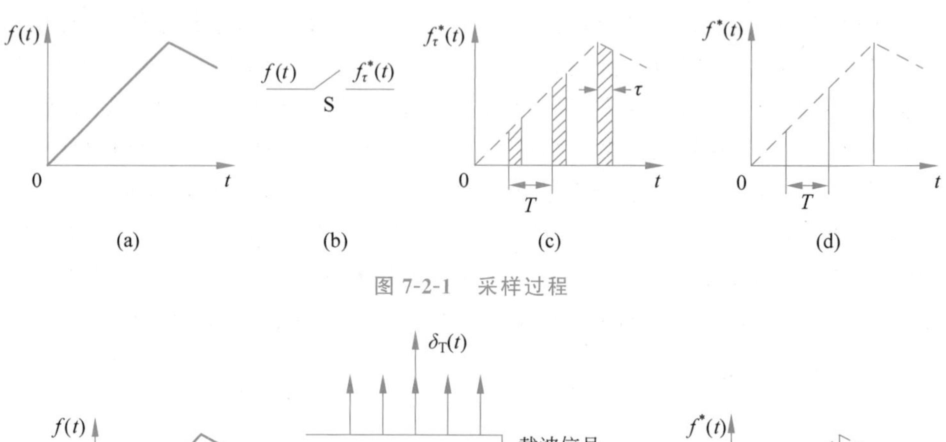

图 7-2-1 采样过程

图 7-2-2 脉冲幅值调制过程

$$\delta_{\mathrm{T}}(t)=\sum_{k=-\infty}^{\infty}\delta(t-kT)$$

连续信号 $f(t)$调幅后得到的信号,即采样信号 $f^{*}(t)$为

$$f^{*}(t)=f(t)\delta_{\mathrm{T}}(t)=f(t)\sum_{k=-\infty}^{\infty}\delta(t-kT)=\sum_{k=-\infty}^{\infty}f(t)\delta(t-kT) \qquad (7\text{-}2\text{-}1)$$

由于在实际系统中,时间函数 $f(t)$在 $t<0$ 时都为零,而且 $f(t)$仅在脉冲发生时刻在采样开关输出端有效,记为 $f(kT)$,所以采样信号 $f^{*}(t)$又可以写成

$$f^{*}(t)=\sum_{k=0}^{\infty}f(kT)\delta(t-kT)$$

2. 采样定理

由上述采样过程可以看出,采样信号仅反映了原连续信号在各采样时刻的数值,而丢失了采样间隔中所包含的信息。如何减少信息损失呢?这涉及采样频率的选择问题。

假设连续信号 $f(t)$的傅里叶变换为 $F(\mathrm{j}\omega)$,采样信号 $f^{*}(t)$的傅里叶变换用 $F^{*}(\mathrm{j}\omega)$表示,下面讨论 $F^{*}(\mathrm{j}\omega)$的具体表达式。

由于理想单位脉冲序列 $\delta_{\mathrm{T}}(t)$是一个周期函数,因此可以展开成傅里叶级数形式,即

$$\delta_{\mathrm{T}}(t)=\sum_{k=-\infty}^{+\infty}c_{k}\mathrm{e}^{\mathrm{j}k\omega_{\mathrm{s}}t} \qquad (7\text{-}2\text{-}2)$$

式(7-2-2)中,$\omega_{\mathrm{s}}=\dfrac{2\pi}{T}$为采样角频率,$c_{k}$ 是傅里叶系数,其值为

$$c_{k}=\frac{1}{T}\int_{-T/2}^{T/2}\delta_{\mathrm{T}}(t)\mathrm{e}^{-\mathrm{j}k\omega_{\mathrm{s}}t}\mathrm{d}t$$

由于在$[-T/2,T/2]$区间中，$\delta_{\mathrm{T}}(t)$仅在$t=0$时有值，且$\mathrm{e}^{-\mathrm{j}k\omega_s t}\big|_{t=0}=1$，所以

$$c_k=\frac{1}{T}\int_{0_-}^{0_+}\delta(t)\mathrm{d}t=\frac{1}{T} \tag{7-2-3}$$

将式(7-2-3)代入式(7-2-2)，得

$$\delta_{\mathrm{T}}(t)=\frac{1}{T}\sum_{k=-\infty}^{+\infty}\mathrm{e}^{\mathrm{j}k\omega_s t} \tag{7-2-4}$$

将式(7-2-4)代入式(7-2-1)，得

$$f^*(t)=f(t)\delta_{\mathrm{T}}(t)=\frac{1}{T}\sum_{k=-\infty}^{\infty}f(t)\mathrm{e}^{\mathrm{j}k\omega_s t}$$

两边取拉普拉斯变换，由拉普拉斯变换的复数位移定理，得

$$F^*(s)=\frac{1}{T}\sum_{k=-\infty}^{+\infty}F(s+\mathrm{j}k\omega_{\mathrm{s}}) \tag{7-2-5}$$

令$s=\mathrm{j}\omega$代入式(7-2-5)，得到$f^*(t)$的傅里叶变换式为

$$F^*(\mathrm{j}\omega)=\frac{1}{T}\sum_{k=-\infty}^{\infty}F(\mathrm{j}\omega+\mathrm{j}k\omega_{\mathrm{s}}) \tag{7-2-6}$$

式(7-2-6)建立了连续信号频谱和相应采样信号频谱之间的关系，表明采样信号的频谱是连续信号频谱的周期性重复，只是幅值为连续信号频谱的$\frac{1}{T}$。假定连续信号$f(t)$具有有限带宽，最高角频率为ω_{m}，其频谱如图7-2-3(a)所示。根据式(7-2-6)可得采样信号$f^*(t)$频谱如图7-2-3(b)～(d)所示，由图可知，当$\omega_{\mathrm{s}}\geqslant 2\omega_{\mathrm{m}}$，相邻频谱互不重叠，采样信号频谱包含了连续信号频谱的全部频率成分，可通过一个如图7-2-4所示的理想低通滤波器滤除所有的高频频谱，保留主频谱，即可获得连续信号的频谱；当$\omega_{\mathrm{s}}<2\omega_{\mathrm{m}}$时，相邻频谱出现混叠现象，采样信号的频谱与连续信号的频谱有很大的差别，以致无法从采样信号中获得连续信号的频谱。

综上所述，若连续信号具有有限带宽，其最高角频率为ω_{m}，当采样角频率为$\omega_{\mathrm{s}}\geqslant 2\omega_{\mathrm{m}}$时，原连续信号完全可以用其采样信号来表征，即采样信号可以不失真地恢复原连续信号，这就是著名的香农(Shannon)采样定理。在离散系统的设计中，香农采样定理是必须要遵守的一条准则，它给出了选择采样频率的理论依据。一般来说，对于具有连续被控对象的离散系统，不易确定连续信号的最高角频率ω_{m}，但从物理意义上可以理解为采样频率越高，采样信号中包含被采样信号的信息就越多。因此，在实际应用中采样角频率ω_{s}往往比ω_{m}大很多。

另外需要指出的是，理想低通滤波器在物理上是不可实现的，在实际应用中只能用非理想的低通滤波器来代替理想的低通滤波器。

7.2.2　信号的保持

在离散控制系统中，数字控制器输出的离散信号，一般必须要转换成连续信号，才能够用于被控对象的控制。把离散信号变为连续信号的过程，称为信号的保持。工程实践中常用的保持器是零阶保持器。

零阶保持器的作用是在信号传递过程中，把kT时刻的采样值一直保持到$(k+1)T$时

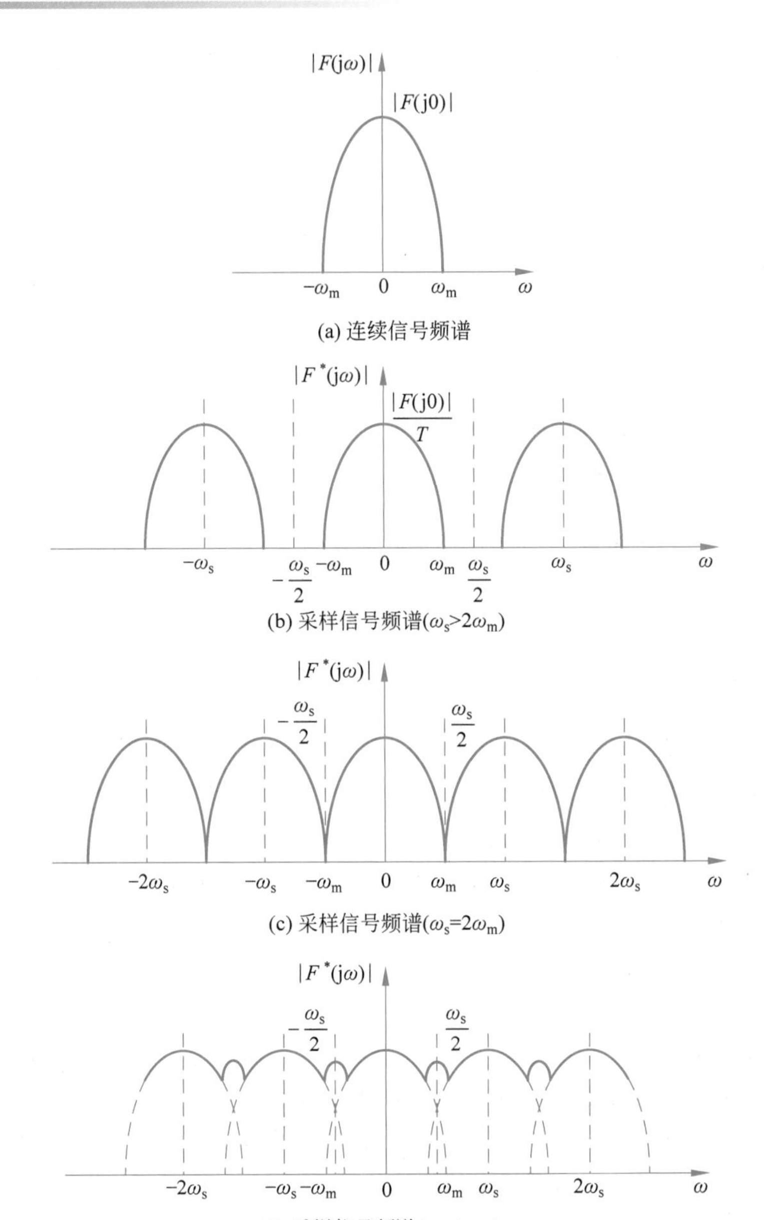

图 7-2-3 信号的频谱

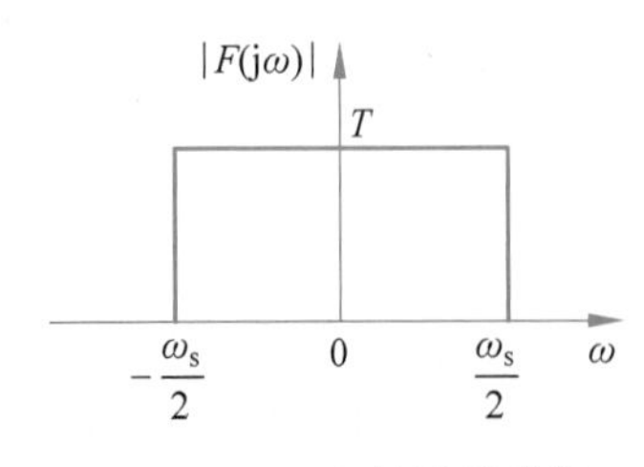

图 7-2-4 理想低通滤波器的频率特性

刻,从而把采样信号 $f^*(t)$变成连续的阶梯信号 $f_h(t)$。因为在每个采样间隔内 $f_h(t)$的值均为常值,即其一阶导数为零,故称为零阶保持器(Zero-Order-Holder),可用 ZOH 来表示。零阶保持器的输入、输出特性如图 7-2-5 所示,如果把阶梯信号 $f_h(t)$的中点连起来,可以得到与连续信号 $f(t)$形状一致而时间上滞后半个采样周期的响应曲线 $f\left(t-\frac{T}{2}\right)$,这表明引入零阶保持器相当于给系统增加了一个延迟时间为$\frac{T}{2}$的延迟环节。一般来说，引入零阶保持器对系统的稳定性不利。

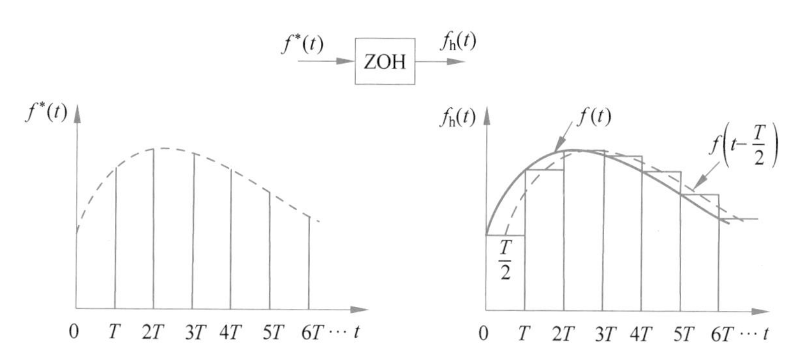

图 7-2-5　零阶保持器的输入、输出特性

在零阶保持器输入端输入一个理想单位脉冲信号$\delta(t)$，则其单位脉冲响应函数$g_h(t)$是幅值为1，持续时间为T的矩形脉冲，如图7-2-6所示，它可分解为两个单位阶跃函数之和，即

$$g_h(t)=1(t)-1(t-T)$$

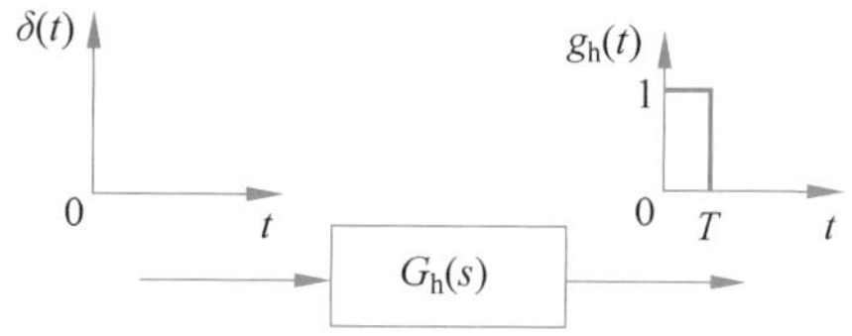

图 7-2-6　零阶保持器的单位脉冲响应

对单位脉冲响应函数$g_h(t)$取拉普拉斯变换，可得零阶保持器的传递函数为

$$G_h(s)=\frac{1}{s}-\frac{e^{-Ts}}{s}=\frac{1-e^{-Ts}}{s} \tag{7-2-7}$$

在式(7-2-7)中，令$s=j\omega$，则零阶保持器的频率特性为

$$G_h(j\omega)=\frac{1-e^{-j\omega T}}{j\omega}=\frac{2e^{-j\omega T/2}(e^{j\omega T/2}-e^{-j\omega T/2})}{2j\omega}=T\frac{\sin(\omega T/2)}{(\omega T/2)}e^{-j\omega T/2} \tag{7-2-8}$$

若采样角频率为$\omega_s=2\pi/T$，则式(7-2-8)可表示为

$$G_h(j\omega)=\frac{2\pi}{\omega_s}\cdot\frac{\sin\pi(\omega/\omega_s)}{\pi(\omega/\omega_s)}e^{-j\pi(\omega/\omega_s)} \tag{7-2-9}$$

根据式(7-2-9)可画出零阶保持器的幅频特性$|G_h(j\omega)|$和相频特性$\angle G_h(j\omega)$，如图7-2-7所示。由图可见，零阶保持器具有如下特性。

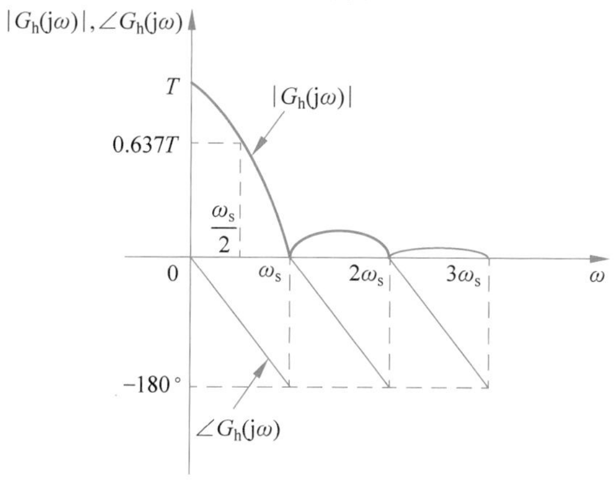

图 7-2-7　零阶保持器的频率特性

(1) 低通特性：由于幅频特性的幅值随频率值的增大而迅速衰减，说明零阶保持器基本上是一个低通滤波器，但与理想低通滤波器特性相比，在 $\omega=\frac{\omega_s}{2}$ 时，其幅值只有初值的63.7%。零阶保持器除允许主要频谱分量通过外，还允许部分高频频谱分量通过，从而造成数字控制系统的输出存在纹波。

(2) 相角滞后特性：由相频特性可见，零阶保持器要产生相角滞后，且随 ω 的增大而加大，在 $\omega=\omega_s$ 处，相角滞后可达 $-180°$，从而使系统的稳定性变差。

实际应用中，零阶保持器可以近似用无源网络来实现。如果将零阶保持器传递函数中的 e^{Ts} 项展开成幂级数，即 $e^{Ts}=1+Ts+\frac{1}{2!}T^2s^2+\cdots$，并取前两项，则有

$$G_h(s)=\frac{1-e^{-Ts}}{s}=\frac{1}{s}\left(1-\frac{1}{e^{Ts}}\right)\approx\frac{1}{s}\left(1-\frac{1}{1+Ts}\right)=\frac{T}{Ts+1}$$

显然，这是惯性环节的传递函数，可通过如图 7-2-8 所示的无源 RC 网络实现。

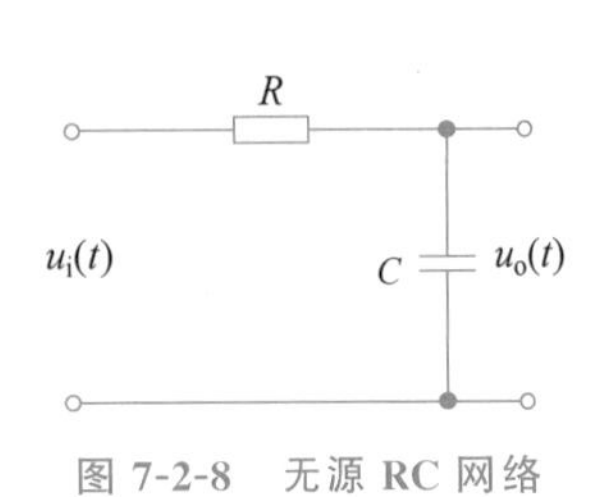

图 7-2-8 无源 RC 网络

7.3 z 变换

在线性连续系统中，以拉普拉斯变换作为数学工具，将系统的微分方程转化为代数方程，建立了以传递函数为基础的数学模型，使得分析问题得以简化。与此类似，在线性离散系统中，采用 z 变换作为数学工具，将差分方程转化为代数方程，可以建立以脉冲传递函数为基础的离散系统的数学模型。由此可见，z 变换是分析离散系统的重要数学工具，它是从拉普拉斯变换直接引申出来的一种变换方法，与拉普拉斯变换有很多相似之处。

7.3.1 z 变换定义

连续信号 $f(t)$ 通过采样周期为 T 的理想采样后可得到采样信号 $f^*(t)$，其表达式为

$$f^*(t)=\sum_{k=0}^{\infty}f(kT)\delta(t-kT) \tag{7-3-1}$$

对式(7-3-1)进行拉普拉斯变换，得

$$F^*(s)=L[f^*(t)]=\sum_{k=0}^{\infty}f(kT)e^{-kTs} \tag{7-3-2}$$

式 (7-3-2)中含有 e^{Ts} 因子，它是复变量 s 的超越函数，而不是有理函数，为了运算方便，引入新的变量 z，并令

$$z=e^{Ts} \tag{7-3-3}$$

将式(7-3-3)代入式(7-3-2)中，可得 $f^*(t)$ 的 z 变换为

$$F(z)=F^*(s)\Big|_{s=\frac{1}{T}\ln z}=\sum_{k=0}^{\infty}f(kT)z^{-k} \tag{7-3-4}$$

记作

$$F(z)=Z[f^*(t)]=Z[F^*(s)]=Z[f(t)] \tag{7-3-5}$$

值得注意的是式(7-3-5)后一记号是为了书写方便,并不意味着是连续信号 $f(t)$的 z 变换,而是仍指采样信号 $f^*(t)$的 z 变换。

将式(7-3-4)展开,得

$$F(z)=f(0)+f(T)z^{-1}+f(2T)z^{-2}+\cdots+f(nT)z^{-n}+\cdots \tag{7-3-6}$$

由式(7-3-6)看出,采样信号的 z 变换是复变量 z 的幂级数。其一般项 $f(kT)z^{-k}$ 有明确的物理意义:$f(kT)$表征采样脉冲的幅值;z 的幂次表征采样脉冲出现的时刻。

7.3.2　z 变换方法

求离散时间函数的 z 变换有多种方法,下面介绍常用的两种方法。

1. 级数求和法

级数求和法是根据 z 变换的定义求函数 $f^*(t)$的 z 变换。只有当 $F(z)$表达式的无穷级数收敛时,才可表示为封闭形式。下面通过求解典型信号的 z 变换来说明如何应用级数求和法计算 z 变换。

例 7-1　求单位阶跃函数 $f(t)=1(t)$的 z 变换 $F(z)$。

解:由 z 变换定义可得

$$F(z)=\sum_{k=0}^{\infty}1(kT)z^{-k}=1+z^{-1}+z^{-2}+z^{-3}+\cdots$$

这是一个公比为 z^{-1} 的等比级数,当$|z^{-1}|<1$,即$|z|>1$时,级数收敛,写成的闭合形式为

$$F(z)=\frac{1}{1-z^{-1}}=\frac{z}{z-1},\quad |z|>1$$

例 7-2　求理想单位脉冲序列 $f(t)=\delta_T(t)=\sum\limits_{k=0}^{\infty}\delta(t-kT)$ 的 z 变换 $F(z)$。

解:由 z 变换定义可得

$$F(z)=\sum_{k=0}^{\infty}z^{-k}=1+z^{-1}+z^{-2}+z^{-3}+\cdots=\frac{z}{z-1},\quad |z|>1$$

比较例 7-1 和例 7-2 可以看出,不同的 $f(t)$可以得到相同的 $F(z)$。这是由于单位阶跃信号采样后与理想单位脉冲序列是一样的,所以 z 变换只是对采样点上的信息有效,只要采样信号 $f^*(t)$相同,$F(z)$就相同,但采样前的 $f(t)$可以是不同的。这是利用 z 变换法分析离散系统时特别要注意的一个问题。

例 7-3　求单位斜坡信号 $f(t)=t$ 的 z 变换 $F(z)$。

解:由 z 变换定义可得单位斜坡信号的 z 变换为

$$F(z)=\sum_{k=0}^{\infty}kT\cdot z^{-k}$$

由例 7-1 可得

$$\sum_{k=0}^{\infty}z^{-k}=\frac{z}{z-1}$$

上式两边对 z 求导,得

$$\sum_{k=0}^{\infty}(-k)\cdot z^{-k-1}=\frac{-1}{(z-1)^2}$$

对上式两边同乘$-Tz$,可得单位斜坡信号的z变换为

$$F(z)=\sum_{k=0}^{\infty}kT\cdot z^{-k}=\frac{Tz}{(z-1)^2},\quad |z|>1$$

例 7-4 求指数函数 $f(t)=\mathrm{e}^{-at}$ 的z变换$F(z)$。

解:由z变换定义可得

$$F(z)=\sum_{k=0}^{\infty}\mathrm{e}^{-akT}z^{-k}=1+\mathrm{e}^{-aT}z^{-1}+\mathrm{e}^{-2aT}z^{-2}+\mathrm{e}^{-3aT}z^{-3}+\cdots$$

这是一个公比为 $\mathrm{e}^{-aT}z^{-1}$ 的等比级数,当$|\mathrm{e}^{-aT}z^{-1}|<1$时,即$|z|>\mathrm{e}^{-aT}$时,级数收敛,写成的闭合形式为

$$F(z)=\frac{1}{1-\mathrm{e}^{-aT}z^{-1}}=\frac{z}{z-\mathrm{e}^{-aT}},\quad |z|>\mathrm{e}^{-aT}$$

例 7-5 求指数序列 $f(k)=a^k$ 的z变换$F(z)$。

解:由z变换定义可得

$$F(z)=\sum_{k=0}^{\infty}a^kz^{-k}=1+az^{-1}+a^2z^{-2}+a^3z^{-3}+\cdots=\frac{1}{1-az^{-1}}=\frac{z}{z-a},\quad |z|>|a|$$

值得注意的是,由于大多数工程问题中的z变换都存在,因此对z变换的收敛区间不再特别指出。表 7-3-1 列出了常用时间函数的z变换。

表 7-3-1 常用时间函数的z变换表

序号	$F(s)$	$f(t)$或$f(k)$	$F(z)$
1	1	$\delta(t)$	1
2	e^{-kTs}	$\delta(t-kT)$	z^{-k}
3	$\frac{1}{s}$	$1(t)$	$\frac{z}{z-1}$
4	$\frac{1}{s^2}$	t	$\frac{Tz}{(z-1)^2}$
5	$\frac{1}{s^3}$	$\frac{1}{2}t^2$	$\frac{T^2z(z+1)}{2(z-1)^3}$
6	$\frac{1}{1-\mathrm{e}^{-Ts}}$	$\sum_{k=0}^{\infty}\delta(t-kT)$	$\frac{z}{z-1}$
7	$\frac{1}{s+a}$	e^{-at}	$\frac{z}{z-\mathrm{e}^{-aT}}$
8	$\frac{1}{(s+a)^2}$	$t\mathrm{e}^{-at}$	$\frac{Tz\mathrm{e}^{-aT}}{(z-\mathrm{e}^{-aT})^2}$
9	$\frac{a}{s(s+a)}$	$1-\mathrm{e}^{-at}$	$\frac{z(1-\mathrm{e}^{-aT})}{(z-1)(z-\mathrm{e}^{-aT})}$
10	$\frac{\omega}{s^2+\omega^2}$	$\sin\omega t$	$\frac{z\sin\omega T}{z^2-2z\cos\omega T+1}$
11	$\frac{s}{s^2+\omega^2}$	$\cos\omega t$	$\frac{z(z-\cos\omega T)}{z^2-2z\cos\omega T+1}$
12		a^k	$\frac{z}{z-a}$

2. 部分分式法

已知时间函数 $f(t)$的拉普拉斯变换为 $F(s)$，将其分解成部分分式之和，通过查 z 变换表可求出 $F(z)$。

例 7-6　已知 $F(s)=\dfrac{s+3}{(s+1)(s+2)}$，求 z 变换 $F(z)$。

解：先对 $F(s)$进行部分分式分解，可得

$$F(s)=\frac{s+3}{(s+1)(s+2)}=\frac{2}{s+1}-\frac{1}{s+2}$$

查 z 变换表得

$$F(z)=\frac{2z}{z-\mathrm{e}^{-T}}-\frac{z}{z-\mathrm{e}^{-2T}}=\frac{z(z-2\mathrm{e}^{-2T}+\mathrm{e}^{-T})}{(z-\mathrm{e}^{-T})(z-\mathrm{e}^{-2T})}$$

7.3.3　z 变换基本定理

z 变换与拉普拉斯变换类似，在 z 变换中有一些基本定理，它们可以使 z 变换应用变得简单方便。

1. 线性定理

如果 $F_1(z)=Z[f_1(t)]$，$F_2(z)=Z[f_2(t)]$，a 和 b 是常数，则

$$Z[af_1(t)\pm bf_2(t)]=aF_1(z)\pm bF_2(z)$$

证明：由 z 变换定义可得

$$\begin{aligned}Z[af_1(t)\pm bf_2(t)]&=\sum_{k=0}^{\infty}[af_1(kT)\pm bf_2(kT)]z^{-k}\\&=a\sum_{k=0}^{\infty}f_1(kT)z^{-k}\pm b\sum_{k=0}^{\infty}f_2(kT)z^{-k}\\&=aF_1(z)\pm bF_2(z)\end{aligned}$$

线性定理表明，z 变换是一种线性变换，变换过程满足齐次性与可叠加性。

2. 实数位移定理

实数位移定理又称平移定理，是指整个采样序列在时间轴上左右平移若干采样周期，其中向右平移为滞后，向左平移为超前。实数位移定理包括滞后定理和超前定理。

如果函数 $f(t)$是可拉普拉斯变换的，其 z 变换为 $F(z)$，则有

(1) 滞后定理。

$$Z[f(t-nT)]=z^{-n}F(z)$$

证明：由 z 变换定义可得

$$Z[f(t-nT)]=\sum_{k=0}^{\infty}f(kT-nT)z^{-k}=z^{-n}\sum_{k=0}^{\infty}[f(k-n)T]z^{-(k-n)}$$

令 $m=k-n$，则有

$$Z[f(t-nT)]=z^{-n}\sum_{m=-n}^{\infty}f(mT)z^{-m}$$

由于当 $m<0$ 时，$f(mT)=0$，所以有

$$Z[f(t-nT)]=z^{-n}\sum_{m=0}^{\infty}f(mT)z^{-m}$$

再令 $m=k$,则有

$$Z[f(t-nT)]=z^{-n}\sum_{k=0}^{\infty}f(kT)z^{-k}=z^{-n}F(z)$$

(2) 超前定理。

$$Z[f(t+nT)]=z^{n}\left[F(z)-\sum_{k=0}^{n-1}f(kT)z^{-k}\right]$$

证明:由 z 变换定义可得

$$Z[f(t+nT)]=\sum_{k=0}^{\infty}f(kT+nT)z^{-k}=z^{n}\sum_{k=0}^{\infty}[f(k+n)T]z^{-(k+n)}$$

令 $m=k+n$,则有

$$\begin{aligned}Z[f(t+nT)]&=z^{n}\sum_{m=n}^{\infty}f(mT)z^{-m}\\&=z^{n}\sum_{m=n}^{\infty}f(mT)z^{-m}+z^{n}\sum_{m=0}^{n-1}f(mT)z^{-m}-z^{n}\sum_{m=0}^{n-1}f(mT)z^{-m}\\&=z^{n}\sum_{m=0}^{\infty}f(mT)z^{-m}-z^{n}\sum_{m=0}^{n-1}f(mT)z^{-m}\end{aligned}$$

再令 $m=k$,则有

$$\begin{aligned}Z[f(t+nT)]&=z^{n}\sum_{k=0}^{\infty}f(kT)z^{-k}-z^{n}\sum_{k=0}^{n-1}f(kT)z^{-k}\\&=z^{n}F(z)-z^{n}\sum_{k=0}^{n-1}f(kT)z^{-k}\\&=z^{n}\left[F(z)-\sum_{k=0}^{n-1}f(kT)z^{-k}\right]\end{aligned}$$

应用实数位移定理,可将描述离散系统的差分方程转换为 z 域的代数方程。有关差分方程的概念将在7.3.5节中介绍。

3. 复数位移定理

如果函数 $f(t)$ 是可拉普拉斯变换的,其 z 变换为 $F(z)$,则有

$$Z[e^{\pm at}f(t)]=F(e^{\mp aT}z)$$

证明:由 z 变换定义可得

$$Z[e^{\pm at}f(t)]=\sum_{k=0}^{\infty}e^{\pm akT}f(kT)z^{-k}=\sum_{k=0}^{\infty}f(kT)(e^{\mp aT}z)^{-k} \tag{7-3-7}$$

令 $z_1=e^{\mp aT}z$,代入式(7-3-7),则有

$$Z[e^{\pm at}f(t)]=\sum_{k=0}^{\infty}f(kT)z_1^{-k}=F(z_1)=F(e^{\mp aT}z)$$

4. 初值定理

如果 $F(z)=Z[f(t)]$,且 $\lim\limits_{z\to\infty}F(z)$ 存在,则

$$f(0)=\lim_{k\to 0}f(kT)=\lim_{z\to\infty}F(z)$$

证明：由 z 变换定义得

$$F(z)=\sum_{k=0}^{\infty}f(kT)z^{-k}=f(0)+f(T)z^{-1}+f(2T)z^{-2}+\cdots+f(nT)z^{-n}+\cdots$$

对上式两边取 $z\to\infty$ 时的极限，得

$$\lim_{z\to\infty}F(z)=f(0)=\lim_{k\to 0}f(kT)$$

初值定理表明，离散序列的初值 $f(0)$ 可以通过 $F(z)$ 取 $z\to\infty$ 时的极限值而得到。

5. 终值定理

设 $F(z)=Z[f(t)]$，且 $\lim\limits_{z\to 1}(1-z^{-1})F(z)$ 的极限存在，则

$$\lim_{k\to\infty}f(kT)=\lim_{z\to 1}(1-z^{-1})F(z)$$

证明：由 z 变换线性定理可得

$$Z[f(t)]-Z[f(t-T)]=\sum_{k=0}^{\infty}\{f(kT)-[f(k-1)T]\}z^{-k}$$

由实数位移定理可得

$$Z[f(t-T)]=z^{-1}F(z)$$

于是

$$(1-z^{-1})F(z)=\sum_{k=0}^{\infty}\{f(kT)-[f(k-1)T]\}z^{-k}$$

对上式两边取 $z\to 1$ 时的极限，得

$$\lim_{z\to 1}(1-z^{-1})F(z)=\lim_{z\to 1}\sum_{k=0}^{\infty}\{f(kT)-[f(k-1)T]\}z^{-k}$$

$$=\sum_{k=0}^{\infty}\{f(kT)-[f(k-1)T]\} \tag{7-3-8}$$

当取 $k=N$ 为有限项时，式(7-3-8)右端可写为

$$\sum_{k=0}^{N}\{f(kT)-[f(k-1)T]\}=f(NT)$$

令 $N\to\infty$，有

$$\sum_{k=0}^{\infty}\{f(kT)-[f(k-1)T]\}=\lim_{N\to\infty}f(NT)=\lim_{k\to\infty}f(kT)$$

即

$$\lim_{k\to\infty}f(kT)=\lim_{z\to 1}(1-z^{-1})F(z)$$

终值定理也可表示为

$$\lim_{k\to\infty}f(kT)=\lim_{z\to 1}(z-1)F(z)$$

在离散系统分析中，常采用终值定理求系统输出序列的稳态值和系统的稳态误差。

7.3.4　z 反变换

所谓 z 反变换，是已知 z 变换表达式 $F(z)$，求相应离散序列 $f(kT)$ 的过程。记为

$$f(kT)=Z^{-1}[F(z)]$$

由于 $F(z)$只含有连续信号 $f(t)$在采样时刻的信息,因而通过 z 反变换只能求得连续信号 $f(t)$在采样时刻的数值 $f^*(t)$或离散序列 $f(kT)$。求 z 反变换一般有 3 种方法,分别为长除法、部分分式法和留数法。

1. 长除法

通常 $F(z)$是 z 的有理分式,将 $F(z)$的分子和分母分别表示为按 z^{-1} 升幂排列的多项式,即

$$F(z)=\frac{b_0+b_1z^{-1}+b_2z^{-2}+\cdots+b_mz^{-m}}{a_0+a_1z^{-1}+a_2z^{-2}+\cdots+a_nz^{-n}} \tag{7-3-9}$$

将式(7-3-9)分母除分子,得到幂级数的展开式

$$F(z)=c_0+c_1z^{-1}+c_2z^{-2}+\cdots+c_nz^{-n}+\cdots=\sum_{k=0}^{\infty}c_kz^{-k} \tag{7-3-10}$$

由 z 变换定义可知,式(7-3-10)中系数 c_k 恰为采样信号 $f^*(t)$的脉冲强度 $f(kT)$。因此,利用长除法即可获得与 $F(z)$对应的离散序列 $f(kT)$或采样信号 $f^*(t)$。此法在实际应用中较为方便,但通常只能计算有限 n 项,要得到 $f(kT)$的一般表达式较为困难。

例 7-7 已知 $F(z)=\dfrac{8z}{(z-1)(z-3)}$,用长除法求 $F(z)$的反变换。

解:将 $F(z)$的分子和分母表示为 z^{-1} 的升幂形式

$$F(z)=\frac{8z}{(z-1)(z-3)}=\frac{8z^{-1}}{1-4z^{-1}+3z^{-2}}$$

应用长除法,即

$$\begin{array}{r l}
 & 8z^{-1}+32z^{-2}+104z^{-3}+\cdots \\
1-4z^{-1}+3z^{-2} \,\big) & 8z^{-1} \\
 & \underline{8z^{-1}-32z^{-2}+24z^{-3}} \\
 & \qquad 32z^{-2}-24z^{-3} \\
 & \qquad \underline{32z^{-2}-128z^{-3}+96z^{-4}} \\
 & \qquad\qquad 104z^{-3}-96z^{-4} \\
 & \qquad\qquad \underline{104z^{-3}-416z^{-4}+312z^{-5}} \\
 & \qquad\qquad\qquad 320z^{-4}-312z^{-5} \\
 & \qquad\qquad\qquad \cdots\cdots
\end{array}$$

$F(z)$可写成

$$F(z)=8z^{-1}+32z^{-2}+104z^{-3}+\cdots$$

可得离散序列 $f(0)=0,f(T)=8,f(2T)=32,f(3T)=104\cdots$

根据式(7-3-1)可得采样信号为

$$f^*(t)=\sum_{k=0}^{\infty}f(kT)\delta(t-kT)=8\delta(t-T)+32\delta(t-2T)+104\delta(t-3T)+\cdots$$

2. 部分分式法

在进行部分分式展开时,由表 7-3-1 可知,z 变换函数 $F(z)$在其分子上普遍都有因子

z。因此，先将 $F(z)$除以 z，并将$\frac{F(z)}{z}$展开成部分分式形式，然后将所得结果的每一项都乘以 z，即得 $F(z)$的部分分式展开式，再对各部分分式进行 z 反变换，便得离散序列 $f(kT)$的一般表达式。

假设 $F(z)$仅含有单实极点 $p_1,p_2,\cdots,p_n$，则$\frac{F(z)}{z}$可展成

$$\frac{F(z)}{z}=\frac{A_0}{z}+\sum_{j=1}^{n}\frac{A_j}{z-p_j} \tag{7-3-11}$$

其中

$$A_0=\lim_{z\to 0}(z-0)\frac{F(z)}{z},\quad A_j=\lim_{z\to p_j}(z-p_j)\frac{F(z)}{z}$$

将式(7-3-11)左右两边同乘以 z，可得

$$F(z)=A_0+\sum_{j=1}^{n}\frac{A_jz}{z-p_j}=A_0+\frac{A_1z}{z-p_1}+\frac{A_2z}{z-p_2}+\cdots+\frac{A_nz}{z-p_n}$$

对上式求 z 反变换，得

$$\begin{aligned}f(kT)&=A_0\delta(k)+(A_1{p_1}^k+A_2{p_2}^k+\cdots+A_n{p_n}^k)\\&=A_0\delta(k)+\sum_{j=1}^{n}A_j{p_j}^k\end{aligned}$$

上述分析是针对 $F(z)$的极点互异的情况，对于有重极点的情形，其分析方法类似，请读者查阅相关书籍，这里不再赘述。

例 7-8　已知 $F(z)=\frac{z+2}{2z^2-7z+3}$，用部分分式法求 $F(z)$的反变换。

解：因为 $$\frac{F(z)}{z}=\frac{z+2}{z(2z^2-7z+3)}=\frac{z+2}{2z(z-0.5)(z-3)}$$

将其展开为部分分式

$$\frac{F(z)}{z}=\frac{A_0}{z}+\frac{A_1}{z-0.5}+\frac{A_2}{z-3}$$

其中：$A_0=\lim\limits_{z\to 0}z\frac{F(z)}{z}=\frac{2}{3}$，$A_1=\lim\limits_{z\to 0.5}(z-0.5)\frac{F(z)}{z}=-1$，$A_2=\lim\limits_{z\to 3}(z-3)\frac{F(z)}{z}=\frac{1}{3}$

由此得

$$\frac{F(z)}{z}=\frac{\frac{2}{3}}{z}-\frac{1}{z-0.5}+\frac{\frac{1}{3}}{z-3}$$

上式两边同乘以 z，得

$$F(z)=\frac{2}{3}-\frac{z}{z-0.5}+\frac{1}{3}\cdot\frac{z}{z-3}$$

对上式两边分别求 z 反变换，得

$$f(kT)=\frac{2}{3}\delta(k)-(0.5)^k+\frac{1}{3}(3)^k$$

$$f^*(t)=\sum_{k=0}^{\infty}f(kT)\delta(t-kT)=\sum_{k=0}^{\infty}\left[\frac{2}{3}\delta(k)-(0.5)^k+\frac{1}{3}(3)^k\right]\delta(t-kT)$$

3. 留数法

在实际问题中遇到的 z 变换函数 $F(z)$，除了有理分式外，也可能是超越函数，无法应用部分分式法或长除法来求 z 反变换，此时采用留数法较为方便。由 z 变换定义有

$$F(z)=\sum_{k=0}^{\infty} f(kT)z^{-k}$$

根据柯西留数定理有

$$f(kT)=\sum_{j=1}^{n} \mathrm{Res}\left[F(z)z^{k-1}\right]_{z=p_j} \tag{7-3-12}$$

式(7-3-12)中 $\mathrm{Res}\left[F(z)z^{k-1}\right]_{z=p_j}$ 表示函数 $F(z)z^{k-1}$ 在极点 p_j 处的留数。当 p_j 为单极点时，留数为

$$\mathrm{Res}\left[F(z)z^{k-1}\right]_{z=p_j}=\lim_{z\to p_j}(z-p_j)F(z)z^{k-1}$$

当 p_j 为 m 重极点时，留数为

$$\mathrm{Res}\left[F(z)z^{k-1}\right]_{z=p_j}=\lim_{z\to p_j}\frac{1}{(m-1)!}\frac{\mathrm{d}^{m-1}}{\mathrm{d}z^{m-1}}\left[(z-p_j)^m F(z)z^{k-1}\right]$$

例 7-9　已知 $F(z)=\dfrac{z^2}{z^2-1.5z+0.5}$，用留数法求 $F(z)$ 的反变换。

解：因为

$$F(z)z^{k-1}=\frac{z^{k+1}}{z^2-1.5z+0.5}=\frac{z^{k+1}}{(z-0.5)(z-1)}$$

$$f(kT)=\sum_{j=1}^{2} \mathrm{Res}\left[F(z)z^{k-1}\right]_{z=p_j}=A_1+A_2$$

极点处的留数为

$$A_1=\mathrm{Res}\left[F(z)z^{k-1}\right]_{z=0.5}=\lim_{z\to 0.5}(z-0.5)F(z)z^{k-1}=-(0.5)^k$$

$$A_2=\mathrm{Res}\left[F(z)z^{k-1}\right]_{z=1}=\lim_{z\to 1}(z-1)F(z)z^{k-1}=2$$

故

$$f(kT)=2-(0.5)^k$$

$$f^*(t)=\sum_{k=0}^{\infty} f(kT)\delta(t-kT)=\sum_{k=0}^{\infty}\left[2-(0.5)^k\right]\delta(t-kT)$$

例 7-10　已知 $F(z)=\dfrac{z}{(z-2)(z-1)^2}$，用留数法求 $F(z)$ 的反变换。

解：因为

$$F(z)z^{k-1}=\frac{z^k}{(z-2)(z-1)^2}$$

$$f(kT)=\sum_{j=1}^{2} \mathrm{Res}\left[F(z)z^{k-1}\right]_{z=p_j}=A_1+A_2$$

在 $z=2$ 处为单极点，其留数为

$$A_1=\mathrm{Res}\left[F(z)z^{k-1}\right]_{z=2}=\lim_{z\to 2}(z-2)F(z)z^{k-1}=2^k$$

在 $z=1$ 处为二重极点，其留数为

$$A_2=\mathrm{Res}\left[F(z)z^{k-1}\right]_{z=1}=\lim_{z\to 1}\frac{1}{(2-1)!}\frac{\mathrm{d}}{\mathrm{d}z}\left[(z-1)^2F(z)z^{k-1}\right]=-k-1$$

故

$$f(kT)=2^k-k-1$$

$$f^*(t)=\sum_{k=0}^{\infty}f(kT)\delta(t-kT)=\sum_{k=0}^{\infty}(2^k-k-1)\delta(t-kT)$$

7.3.5 差分方程

微分方程是描述连续系统的时域数学模型，而差分方程则是描述离散系统的时域数学模型。如同用拉普拉斯变换法求解微分方程一样，在离散系统中常用 z 变换法求解差分方程。

1. 差分的定义

假设连续函数为 $f(t)$，其采样后的离散序列为 $f(kT)$，通常为书写方便，常将 T 略去，即 $f(kT)$简写为 $f(k)$，则一阶后向差分定义为

$$\nabla f(k)=f(k)-f(k-1)$$

二阶后向差分定义为

$$\nabla^2 f(k)=\nabla f(k)-\nabla f(k-1)=f(k)-2f(k-1)+f(k-2)$$

n 阶后向差分定义为

$$\begin{aligned}\nabla^n f(k)&=\nabla^{n-1}f(k)-\nabla^{n-1}f(k-1)\\&=f(k)+a_1f(k-1)+\cdots+a_{n-1}f(k-n+1)+a_nf(k-n)\end{aligned}$$

同理一阶前向差分定义为

$$\nabla f(k)=f(k+1)-f(k)$$

二阶前向差分定义为

$$\nabla^2 f(k)=\nabla f(k+1)-\nabla f(k)=f(k+2)-2f(k+1)+f(k)$$

n 阶前向差分定义为

$$\begin{aligned}\nabla^n f(k)&=\nabla^{n-1}f(k+1)-\nabla^{n-1}f(k)\\&=f(k+n)+a_1f(k+n-1)+\cdots+a_{n-1}f(k+1)+a_nf(k)\end{aligned}$$

2. 线性定常离散系统差分方程的一般形式

对于一般的线性定常离散系统，假设 $c(k)$表示当前时刻的输出，$r(k)$表示当前时刻的输入，系统输入与输出之间的关系可用 n 阶后向差分方程表示为

$$\begin{aligned}&c(k)+a_1c(k-1)+a_2c(k-2)+\cdots+a_{n-1}c(k-n+1)+a_nc(k-n)\\&=b_0r(k)+b_1r(k-1)+\cdots+b_{m-1}r(k-m+1)+b_mr(k-m)\end{aligned}\tag{7-3-13}$$

式(7-3-13)中，$a_1,a_2,\cdots,a_n$ 和$b_0,b_1,\cdots,b_m$ 为实常数。显然，当前时刻的输出 $c(k)$不仅与该时刻的输入 $r(k)$有关，而且与过去时刻的输入 $r(k-1),r(k-2),\cdots,r(k-m)$和过去时刻的输出 $c(k-1),c(k-2),\cdots,c(k-n)$有关。

线性定常离散系统还可以用 n 阶前向差分方程来描述，其表达式为

$$\begin{aligned}&c(k+n)+a_1c(k+n-1)+a_2c(k+n-2)+\cdots+a_{n-1}c(k+1)+a_nc(k)\\&=b_0r(k+m)+b_1r(k+m-1)+\cdots+b_{m-1}r(k+1)+b_mr(k)\end{aligned}$$

实际上，后向差分方程和前向差分方程并无本质区别，前向差分方程多用于描述非零初始值的离散系统，后向差分方程多用于描述全零初始值的离散系统。若不考虑初始值，就系统输入、输出关系而言，两者完全等价。

3. 差分方程的求解

差分方程的求解通常采用迭代法和 z 变换法。

(1) 迭代法。

若已知差分方程，并且给定输入序列以及输出序列的初始值，就可以利用递推关系，逐步迭代计算出输出序列。

例 7-11 已知某离散系统的差分方程为

$$c(k)=r(k)+4c(k-1)-3c(k-2)$$

输入序列为 $r(k)=k$，初始条件为 $c(0)=0, c(1)=1$，用迭代法求输出序列 $c(k)$。

解：根据递推关系以及初始条件，可得

$$\begin{aligned}
&c(0)=0\\
&c(1)=1\\
&c(2)=r(2)+4c(1)-3c(0)=2+4\times 1-3\times 0=6\\
&c(3)=r(3)+4c(2)-3c(1)=3+4\times 6-3\times 1=24\\
&c(4)=r(4)+4c(3)-3c(2)=4+4\times 24-3\times 6=82\\
&c(5)=r(5)+4c(4)-3c(3)=5+4\times 82-3\times 24=261
\end{aligned}$$

……

(2) z 变换法。

用 z 变换法求解差分方程与连续系统用拉普拉斯变换法求解微分方程类似。在给定初始条件下，对差分方程两边取 z 变换，利用实数位移定理，将差分方程转换为以 z 为变量的代数方程，再通过 z 反变换，便可求出输出序列 $c(k)$。

例 7-12 已知某离散系统的差分方程为

$$c(k+2)-6c(k+1)+8c(k)=r(k)$$

输入序列为 $r(k)=1(k)$，初始条件为 $c(0)=c(1)=0$，求输出序列 $c(k)$。

解：差分方程两边取 z 变换，有

$$[z^2C(z)-z^2c(0)-zc(1)]-6[zC(z)-zc(0)]+8C(z)=\frac{z}{z-1}$$

将初始条件代入上式，整理可得

$$C(z)=\frac{z}{(z-1)(z-2)(z-4)}$$

因

$$\frac{C(z)}{z}=\frac{\frac{1}{3}}{(z-1)}-\frac{\frac{1}{2}}{(z-2)}+\frac{\frac{1}{6}}{(z-4)}$$

$$C(z)=\frac{\frac{1}{3}z}{(z-1)}-\frac{\frac{1}{2}z}{(z-2)}+\frac{\frac{1}{6}z}{(z-4)}$$

故输出序列为

$$c(k)=\frac{1}{3}-\frac{1}{2}(2)^k+\frac{1}{6}(4)^k$$

7.3.6 MATLAB实现

1. 求z变换

在MATLAB中,提供了求解z变换的函数ztrans(),其调用格式如下:

```
F = ztrans(f)          % 实现函数 f(n)的 z 变换,默认返回函数 F 是关于 z 的函数
F = ztrans(f,w)        % 实现函数 f(n)的 z 变换,返回函数 F 是关于 w 的函数
F = ztrans(f,k,w)      % 实现函数 f(k)的 z 变换,返回函数 F 是关于 w 的函数
```

例7-13 求$f_1(k)=a^k$和$f_2(t)=10e^{-5t}-10e^{-10t}$的$z$变换。

解:MATLAB程序如下。

```
clc;clear
syms a k T
f1 = a^k;
F1 = ztrans(f1)
f2 = 10 * exp( - 5 * k * T) - 10 * exp( - 10 * k * T);
F2 = ztrans(f2)
```

执行该程序,运行结果如下。

```
F1 =
- z/(a - z)
F2 =
(10 * z)/(z - exp( - 5 * T)) - (10 * z)/(z - exp( - 10 * T))
```

即

$$F_1(z)=\frac{-z}{a-z}=\frac{z}{z-a}$$

$$F_2(z)=\frac{10z}{z-e^{-5T}}-\frac{10z}{z-e^{-10T}}=\frac{10z(e^{-5T}-e^{-10T})}{(z-e^{-5T})(z-e^{-10T})}$$

2. 求z反变换

在MATLAB中,提供了求解z反变换的函数iztrans(),其调用格式如下:

```
f = iztrans(F)         % 实现函数 F(z)的 z 反变换,默认返回函数 f 是关于 n 的函数
f = iztrans(F,k)       % 实现函数 F(z)的 z 反变换,返回函数 f 是关于 k 的函数
f = iztrans(F,w,k)     % 实现函数 F(w)的 z 反变换,返回函数 f 是关于 k 的函数
```

例7-14 求$F(z)=\frac{2z^2}{(z+1)(z+2)}$的$z$反变换。

解:MATLAB程序如下。

```
clc;clear
syms k z
Fz = (2 * z^2)/(z + 1)/(z + 2);
f = iztrans(Fz,k)
```

执行该程序,运行结果如下。

```
f =
4 * ( - 2)^k - 2 * ( - 1)^k
```

即

$$f(k)=4(-2)^k-2(-1)^k$$

例 7-15 求 $F(z)=\dfrac{z+2}{2z^2-7z+3}$ 的 z 反变换。

解：MATLAB 程序如下。

```
clc;clear
syms k z
Fz = (z + 2)/(2 * z^2 - 7 * z + 3);
f = iztrans(Fz,k)
```

执行该程序,运行结果如下。

```
f =
3^k/3 - (1/2)^k + (2 * kroneckerDelta(k, 0))/3
```

输出结果中 kroneckerDelta 为克罗内克函数,又称克罗内克 δ 函数,其自变量一般为两个整数,如果两者相等,则输出为 1,否则输出为 0,得到 z 反变换为

$$f(k)=\frac{1}{3}(3)^k-\left(\frac{1}{2}\right)^k+\frac{2}{3}\delta(k)$$

同例 7-8 所得结果一致。

7.4 脉冲传递函数

与连续系统中的传递函数相对应,脉冲传递函数是描述离散系统最重要的数学模型,它是分析与设计离散系统的基础。

7.4.1 脉冲传递函数的定义

设开环离散系统如图 7-4-1 所示,系统输入信号为 $r(t)$,采样后 $r^*(t)$的 z 变换为 $R(z)$,连续环节的输出为 $c(t)$,采样后 $c^*(t)$的 z 变换为 $C(z)$。线性定常离散系统的脉冲传递函数定义为零初始条件下,系统输出采样信号 z 变换与输入采样信号 z 变换之比,即

$$G(z)=\frac{C(z)}{R(z)}=\frac{Z[c^*(t)]}{Z[r^*(t)]} \tag{7-4-1}$$

式(7-4-1)表明,如果已知 $R(z)$和 $G(z)$,则在零初始条件下,线性定常离散系统的输出采样信号为

$$c^*(t)=Z^{-1}[C(z)]=Z^{-1}[G(z)R(z)]$$

脉冲传递函数反映的是系统输入采样信号与输出采样信号之间的传递关系,但是对于大多数实际系统,其输入为采样信号,输出一般仍为连续信号,为了引入脉冲传递函数的概念,常在系统输出端虚设一个理想采样开关,如图 7-4-2 虚线所示,对输出的连续时间信号进行假想采样,以获得输出信号的采样信号。必须指出,虚设的采样开关是不存在的,它只表明了脉冲传递函数所能描述的是输出连续信号 $c(t)$在各采样时刻的离散值 $c^*(t)$。

应当注意,脉冲传递函数是线性离散系统动态特性的一种数学描述形式,它表征了离散系统的固有特性,与外作用的大小和形式无关。此外,脉冲传递函数只适用于线性定常离散系统。

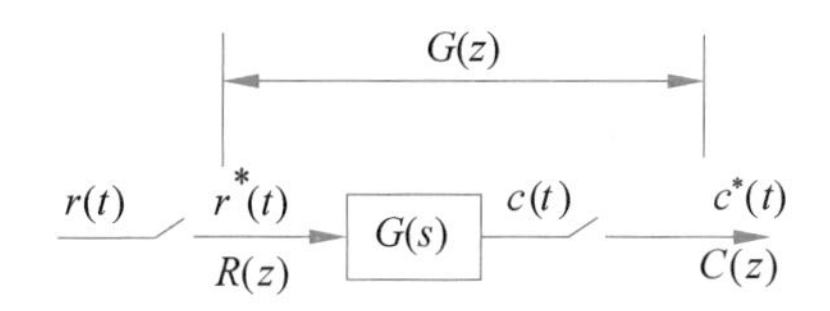

图 7-4-1　开环离散系统结构图

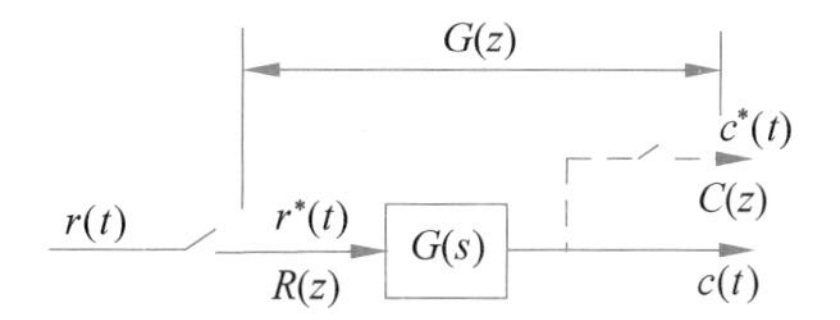

图 7-4-2　实际开环离散系统结构图

7.4.2 脉冲传递函数的求解

在连续系统中，单位脉冲响应的拉普拉斯变换即为系统的传递函数。同样对于离散系统，单位脉冲响应序列的 z 变换即为系统的脉冲传递函数。说明如下。

离散系统在零初始条件下，在输入为离散单位脉冲 $\delta(kT)$ 的作用下，产生的单位脉冲响应序列为 $g(kT)$。由于 $R(z)=Z[\delta(kT)]=1$，根据式(7-4-1)可得

$$G(z)=\frac{C(z)}{R(z)}=\frac{Z[g(kT)]}{Z[\delta(kT)]}=Z[g(kT)] \tag{7-4-2}$$

由式(7-4-2)可以看出，如果某一控制系统的传递函数为 $G(s)$，那么该系统的脉冲传递函数 $G(z)$ 可依据下列步骤求出：先求 $G(s)$ 的拉普拉斯反变换，得到单位脉冲响应 $g(t)$，再将 $g(t)$ 按采样周期 T 离散化，得到单位脉冲响应序列 $g(kT)$，最后将 $g(kT)$ 进行 z 变换，得出 $G(z)$。这一过程比较复杂，可根据 z 变换表，直接从 $G(s)$ 得到 $G(z)$，而不必逐步推导。通常把上述过程表示为 $G(z)=Z[G(s)]$，并称为 $G(s)$ 的 z 变换。这一表示应理解为根据上述过程求出 $G(s)$ 所对应的 $G(z)$，而不能理解为 $G(z)$ 是对 $G(s)$ 直接进行 $z=\mathrm{e}^{sT}$ 代换的结果。

例 7-16　某系统的传递函数为 $G(s)=\dfrac{a}{s(s+a)}$，求 $G(s)$ 所对应的脉冲传递函数 $G(z)$。

解：

$$G(z)=Z[G(s)]=Z\left[\frac{a}{s(s+a)}\right]=Z\left[\frac{1}{s}-\frac{1}{s+a}\right]$$

查 z 变换表可得

$$G(z)=\left[\frac{z}{z-1}-\frac{z}{z-\mathrm{e}^{-aT}}\right]=\frac{z(1-\mathrm{e}^{-aT})}{(z-1)(z-\mathrm{e}^{-aT})}$$

7.4.3 脉冲传递函数与差分方程的相互转换

脉冲传递函数是离散系统在 z 域的数学描述形式，而差分方程则是离散系统在时域的数学描述形式，在系统初始条件为零的情况下，两者之间是可以互相转换的。

例 7-17　设某线性定常离散系统的差分方程为

$$c(k)+4c(k+1)+c(k+2)-c(k+3)=5r(k)+10r(k+1)+9r(k+2)$$

求其脉冲传递函数 $G(z)$。

解：在零初始条件下，对差分方程两边取 z 变换，由 z 变换超前定理得

$$(1+4z+z^2-z^3)C(z)=(5+10z+9z^2)R(z)$$

系统脉冲传递函数为

$$G(z)=\frac{C(z)}{R(z)}=\frac{5+10z+9z^2}{1+4z+z^2-z^3}$$

例 7-18 设某线性定常离散系统的脉冲传递函数为

$$G(z)=\frac{C(z)}{R(z)}=\frac{z^3+2z^2+3z+1}{z^3+z^2+2z+3}$$

求系统的差分方程。

解：
$$G(z)=\frac{C(z)}{R(z)}=\frac{z^3+2z^2+3z+1}{z^3+z^2+2z+3}=\frac{1+2z^{-1}+3z^{-2}+z^{-3}}{1+z^{-1}+2z^{-2}+3z^{-3}}$$

上式等号两边分子、分母交叉相乘，得

$$(1+z^{-1}+2z^{-2}+3z^{-3})C(z)=(1+2z^{-1}+3z^{-2}+z^{-3})R(z)$$

由 z 变换滞后定理得差分方程为

$$c(k)+c(k-1)+2c(k-2)+3c(k-3)=r(k)+2r(k-1)+3r(k-2)+r(k-3)$$

视频讲解

7.4.4 开环系统脉冲传递函数

当开环离散系统由几个环节串联组成时，由于采样开关位置不同，求出的开环脉冲传递函数截然不同。

为了便于求出开环脉冲传递函数，需要了解采样函数的拉普拉斯变换 $G^*(s)$的相关性质。可以证明，若采样函数的拉普拉斯变换 $G_1{}^*(s)$与连续函数的拉普拉斯变换 $G_2(s)$相乘后再离散化，则 $G_1{}^*(s)$可以从离散符号中提出来，即

$$[G_1{}^*(s)G_2(s)]^*=G_1{}^*(s)[G_2(s)]^* \tag{7-4-3}$$

1. 串联环节之间无采样开关时的开环脉冲传递函数

设开环离散系统如图 7-4-3 所示，两个串联连续环节 $G_1(s)$和 $G_2(s)$之间没有被采样开关隔开。此时系统输出为

$$C(s)=G_1(s)G_2(s)R^*(s) \tag{7-4-4}$$

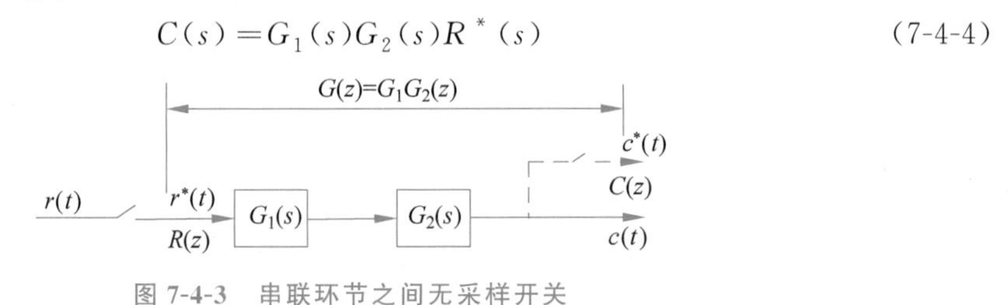

图 7-4-3 串联环节之间无采样开关

对式(7-4-4)离散化，根据式(7-4-3)得

$$C^*(s)=[G_1(s)G_2(s)R^*(s)]^*=[G_1(s)G_2(s)]^*R^*(s)=G_1G_2{}^*(s)R^*(s)$$

取 z 变换得

$$C(z)=G_1G_2(z)R(z)$$

其中，$G_1G_2(z)$为 $G_1(s)$和 $G_2(s)$乘积的 z 变换。

因此，开环系统脉冲传递函数为

$$G(z)=\frac{C(z)}{R(z)}=G_1G_2(z)=Z[G_1(s)G_2(s)] \tag{7-4-5}$$

由式(7-4-5)表明，两个串联环节之间没有被采样开关隔开，系统的脉冲传递函数为这两个串联环节传递函数乘积后的 z 变换。这一结论可以推广到 n 个环节相串联时的情形。

2. 串联环节之间有采样开关时的开环脉冲传递函数

设开环离散系统如图 7-4-4 所示，在两个串联连续环节 $G_1(s)$和 $G_2(s)$之间有采样开

关。根据脉冲传递函数的定义有

$$C(z)=D(z)G_2(z) \quad D(z)=R(z)G_1(z)$$

其中，$G_1(z)$和$G_2(z)$分别是$G_1(s)$和$G_2(s)$的脉冲传递函数，于是

$$C(z)=R(z)G_1(z)G_2(z)$$

因此，系统的开环脉冲传递函数为

$$G(z)=\frac{C(z)}{R(z)}=G_1(z)G_2(z)=Z\left[G_1(s)\right]Z\left[G_2(s)\right] \tag{7-4-6}$$

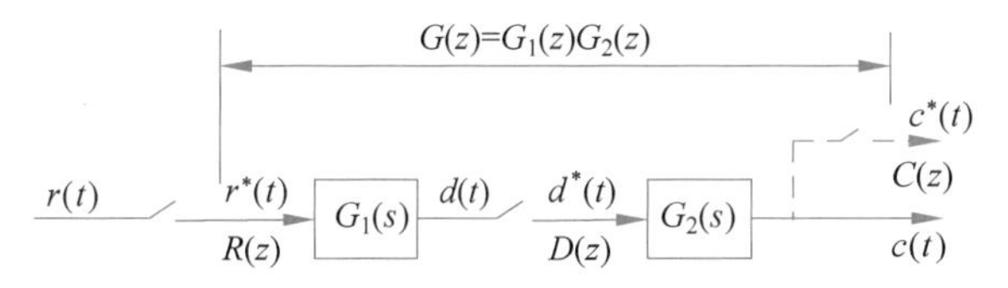

图 7-4-4　串联环节之间有采样开关

由式(7-4-6)表明，两个串联环节之间有采样开关时，系统的脉冲传递函数为这两个串联环节脉冲传递函数的乘积。这一结论可以推广到 n 个环节相串联时的情形。

值得特别注意的是，一般情况下，$G_1G_2(z)\neq G_1(z)G_2(z)$。

3. 有零阶保持器时的开环脉冲传递函数

设有零阶保持器的开环离散系统如图 7-4-5 所示，其中连续部分的传递函数为 $G_0(s)$，零阶保持器的传递函数为 $G_h(s)=\dfrac{1-e^{-Ts}}{s}$，中间没有被采样开关隔开，则开环脉冲传递函数为

$$G(z)=\frac{C(z)}{R(z)}=Z\left[\frac{1-e^{-Ts}}{s}G_0(s)\right]=Z\left[\frac{1}{s}G_0(s)\right]-Z\left[\frac{1}{s}G_0(s)e^{-Ts}\right]$$

根据实数位移定理可得

$$G(z)=(1-z^{-1})Z\left[\frac{1}{s}G_0(s)\right]$$

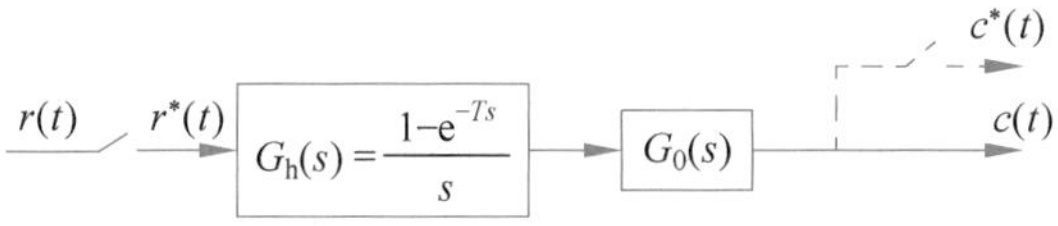

图 7-4-5　有零阶保持器的开环离散系统

例 7-19　某离散系统如图 7-4-5 所示，其中 $G_0(s)=\dfrac{a}{s(s+a)}$，求系统的开环脉冲传递函数 $G(z)$。

解：由已知可得

$$G(z)=Z\left[\frac{1-e^{-Ts}}{s}G_0(s)\right]=Z\left[\frac{1-e^{-Ts}}{s}\cdot\frac{a}{s(s+a)}\right]=(1-z^{-1})Z\left[\frac{a}{s^2(s+a)}\right]$$

$$=(1-z^{-1})Z\left[\frac{1}{s^2}-\frac{1}{a}\left(\frac{1}{s}-\frac{1}{s+a}\right)\right]=(1-z^{-1})\left[\frac{Tz}{(z-1)^2}-\frac{1}{a}\left(\frac{z}{z-1}-\frac{z}{z-e^{-aT}}\right)\right]$$

$$=\frac{\frac{1}{a}\left[(aT+e^{-aT}-1)z+(1-aTe^{-aT}-e^{-aT})\right]}{(z-1)(z-e^{-aT})}$$

上述结果与例7-16所得结果相比较，可以看出，零阶保持器的引入既不改变开环脉冲传递函数的阶数，也不影响开环脉冲传递函数的极点，只影响开环脉冲传递函数的零点。

7.4.5 闭环系统脉冲传递函数

由于采样开关位置不同，闭环离散系统有多种结构形式，因此求闭环系统的脉冲传递函数情况比较复杂，只能根据不同情况具体分析。图7-4-6是一种比较常见的典型闭环离散系统。

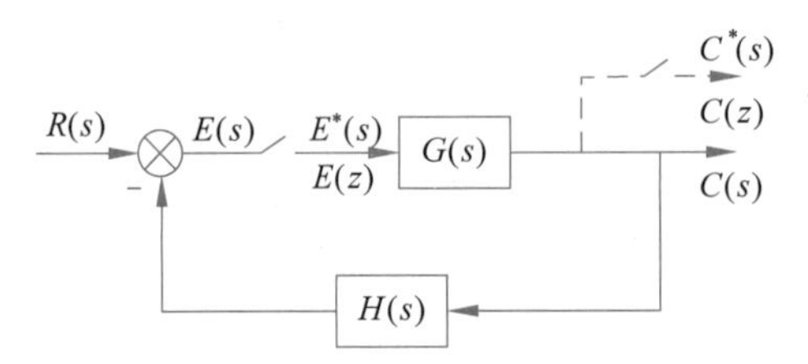

图7-4-6 典型闭环离散系统结构图

由图7-4-6可知

$$C(s)=G(s)E^*(s)$$
$$E(s)=R(s)-H(s)C(s)$$

因此有

$$E(s)=R(s)-H(s)G(s)E^*(s)$$

对$E(s)$离散化，得

$$E^*(s)=R^*(s)-[H(s)G(s)]^*E^*(s)=R^*(s)-HG^*(s)E^*(s)$$

整理得

$$E^*(s)=\frac{R^*(s)}{1+HG^*(s)} \tag{7-4-7}$$

输出信号的采样拉普拉斯变换为

$$C^*(s)=G^*(s)E^*(s)=G^*(s)\frac{R^*(s)}{1+HG^*(s)} \tag{7-4-8}$$

将式(7-4-7)和式(7-4-8)两边取z变换可得

$$E(z)=\frac{R(z)}{1+HG(z)}$$

$$C(z)=\frac{G(z)R(z)}{1+HG(z)}$$

因此，典型闭环离散系统的误差脉冲传递函数为

$$\Phi_e(z)=\frac{E(z)}{R(z)}=\frac{1}{1+GH(z)} \tag{7-4-9}$$

闭环脉冲传递函数为

$$\Phi(z)=\frac{C(z)}{R(z)}=\frac{G(z)}{1+GH(z)} \tag{7-4-10}$$

与连续系统相类似，令式(7-4-9)或式(7-4-10)的分母多项式为零，可得闭环离散系统的特征方程为

$$D(z)=1+GH(z)=0 \tag{7-4-11}$$

式(7-4-11)中,$GH(z)$为闭环离散系统的开环脉冲传递函数。

通过与上文类似的方法,可以推导出采样开关为不同配置形式的其他闭环系统的脉冲传递函数。

例 7-20　某闭环离散系统如图 7-4-7 所示,求系统输出信号 z 变换 $C(z)$及闭环脉冲传递函数 $\Phi(z)$。

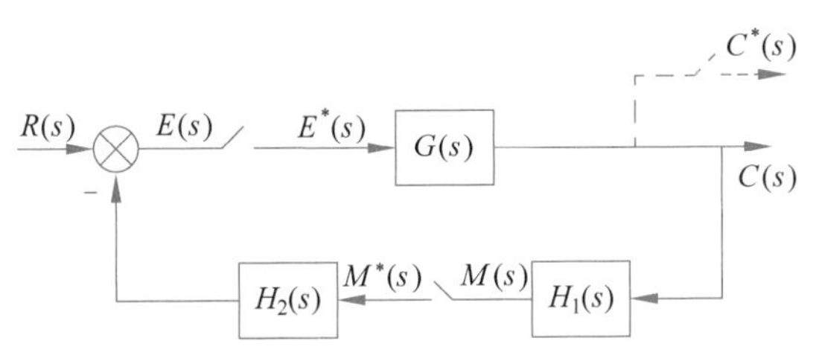

图 7-4-7　闭环离散系统结构图

解:由图 7-4-7 可知

$$C(s)=G(s)E^*(s)$$

$$E(s)=R(s)-H_2(s)M^*(s)$$

$$M(s)=H_1(s)C(s)=H_1(s)G(s)E^*(s)$$

对 $E(s)$及 $M(s)$离散化,得

$$E^*(s)=R^*(s)-H_2{}^*(s)M^*(s)$$

$$M^*(s)=H_1G^*(s)E^*(s)$$

由此得

$$E^*(s)=R^*(s)-H_2{}^*(s)H_1G^*(s)E^*(s)$$

整理得

$$E^*(s)=\frac{R^*(s)}{1+H_1G^*(s)H_2{}^*(s)}$$

输出信号的采样拉普拉斯变换为

$$C^*(s)=G^*(s)\frac{R^*(s)}{1+H_1G^*(s)H_2^*(s)}$$

对上式两边进行 z 变换,得输出信号 z 变换为

$$C(z)=\frac{G(z)R(z)}{1+H_1G(z)H_2(z)}$$

系统闭环脉冲传递函数为

$$\Phi(z)=\frac{C(z)}{R(z)}=\frac{G(z)}{1+H_1G(z)H_2(z)}$$

例 7-21　某闭环离散系统如图 7-4-8 所示,求系统输出信号 z 变换 $C(z)$。

解:由图 7-4-8 可知

$$C(s)=G(s)E(s)$$

$$E(s)=R(s)-H(s)C^*(s)$$

因此有

$$C(s)=G(s)[R(s)-H(s)C^*(s)]=G(s)R(s)-G(s)H(s)C^*(s)$$

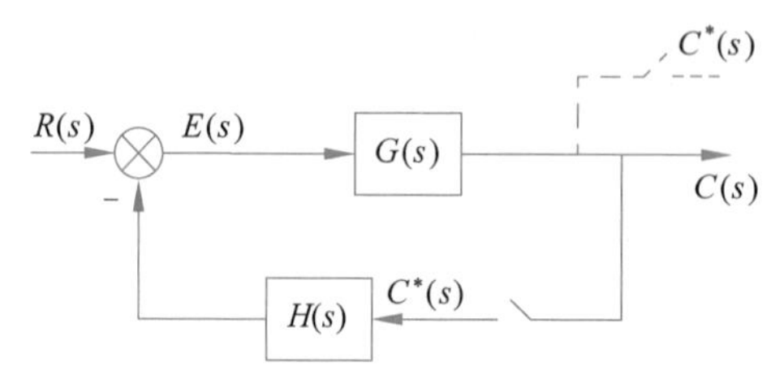

图 7-4-8 闭环离散系统结构图

对 $C(s)$ 离散化，得

$$C^*(s)=GR^*(s)-GH^*(s)C^*(s)$$

由此得

$$C^*(s)=\frac{GR^*(s)}{1+GH^*(s)}$$

进行 z 变换，则有

$$C(z)=\frac{GR(z)}{1+GH(z)}$$

由此例可以看出，由于误差信号 $E(s)$ 处没有采样开关，输入的 z 变换 $R(z)$ 不能分离出来，因而求不出闭环系统的脉冲传递函数，只能求出输出信号的 z 变换 $C(z)$，进而可以确定闭环系统的采样输出信号 $c^*(t)$。

对于采样开关在闭环系统中不同配置的闭环离散系统典型结构图，及其输出采样信号的 z 变换函数 $C(z)$，可参见表 7-4-1 所示。

表 7-4-1 典型闭环离散系统结构图及输出信号 z 变换

序号	系统结构图	$C(z)$ 计算式
1	R(s) - G(s) C(s) H(s)	$\dfrac{G(z)R(z)}{1+GH(z)}$
2	R(s) - G(s) C(s) H(s)	$\dfrac{RG(z)}{1+GH(z)}$
3	R(s) - $G_1(s)$ $G_2(s)$ C(s) H(s)	$\dfrac{RG_1(z)G_2(z)}{1+G_1G_2H(z)}$
4	R(s) - G(s) C(s) H(s)	$\dfrac{G(z)R(z)}{1+G(z)H(z)}$

续表

序号	系统结构图	$C(z)$计算式
5	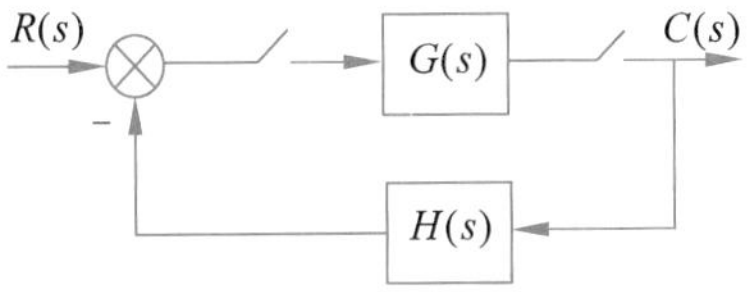	$\dfrac{G(z)R(z)}{1+G(z)H(z)}$
6	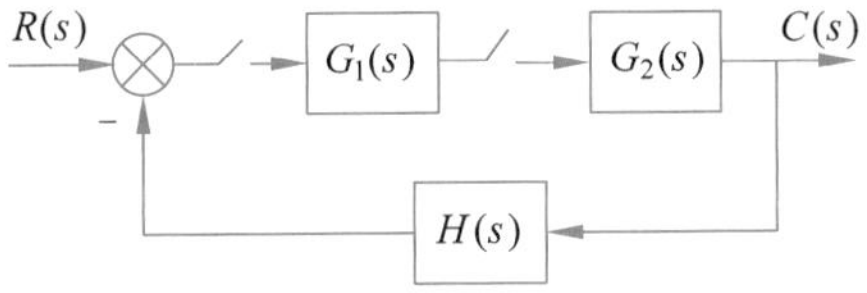	$\dfrac{G_1(z)G_2(z)R(z)}{1+G_1(z)G_2(z)H(z)}$
7	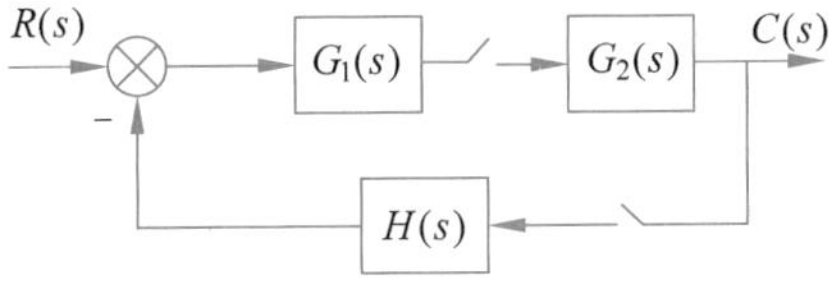	$\dfrac{RG_1(z)G_2(z)}{1+G_1H(z)G_2(z)}$
8	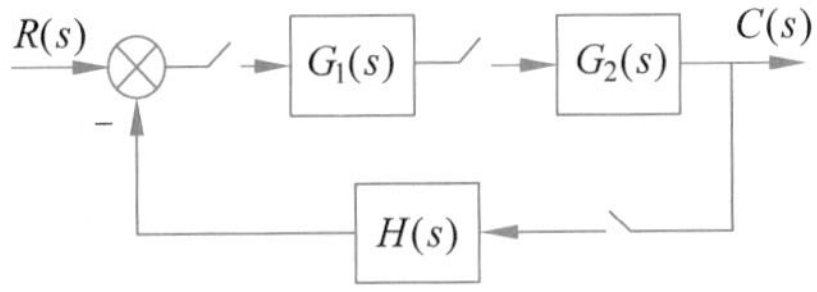	$\dfrac{G_1(z)G_2(z)R(z)}{1+G_1(z)G_2(z)H(z)}$

7.4.6 MATLAB 实现

在 MATLAB 中，使用 c2d( )函数可将连续系统模型离散化，其调用格式如下。

```
sysd = c2d(sys,T,Method)      % 其中 sysd 为离散系统模型;sys 为连续系统模型;T 为采样周期;
% Method 用来选择离散化方法.Method 的类型分别为:zoh——零阶保持器;foh——一阶保持器;
% tustin——双线性变换法;matched——零极点匹配法;imp——脉冲响应不变法(利用该方法,将求
% 得结果除以采样周期,即得传递函数的 z 变换,实为直接求 z 变换).如果省略参数 Method,系统
% 默认为采用零阶保持器进行离散化
```

例 7-22 已知离散系统结构图如图 7-4-9 所示，采样周期 $T=1\mathrm{s}$，求开环脉冲传递函数 $G(z)$。

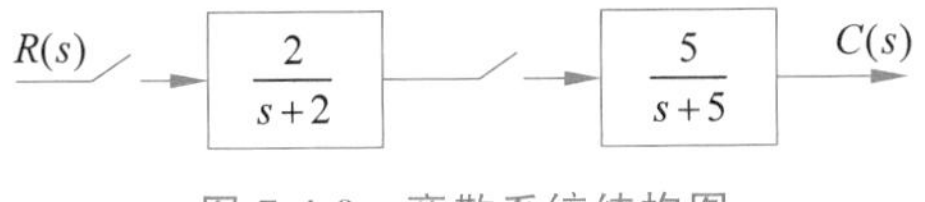

图 7-4-9 离散系统结构图

解：MATLAB 程序如下。

```
clc;clear
Gs1 = tf([2],[1,2]);              % 定义传递函数 G1(s)
Gz1 = c2d(Gs1,1,'imp');           % 对传递函数 G1(s)直接求 z 变换得 G1(z)
Gs2 = tf([5],[1,5]);              % 定义传递函数 G2(s)
Gz2 = c2d(Gs2,1,'imp');           % 对传递函数 G2(s)直接求 z 变换得 G2(z)
Gz = Gz1 * Gz2                    % 开环脉冲传递函数
```

执行该程序，其运行结果如下。

```
Gz =
```

```
            10 z^2
  --------------------------
      z^2 - 0.1421 z + 0.0009119
Sample time: 1 seconds
Discrete - time transfer function.
```

即开环脉冲传递函数为

$$G(z)=\frac{10z^2}{z^2-0.1421z+0.0009119}$$

例 7-23　已知离散系统结构图如图 7-4-10 所示，采样周期 $T=1\text{s}$，求离散系统闭环脉冲传递函数 $\Phi(z)$。

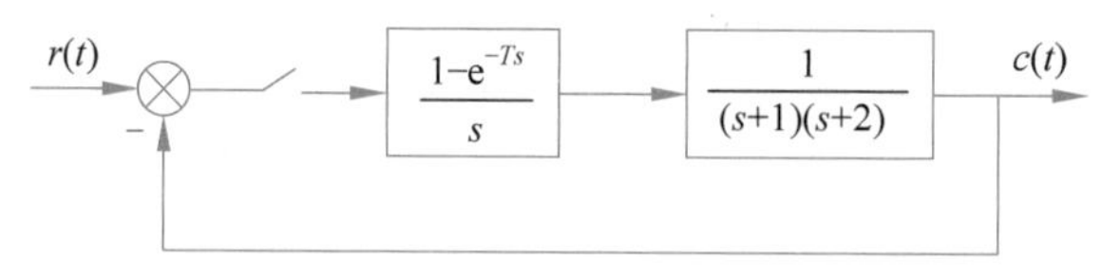

图 7-4-10　离散系统结构图

解：MATLAB 程序如下。

```
clc;clear
Gs = tf([1],[1,3,2]);          % 定义连续被控对象传递函数
Gd = c2d(Gs,1,'zoh');          % 将连续被控对象通过零阶保持器进行离散化
Gz = feedback(Gd,1)            % 单位负反馈系统闭环脉冲传递函数
```

执行该程序，其运行结果如下。

```
Gz =
         0.1998 z + 0.0735
  -----------------------
      z^2 - 0.3034 z + 0.1233
Sample time: 1 seconds
Discrete - time transfer function.
```

即闭环脉冲传递函数为

$$\Phi(z)=\frac{0.1998z+0.0735}{z^2-0.3034z+0.1233}$$

7.5 离散系统的稳定性分析

与连续系统相同，离散系统必须稳定，才有可能正常工作，因此稳定性分析是离散系统分析的重要内容。对于线性连续系统，通常在 s 域研究系统稳定性问题，而离散系统则在 z 域研究系统稳定性。因为 z 变换是从拉普拉斯变换推广而来，所以首先应从 s 域和 z 域的映射关系开始研究。

7.5.1 s 平面到 z 平面的映射

根据 z 变换的定义，复变量 s 和 z 的关系为 $z=e^{sT}$

若令
$$s=\sigma+j\omega$$
则
$$z=e^{(\sigma+j\omega)T}=e^{\sigma T}e^{j\omega T}$$

于是，s 平面与 z 平面之间的映射关系为

$$|z| = e^{\sigma T},\quad \angle z = \omega T \tag{7-5-1}$$

由式(7-5-1)可知，当 $\sigma=0$ 时，$|z|=1$，表示 s 平面的虚轴映射到 z 平面上是以原点为圆心的单位圆；当 $\sigma<0$ 时，$|z|<1$，表示 s 左半平面映射到 z 平面上是以原点为圆心的单位圆内部区域；当 $\sigma>0$ 时，$|z|>1$，表示 s 右半平面映射到 z 平面上是以原点为圆心的单位圆外部区域。s 平面与 z 平面之间的映射关系如图 7-5-1 所示。

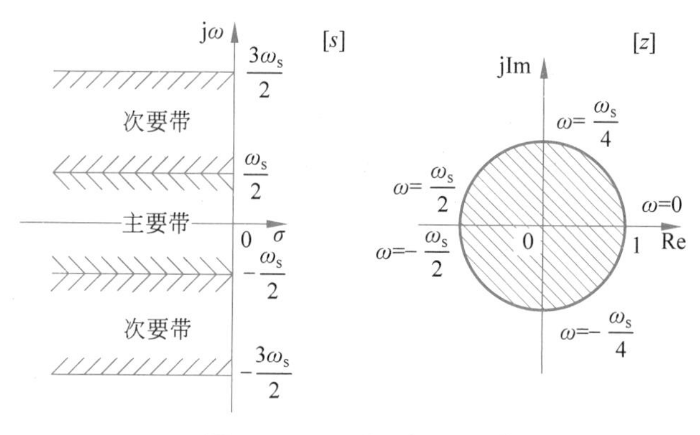

图 7-5-1　s 平面到 z 平面的映射

再研究 ω 由 $-\infty$ 到 $+\infty$ 变化时，相角 $\angle z$ 的变化情况。当 s 平面上的点沿虚轴从 $-\frac{\omega_s}{2}$ 移到 $\frac{\omega_s}{2}$ 时，其中 $\omega_s=\frac{2\pi}{T}$ 为系统的采样角频率，z 平面上的相应点沿单位圆从 $-\pi$ 逆时针变化到 π，正好转了一圈；而当 s 平面上的点在虚轴上从 $\frac{\omega_s}{2}$ 移到 $\frac{3\omega_s}{2}$ 时，z 平面上的相应点又将沿单位圆逆时针转过一圈。依次类推，如图 7-5-1 所示。由此可见，可以把 s 平面划分为无穷多条平行于实轴的周期带，其中从 $-\frac{\omega_s}{2}$ 到 $\frac{\omega_s}{2}$ 的周期带称为主要带，其余的周期带称为次要带。有了以上映射关系，可得 s 左半平面上的主要带在 z 平面上的映射关系如图 7-5-2 所示。

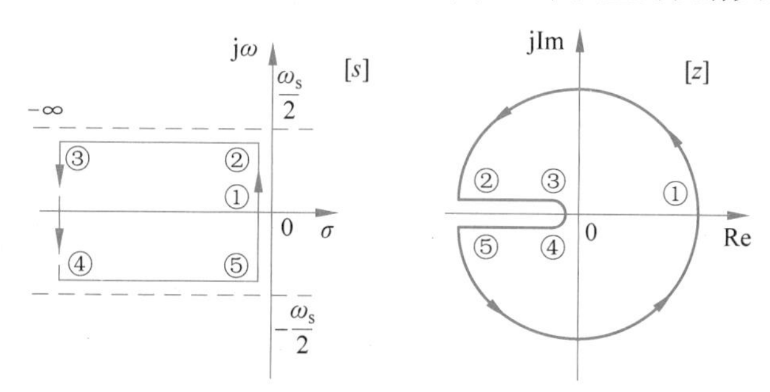

图 7-5-2　s 左半平面上的主要带在 z 平面上的映射

7.5.2　离散系统稳定的充分必要条件

线性定常连续系统稳定与否取决于系统特征根在 s 平面上的位置，若特征根全部位于 s 左半平面，则系统稳定。根据 s 平面和 z 平面的映射关系，线性定常离散系统稳定的充分

必要条件是：特征方程的根(即脉冲传递函数的极点)均位于 z 平面单位圆内，系统是稳定的；只要有一个特征根在单位圆外，系统就不稳定；若特征根位于单位圆上，系统处于临界稳定状态，在工程上属于不稳定范畴。

设典型闭环离散系统如图 7-4-6 所示，其闭环脉冲传递函数为

$$\Phi(z)=\frac{C(z)}{R(z)}=\frac{G(z)}{1+GH(z)}$$

闭环特征方程为

$$D(z)=1+GH(z)=0$$

根据线性定常离散系统稳定的充分必要条件，直接求解特征方程的根，就可判定系统的稳定性。但对于高阶系统而言，求解特征根比较困难，同时难以分析系统结构、参数变化对离散系统稳定性的影响。因此类似于连续系统，在不用求解特征根的情况下，可利用稳定判据来判断系统的稳定性。

视频讲解

7.5.3 线性离散系统的稳定判据

1. w 变换与 w 域中的劳斯稳定判据

连续系统的稳定域是 s 平面的左半平面，利用劳斯稳定判据，可以很方便地判断系统特征根是否都在 s 左半平面，而离散系统的稳定域为 z 平面的单位圆内，在 z 域中不能直接利用连续系统的劳斯稳定判据，需要引入从 z 域到 w 域的线性变换，将 z 平面的单位圆内的区域映射到 w 平面的左半平面。这种变换称为双线性变换，又称 w 变换。

如果令

$$z=\frac{w+1}{w-1}$$

则有

$$w=\frac{z+1}{z-1}$$

z 和 w 均为复变量，令

$$z=x+\mathrm{j}y,\quad w=u+\mathrm{j}v$$

则有

$$w=\frac{z+1}{z-1}=\frac{x+\mathrm{j}y+1}{x+\mathrm{j}y-1}=\frac{x^2+y^2-1}{(x-1)^2+y^2}-\mathrm{j}\,\frac{2y}{(x-1)^2+y^2}=u+\mathrm{j}v \qquad (7\text{-}5\text{-}2)$$

由式(7-5-2)可知，当 $|z|=\sqrt{x^2+y^2}=1$ 时，有 $u=0$，z 平面的单位圆映射到 w 平面的虚轴。当 $|z|=\sqrt{x^2+y^2}<1$ 时，有 $u<0$，z 平面的单位圆内映射到 w 平面的左半平面。当 $|z|=\sqrt{x^2+y^2}>1$ 时，有 $u>0$，z 平面的单位圆外映射到 w 平面的右半平面。z 平面与 w 平面的映射关系如图 7-5-3 所示。

通过双线性变换，可将离散系统以 z 为变量的特征方程 $D(z)$ 变换为以 w 为变量的特征方程 $D(w)$，然后在 w 域内利用劳斯稳定判据判断离散系统的稳定性，将这种方法称为 w 域中的劳斯稳定判据。

例 7-24 已知离散系统的特征方程 $D(z)=3z^3+2z^2+z+1=0$，判断该离散系统的稳定性。

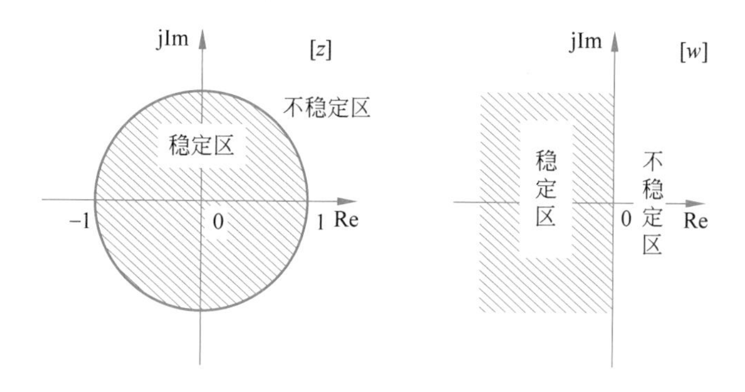

图 7-5-3　z 平面与 w 平面的映射关系

解：利用双线性变换 $z=\dfrac{w+1}{w-1}$，得

$$D(w)=D(z)\big|_{z=\frac{w+1}{w-1}}=3\left(\frac{w+1}{w-1}\right)^3+2\left(\frac{w+1}{w-1}\right)^2+\left(\frac{w+1}{w-1}\right)+1=0$$

整理得

$$7w^3+7w^2+9w+1=0$$

列劳斯表

w^3	7	9
w^2	7	1
w^1	56/7	0
w^0	1	0

由于劳斯表第一列系数全为正，即所有根均在 z 平面单位圆内，故该离散系统稳定。

2. 朱利稳定判据

劳斯稳定判据是确定连续系统是否稳定的简单有效方法，离散系统只有通过双线性变换才可以使用该判据，即劳斯稳定判据不能直接应用于 z 域。朱利稳定判据是可以直接在 z 域判断离散系统特征根是否在单位圆内的判据。

设线性定常离散系统的闭环特征方程为

$$D(z)=a_0+a_1z+\cdots+a_{n-2}z^{n-2}+a_{n-1}z^{n-1}+a_nz^n=0,\quad a_n>0$$

根据特征方程的系数构造朱利表如表 7-5-1 所示。

表 7-5-1　朱利表

行数	z^0	z^1	z^2	z^3	…	z^{n-k}	…	z^{n-2}	z^{n-1}	z^n
1	a_0	a_1	a_2	a_3	…	a_{n-k}	…	a_{n-2}	a_{n-1}	a_n
2	a_n	a_{n-1}	a_{n-2}	a_{n-3}	…	a_k	…	a_2	a_1	a_0
3	b_0	b_1	b_2	b_3	…	b_{n-k}	…	b_{n-2}	b_{n-1}	
4	b_{n-1}	b_{n-2}	b_{n-3}	b_{n-4}	…	b_{k-1}	…	b_1	b_0	
5	c_0	c_1	c_2	c_3	…	c_{n-k}	…	c_{n-2}		
6	c_{n-2}	c_{n-3}	c_{n-4}	c_{n-5}	…	c_{k-2}	…	c_0		
⋮	⋮	⋮	⋮	⋮	⋮	⋮				
$2n-5$	p_0	p_1	p_2	p_3						

续表

行数	z^0	z^1	z^2	z^3	…	z^{n-k}	…	z^{n-2}	z^{n-1}	z^n
$2n-4$	p_3	p_2	p_1	p_0						
$2n-3$	q_0	q_1	q_2							

朱利表前两行不需要计算,第一行由按特征方程 z 的升幂排列的系数组成,第二行由按 z 的降幂排列的系数组成,从第三行开始计算,偶数行的元素是前一行元素反过来的顺序,算到第$(2n-3)$行各项为止,其中奇数行的元素定义为

$$b_k=\begin{vmatrix} a_0 & a_{n-k} \\ a_n & a_k \end{vmatrix};\quad (k=0,1,\cdots,n-1)$$

$$c_k=\begin{vmatrix} b_0 & b_{n-k-1} \\ b_{n-1} & b_k \end{vmatrix};\quad (k=0,1,\cdots,n-2)$$

$$d_k=\begin{vmatrix} c_0 & c_{n-k-2} \\ c_{n-2} & c_k \end{vmatrix};\quad (k=0,1,\cdots,n-3)$$

$$\vdots$$

$$q_0=\begin{vmatrix} p_0 & p_3 \\ p_3 & p_0 \end{vmatrix},\quad q_1=\begin{vmatrix} p_0 & p_2 \\ p_3 & p_1 \end{vmatrix},\quad q_2=\begin{vmatrix} p_0 & p_1 \\ p_3 & p_2 \end{vmatrix}$$

离散系统稳定的充分必要条件是

$$D(z)\big|_{z=1}>0,\quad (-1)^n D(z)\big|_{z=-1}>0 \tag{7-5-3}$$

$$\left.\begin{aligned} &|a_0|<a_n \\ &|b_0|>|b_{n-1}| \\ &|c_0|>|c_{n-2}| \\ &|d_0|>|d_{n-3}| \\ &\quad\vdots \\ &|q_0|>|q_2| \end{aligned}\right\}\ \text{共}(n-1)\text{个约束条件} \tag{7-5-4}$$

当式(7-5-3)和式(7-5-4)所有条件均满足时,离散系统稳定,否则系统不稳定。

例 7-25 已知线性离散系统闭环特征方程为

$$D(z)=3z^4+z^3-z^2-2z+1=0$$

用朱利稳定判据判断系统的稳定性。

解:根据闭环特征方程列朱利表如表 7-5-2 所示。

表 7-5-2 例 7-25 朱利表

行数	z^0	z^1	z^2	z^3	z^4
1	1	−2	−1	1	3
2	3	1	−1	−2	1
3	−8	−5	2	7	
4	7	2	−5	−8	
5	15	26	19		

因为 $D(1)=2>0$

$$(-1)^4D(-1)=4>0$$
$$|a_0|=1, a_4=3\text{，满足}|a_0|<a_4$$
$$|b_0|=8, |b_3|=7\text{，满足}|b_0|>|b_3|$$
$$|c_0|=15, |c_2|=19\text{，不满足}|c_0|>|c_2|$$

由于不满足朱利稳定准则，故该离散系统不稳定。

例 7-26　设带有零阶保持器的线性离散系统如图 7-5-4 所示，当采样周期 T 分别取 1s 和 0.1s 时，求离散系统稳定时的 K 值范围。

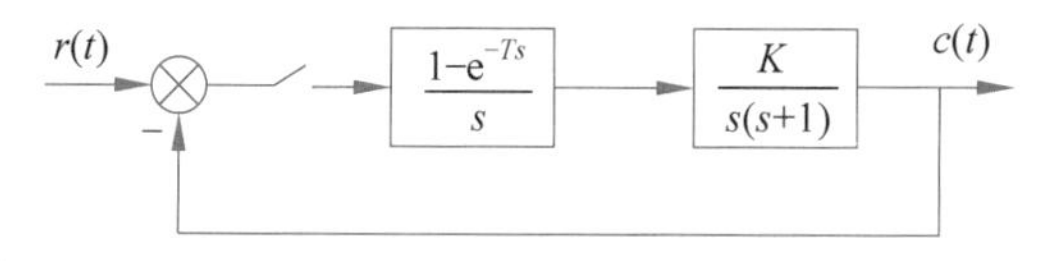

图 7-5-4　例 7-26 的离散系统结构图

解：系统的开环脉冲传递函数为

$$G(z)=Z\left[\frac{1-e^{-Ts}}{s}\cdot\frac{K}{s(s+1)}\right]=K(1-z^{-1})Z\left[\frac{1}{s^2(s+1)}\right]=K(1-z^{-1})Z\left[\frac{1}{s^2}-\frac{1}{s}+\frac{1}{s+1}\right]$$
$$=K(1-z^{-1})\left[\frac{Tz}{(z-1)^2}-\frac{z}{z-1}+\frac{z}{z-e^{-T}}\right]=K\frac{(e^{-T}+T-1)z+(1-e^{-T}-Te^{-T})}{(z-1)(z-e^{-T})}$$

系统闭环特征方程为　$D(z)=1+G(z)=0$

当 $T=1\text{s}$ 时，闭环特征方程为

$$D(z)=1+G(z)=z^2+(0.368K-1.368)z+(0.368+0.264K)=0$$

满足系统稳定的条件为

① $|0.368+0.264K|<1$

$-1<0.368+0.264K<1 \quad\Rightarrow\quad -5.18<K<2.39$

② $D(1)=1+(0.368K-1.368)+(0.368+0.264K)>0$

$0.632K>0 \quad\Rightarrow\quad K>0$

③ $(-1)^2D(-1)=1-(0.368K-1.368)+(0.368+0.264K)>0$

$-0.104K+2.736>0 \quad\Rightarrow\quad K<26.31$

解得离散系统稳定时 K 的取值范围为 $0<K<2.39$。

同理，若 $T=0.1\text{s}$ 时，通过计算可得离散系统稳定时 K 的取值范围为 $0<K<20.3$。

通过例 7-26 可知，采样周期 T 和开环增益 K 都对离散系统的稳定性有影响。当采样周期一定时，加大开环增益会使离散系统的稳定性变差，甚至使系统变得不稳定；当开环增益一定时，采样周期越长，丢失的信息越多，对离散系统的稳定性及动态性能均不利。

7.5.4 MATLAB 实现

判断线性离散系统的稳定性，最直接的方法是求出系统的所有特征根，根据特征根是否位于 z 平面的单位圆内来判断系统的稳定性。利用 MATLAB 中的函数 roots()可求特征根，函数 abs()可求特征根的模值，函数 zplane()可绘制离散系统带单位圆的零极点图，其中极点用“×”表示，零点用“o”表示。

例 7-27　已知离散系统结构图如图 7-5-5 所示，采样周期为 $T=1\text{s}$，判断该离散系统的稳定性。

解：MATLAB 程序如下。

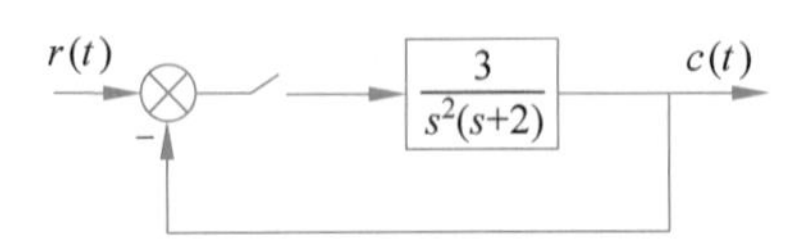

图 7-5-5　例 7-27 的离散系统结构图

```
clc;clear
num = [3];
den = [1,2,0,0];
[num1,den1] = c2dm(num,den,1,'imp');
[numd,dend] = feedback(num1,den1,1,1);
r = roots(dend)
abs(r)
zplane(numd,dend)
```

执行该程序，运行结果如下。

```
r =
   0.6000 + 1.1205i
   0.6000 - 1.1205i
   0.0838 + 0.0000i
ans =
     1.2711
     1.2711
     0.0838
```

由运行结果及如图 7-5-6 所示的零极点分布图可以看出，系统有两个模值大于 1 的特征根，即有一对共轭极点在单位圆外，因此该系统不稳定。

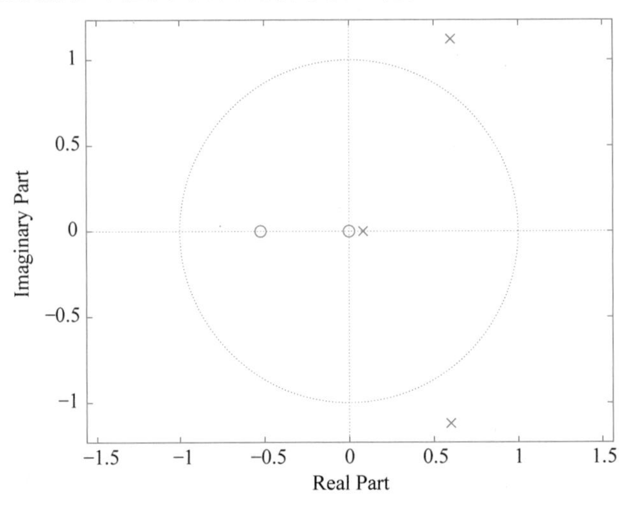

图 7-5-6　例 7-27 的零极点分布图

视频讲解

7.6 离散系统的稳态误差分析

类似于连续系统的分析，可通过计算离散系统的稳态误差来研究离散系统的稳态性能。连续系统中稳态误差的计算方法，在一定的条件下可以推广到离散系统中。与连续系统不同的是，离散系统的稳态误差只对采样点而言。

7.6.1 离散系统的稳态误差

设单位反馈离散系统如图 7-6-1 所示，其中 $G(s)$ 为连续部分的传递函数，$e(t)$ 为连续误差信号，$e^*(t)$为采样误差信号。

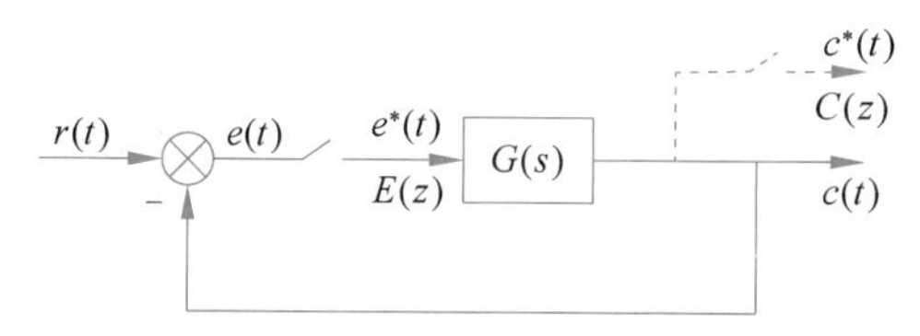

图 7-6-1　单位反馈离散系统结构图

系统误差脉冲传递函数为

$$\Phi_e(z)=\frac{E(z)}{R(z)}=\frac{1}{1+G(z)}$$

由此可得采样误差信号的 z 变换为

$$E(z)=\Phi_e(z)R(z)=\frac{1}{1+G(z)}R(z)$$

若 $\Phi_e(z)$的极点全部位于 z 平面上的单位圆内，即若离散系统是稳定的，则可利用 z 变换的终值定理求出采样瞬时的稳态误差

$$e_{ss}^*=\lim_{t\to\infty}e^*(t)=\lim_{z\to1}(1-z^{-1})E(z)=\lim_{z\to1}(1-z^{-1})\frac{1}{1+G(z)}R(z) \tag{7-6-1}$$

式(7-6-1)表明，线性定常离散系统的稳态误差不但与系统本身的结构和参数有关，而且与输入序列的形式及幅值有关，除此之外，由于 $G(z)$和 $R(z)$一般与采样周期 T 有关，因此离散系统的稳态误差与采样周期的选取也有关。

7.6.2　离散系统的型别与静态误差系数

与连续系统稳态误差分析类似，引出离散系统型别的概念。在连续系统中，将开环传递函数在 $s=0$ 处的极点个数 v 定义为系统的型别。根据 $z=e^{sT}$ 关系式可知，对应于离散系统，将开环脉冲传递函数在 $z=1$ 处极点的个数 v 定义为系统的型别，称 $v=0,1,2,\cdots$的系统分别为 0 型、Ⅰ型、Ⅱ型等离散系统。

下面讨论图 7-6-1 所示的离散系统在 3 种典型输入信号作用下的稳态误差，并建立离散系统静态误差系数的概念。

1. 单位阶跃输入时的稳态误差

当系统输入为单位阶跃信号 $r(t)=1(t)$时，其 z 变换为 $R(z)=\dfrac{z}{z-1}$，由式(7-6-1)可知，系统稳态误差为

$$e_{ss}^*=\lim_{z\to1}(1-z^{-1})\cdot\frac{1}{1+G(z)}\cdot\frac{z}{(z-1)}=\lim_{z\to1}\frac{1}{1+G(z)}=\frac{1}{1+\lim\limits_{z\to1}G(z)}=\frac{1}{1+K_p} \tag{7-6-2}$$

式中

$$K_p=\lim_{z\to1}G(z)$$

称为离散系统的静态位置误差系数。对于 0 型系统，$G(z)$在 $z=1$ 处无极点，此时 K_p 为一个有限值，$e_{ss}^*=\dfrac{1}{1+K_p}$；对于Ⅰ型及Ⅱ型以上系统，$G(z)$在 $z=1$ 处至少有一个极点，此时

$K_p=\infty, e_{ss}^*=0$。

2. 单位斜坡输入时的稳态误差

当系统输入为单位斜坡信号 $r(t)=t$ 时，其 z 变换为 $R(z)=\dfrac{Tz}{(z-1)^2}$，由式(7-6-1)可知，系统稳态误差为

$$e_{ss}^*=\lim_{z\to 1}(1-z^{-1})\cdot\frac{1}{1+G(z)}\cdot\frac{Tz}{(z-1)^2}=\frac{T}{\lim\limits_{z\to 1}(z-1)G(z)}=\frac{T}{K_v} \quad (7\text{-}6\text{-}3)$$

式中

$$K_v=\lim_{z\to 1}(z-1)G(z)$$

称为离散系统的静态速度误差系数。对于0型系统，$G(z)$在 $z=1$ 处无极点，此时 $K_v=0$，$e_{ss}^*=\infty$；对于Ⅰ型系统，$G(z)$在 $z=1$ 处有一个极点，此时 K_v 为有限值，$e_{ss}^*=\dfrac{T}{K_v}$；对于Ⅱ型以上系统，$K_v=\infty, e_{ss}^*=0$。

3. 单位加速度输入时的稳态误差

当系统输入为单位加速度信号 $r(t)=\dfrac{1}{2}t^2$ 时，其 z 变换为 $R(z)=\dfrac{T^2z(z+1)}{2(z-1)^3}$，由式(7-6-1)可知，系统稳态误差为

$$e_{ss}^*=\lim_{z\to 1}(1-z^{-1})\cdot\frac{1}{1+G(z)}\cdot\frac{T^2z(z+1)}{2(z-1)^3}=\frac{T^2}{\lim\limits_{z\to 1}(z-1)^2G(z)}=\frac{T^2}{K_a} \quad (7\text{-}6\text{-}4)$$

式中

$$K_a=\lim_{z\to 1}(z-1)^2G(z)$$

称为离散系统的静态加速度误差系数。对于0型和Ⅰ型系统，$K_a=0, e_{ss}^*=\infty$；对于Ⅱ型系统，K_a 为有限值，$e_{ss}^*=\dfrac{T^2}{K_a}$；对于Ⅲ型以上系统，$K_a=\infty, e_{ss}^*=0$。

归纳上述讨论结果，可以得到典型输入信号作用下不同型别离散系统的稳态误差计算规律，如表7-6-1所示。

表7-6-1　离散系统的稳态误差

系统型别	输入信号		
	$r(t)=1(t)$	$r(t)=t$	$r(t)=\frac{1}{2}t^2$
0	$\frac{1}{1+K_p}$	∞	∞
Ⅰ	0	$\frac{T}{K_v}$	∞
Ⅱ	0	0	$\frac{T^2}{K_a}$
Ⅲ	0	0	0

值得注意的是，如果不能写出闭环脉冲传递函数，则输入信号不能从系统的动态特性分离出来，从而上述静态误差系数不能被定义。如果希望求出其他结构形式离散系统的稳态

误差，或者希望求出离散系统在扰动作用下的稳定误差，只要求出其他结构形式的误差 $E(z)$或扰动作用下的误差 $E_n(z)$，在离散系统稳定的前提下，可以应用 z 变换的终值定理算出系统的稳态误差。

例 7-28 已知线性离散系统结构图如图 7-6-2 所示，其中输入为 $r(t)=1(t)+t+\frac{1}{2}t^2$，采样周期为 $T=0.2\text{s}$，求离散系统的稳态误差。

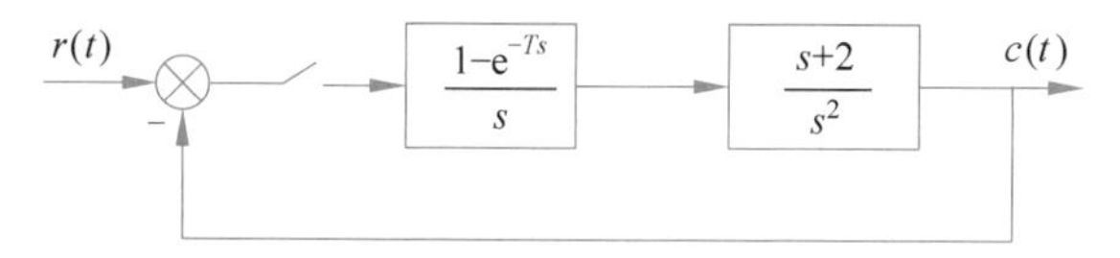

图 7-6-2 例 7-28 的离散系统结构图

解：系统开环脉冲传递函数为

$$G(z)=Z\left[\frac{1-e^{-Ts}}{s}\cdot\frac{(s+2)}{s^2}\right]=(1-z^{-1})Z\left[\frac{1}{s^2}+\frac{2}{s^3}\right]$$

$$=(1-z^{-1})\left[\frac{Tz}{(z-1)^2}+\frac{T^2z(z+1)}{(z-1)^3}\right]=\frac{0.24z-0.16}{(z-1)^2}$$

离散系统闭环脉冲传递函数为

$$\Phi(z)=\frac{G(z)}{1+G(z)}=\frac{0.24z-0.16}{z^2-1.76z+0.84}$$

离散系统闭环特征方程为

$$D(z)=z^2-1.76z+0.84=0$$

因为

$$D(1)=0.08>0,\quad (-1)^2D(-1)=3.6>0,\quad |a_0|=0.84<a_2=1$$

根据朱利稳定判据可知，该离散系统稳定。由开环脉冲传递函数 $G(z)$可知，该系统为Ⅱ型系统，根据表 7 6 1 可得，在单位阶跃和单位斜坡函数作用下的稳态误差为零，而静态加速度误差系数为

$$K_a=\lim_{z\to1}(z-1)^2G(z)=\lim_{z\to1}(z-1)^2\frac{(0.24z-0.16)}{(z-1)^2}=0.08$$

因此，在输入信号为 $r(t)=1(t)+t+\frac{1}{2}t^2$时，系统稳态误差为

$$e_{ss}^*=0+0+\frac{0.04}{0.08}=0.5$$

7.6.3 MATLAB 实现

例 7-29 利用 MATLAB 分析例 7-28 中离散系统的稳态误差。

解：MATLAB 程序如下。

```
clc;clear
T = 0.2;
t = 0:0.2:5;
sys = tf([0,0.24, - 0.16],[1, - 1.76,0.84],T);
u = 1 + t + 1/2. * t.^2;
```

```
lsim(sys,u,t,0);
grid;
xlabel('t');
ylabel('c*(t)');
```

执行该程序，运行结果如图 7-6-3 所示，由该离散系统的响应曲线可见，系统输出在采样瞬时不能完全跟踪输入，存在稳态误差。

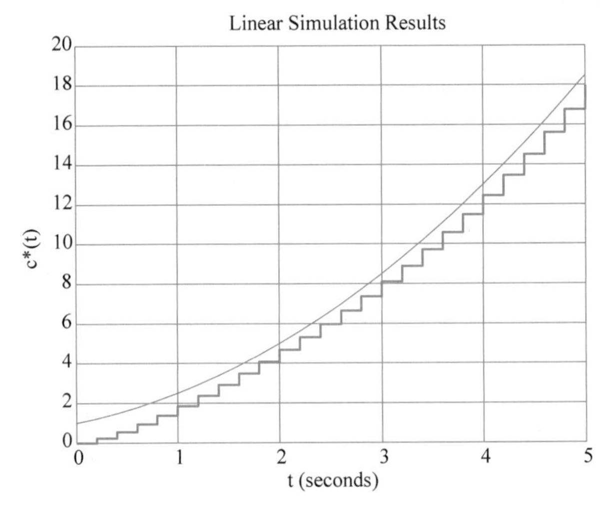

图 7-6-3　例 7-29 的运行结果

7.7 离散系统的动态性能分析

由连续系统理论可知，闭环传递函数的极点在 s 平面的分布对系统的瞬态响应具有重要的影响。与此类似，离散系统的瞬态响应与闭环脉冲传递函数的极点在 z 平面的分布也有密切的关系。本节主要介绍离散系统闭环极点分布与瞬态响应的关系，以及动态性能的分析计算方法。

7.7.1 离散系统闭环极点分布与瞬态响应的关系

设离散系统的闭环脉冲传递函数为

$$\Phi(z)=\frac{C(z)}{R(z)}=\frac{M(z)}{D(z)}=\frac{b_m z^m+b_{m-1}z^{m-1}+\cdots+b_1 z+b_0}{a_n z^n+a_{n-1}z^{n-1}+\cdots+a_1 z+a_0}$$

$$=\frac{b_m}{a_n}\frac{\prod_{i=1}^{m}(z-z_i)}{\prod_{j=1}^{n}(z-p_j)},\quad n\geqslant m \tag{7-7-1}$$

式(7-7-1)中，z_i 为闭环脉冲传递函数的零点，p_j 为闭环脉冲传递函数的极点。为讨论方便，同时不失一般性，假设 $\Phi(z)$ 没有重极点。

若输入为单位阶跃信号，则

$$C(z)=\Phi(z)R(z)=\frac{M(z)}{D(z)}\cdot\frac{z}{z-1}$$

将$\frac{C(z)}{z}$展开成部分分式形式，可得

$$\frac{C(z)}{z}=\frac{M(1)}{D(1)}\cdot\frac{1}{z-1}+\sum_{j=1}^{n}\frac{C_j}{z-p_j} \tag{7-7-2}$$

其中C_j为函数$\frac{C(z)}{z}$在极点p_j处的留数。由式(7-7-2)可得

$$C(z)=\frac{M(1)}{D(1)}\cdot\frac{z}{z-1}+\sum_{j=1}^{n}\frac{C_j z}{z-p_j} \tag{7-7-3}$$

对式(7-7-3)求z反变换，可得

$$c(kT)=\frac{M(1)}{D(1)}+\sum_{j=1}^{n}C_j p_j^k \tag{7-7-4}$$

式(7-7-4)中，第一项为稳态分量，第二项为瞬态分量。显然，瞬态分量的变化规律取决于闭环极点p_j在z平面的位置。下面分两种情况进行讨论。

1. 闭环实数极点对系统瞬态响应的影响

闭环脉冲传递函数的实数极点p_j位于z平面的实轴上，对应的瞬态分量为

$$c_j(kT)=C_j p_j^k$$

则极点对系统瞬态响应具有以下影响。

(1) 若$p_j>1$，极点位于单位圆外的正实轴上，对应的瞬态响应为单调发散序列。

(2) 若$p_j=1$，极点位于单位圆与正实轴的交点处，对应的瞬态响应为等幅序列。

(3) 若$0<p_j<1$，极点位于单位圆内的正实轴上，对应的瞬态响应为单调衰减序列，极点越接近原点，衰减越快。

(4) 若$-1<p_j<0$，极点位于单位圆内的负实轴上，对应的瞬态响应是以$2T$为周期正负交替的衰减振荡序列。

(5) 若$p_j=-1$，极点位于单位圆与负实轴的交点处，对应的瞬态响应是以$2T$为周期正负交替的等幅振荡序列。

(6) 若$p_j<-1$，极点位于单位圆外的负实轴上，对应的瞬态响应是以$2T$为周期正负交替的发散振荡序列。

闭环实数极点对应的瞬态响应如图7-7-1所示。

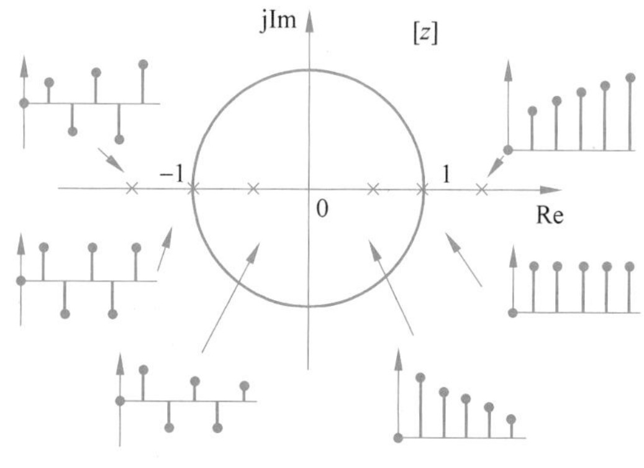

图7-7-1　闭环实数极点对应的瞬态响应

2. 闭环复数极点对系统瞬态响应的影响

由于闭环脉冲传递函数的复数极点 p_j、p_{j+1} 以共轭形式成对出现，即 $p_{j,j+1}=|p_j|e^{\pm j\theta_j}$，它们所对应的系数 C_j、C_{j+1} 也必定是共轭的，即 $C_{j,j+1}=|C_j|e^{\pm j\varphi_j}$。$p_j$、$p_{j+1}$ 对应的瞬态响应分量为

$$\begin{aligned}c_{j,j+1}(kT)&=Z^{-1}\left[\frac{C_j z}{z-p_j}+\frac{C_{j+1}z}{z-p_{j+1}}\right]=C_j p_j^k+C_{j+1}p_{j+1}^k\\&=|C_j|e^{j\varphi_j}\cdot|p_j|^k e^{jk\theta_j}+|C_j|e^{-j\varphi_j}\cdot|p_j|^k e^{-jk\theta_j}\\&=|C_j||p_j|^k[e^{j(k\theta_j+\varphi_j)}+e^{-j(k\theta_j+\varphi_j)}]\\&=2|C_j||p_j|^k\cos(k\theta_j+\varphi_j)\end{aligned} \tag{7-7-5}$$

由式(7-7-5)可见，共轭复数极点对应的瞬态响应是按余弦规律振荡的，振荡的频率取决于复数极点的相角 θ_j，θ_j 越大，则振荡频率越高。共轭复数极点分布与相应瞬态响应的关系如图 7-7-2 所示。

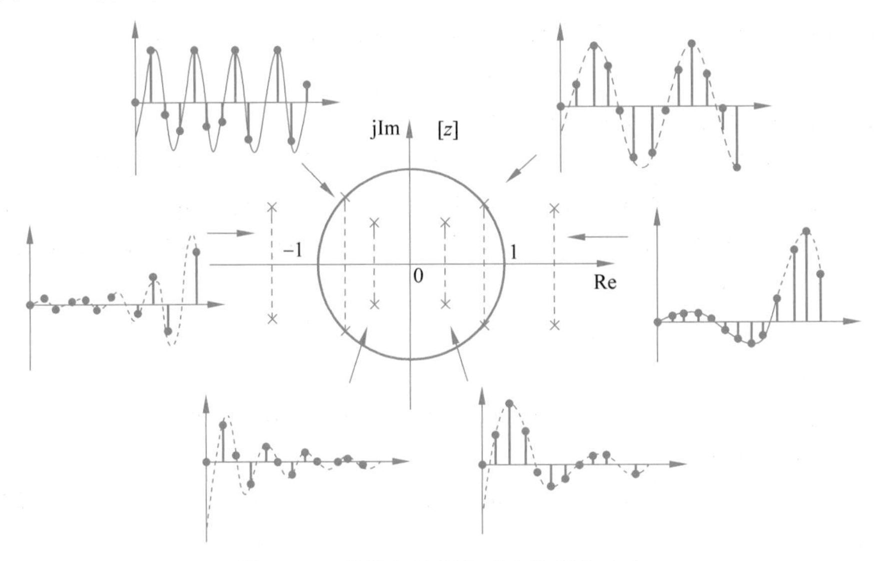

图 7-7-2 共轭复数极点对应的瞬态响应

由图 7-7-2 可知：

(1) 若 $|p_j|>1$，共轭复数极点位于单位圆外，对应的瞬态响应是发散振荡序列；

(2) 若 $|p_j|=1$，共轭复数极点位于单位圆上，对应的瞬态响应是等幅振荡序列；

(3) 若 $|p_j|<1$，共轭复数极点位于单位圆内，对应的瞬态响应是衰减振荡序列，并且共轭复数极点越接近 z 平面的原点，衰减得越快。

综上所述，当闭环脉冲传递函数的极点分布在 z 平面的单位圆上或单位圆外时，对应的瞬态响应是等幅或发散序列，系统不稳定。当闭环脉冲传递函数的极点分布在 z 平面的单位圆内时，对应的瞬态响应是衰减序列，而且极点越接近 z 平面的原点，衰减越快。当闭环脉冲传递函数的极点分布在 z 平面左半单位圆内时，虽然瞬态响应是衰减的，但是由于振荡频率较大，动态特性并不好。因此在设计线性离散系统时，应该尽量选择闭环极点在 z 平面右半单位圆内，而且尽量靠近原点，这样系统具有较好的动态品质。这一结论为配置合

适的闭环极点提供了理论依据。

7.7.2　离散系统的时间响应

在已知离散系统结构和参数情况下，应用 z 变换法分析系统动态性能时，通常假定外作用为单位阶跃函数 $1(t)$。

设离散系统的闭环脉冲传递函数为 $\Phi(z)=\dfrac{C(z)}{R(z)}$，其中 $R(z)=\dfrac{z}{z-1}$，则系统的单位阶跃响应的 z 变换为

$$C(z)=\Phi(z)\cdot\frac{z}{z-1}$$

通过 z 反变换，可以求出单位阶跃响应序列 $c(kT)$，从而可以确定离散系统的动态性能。

例 7-30　已知线性离散系统结构图如图 7-7-3 所示，其中输入 $r(t)=1(t)$，采样周期 $T=1\text{s}$，分析系统的动态性能。

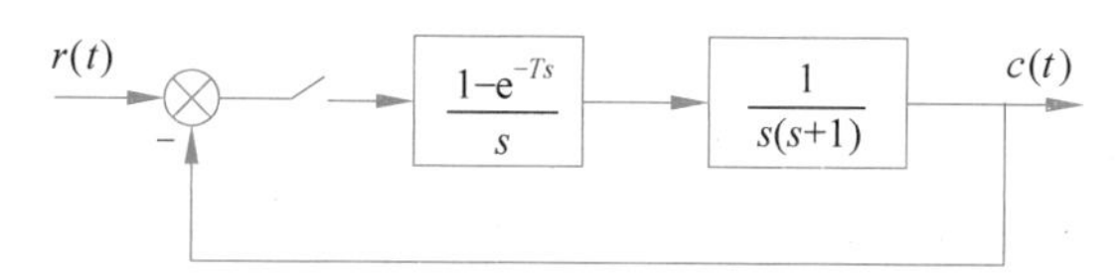

图 7-7-3　例 7-30 的离散系统结构图

解：系统开环脉冲传递函数为

$$G(z)=Z\left[\frac{1-e^{-Ts}}{s}\cdot\frac{1}{s(s+1)}\right]=\frac{0.368z^{-1}(1+0.717z^{-1})}{(1-z^{-1})(1-0.368z^{-1})}$$

系统闭环脉冲传递函数为

$$\Phi(z)=\frac{C(z)}{R(z)}=\frac{G(z)}{1+G(z)}=\frac{0.368z^{-1}+0.264z^{-2}}{1-z^{-1}+0.632z^{-2}}$$

由于

$$C(z)=\Phi(z)R(z)=\frac{0.368z^{-1}+0.264z^{-2}}{1-2z^{-1}+1.632z^{-2}-0.632z^{-3}}$$

故利用长除法，将 $C(z)$ 展成无穷幂级数

$$C(z)=0.368z^{-1}+z^{-2}+1.4z^{-3}+1.4z^{-4}+1.147z^{-5}+0.895z^{-6}+0.802z^{-7}+\cdots$$

可得系统在单位阶跃信号作用下的输出序列 $c(kT)$ 为

$$c(0)=0,\quad c(T)=0.368,\quad c(2T)=1,\quad c(3T)=1.4,$$

$$c(4T)=1.4,\quad c(5T)=1.147,\quad c(6T)=0.895,\quad c(7T)=0.802,\cdots$$

根据上述 $c(kT)$ 数值，可以绘出离散系统的单位阶跃响应曲线 $c^*(t)$ 如图 7-7-4 所示。由此可以求得该离散系统的近似性能指标：上升时间为 $t_r=2\text{s}$，峰值时间为 $t_p=4\text{s}$，调节时间为 $t_s=16\text{s}(\Delta=2\%)$，超调量为 $\sigma\%=40\%$。

需要指出的是，尽管离散系统动态性能指标的定义与连续系统相同，但在 z 域分析时，只能针对采样时刻的值，而在采样间隔内，系统的状态并不能被表示出来，因此不能精确描述和表达离散系统的真实特性，在采样周期较大时，尤其如此。

7.7.3　MATLAB 实现

对离散系统动态性能的分析可以调用相应的 MATLAB 函数来完成，这些函数是在相

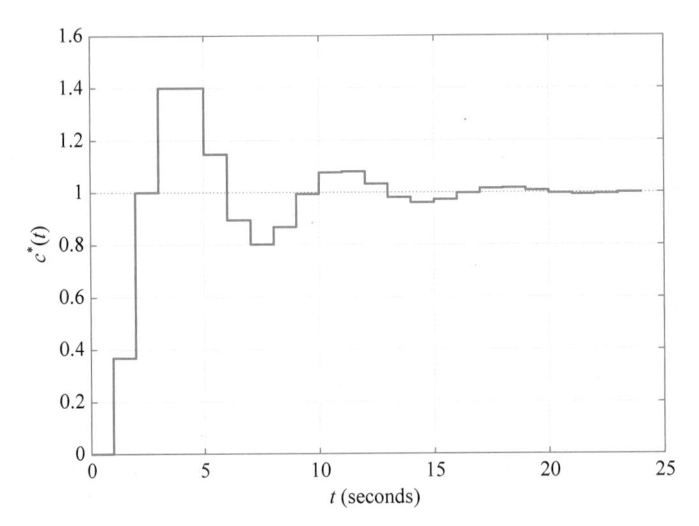

图 7-7-4　例 7-30 的离散系统的单位阶跃响应曲线

应连续系统的函数名前加字母 d 来命名的，例如利用函数 dstep()、dimpulse()和 dlsim()可分别求出离散系统的阶跃响应、脉冲响应和任意输入响应。

例 7-31　利用 MATLAB 绘制例 7-30 中相应的有零阶保持器和无零阶保持器的离散系统以及连续系统的单位阶跃响应曲线并分析系统的动态性能。

解：MATLAB 程序如下。

```
clc;clear
num = [1];den = [1 1 0];T = 1;
Gs = tf(num,den);
Gz = c2d(Gs,T,'zoh');
sys = feedback(Gz,1, - 1);
[numz, denz] = tfdata(sys,'v');
y = dstep(numz,denz,25);
t = 0:length(y) - 1;
plot(t,y,' * ');hold on;     %绘制含有零阶保持器时离散系统的单位阶跃响应曲线
Gz = c2d(Gs,T,'imp');
sys = feedback(Gz,1, - 1);
[numz, denz] = tfdata(sys,'v');
y = dstep(numz,denz,25);
t = 0:length(y) - 1;
plot(t,y,' + ');hold on;     %绘制无零阶保持器时离散系统的单位阶跃响应曲线
t = 0:0.001:25;
sys = feedback(Gs,1, - 1);
y = step(sys,t);
plot(t,y,'k - ');            %绘制连续系统的单位阶跃响应曲线
xlabel('t');
ylabel('c(t)');
grid on;
legend('有零阶保持器','无零阶保持器','连续系统');
```

执行该程序，运行结果如图 7-7-5 所示，图中“ * ”和“+”分别表示有无零阶保持器时离散系统的单位阶跃响应序列，实线表示连续系统的单位阶跃响应。由图可以看出，在相同条件下，由于采样造成了信息损失，与连续系统相比，离散系统的动态性能有所降低。由于零

阶保持器的相角滞后特性，相对于无零阶保持器的离散系统，稳定程度和动态性能变差。

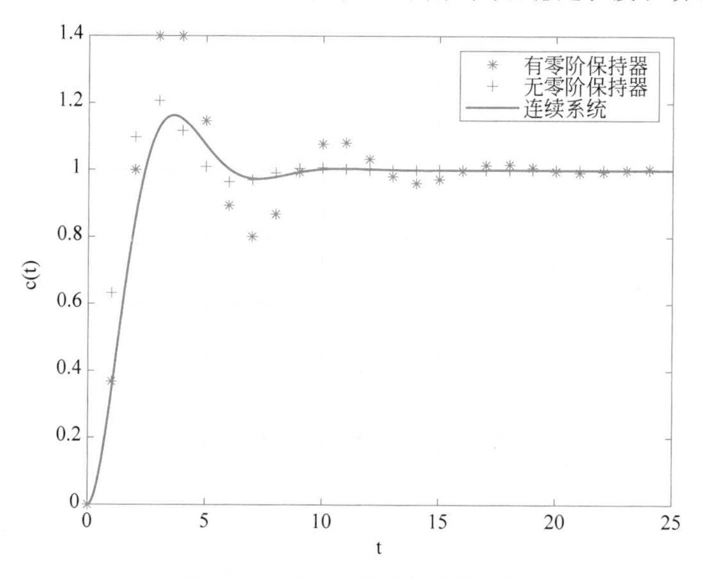

图 7-7-5 例 7-31 的单位阶跃响应

例 7-32 已知线性离散系统结构图如图 7-7-3 所示，输入 $r(t)=1(t)$，采样周期 T 分别取 0s、0.2s、0.4s、0.6s、0.8s 和 1s 时，利用 MATLAB 绘制系统的单位阶跃响应曲线，并分析采样周期对离散系统动态性能的影响。

解：MATLAB 程序如下。

```
clc;clear
%T = 0
num = [1];den = [1 1 0];
G = tf(num,den);
sys = feedback(G,1, - 1);
subplot(3,2,1);
step(sys,12);                         %绘制 T = 0 时连续系统单位阶跃响应曲线
grid;
%T = 0.2
T1 = 0.2;
Gz1 = c2d(G,T1,'zoh');
sys1 = feedback(Gz1,1, - 1);
subplot(3,2,2);
step(sys1,12);                        %绘制 T = 0.2 时离散系统单位阶跃响应曲线
grid;
%T = 0.4
T2 = 0.4;
Gz2 = c2d(G,T2,'zoh');
sys2 = feedback(Gz2,1, - 1);
subplot(3,2,3);
step(sys2,12);                        %绘制 T = 0.4 时离散系统单位阶跃响应曲线
grid;
%T = 0.6
T3 = 0.6;
Gz3 = c2d(G,T3,'zoh');
sys3 = feedback(Gz3,1, - 1);
```

```
subplot(3,2,4);
step(sys3,12);                          % 绘制 T = 0.6 时离散系统单位阶跃响应曲线
grid;
 % T = 0.8
T4 = 0.8;
Gz4 = c2d(G,T4,'zoh');
sys4 = feedback(Gz4,1, - 1);
subplot(3,2,5);
step(sys4,12);                          % 绘制 T = 0.8 时离散系统单位阶跃响应曲线
grid;
 % T = 1
T5 = 1;
Gz5 = c2d(G,T5,'zoh');
sys5 = feedback(Gz5,1, - 1);
subplot(3,2,6);
step(sys5,12);                          % 绘制 T = 1 时离散系统单位阶跃响应曲线
grid;
```

执行该程序,运行结果如图 7-7-6 所示,同时记录不同采样周期 T 值时相应的超调量 $\sigma\%$和调节时间 $t_s(\Delta=2\%)$,记录结果如表 7-7-1 所示。由表 7-7-1 可见,采样周期越大,系统的动态性能下降越厉害。

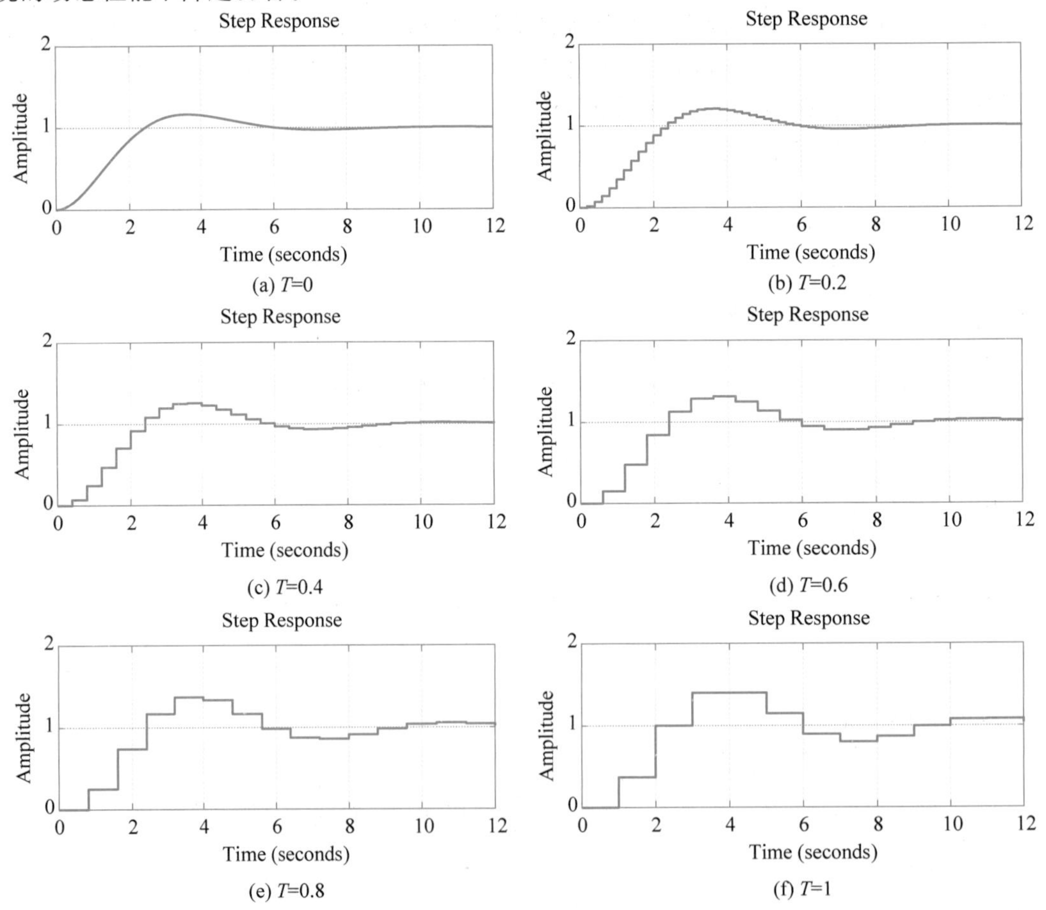

(a) T=0　(b) T=0.2　(c) T=0.4　(d) T=0.6　(e) T=0.8　(f) T=1

图 7-7-6　不同采样周期时的离散系统阶跃响应曲线

表 7-7-1　不同采样周期时的系统性能指标

T/s	0	0.2	0.4	0.6	0.8	1.0
σ%	16.3%	20.6%	25.6%	31.3%	36.9%	40.0%
t_s/s			8.5	11.4	13.7	15.3

7.8 离散系统的数字校正

类似于连续系统，离散系统的设计是指在系统的被控对象、执行元件和测量元件等已经确定的前提下，设计数字校正装置（数字控制器），以使系统满足性能指标的要求。离散系统的设计方法主要有模拟化设计和离散化设计两种。由于离散化设计方法比较简便，可以实现比较复杂的控制规律，因此更具有一般性。本节主要介绍离散化设计方法，研究数字控制器的脉冲传递函数及最少拍控制系统的设计等问题。

7.8.1 数字控制器的脉冲传递函数

设离散系统如图 7-8-1 所示，图中 $D(z)$为数字控制器的脉冲传递函数，$G_h(s)$为零阶保持器的传递函数，$G_0(s)$为被控对象的传递函数。

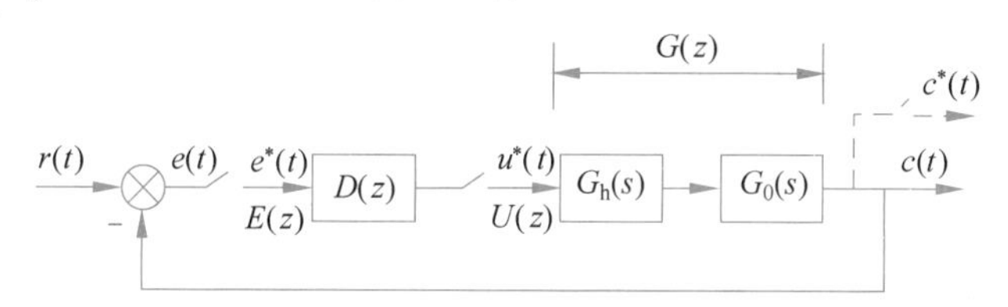

图 7-8-1　含数字控制器的离散系统

定义广义被控对象的脉冲传递函数为

$$G(z)=Z\left[G_h(s)G_0(s)\right]=Z\left[\frac{1-e^{-Ts}}{s}G_0(s)\right]=(1-z^{-1})Z\left[\frac{1}{s}G_0(s)\right]$$

由图 7-8-1 可求离散系统的闭环脉冲传递函数为

$$\Phi(z)=\frac{C(z)}{R(z)}=\frac{D(z)G(z)}{1+D(z)G(z)} \tag{7-8-1}$$

误差脉冲传递函数为

$$\Phi_e(z)=\frac{E(z)}{R(z)}=\frac{1}{1+D(z)G(z)} \tag{7-8-2}$$

由式(7-8-1)和式(7-8-2)可求出数字控制器的脉冲传递函数为

$$D(z)=\frac{U(z)}{E(z)}=\frac{\Phi(z)}{[1-\Phi(z)]G(z)} \tag{7-8-3}$$

或

$$D(z)=\frac{U(z)}{E(z)}=\frac{1-\Phi_e(z)}{\Phi_e(z)G(z)} \tag{7-8-4}$$

显然

$$\Phi(z)=1-\Phi_e(z) \tag{7-8-5}$$

由此可得离散化设计方法的具体设计步骤如下：

(1) 根据已知的被控对象，针对控制系统的性能指标要求及其他约束条件，确定理想的闭环脉冲传递函数 $\Phi(z)$或误差脉冲传递函数 $\Phi_e(z)$；

(2) 由式(7-8-3)或式(7-8-4)确定数字控制器的脉冲传递函数 $D(z)$；

(3) 根据 $D(z)$编制控制算法程序。

视频讲解

7.8.2 最少拍系统的设计

所谓最少拍系统是指在典型输入信号作用下，能以最少采样周期即最少拍结束响应过程，且在采样点上无稳态误差的离散系统。最少拍系统实质上是时间最优控制系统，系统的性能指标就是调节时间最短或尽可能短。

最少拍系统的设计原则是：若广义被控对象的脉冲传递函数 $G(z)$在 z 平面单位圆上及单位圆外没有零点和极点(除(1,j0)点外)，且不含有延迟环节，要求选择闭环脉冲传递函数 $\Phi(z)$，使系统在典型输入信号作用下，经过尽可能少的采样周期后，能使输出序列在各采样点上的稳态误差为零，达到完全跟踪输入的目的，从而确定所需要的数字控制器脉冲传递函数 $D(z)$。

最少拍系统的设计，通常是针对典型输入作用进行的，常见的典型输入信号有

单位阶跃信号 $\quad r(t)=1(t) \quad R(z)=\dfrac{z}{z-1}=\dfrac{1}{1-z^{-1}}$

单位斜坡信号 $\quad r(t)=t \quad R(z)=\dfrac{Tz}{(z-1)^2}=\dfrac{Tz^{-1}}{(1-z^{-1})^2}$

单位加速度信号 $\quad r(t)=\dfrac{1}{2}t^2 \quad R(z)=\dfrac{T^2z(z+1)}{2(z-1)^3}=\dfrac{T^2z^{-1}(1+z^{-1})}{2(1-z^{-1})^3}$

通常，典型输入信号可以写成一般形式

$$R(z)=\frac{B(z)}{(1-z^{-1})^q} \tag{7-8-6}$$

式(7-8-6)中，$B(z)$是不含$(1-z^{-1})$因子的 z^{-1} 多项式。q 取 1、2、3 分别对应单位阶跃信号、单位斜坡信号和单位加速度信号。

根据最少拍系统设计要求，要使系统在采样点上无稳态误差，应满足

$$e_{ss}^*=\lim_{z\to 1}(1-z^{-1})E(z)=\lim_{z\to 1}(1-z^{-1})\Phi_e(z)\frac{B(z)}{(1-z^{-1})^q}=0 \tag{7-8-7}$$

式(7-8-7)表明，使 e_{ss}^* 为零的条件是 $\Phi_e(z)$中应包含$(1-z^{-1})^m$ 因子，即

$$\Phi_e(z)=(1-z^{-1})^m F(z), \quad m\geqslant q \tag{7-8-8}$$

式(7-8-8)中 $F(z)$是不含$(1-z^{-1})$因子的 z^{-1} 多项式。为使稳态误差最快衰减到零，即为最少拍系统，就应使 $\Phi_e(z)$最简单，取 $m=q$，$F(z)=1$，此时

$$\Phi_e(z)=(1-z^{-1})^q \tag{7-8-9}$$

所得 $\Phi_e(z)$既满足准确性要求又满足快速性要求。

由式(7-8-5)可得

$$\Phi(z)=1-\Phi_e(z)=1-(1-z^{-1})^q=\frac{z^q-(z-1)^q}{z^q} \tag{7-8-10}$$

下面分别讨论最少拍系统在典型输入信号作用下，数字控制器脉冲传递函数 $D(z)$ 的确定方法。

1. 单位阶跃输入时

当输入信号为 $r(t)=1(t)$，即 $R(z)=\dfrac{1}{1-z^{-1}}$，此时 $q=1$，根据式(7-8-9)和式(7-8-10)可得

$$\Phi_e(z)=1-z^{-1}$$

$$\Phi(z)=1-\Phi_e(z)=z^{-1}$$

由式(7-8-3)可得数字控制器的脉冲传递函数为

$$D(z)=\frac{\Phi(z)}{\Phi_e(z)G(z)}=\frac{z^{-1}}{(1-z^{-1})G(z)}$$

可求得单位阶跃响应的 z 变换和误差信号的 z 变换分别为

$$C(z)=\Phi(z)R(z)=z^{-1}\frac{1}{1-z^{-1}}=z^{-1}+z^{-2}+z^{-3}+\cdots$$

$$E(z)=\Phi_e(z)R(z)=(1-z^{-1})\frac{1}{1-z^{-1}}=1$$

于是有

$$c(0)=0,\quad c(T)=c(2T)=c(3T)=\cdots=1$$

$$e(0)=1,\quad e(T)=e(2T)=e(3T)=\cdots=0$$

最少拍系统在单位阶跃信号作用下的输出及误差序列如图 7-8-2 所示。由图可知，最少拍系统经过一个采样周期即一拍输出便可以完全跟踪输入信号 $r(t)=1(t)$。系统的调节时间 $t_s=T$，这样的离散系统称为一拍系统。

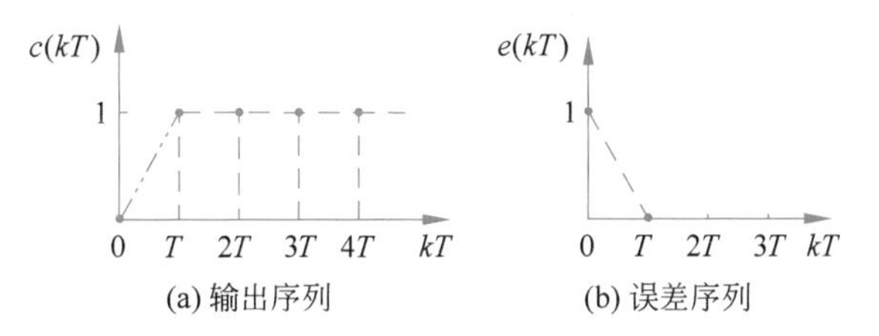

图 7-8-2 最少拍系统在单位阶跃信号作用下的输出及误差序列

2. 单位斜坡输入时

当输入信号为 $r(t)=t$，即 $R(z)=\dfrac{Tz^{-1}}{(1-z^{-1})^2}$，此时 $q=2$，则

$$\Phi_e(z)=(1-z^{-1})^2$$

$$\Phi(z)=1-\Phi_e(z)=2z^{-1}-z^{-2}$$

于是数字控制器的脉冲传递函数为

$$D(z)=\frac{\Phi(z)}{\Phi_e(z)G(z)}=\frac{2z^{-1}-z^{-2}}{(1-z^{-1})^2G(z)}$$

单位斜坡响应的 z 变换和误差信号的 z 变换分别为

$$C(z)=\Phi(z)R(z)=(2z^{-1}-z^{-2})\frac{Tz^{-1}}{(1-z^{-1})^2}=2Tz^{-2}+3Tz^{-3}+4Tz^{-4}+\cdots$$

$$E(z)=\Phi_e(z)R(z)=(1-z^{-1})^2\frac{Tz^{-1}}{(1-z^{-1})^2}=Tz^{-1}$$

于是有

$$c(0)=0,\quad c(T)=0,\quad c(2T)=2T,\quad c(3T)=3T\cdots$$

$$e(0)=0,\quad e(T)=T,\quad e(2T)=e(3T)=\cdots=0$$

最少拍系统在单位斜坡信号作用下的输出及误差序列如图 7-8-3 所示。可见系统经过二拍输出便可以完全跟踪输入信号 $r(t)=t$ 的变化,系统的调节时间为 $t_s=2T$,这样的离散系统称为二拍系统。

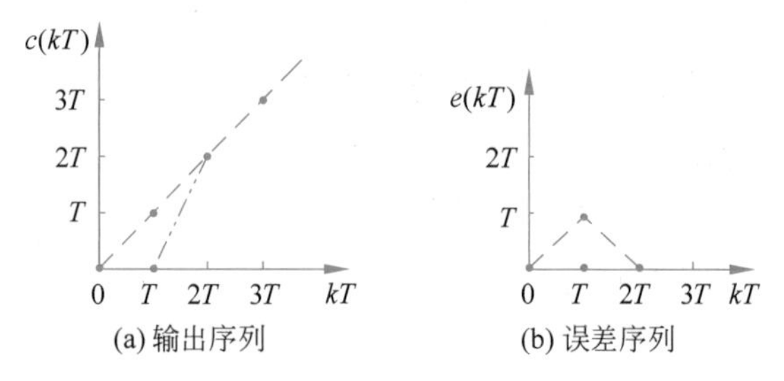

图 7-8-3 最少拍系统在单位斜坡信号作用下的输出及误差序列

3. 单位加速度输入时

当输入信号为 $r(t)=\frac{1}{2}t^2$,即 $R(z)=\frac{T^2z^{-1}(1+z^{-1})}{2(1-z^{-1})^3}$,有 $q=3$,则

$$\Phi_e(z)=(1-z^{-1})^3$$

$$\Phi(z)=1-\Phi_e(z)=3z^{-1}-3z^{-2}+z^{-3}$$

于是
$$D(z)=\frac{\Phi(z)}{\Phi_e(z)G(z)}=\frac{3z^{-1}-3z^{-2}+z^{-3}}{(1-z^{-1})^3G(z)}$$

单位加速度响应的 z 变换和误差信号的 z 变换分别为

$$C(z)=\Phi(z)R(z)=(3z^{-1}-3z^{-2}+z^{-3})\frac{T^2z^{-1}(1+z^{-1})}{2(1-z^{-1})^3}$$

$$=1.5T^2z^{-2}+4.5T^2z^{-3}+8T^2z^{-4}+\cdots$$

$$E(z)=\Phi_e(z)R(z)=(1-z^{-1})^3\frac{T^2(1+z^{-1})z^{-1}}{2(1-z^{-1})^3}=0.5T^2z^{-1}+0.5T^2z^{-2}$$

于是有

$$c(0)=0,\quad c(T)=0,\quad c(2T)=1.5T^2,\quad c(3T)=4.5T^2,\quad c(4T)=8T^2,\cdots$$

$$e(0)=0,\quad e(T)=0.5T^2,\quad e(2T)=0.5T^2,\quad e(3T)=e(4T)=\cdots=0$$

最少拍系统在单位加速度信号作用下的输出及误差序列如图 7-8-4 所示。由图可知,最少拍系统经过三拍输出便可以完全跟踪输入信号 $r(t)=\frac{1}{2}t^2$ 的变化。此时系统的调节时间为 $t_s=3T$,这样的离散系统称为三拍系统。

由以上分析,将各种典型输入信号作用下最少拍系统的设计结果列于表 7-8-1 中。

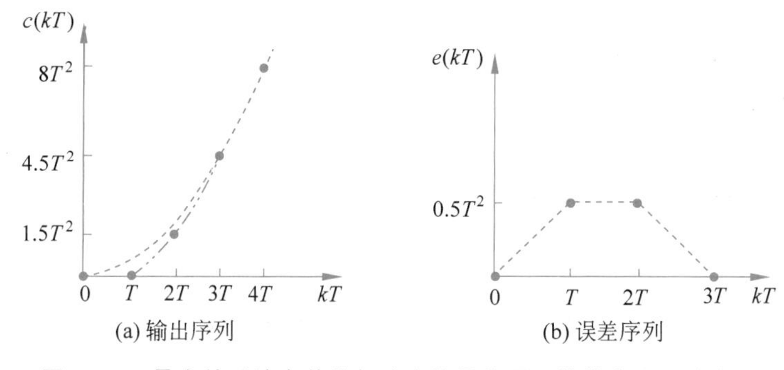

图 7-8-4 最少拍系统在单位加速度信号作用下的输出及误差序列

表 7-8-1 最少拍系统的设计结果

输入 $r(t)$	误差脉冲传递函数 $\Phi_e(z)$	闭环脉冲传递函数 $\Phi(z)$	数字控制器脉冲传递函数 $D(z)$	调节时间 t_s
$1(t)$	$1-z^{-1}$	z^{-1}	$\dfrac{z^{-1}}{(1-z^{-1})G(z)}$	T
t	$(1-z^{-1})^2$	$2z^{-1}-z^{-2}$	$\dfrac{2z^{-1}-z^{-2}}{(1-z^{-1})^2G(z)}$	$2T$
$\dfrac{1}{2}t^2$	$(1-z^{-1})^3$	$3z^{-1}-3z^{-2}+z^{-3}$	$\dfrac{3z^{-1}-3z^{-2}+z^{-3}}{(1-z^{-1})^3G(z)}$	$3T$

例 7-33 已知线性定常离散系统如图 7-8-1 所示，其中 $G_h(s)=\dfrac{1-e^{-Ts}}{s}$，$G_0(s)=\dfrac{10}{s(s+1)}$，采样周期为 $T=1$s。若要求系统在单位斜坡输入时实现最少拍控制，确定数字控制器的脉冲传递函数 $D(z)$。

解：系统广义被控对象的脉冲传递函数为

$$G(z)=Z\left[\frac{1-e^{-Ts}}{s}\cdot\frac{10}{s(s+1)}\right]=\frac{3.68z^{-1}(1+0.718z^{-1})}{(1-z^{-1})(1-0.368z^{-1})}$$

为满足系统在单位斜坡输入时实现最少拍控制，应选择

$$\Phi_e(z)=(1-z^{-1})^2$$

$$\Phi(z)=1-\Phi_e(z)=2z^{-1}-z^{-2}$$

数字控制器的脉冲传递函数为

$$D(z)=\frac{\Phi(z)}{\Phi_e(z)G(z)}=\frac{0.543(1-0.5z^{-1})(1-0.368z^{-1})}{(1-z^{-1})(1+0.718z^{-1})}$$

系统误差序列和输出响应序列分别为

$$E(z)=\Phi_e(z)R(z)=(1-z^{-1})^2\frac{z^{-1}}{(1-z^{-1})^2}=z^{-1}$$

$$C(z)=\Phi(z)R(z)=(2z^{-1}-z^{-2})\frac{z^{-1}}{(1-z^{-1})^2}=2z^{-2}+3z^{-3}+4z^{-4}+5z^{-5}+\cdots$$

显然，离散系统在单位斜坡输入作用下，经过两个采样周期后过渡过程结束，调整时间为二拍，且在采样点上系统的输出完全跟踪输入，稳态误差为零。因此，所求的数字控制器

$D(z)$完全满足设计指标要求。

应当指出,上述校正方法只能保证在采样点处稳态误差为零,而在采样点之间系统的输出可能会出现波动,因而这种系统称为有纹波系统。纹波的存在不仅影响控制精度,而且会增加系统的机械磨损和功耗,这当然是不希望的。适当地增加瞬态响应时间可以实现无纹波输出,由于篇幅所限,这里就不再赘述。

7.8.3 MATLAB 实现

例 7-34 利用 MATLAB 设计例 7-33 的最少拍系统。

解:MATLAB 程序如下。

```
clc;clear
G0 = zpk([],[0, - 1],10);          % 被控对象的传递函数 G0(s)
G = c2d(G0,1,'zoh');               % 广义被控对象的脉冲传递函数 G(z)
z = tf([1 0],[1],1);               % 定义复变量 z
phil = (1 - 1/z)^2;                % 最少拍系统的误差脉冲传递函数 Φe(z)
phi = 2/z - (1/z)^2;               % 最少拍系统的闭环脉冲传递函数 Φ(z)
D = phi/(G * phil)                 % 数字控制器脉冲传递函数 D(z)
sys0 = feedback(G,1);              % 校正前系统的闭环脉冲传递函数
sys = feedback(G * D,1);           % 校正后系统的闭环脉冲传递函数
t = 0:1:8;                         % 设定仿真时间为 8s
u = t;                             % 输入为斜坡信号
figure(1)
lsim(sys0,u,t,0); grid             % 绘制校正前系统的单位斜坡响应曲线
xlabel('t');ylabel('c(t)');title('校正前系统的单位斜坡响应');
figure(2)
lsim(sys,u,t,0);grid               % 绘制校正后系统的单位斜坡响应曲线
xlabel('t');ylabel('c(t)');title('校正后系统的单位斜坡响应');
```

程序运行结果如下。

```
D =
  0.54366 z^3 (z - 0.5) (z - 0.3679) (z - 1)
  -----------------------------------------
          z^3 (z + 0.7183) (z - 1)^2
Sample time: 1 seconds
Discrete - time zero/pole/gain model.
```

由仿真结果得到系统的数字控制器脉冲传递函数为

$$D(z)=\frac{0.54366(z-0.5)(z-0.3679)}{(z-1)(z+0.7183)}$$

校正前后系统的单位斜坡响应曲线如图 7-8-5 所示。由图可知,校正前系统不稳定,校正后系统在第二拍跟踪上单位斜坡信号,满足设计要求。

此外,MATLAB/Simulink 也具有仿真离散系统的能力,仿真模型可以既包含连续模块,又包含离散模块,离散模块中均含有采样时间(Sample time)参数设定栏。由于离散模块内置了输入采样器和输出零阶保持器,故连续模块和离散模块混用时,它们之间可直接连接。仿真时,离散模块的输入/输出每隔一个采样周期更新一次,即在采样间隔内其输入输出保持不变,而连续模块的输入/输出在每个计算步长更新一次。

例 7-35 利用 MATLAB/Simulink 分析例 7-33 的最少拍系统。

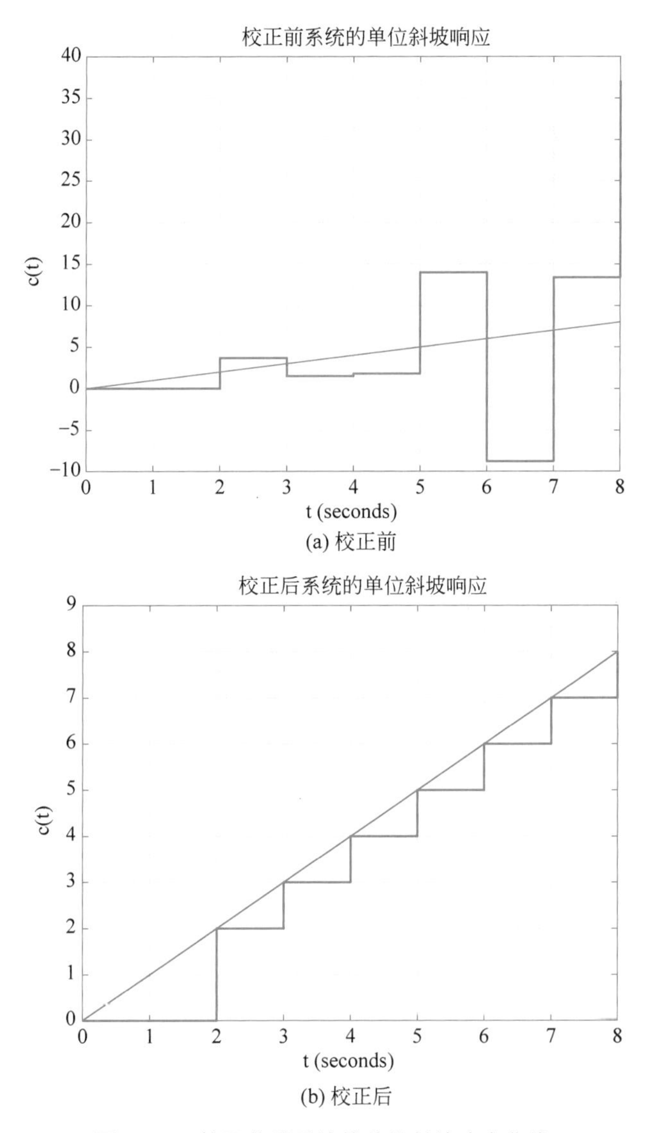

图 7-8-5　校正前后系统的单位斜坡响应曲线

解：利用 Simulink 搭建闭环离散系统的仿真模型，如图 7-8-6 所示。

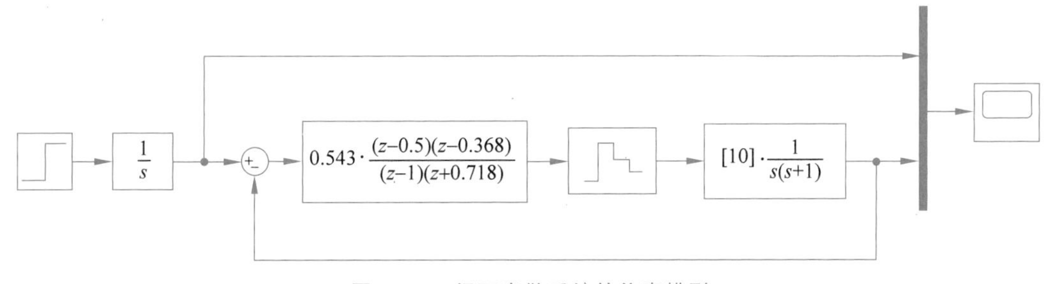

图 7-8-6　闭环离散系统的仿真模型

设置相关参数，并将仿真时间设为 10s，启动仿真，示波器输出系统的单位斜坡响应曲线如图 7-8-7 所示。由图可知，离散系统在单位斜坡输入作用下，经过两个采样周期后过渡过程结束,调整时间为二拍,且在采样点上系统的输出完全跟踪输入,稳态误差为零。

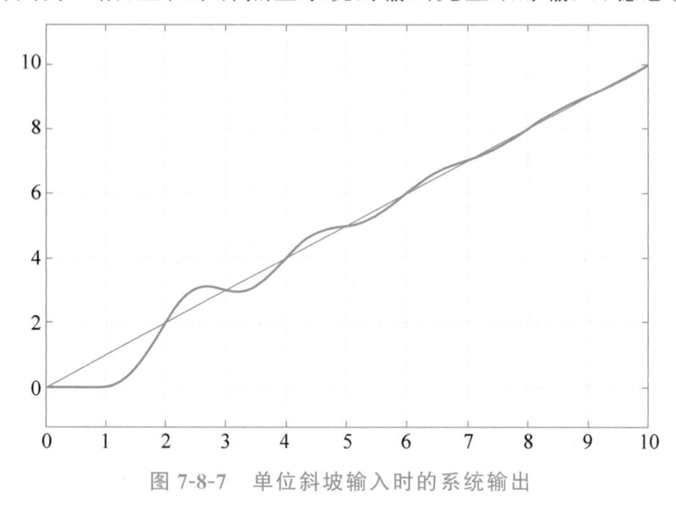

图 7-8-7 单位斜坡输入时的系统输出

本例是针对单位斜坡输入设计的最少拍系统的数字控制器 $D(z)$,那么所设计的系统在单位阶跃或单位加速度输入时,系统的输出情形如何?

对于单位阶跃输入,利用 Simulink 搭建闭环离散系统的仿真模型如图 7-8-8 所示。

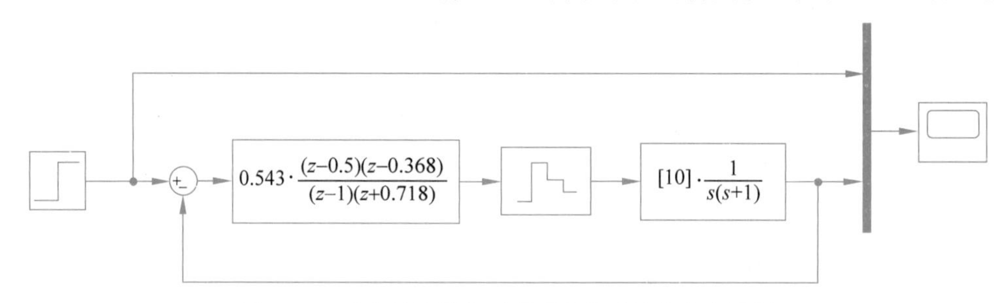

图 7-8-8 单位阶跃输入时闭环离散系统的仿真模型

仿真结果如图 7-8-9 所示,由图可知,系统也是经过二拍后过渡过程结束,但在第一个采样时刻超调量 $\sigma\%$ 为 100%。

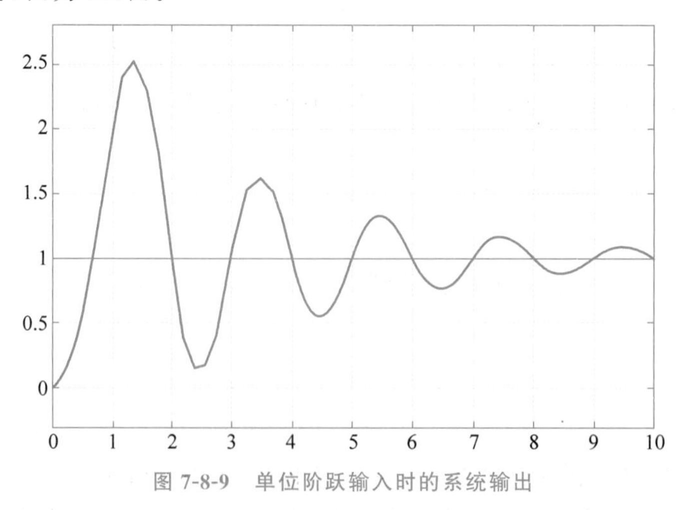

图 7-8-9 单位阶跃输入时的系统输出

对于单位加速度输入,利用 Simulink 搭建闭环离散系统的仿真模型如图 7-8-10 所示。

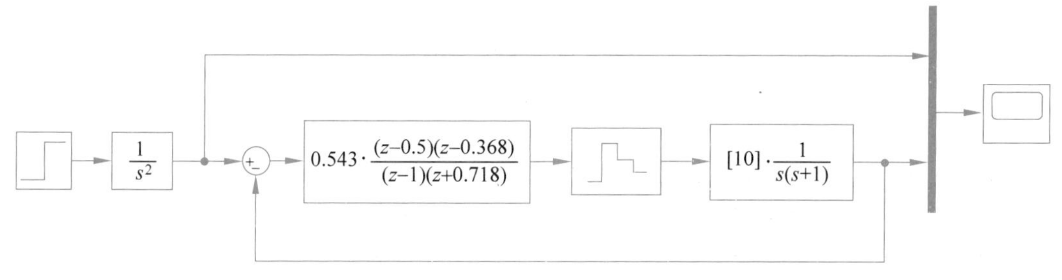

图 7-8-10 单位加速度输入时闭环离散系统的仿真模型

仿真结果如图 7-8-11 所示。由图可知,系统过渡过程仍为二拍,但有恒定的稳态误差。

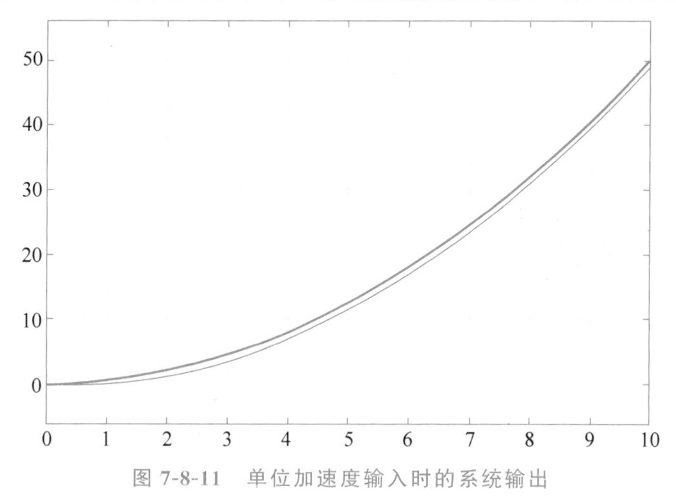

图 7-8-11 单位加速度输入时的系统输出

由以上讨论可以看出,设计最少拍控制系统时,$\Phi(z)$或$\Phi_e(z)$的选取与典型输入信号的形式密切相关,即对于不同的输入$R(z)$,要求使用不同的$\Phi(z)$或$\Phi_e(z)$,因此这样设计出的数字控制器对各种典型输入信号的适应能力较差。若运行时的输入信号与设计时的输入信号形式不一致,将得不到期望的最佳性能。

7.9 习题

第 8 章内容以电子资源形式给出,二维码详见目录上方。

参 考 文 献

[1] 胡寿松.自动控制原理[M].7版.北京：科学出版社，2019.
[2] 胡寿松.自动控制原理习题解析[M].2版.北京：科学出版社，2013.
[3] 王艳东，程鹏.自动控制原理[M].3版.北京：高等教育出版社，2021.
[4] 王艳东，程鹏.自动控制原理学习辅导与习题解答[M].3版.北京：高等教育出版社，2022.
[5] 卢京潮.自动控制原理[M].北京：清华大学出版社，2013.
[6] 吴麒，王诗宓.自动控制原理[M].2版.北京：清华大学出版社，2006.
[7] 余成波，张莲，胡晓倩.自动控制原理[M].3版.北京：清华大学出版社，2018.
[8] 张爱民.自动控制原理[M].2版.北京：清华大学出版社，2019.
[9] 李国勇，李虹.自动控制原理[M].3版.北京：电子工业出版社，2017.
[10] 王建辉，顾树生.自动控制原理[M].2版.北京：清华大学出版社，2014.
[11] 刘文定，谢克明.自动控制原理[M].4版.北京：电子工业出版社，2018.
[12] 王万良.自动控制原理[M].3版.北京：高等教育出版社，2022.
[13] 孟庆明.自动控制原理[M].3版.北京：高等教育出版社，2019.
[14] 王燕舞.自动控制原理[M].北京：高等教育出版社，2023.
[15] FRANKLIN G F，POWELL J D，EMAMI-NAEINI A.自动控制原理与设计[M].李中华，等译.6版.北京：电子工业出版社，2014.
[16] DORF R C，BISHOP R H.现代控制系统[M].谢红卫，孙志强，宫二玲，等译.12版.北京：电子工业出版社，2015.
[17] OGATA K.现代控制工程[M].卢伯英，佟明安，译.5版.北京：电子工业出版社，2017.
[18] 李元春.计算机控制系统[M].3版.北京：高等教育出版社，2022.
[19] 汤全武.信号与系统[M].北京：清华大学出版社，2021.
[20] 汤全武.MATLAB程序设计与实战[M].北京：清华大学出版社，2022.
[21] 王正林.MATLAB/Simulink与控制系统仿真[M].4版.北京：电子工业出版社，2017.
[22] 赵广元.MATLAB与控制系统仿真实践[M].3版.北京：北京航空航天大学出版社，2016.